U0163168

新论 科学编史学

New Studies on
Historiography of
Science

刘 兵 主编

上海交通大学出版社
SHANGHAI JIAO TONG UNIVERSITY PRESS

内容提要

本书是刘兵教授指导的博士研究生们在科学编史学研究方向的最新成果,由他们各自学位论文中最精华的内容缩写汇集而成。本书包括三个部分:第一部分是对科学史研究新方向的科学编史学考察,包括建构主义、女性主义、人类学视角的科学编史学以及科学修辞学、视觉图像等与科学史的关系等;第二部分是编史学人物研究,涉及皮克林、伽里森、阿伽西三位科学编史领域的重要人物;第三部分是科学编史学问题研究,包括科学史中的爱因斯坦研究、科学史与科学传播、耶兹的布鲁诺研究、基于科幻史的编史学研究等。

本书是《科学编史学研究》的续集,适合科学史、科学哲学等相关方向的研究生或教师阅读。

图书在版编目(CIP)数据

科学编史学新论/刘兵主编.—上海:上海交通
大学出版社,2024.1
ISBN 978-7-313-29189-9

Ⅰ.①科… Ⅱ.①刘… Ⅲ.①科学史学－研究 Ⅳ.
①N09

中国国家版本馆 CIP 数据核字(2024)第 008787 号

科学编史学新论
KEXUE BIANSHIXUE XINLUN

主　　编:刘　兵
出版发行:上海交通大学出版社　　　　　　地　　址:上海市番禺路 951 号
邮政编码:200030　　　　　　　　　　　　电　　话:021-64071208
印　　制:上海颛辉印刷厂有限公司　　　　经　　销:全国新华书店
开　　本:710 mm×1000 mm　1/16　　　　印　　张:31.25
字　　数:448 千字
版　　次:2024 年 1 月第 1 版　　　　　　　印　　次:2024 年 1 月第 1 次印刷
书　　号:ISBN 978-7-313-29189-9
定　　价:168.00 元

前　言

　　大约从 20 世纪 80 年代末起,我开始研究科学编史学。作为研究成果,也陆续发表了一系列的论文和几本专著,其中最有代表性的是《克丽奥眼中的科学——科学编史学初论》(山东教育出版社,1996),后来又陆续出了此书的增订版和第三版,《克丽奥眼中的科学——科学编史学初论》(增订版)(上海科技教育出版社,2009)《克丽奥眼中的科学——科学编史学初论》(第三版)(商务印书馆,2021)。

　　在此书第一版的导言中,我曾说过:"本书自然远未穷尽(也不可能穷尽)科学编史学的全部内容,只是对于笔者认为重要而且在现有研究条件下可先进行研究的若干问题,在西方对这些问题的有关研究成果基础上进行了一些讨论。因此,本书只是一种阶段性的研究总结,故名为'初论'……当然,如有可能,笔者当继续为'续论'的问世而努力。"此后,我虽然一直在继续关注和研究科学编史学,但也越来越感到,仅凭一人之力,要较全面、较深入地再写一本"续论"相当困难,再加上后来种种杂务也越来越多,所以我采取了另一种办法,即在我指导博士研究生和硕士研究生时,让他们也参与到科学编史学的研究中,选取一些我希望研究但自己又无足够精力研究的编史学问题作为他们的学位论文方向。

　　在 2009 年增订版的后记中,我又提到,"希望在不久的将来,能在我指导的那些学生的工作的基础上,以他们的学位论文为主要内容,再编一本更具前沿性的《后现代科学编史学》作为此书的姊妹篇"。2021 年,在此书的第三版序中,我再次写道:"在此书的第一版中,我就提到,我计划后面还要再写此书的续篇。但计划变成现实总是不那么顺利,由于时间、精力、工作方向等方面的原因,最后这个续篇的写作计划,变成了汇集我在这些年中所指导的从事科学编史学研究的博士生们的工作,将其博士学位论文的精华部分整合在一起的科学编史学的新论。"

其实,在此期间,我还曾在我自己和我与学生们合作发表的科学编史学研究的论文中选择了一些有代表性的,出版了一本论文集《科学编史学研究》(上海交通大学出版社,2015)。

但无论如何,从 1996 年提出设想,历经将近 30 年的时间,到现在终于编好了这本《科学编史学新论》,其内容正是由我在清华大学和上海交通大学所指导的十多位以科学编史学研究为其学位论文的博士(有两位硕士),将他们各自学位论文中最精华的内容缩写汇集而成,在主题上也涉及科学编史学研究的多个方面。通常,一篇博士论文有 10 万~20 万字,将其最核心的内容压缩到 3 万字左右,应该说这肯定是极度脱水的干货了。

从科学编史学研究在国内的发展和被认同的情况来说,这些年来也有了一些变化,但一个学科的发展,毕竟要建立在坚实的研究基础之上。人文研究(包括对科学的人文研究),在传统中是以个人的而非团队的研究为主,而这些学位论文的研究恰恰正是这种个人深入研究的典型。但就将这些成果按学科的需求以某种结构组合起来说,也在另一种意义上可以将这些我指导的学生的工作看作是某种团队集体的成果,这既是一种阶段性研究的总结,但在整体性的意义上,成果的汇集也正是科学编史学学科发展的需要。如今我已从清华大学退休,今后对科学编史学的研究可能不会像以前那样集中,但我为曾经有过这么多聪明、优秀的学生,为他们做出了这样好的研究成果而感到非常骄傲!我要向他们表示感谢!

在这本书最后的编辑过程中,董丽丽(她也是作者之一)付出了大量的劳动,在此也特别表示感谢。

希望科学编史学在未来能有更理想的发展。

2023 年 5 月 10 日
于清华园荷清苑

目　录

第二编

科学编史学人物研究

第三编

科学编史学问题研究

第一编

对科学史研究新方向的
科学编史学考察

第一章
建构主义科学编史学

　　建构主义科学史研究兴起于 20 世纪 60 年代,是科学技术与社会(STS)的重要组成部分,在 STS 研究中发挥着重要作用,为整合 STS 领域提供了切实可行的途径。对科学进行社会建构论分析的战略研究场点主要有三个:"科学争论研究""实验室研究"以及"科学文本和话语分析"。

第一节　建构主义与社会建构论

　　建构主义科学史的研究从其研究之初就与社会建构论、科学知识社会学(SSK)以及科学技术哲学息息相关,建构主义自其理论兴起之时就面临着方法论和本体论的双重质疑,是自然主义进路下的相对主义方法论,还是社会建构论在科学史研究中的实践?

一、什么是建构主义

　　建构主义引领了 20 世纪后现代思潮,其思想起源是多元化的,如现代哲学思潮中的现象学、诠释学,认知哲学研究领域的认识发生论等。本章选取的建构主义研究进路是发端于 20 世纪 70 年代以后科学社会学领域内的科学知识社会学、爱丁堡学派、巴斯学派、"行动者网络理论"及其后续的发展。

　　就建构主义的定义而言,"建构主义"一词在不同的研究领域都各有其定义,在戈林斯基的研究中,建构主义是指他所讨论的科学社会学家和受其影响的历史学家所共同持有的观点:"建构主义者认为科学知识是人类的产物,是使用特定时空的文化物质资源所制作出来的,而非仅对原先就已给定的自然秩序的揭示。"(Golinski,1998)[6] 使用"建构主义"一词来代表那些对科学知识进行社会学研究的流派,其中包括强纲领、社会建构论、科学知识社会学等这些概念。之所以选择建构主义,是"因为这个词不是任何一个特殊学派惯用的术语"(Golinski,1998)[6],也就不必参与到不同学派的争论之中。戈林斯基将相对主义视为方法论相对主义,也就是把建构主义看作是一种方法论,所有知识形式都应以同一方式来对待而不是所有知识形式同等有效。由此,这种方法论关注的不是一系列哲学原则,而是人类作为社会行动者在科学知识的制造中所扮演的角色。

就建构主义的起源而言,现象学、哲学解释学、解构主义、修辞学、符号学等哲学视角为建构主义提供了重要的理论来源,并促使建构主义放弃用真理性或有效性问题来解释自然知识的独特研究进路。正如布鲁尔对科学的"自然主义"研究进路所主张的那样,建构主义的研究进路排除了传统认识论问题,割断了科学研究与传统认识论先入之见的联系,进而对以前不受欢迎的关于"客观"知识是如何由"非客观"因素建构而成的话题进行探索。大部分建构主义者都选择从库恩的《科学革命的结构》引出各自的研究主题,包括布鲁尔、巴恩斯、劳斯等建构主义者都曾对库恩的理论进行过专门的阐释。戈林斯基也分析了这些建构主义者是如何借鉴库恩的理论的。就建构主义而言,库恩的范式理论将科学看作是受一个逻辑结构、一个世界观所统治的传统形象彻底打破,并认为科学更像是"一个传统权威的组织""一种工匠活动""一种地方性的(locality)知识形式",所以,应该把科学与其他文化形式同等对待。受这一科学观的启发,建构主义者放弃了宏观的科学研究主题,转向了狭窄而集中的微观分析,进而影响了科学史叙事方式也从宏观向微观转向。

就建构主义理论体系本身的发展而言,建构主义自强纲领之后的发展并非一帆风顺,柯林斯等人的研究最初还是沿着强纲领所预示的方向繁荣发展的,但随后由于内部争论不断激烈而导致分化,包括布鲁尔、巴恩斯的强纲领在内,还有柯林斯等所进行的争论研究,塞蒂娜等进行的实验室研究,拉图尔等的行动者网络理论,皮克林的"实践的冲撞"理论等。特别是拉图尔解决科学"建构问题"的行动者网络理论,把人和非人行动者在科学制造中的地位同等对待,对科学生活的社会维度造成破坏性冲击,更引起了众多的研究者的重视。对于如何解决行动者网络的理论家们与他们的反对者之间关于物质力量在科学实践中的地位的争论,目前有两个新的研究趋势,分别从不同的视角发展了建构主义的理论。其一是边界对象理论,这个理论描绘了一个通过把物质世界的元素植入人类实践活动来制造知识的过程,认为稳定的建立不是通过直接的赞同,也不是通过建立一个网络,而是通过在不同的领域交换"边界对象"而得到的;其二是皮克林的"实践的冲撞"理论,这一理论在一定程度上承认物质力量的作用,但强调其作用是历时性地起作用的,是在人与非人行动者相互作用达到稳定的过程中偶然遇到的。

二、建构主义的社会性

皮克林在《作为实践与文化的科学》中,将 STS 的发展划分为两个阶段:人类主义研究和 20 世纪 90 年代后的后人类主义研究(皮克林,2006)[297]。分界的标准在于分析科学与技术的本质要素是归属于"人类社会"中的政治、经济或文化形态,还是摒除"人类社会"这一要素的中心地位,将人的要素与自然物、仪器、实验室、场所等全都不可分割地置于一张异质性的网络之中。按照这一分类标准,建构主义的研究进路似乎放弃了社会性的分析纲领。在整个 STS 研究范围之内,在涉及相关研究的时候,学术界基本上会用爱丁堡学派,SSK,建构主义,或者社会建构论等概念,用法并不统一。然而,这些用法有什么差别? 建构主义是否超越了其社会性?

(一)社会建构论,传统社会学的理论探讨

从传统科学社会学对科学知识社会学的研究立场来看,对建构主义、SSK以及社会建构论这三种用法的理解,罗伯特·默顿(Robert Merton)的大弟子史蒂芬·科尔(Steven Cole)专门对此做过分析评论(科尔,2001)[42-44]。他认为,SSK 是建构主义中的一种,他将建构主义区分为相对主义的建构主义和

实证论的建构主义。而社会建构论、社会建构主义和建构主义在他的论述中，其实是一回事。在《科学的制造》中，科尔统一使用"建构主义"一词作为他的研究对象。在他看来，相对主义的建构主义可以分为多种群体，包括通过观察科学家们在实验室中的合作行为来进行的研究，如拉图尔的工作；使用传统的历史方法和详细采访的方法对某个研究领域的发展进行案例的研究，如夏平的工作；对"谈话分析"感兴趣，致力于分析科学家的谈话和著述的研究，如马尔凯的工作；带有群体方法论倾向的，如伍尔伽的工作等。其中，"强纲领"，即狭义的爱丁堡学派，属于建构主义内部的派别之一。科尔认为强纲领值得关注的原因首先是强纲领掀起了对科学知识的社会学研究，其次是在众多的建构主义派别中，强纲领进行的是一些较为宏观的研究，他们研究的是更广泛的社会环境或科学家的利益对于认识成果的影响，而这种宏观的社会学研究与传统的科学社会学有很深的渊源。当然，"强纲领"不是唯一进行宏观的社会学研究的派别，其他的研究还包括用社会学上传统的定量方法来搜集经验证据，以便说明社会因素对科学影响达到什么程度等。科尔自己声称是赞成建构主义的，但认为相对主义的建构主义有点走过头了，因为社会因素与科学知识只是一种弱相关的关系，而不对科学知识起决定性的建构作用。换句话说，科学知识是受到建构主义的影响，但建构主义在科学研究中的影响并不起决定性的作用。因此，所谓的实证论的建构主义立场更适合于表达科学知识与社会的关系。

（二）学派交流，SSK 概念的使用范畴

科学知识社会学研究的内部成员之一迈克尔·林奇（Michael Lynch）将建构主义、社会建构论等都归于 SSK 的研究领域之中。在林奇的研究中，他认为"'科学知识的社会研究'（SSK）是各式各样相对主义、建构主义与话语分析研究的简称。其最具影响力的研究团体于 20 世纪 70 年代出现在英国，常常被人们称之为'强纲领'的知识社会学，……过去十年一直被视为一个具有广泛世界影响的 SSK 各学派与纲领的极富有成效的时期，在某些案例中，对认识论主体进行了更为特殊的攻击。当前的工作开始采用古典认识论主题，

观察的'理论渗透'、实验的重复、共识的形成、内部与外部之间的区别与反身性等（Pickering，1988）。拉图尔及其同事发展了他们所称的行动者网络理论（actor-network theory）……这些社会建构主义也在向其他方向上扩展：技术发明的社会学、健康经济学"（皮克林，2006）[262]。从科尔的主张中可以看出，他将布鲁尔和巴恩斯率领的爱丁堡学派看作是 SSK 中诸学派之一，与其他学派统称为 SSK。爱丁堡学派与其他学派之间是一种并列的关系，是对相同主题下开展的各具特色的研究进路。科尔将相对主义、建构主义等理解为是采用了如 SSK 这样的方法论或哲学观进行研究而形成的各种纲领或学派。也就是说，建构主义、相对主义是方法论意义上的概念。

　　刘华杰认为，SSK 区别于其他社会学研究的一个显著特点是强调哲学和方法论（刘华杰，2000）[38-44]。SSK 内部之间及与外部的论战涉及的主要不是社会学研究的内容，而是基本的哲学方法论和世界观。其论战的焦点在于，对于理解复杂的科学活动，选择什么样的哲学立场才是合适的等问题，而 SSK 的哲学倾向属于社会建构论、相对主义和经验论。他通过对 SSK 发展历史的系统研究，得出了科学知识的社会学研究经历了从爱丁堡学派回归 STS 的结论。

　　对爱丁堡学派的理解有广义和狭义之分。广义的理解把巴斯学派包括在内，也包括马尔凯所在的约克郡，甚至把后来英国之外的许多方法上差别较大的 STS 包括在内。即使是从狭义的爱丁堡学派和巴斯学派的意义上来看，他们的区别也仅仅在于是采用宏观的社会学分析还是微观的社会学分析。至于巴黎学派的拉图尔、伍尔伽以及诺尔-塞蒂娜代表的人类学分析的研究进路和马尔凯的文本研究，在刘华杰看来则是一种对 SSK 的演化，他们都认为自己的研究对象是科学知识，但是已经超出当初单纯的社会学的视角，借鉴了其他的理论研究成果，如人类学、后现代的修辞学等，都成为与强纲领并列且有所重叠的研究进路。这里，林奇和刘华杰对于 SSK 与建构主义、社会建构论的关系的分析与科尔的观点恰好相反，而这种不同的观点正是由于分析的立场和谈论的与境的差别导致的。

(三) 建构主义的社会性

不论是 SSK 学派内部还是外部,基本上都认可各学派之间存在继承的关系,而在科学哲学、科学社会学和科学史领域,谈到 SSK、社会建构论或建构主义的时候,基本的指向也是明确的。可以说,SSK 采用了社会建构论的哲学观,运用了建构主义的方法论。通过以上分析,可以得出这样的结论:无论是 SSK、社会建构论,还是建构主义,选用什么术语取决于研究者的研究指向。如果是对学派的研究,用 SSK(包括其中各纲领和学派的使用)更合适;如果是哲学立场的分析则大多会选用社会建构论;而站在科学史研究的角度,由于科学史研究更多的是一种方法论的借鉴,用"建构主义"一词更为妥当。伊恩·哈金(Ian Hacking)也认为运用上述领域进行实践的研究者,都可以称为建构主义者(Hacking,1999)。选择"建构主义"这一概念是因为"建构主义"更像是一种方法论的指向而不是哲学原则。

建构主义强调的是对已经表明作为社会行动者的人在制造自然知识的过程中的各要素进行对称性的关注。建构主义已经成为科学史研究中非常多产的研究进路,引发了科学史研究领域中很多有趣的话题。当然,使用建构主义这一标签,仅仅是从方法论的意义上应用,这并不是一个完备的逻辑概念,建构主义的逻辑内涵与数学、建筑学这样完备的研究领域非常不同,但是建构主义却可以很好地契合本文的研究主旨。与选择强纲领、社会建构论或者科学知识社会学相比,建构主义避免了不必要的学派争论。

第二节 科学家身份的建构主义科学史

随着大科学时代的到来,科学家之间、科学共同体之间以及与其他领域之间的合作日益频繁,科学工作的方法与实质已经成为由诸多群体共同参与的异质性的活动,不同的社会领域以不同的方式和不同途径参与到科学知识建构活动当中。科学家身份在建构科学知识过程中的主体性作用正在逐渐淡化。

一、科学家身份的历史源起

科学家是如何产生的？科学成果是如何传播的？谁拥有对自然进行解释的权力？这些问题归根到底源于对科学研究者，即科学家的身份的追问。科学著作和科学论文作为科学成果专业化的产物，是科学史研究的主要研究对象之一。

（一）科学家身份建构的科学史

社会学家罗伯特·默顿最早对科学家身份进行了系统的研究，确立了关于科学家身份的较为成熟且影响深远的理论——科学家的社会精神特质或科学家的行为规范：公有性，独创性，普遍性，无利益性以及有条理的怀疑主义。这是对科学家身份的一种规训。默顿通过区分科学共同体内部与其社会与境，实现了对科学共同体的划界。凡是研究科学内部的历史的，就不必考虑社会与境的影响，因而也保护了科学的内核免受社会学研究。

本·戴维继承了默顿关于科学内外史研究范围的划分标准，并实践了默顿的范式。他将科学家身份的认同建立在作为一种制度性的科学社会学研究范畴之内，认为科学外部是接受并欢迎社会性的研究的，通过社会性研究的介入可以更好地理解科学家如何获得共识以及促进新的研究项目的进步。而关于科学知识的部分，科学成果的真理性却是不受社会影响的，是价值无涉的。

夏平和谢弗（Shapin & Schaffer, 1985）[3-4] 在《利维坦与空气泵》中对霍布斯和波义耳对实验科学的可信性问题以及科学家身份确定的争论进行了历史学意义上的还原。霍布斯和波义耳争论的焦点虽然是哲学观念意义上的关于自然科学的实验方法是否可靠的问题，但在争论的过程却使用了大量社会性的手段，不论是社会身份、文本修辞还是与流行的政治性主张的关系等，都成为波义耳用来建构自己的科学家身份的手段。

（二）作为作品署名者的身份权威性起源

早在中世纪，作品是否有作者存在就有两种情况。首先，虚构作品的作

者是并不存在的,或者说是不被承认和记载的,相反,故事被当作集体所有的
书写形式得到流传——因此出现了无数由神秘的"无名氏"(Anon)创作出来
的歌谣。但是作者还是在中世纪开始出现了,不同于文学作品,这个时期产
生的科学文本需要作者身份。为了增加作品的可信性,只有当它们与某一创
始人清晰地联系在一起的时候,它们才被认为是"真实"的。这个创始人就是
作者,一个自称能够洞察事物的秩序,并把"自然"的原材料厘清分类的人。
这种情况与古典时期相比发生了变化。而在当代,当且仅当科学文本可以被
证明的时候它们才被认为有效,而不仅仅由于它们和科学家作者的联系。有
意思的是,与此同时,文学文本发生了相反的变化。现在"无名氏"的作品不
再被视为有价值或者有依据的了,文学作品的真实性需要依靠作者的署名才
能得到认同。

作者在对作品署名之后,其作者身份并未就此结束,也就是说,作者不是
在完成作品之后就可以功成身退的。在一般情况下,无论在什么时候,作者
都潜伏在文本中,他们或者被"科学真理""集体所有"的外观掩盖,或者成为
文本可视的基本原则之一,始终伴随着作品,成为研究作品时必须关注的要
素之一。每个文本总是伴随着作者的名字,以及这个名字在社会上的地位和
作用。当然,作者在历史上的作用取决于社会环境,包括当时可用的技术和
基础设施。文学作品的作者如此,科学成果的作者也是如此。

二、建构主义科学史中身份规训研究的编史学梳理

在科学家身份的建构主义科学史研究中,分别从利益模式、社会建构模
式和经济建构模式几个方面强调了科学家身份的社会性和建构性特征。

(一)科学家身份的利益建构模式

科学家身份的利益建构模式,主要是由爱丁堡学派的科学史家夏平实践
的。罗伯特·艾利夫(Robert Iliffe)关注了在波义耳确立其实验科学之父的
身份的过程中,与胡克关于空气弹性发现的优先权之争(Iliffe, 1992)[29-68]。胡
克曾经是波义耳的技师,贫民出身,也没有接受很好的教育,他只能通过出色

的工作来获得由贵族和绅士组成的皇家学会的认可。然而,正是这种过分渴望得到认可的功利心,加上胡克为人刻板,对工作严肃认真,使胡克在学会中出现人际关系的困境。不受欢迎,爱发脾气,还没有后台。在胡克得到皇家学会认可的努力中,默顿的四条范式似乎并不起作用,相反,适当的社会、政治权谋成了必要的条件和手段。

在科学家身份的确立过程中,不仅个人会为获得共同体的认可而努力,就整个共同体获得体制内的权威性手段而言,利益因素在其中也扮演着十分重要的角色。如奥尔登伯格在获得英国皇家学会会长地位之后,为了将学会影响力扩展到整个欧洲的科学研究领域中,也做了很多在默顿看来并非科学家该做的事情。对 17 世纪的英国学术界来说,其科学研究与欧洲是相互独立的,彼此没有交流。彼此既不知道对方在做什么,也不认可对方的工作。因而在优先权问题上,双方也争执不下。作为学会会长的奥尔登伯格,通过将学会成员送出国外学习他人的研究经验;将本国的研究成果作为礼物送给国外同行;为该争取优先权的会员提供尽可能的帮助等社会性的权谋,实现其为皇家学会的研究者获得身份的建构以及获得作为学会会长身份的建构。为了在争取优先权上获得主动性,奥尔登伯格还创办了属于本学会的期刊《哲学会刊》,这是最早开始实施同行评议制度的科学期刊,也成为科学家获得身份认可的有效途径,这一途径一直沿用至今。

科学家要确立自己的身份,需要通过与同行之间频繁的书信往来与同行分享,进而使其认可自己的研究,这种礼尚往来似的交流也被有钱有闲的贵族看作是比较高尚的活动。他们通过赞助研究者来满足自己的好奇心,进行这种有钱人的游戏。如马里奥•比亚焦利(Mario Biagioli)研究了伽利略是如何与他的赞助人进行这样互惠互利的礼尚往来的(Biagioli, 1993)伽利略得到赞助人的资助进行科学研究,他将他发现的木星(Jupiter)作为礼物,送给他的赞助人——美第奇公爵。然而,一个研究者,通过讨好赞助人,根据赞助人的喜好而进行科学研究,终究不是什么值得炫耀的光彩的事。伽利略为了摆脱这样一个奉承者的形象,也算是煞费苦心。为了标榜其专业的数学家的身份,伽利略支持哥白尼的日心说,并认为这是用最严格的语言——数学语言写就的关于自然的知识。当然,这一与经院哲学相悖的主张必定会受到宗教法庭的审判,同时也会得到社会的广泛关注。伽利略成功地利用了哥白尼的理论,将自己建构为一个数学家,而非自然哲学家,因而,他支持日心说也不过是其在数学领域中进行的科学研究罢了。在接受宗教法庭审判的过程中,伽利略也在成功建构了其不畏强权、坚持数学真理的理想科学家身份之后,与教会达成妥协。可以说,马里奥对伽利略的研究,将伽利略如何借赞助人的资金支持获得科学研究成果,又如何借宗教法庭之手将自己塑造成刚正不阿、价值中立的科学家身份的建构过程展现在了读者的面前,揭示了一位著名科学家的成名之路。

这一方式随着时代的发展,在当代社会有了新的表现形式。波兹曼在《娱乐至死》(波兹曼,2004)中,将当今的政治、宗教、新闻、体育、教育和商业都视为娱乐的附庸,通过娱乐观众获得认可的讽刺性现状做了深刻的批判。政治家原本可以表达才干和驾驭能力的领域已经从智慧变成了化妆术,而科学技术的传播和应用,也不得不依赖于上百万的广告预算,科学家的形象被媒体塑造,同时为了赢取媒体的认可,科学家也同样借鉴了现代信息传播技术来实现科学家身份获得公众认可的建构。

(二)科学家身份的社会建构模式

在科学家身份的形成问题上,夏平对《科学家的社会作用》一书所表现出的辉格主义处理方式提出了批评:"本·戴维教授的著作表明了科学的社会史领域仍然是一个'有直接目的'的事业。去追踪'科学家角色的出现和发展'是它的可接受的目标,17 世纪是它的关键性的场点。"(Shapin & Arnold Thaekray, 1974)[Ⅷ.1-28] 科学家本身是最近一百年左右的社会建构,同时,像通常所理解的"科学""科学共同体""科学职业"等也是如此。而以这种不合格的近代分类去书写 1870 年以前的任何时期的历史,都会加强其中的目的论倾向,这将会危及这一事业的发展,因而对科学家的身份研究应以其当下的社会与境为出发点。

首先,夏平重新考察了 17 世纪英格兰实验科学家身份的建构过程。在

《真理的社会史——17 世纪英国的文明与科学》一书中,夏平以波义耳实验科学家身份被普遍认可的过程为例,分析了 17 世纪科学实践者身份是如何被建构的。提出了与本·戴维等人不同立场的、反辉格主义的关于科学家身份的形成和作用的观点。在传统的辉格主义观点看来,科学家是由当时社会的学者身份转化而来,夏平的研究给了这一观点一个强有力的解构。

　　夏平通过历史主义方法和集体传记的研究方法,尽量还原历史事实,将波义耳建构其实验科学家的身份的过程置于动态的社会学框架之中,分析波义耳是如何树立他的实验科学家的新身份的。夏平认为,新的实验科学家的身份与当时社会的任何既有身份都是不同的,它是波义耳对其既有的身份进行改造和重组的结果。夏平认为,实验科学家的身份不是单纯在学者身份的基础上发展而来的,他认为可以把职业学者的形象描述为"穷困的、专注于精神方面的、忧郁的、争论的、迂腐的、缺少礼貌和礼仪意识的人"(夏平,2002)[166]。由于他们缺乏绅士社会彼此认同的公民品德,因而在当时的社会中是不受尊敬的。他进而分析了实验科学家的形象与传统的学者身份的鲜明对比,即"学院哲学家毫无根据的自信和好争与实验主义者的幽默和谦逊形成了鲜明的对比"(Shapin, 1994)[175]。在分析比较实验科学家和既有的各种社会身份形象的异同的基础上,夏平认为波义耳在建构其实验科学家的新身份时,对"哲学家、基督徒和绅士的既有特征进行了巧妙的重组",即"他成功地创立了一种身份,把绅士、基督教徒和学者的有价值的特性重新组合起来,集中在一个人身上,并得到应有的尊重"(夏平,2002)[181]。夏平的这一研究,提出了关于科学家身份构成的较为可信的来源,有力地回应了过去在这一领域中的反历史主义的辉格式解释模式。

(三) 科学家身份的经济建构模式

　　通过对科学家在塑造身份过程中对社会地位、政治需求以及行为范式的规训,科学家成功建构了独特的"自然的代言人"的身份,对这一身份的表征方式就是科学论文的发表和同行间的认可。那么,在建构了论文的可信性之后,科学家的研究如何将这种可信性从实验研究转换到社会的普遍认可的呢？科学家为什么从事科学？是什么驱使科学家建立记录仪器、撰写论文、构造研究课题？是什么使科学家从一个主题转移到另一个主题、从一个实验室迁移到另一个实验室？拉图尔和伍尔加在《实验室生活：科学事实的建构过程》(拉图尔，伍尔加，2004)一书中，对萨克尔研究所的神经内分泌实验室的运作过程开展了文化人类学进路的研究。在对实验室的工作进行与境分析的过程中，拉图尔和伍尔加将"可信性"的概念作为《实验室生活》中描述科学家的行为动机的专门一章，专门讨论科学家所做的各种投资，以及实验室不同方面(认识的和经济的)的功能转换。拉图尔从实验室人员的谈话和活动中，从他们的实验室以外的科学家的相互作用中，看到了伴随着论文产生而出现的一种循环，他称之为"可信性循环"。

"可信性"的概念不仅能够包括默顿的奖励的全部含义，而且还与信念、权力和商业活动有关。可信性概念涉及不同类型的评价体系，既有荣誉和奖励，也有金钱、劳动和仪器设备，铭写标记、数据和资料，信心、信念、信任等。拉图尔和伍尔加在研究中发现，在成为一个个体或一种思想之前，对话者都是实验室成员。因此，工作程序、网络及讨论技巧而并非个人，理所当然地成为最适合的分析的单元。

此外，个体与其工作之间的差异是研究事实建构的主要因素。而求助人为因素可以被当作一种方法，用来回避承认科学事实的地位。在与实验室研究人员的交流中，拉图尔发现，尽管谈话人曾多次表示自己是某一想法的创始人，然而，实验室其他成员却认为某某想法来自"群体的构思过程"。参与人使用的观察方法以及个体与其行为的差异共同构成了实验室中关于身份的研究视角。拉图尔和伍尔加试图描述个体职业开展的方式，而不单独考虑从确立事实的活动中造就的个人。他们借鉴功绩的概念，把实验室活动的不同方面联系起来，这些不同的方面通常被归入社会学、经济学和认识论的范畴，而功绩所扩展的词义可以把实验室活动中似乎不协调的方面联系起来。

三、科学家作为作者身份的死亡

在当代的科学研究中，科学家身份与作者的身份之间的关系问题成为一个很棘手的问题。一方面,专利权的拥有者在很大程度上跟科学家的工作十分相似,另一方面,论文与科学家的身份甚至其可信任性的关联日益疏离,在某些领域甚至毫不相干了。在这样的情形下,科学家作为作者的身份正走向死亡,科学家的身份更多地依赖于实验室在学科领域的影响以及科学家在共同体中的权威和社会角色,而不是其在实验实践中具体做了什么。

首先,就不同的科学学科领域而言,对于科学家身份的判定有所差别。在大部分的领域中,科学论文的作者署名标志着作者对于研究的贡献,也是其科学家身份的象征。而在类似于核研究、武器研究这样的领域,虽然可以划分到物理学领域,但其受到国家安全、政府要求等的限制,在研究场所,科学家身份规训,甚至在可信性的积累方面都有独特的标准(Gusterson,2003)[281-320]。在这些领域中,研究的成果是要严格保密的,即使在一个实验室里,也划分了不同的保密等级。核心区域的研究受到绝对的监控,不可能发表论文来说明其研究进展和研究结果,就连同一个实验室中的研究人员之间也是要保密的。然而,在不同的小组分工之下,当需要适当地向纳税人和外界交代研究成果的时候,论文的署名是以小组的名义,而不是某个个人,有些研究者在核领域贡献一生,甚至在其退休以后,同行都不知道他具体的工作是什么,具体的研究成果有哪些,而研究者在离开实验室的时候,也不会带走任何数据和实验结果。即使是在发表的论文中,其表述方式也很独特,即只报告研究成果,不报告研究方法和研究过程。这与传统意义上希望通过发表论文来实现重复实验的初衷大相径庭。那么,在核研究中的研究者是如何确立信任性的联系的呢? 大部分是通过实验室内部的聊天和讨论以及相互之间的介绍和推荐来获得的。这形成了一套新的信任经济运行机制并有效运作。

其次,在由科学实验小组共同完成的学术研究成果中,科学家身份的可信性与论文的发表间的对应关系逐渐减弱,而一个作者是否参与了发表论文所讨论的研究也不再是是否要在论文上署名的唯一标准了。研究者在实验室中的身份规训包括其服务年限、工作起点以及社会影响力。如在费米国家

实验室[1]的对撞机探测器实验中(Collider Detector at Fermilab,简称 CDF)
所有潜在的成员,就包括那些从各自的研究机构中挑选到费米实验室的工程
师、学生和物理学家。而如果想要真正成为其中的一分子,还需要其他的条
件(Biagioli, Galison, 2003)²⁵⁴⁻²⁷⁹。如一个博士需要连续三年以上将至少
15%的工作时间贡献给实验室;而研究生则要求其必须全程参与实验的合作
过程;技术人员只有在实验室的实验中做出主要贡献才能获得认可。在费米
实验室中规定所有的发表物的署名必须包括标准作者名单中的所有人。而
这个名单中列有数百人,按照字母顺序排列,署名时也不考虑其中的某个人
是否真的就此项研究做出过贡献。署名名单在委员会评定了所有成员的工
作表现后作出更新,一年一次。

　　与 CDF 不同,在医学领域当中,只要实验室人员参与合作完成一年的实
验室服务工作,就可以被列入作者名单当中。这一简单的行政要求使得 CDF
和国际医学杂志编辑委员会(International Committee of Medical Journal
Editors,简称 ICMJE)对于作者的界定有所差别。区分一个实验室成员是否
是作者的标准不是其专业等级,学生、技术人员和物理学博士都可以成为作
者。但需要提及的是,在 ICMJE 的指南中,在作者列表中却严格地排除了实
验室技术人员(Biagioli, Galison, 2003)²⁵⁴⁻²⁷⁹。在 CDF 实验室中,参与者做什
么工作并不重要,只要参与到实验室的工作中,获得实验酬劳的人即可以加
入作者列表,而在 ICMJE,作者被严格控制在那些掌握有核心概念任务的人
之中。

　　通过分析 CDF 和 ICMJE 对于作者身份的界定过程可以得出,尽管二者
对于作者身份的界定标准并不相同,但是却同时都解构了作者身份作为信任
和责任的表征形式。大规模的多作者身份的发展已经成为责任和信任的新

----

[1] 费米国家实验室(Fermilab)原名为国家加速器实验室(National Accelerator Laboratory),由美国
　　原子能委员会负责管理。该实验室由大学联合协会建立。为纪念 1938 年诺贝尔奖获得者和原
　　子时代最杰出的物理学家之一的 E. 费米,该实验室于 1974 年 5 月 11 日重新命名为费米国家实
　　验室。为开展高能物理的前沿和相关学科的研究,费米国家实验室为科研人员提供实验条件及
　　所需资源,旨在了解物质和能量的基本性质,回答宇宙由何物质组成,如何运作和来自何方。几
　　十年来,费米国家实验室获得了多项研究成果,并带动了相关技术的发展。

表征。作者身份在共同体的固有属性下面已经不再是一个问题,而成了一种困境。现在已经不能对作者身份做出统一的界定,而类似于知识产权所有者那样明确的署名权在作者身份中也变得模糊并逐渐失去其原本的可信性和权威性的意义。在某种程度上,作者身份正渐渐沦为一种误称,成为历史的遗迹。作者身份不再是法律上的所有权,而仅仅是一种工作的回报。同样地,科学的责任也不是什么法律范畴的东西,而仅仅是共同体中一系列的人际关系的表征了。由此,作者身份不能得到像法律条款那样清晰的界定,从而也导致在科学研究中,科学研究成果的作者身份的界定将会呈现一种地方性的生态学图景。

随着作者身份与科学家身份之间的对应关系开始松散,逐渐出现多层次的新的获得信任的方法。正是在这一意义上,可以认为作者的身份开始死亡,对于科学家的身份正逐渐失去规训的意义。科学家的身份在通过其他的方式获得的过程中是否会形成新的规训,这一点还有待更深入的研究。这也正是科学史家不容忽视的方向。

第三节　科学事实的建构主义科学史

建构主义科学史研究在 20 世纪 90 年代发生了实践转向,本节从事实建构的相关考察出发,考察科学史中对科学实践活动所产生的地方性知识以及地方性知识的转译过程的编史学进路。

一、实验室中的事实建构

实验室是近代科学知识产生的主要场所。实验室的基本功能是生产科学知识,而科学知识获得认可却是发生在实验室之外的。实验其实远比科学成果所揭示出来的故事更有趣、更有意义。科学哲学的实践转向为解读实验室的实验过程提供了理论支持。

（一）科学哲学研究的实践转向

目前科学实践哲学研究可以清晰地区分为三个进路：认知科学进路、解释学进路和新实验主义进路。其中认知科学的进路主要集中于脑机制、个体实践方式和实践活动对于认识涌现和影响的研究上。认知科学进路着力的是认知活动的实践性在塑造知识中的机制和作用。一些学者建议应当用科学的认知科学取代科学哲学，如丘奇兰德（Churchland）、基尔（Giere）、西蒙（Simon）等，他们基本上是用自发的认知个体的内在心理机制对实践进行说明和解释，提供了实践的微观机制，这也是典型的自然主义的进路。同时，这一进路也多被批评为认知个体主义。解释学进路的主要代表人物是约瑟夫·劳斯（Joseph Rouse）。新实验主义进路则涉及一大批科学哲学家，主要有伊恩·哈金、艾伦·富兰克林（Allan Franklin）、彼得·伽利森（Peter Galison）和大卫·古丁和黛博拉·梅奥（Deborah Mayo）等（吴彤，2006）。

科学实践哲学认为，传统科学哲学对科学研究本质的认识忽视了科学实践的作用和意义，没有将科学研究实质看作一种实践活动来进行考察。因此，以往传统科学哲学的本质是一种理论优位的科学哲学。"传统科学哲学的问题不在于忽视了科学的一方面（实验）而提高了它的另一方面（理论），而是从整体上扭曲了科学的形象和对科学事业的看法。实践成果为理论工作提供了大多数和基础性的材料，然而这些技能和功绩却很少在哲学上得到应有的评价。"（Rouse，1987）[IV] 劳斯把科学视为活动，他"通过对狄尔泰解释学的批判，对海德格尔实践解释学的新的阐释，对库恩范式概念的实践性的新发现，表达了解释学意义上的实践概念，从而丰富了实践的语义学意义。例如，他把科学看作是实践领域而不是命题陈述之网，科学首先不是表征和观察世界的方式，而是操作、介入世界的方式，亦即是一种作用于世界的方式，而不是观察和描述世界的方式"（Rouse，1987）[129]。

科学研究是一种审慎的活动，它发生于技巧、实践和工具的实践性背景下，而不是在系统化的理论性背景下（Rouse，1987）[95-96]。劳斯将人类的实践看作世界活动的一部分，认为"只有介入世界，我们才能发现世界是什么样的。世界不是处在我们的理论和观察彼岸的遥不可及的东西。它就是在我们的实践中所呈现出来的东西，就是当我们作用于它时，它所抵制或接纳我们的东西。科学研究与我们所做的其他事情一道改变了世界，也改变了世界得以被认识的方式。我们不是以主体表象的方式来认识世界，而是作为行动者来把握、领悟我们借以发现自身的可能性。从表象转向操作，从所知转向能知，并不否认科学有助于揭示周围世界这一种常识性观点"（Rouse，1987）[25]。在科学实践哲学看来，被传统科学哲学视为表象的知识，就不仅仅是一种诸如文本、理论或者图表的知识表象，同时也是一种当下和在世的实践性互动模式，或者说是与世界打交道的方式。科学概念和科学理论只有融入更广泛的社会实践和物质实践活动中才是可以理解的。对科学研究的实践转向不仅发生在科学哲学领域，在建构主义领域中，对实践的关注也正逐渐成为一种重要的研究途径。

（二）建构主义科学史的实践性主张

在建构主义研究中，对实践的关注是随着对 SSK 强纲领的批判性反思而展开的。就本文选取建构主义研究视角来看，发生在建构主义理论内部的实践转向大致经历了从微观社会学对实践过程的关注，到拉图尔行动者网络理论将自然因素纳入科学形成的过程，以及塞蒂娜、特拉维克等人类学进路研究进驻具体的场所——实验室而展开的三个阶段。

首先，从拉图尔的行动者网络理论中所蕴含的实践性关注来看。拉图尔曾经是 SSK 强纲领的坚决拥护者，但是因为强纲领对社会利益的宏观主旨的过分关注使得拉图尔认为这其实是对强纲领对称性的一种背叛。拉图尔认为，依据强纲领对科学知识做出的关注其实最终都落到社会利益上。在拉图尔看来，对自然缺乏考察是爱丁堡学派的科学知识社会学的最大问题。

1992 年，拉图尔在出版《社会转向之后的再转向》（Latour，1992）时，运用行动者网络理论提出了新的对称性原则，希望以此来取代爱丁堡学派的对称性原则。1979 年拉图尔出版《实验室生活》第一版时，副标题是"科学事实的社会建构"，而到了 1986 年该书再版的时候，副标题中的"社会"二字被删除，以表明作者放弃了单纯用社会利益、权力、社会结构等社会学术语来解释科学,转而尝试一种更加丰富的,将自然的因素考虑在内的丰富的行动者的实践网络。如同拉图尔自己所说:"如果我和卡龙导致取消了科学知识社会学,那么它不是一时的兴致,而是多年来在研究科学家、工程师和政治家的日常实践中形成的强有力的理由。"(Latour,1999)[114]

其次,从塞蒂娜对科学实验室事实建构过程的研究来看。塞蒂娜的人类学研究几乎与拉图尔的工作同时展开,她对伯克利加州大学一所由政府资助的生物化学和蛋白质移植技术实验室进行了为期一年的考察。通过观察科学家的日常生活,收集实验室备忘录、论文手稿和相关出版物,以及对科学家进行访谈等,实现了对实验室事实建构过程的考察,继而出版了她的人类学研究著作——《制造知识》(诺尔·塞蒂娜,2001)。该书通过对实验室的研究,揭示了科学事实在实验室中事实建构的局域性、与境性、偶然性和不确定性,以及设计材料、设备、技能在知识构造中的作用。塞蒂娜的实验室研究直接指向了科学实践本身。

第三,从特拉维克的人类学视角的实验室比较研究来看,作者考察了高能物理学共同体:共同体的组织结构,共同体成员科学生涯的不同阶段,成员共享的物理学理论,以及物理学家为了进行工作所建造的环境和仪器设备(特拉维克,2003)[译者前言]。按照人类学的说法,就是对社会组织、发展周期、宇宙观和物质文化的完整考察。特拉维克从描述实验室的物质环境入手,对实验室建筑物的布局、实验室的内部装备,以及实验设备的运转等都进行了详细的记载。在特拉维克的实验室描述中,重点对象是实验室中活动的人。她对于物理学家人群的描述非常全面详细:从博士生到自身科学家以至诺贝尔奖获得者,从一般人员到实验室领导。在对景物的描述中穿插人物的活动,甚至重要的事件,都给读者以身临其境的感觉。特拉维克不仅描述了工作中的人,科学实验装置旁边的人,还描述了他们在自助餐厅、实验室走廊中的交谈画面,甚至记载了不同人群的着装特点。此外,特拉维克还对实验室参与者对于物理研究的感情,对于事业成功的追求,研究人员离开实验室的原因,以及实验室内部人际关系等进行描述。特拉维克通过对人类学进路下的实验室实践活动过程的描述,展现出一幅生动的科学实践活动的图景。

　　此外,女性主义也从性别的独特视角表明科学知识不仅是更为实践性的,而且可能是地方性的、文化性的,这也为科学的实践具体化提供了性别分析的视角。

　　尽管上述建构主义视角下的实验室研究都具有鲜明的实践指向,但是实践仍然是为建构科学事实服务的。作为实践的科学的观点主张是皮克林首先提出的,《作为实践与文化的科学》则被认为是建构主义实践转向的奠基性文集。在这本论文集中,皮克林将科学知识的社会学研究的诸领域划分为作为知识的科学(science as knowledge)和作为实践的科学(science as practice)两大阵营,其中对科学的社会建构属于 SSK 这一阵营,包括爱丁堡学派和巴斯学派,这两个学派继承了传统的涂尔干的社会学理论,将科学看作知识,认为丰富的实验室现象其实是由两部分组成的,其一是可见的知识,其二是社会。在他看来,"科学知识社会学研究的最大成就,就是把科学的人类和社会的维度置于首要位置"(Pickering, 1996)[9]。夏平就曾明确地宣称:"科学是一种解释性的事业,在科学研究的过程中,自然世界的性质是社会建构起来的。"(Mulkay, 1979)[89] 基于对科学的这种解读,科学元勘展现了"科学知识制造的偶然性、非正式性、情境性"(Shapin, 1995)[305]。然而,皮克林认为 SSK 所理解的社会"是一种隐性的秩序,如利益、解构、习俗和其他类似的东西。这一学派认为社会是某些先验的东西,能够被用于对尚存疑问的知识进行解释"(皮克林,2006)[2]。而"SSK 所寻求隐藏秩序的动机一直深深受到欧洲启蒙运动思想的影响。几个世纪以来,揭示隐藏真理的做法一直是西方科学的标志"(皮克林,2006)[3]。皮克林认为社会建构论并没有摆脱康德的自然与社会的二分对立。不过是将对科学从自然一端转向了社会一端,尽管社会建构论者的愿望是打破所谓的二分法及其暗示的地位差别,但是在解构了自然一端之后,他们却将社会一端推上了解释科学的权威地位,而这种情形恰恰是强纲领的反身性原则的自我背叛。

　　皮克林认为作为实践的科学与 SSK 不同,作为实践的科学摆脱了近代西方科学的框架。SSK 详细说明了分析关注的中心,它关注对科学知识的解释,而社会因素则提供了这种解释的工具。SSK 关注的不是直接可见的社会因素,而是试图挖掘隐藏的社会结构。另一方面,这是一场"去中心化"的运动,暗示着我们会积极去勾画任何特殊领域中可见的社会文化因素及其相互作用。人们可以说 SSK 所关注的不是作为发现的社会因素,它所感兴趣的是把社会因素划归为一种隐藏的社会利益。相反,在可见的领域中,人们能够发现社会与文化因素、关系与相互作用的惊人的多样性,使社会秩序与布局中的一种积极的活动成为可能,为真正的社会学研究打开了一个空间。这里,一个关键的经验问题是作为发现的隐藏着的社会因素是不稳定的;它不是某种能够解释其他事件的工具;在与其他层次的科学与技术文化因素——物质的、概念的或其他任何因素——的相互作用中,它不断地变化、进化与生成着(皮克林,2006)[3-4]。

归纳一下皮克林对 SSK 的批判。SSK 的主要问题有以下两点。一是将知识作为一种认识论的纲领,仍然是对传统的知识的哲学传统的继承,其寻求隐藏的社会秩序作为影响科学知识的基本致因,而这种思路是一种西方框架在社会学研究中的体现,也就是说,SSK 没有摆脱西方中心主义。二是 SSK 认为社会是某些先验的东西,能够被用于对尚存疑问的知识进行解释。然而,用隐藏的社会结构或社会利益来解释科学知识,对于可见的社会与文化因素及其相互作用不够关注,而作为隐藏着的社会因素是不稳定的,并不是一种能够解释其他事件的工具。

至此,建构主义视角下对科学事实建构过程的科学史研究实现了从对社会因素的关注到对科学实践活动的关注的转向。

二、科学事实的多元化转译

对科学哲学或者建构主义研究者来说,强调科学实验的地方性特征,找到实验室知识产生的过程何以进行,是研究的重点,而对于建构主义科学史研究而言,源于地方性的科学知识何以得到科学领域乃至整个社会领域的广泛接受才是需要考察的重点。

（一）边界对象理论

边界对象理论是 20 世纪 80 年代新兴的对科学知识的形成过程进行研究的一种新的研究理论。这一理论着重关注科学知识在形成过程中的地方性特征，同时还通过具体的案例研究描述了科学知识从地方性到标准化的过程，为科学形成的空间结构的分析提供了有效的分析手段和分析视角。

边界对象原本是指计算机软件工程中对共同服务于同一个客户界面的不同程序，这一理论在系统论和复杂性科学的研究中也是非常重要的概念。斯塔和格里斯默(Star & Griesemer, 1989)首次在 STS 研究领域中借鉴了这一概念。斯塔和格里斯默在对建造加州大学伯克利分校脊椎动物博物馆的研究中，在分析不同社会领域之间的成员如何相互作用做出贡献这一现象时借鉴了这一概念。边界对象促进了多样性交流，并策划了在众多社会领域中的共识："边界对象居住在几个不同社会领域的交界面上，满足其中每一个社会领域的信息要求。边界对象的可塑性足以适合几个采用它们的不同团体的地域需要与限制，然而，在足以充分维持着一种跨越不同场所的应用中被明显地构造。在不同的社会领域中，它们有不同的意义，但它们的结构是如此普遍，以至不会只有一个社会领域认可它们，它是一种转换的手段。"(Star & Griesemer, 1989)斯塔与格里斯默在对伯克利分校脊椎动物博物馆的筹建过程的研究中，关注了不同领域的行动者为了各自的目的，共同为建造博物馆做出努力。大学的管理者试图使加州大学伯克利分校成为一个合法的、国家级的大学；业余的收藏爱好者想收集与保存加州的植物志与动物志；专业的捕猎者想用动物的尸体去博物馆换钱；而当地农场主们偶尔也会充当田野考察者；当然，还有像安妮·亚历山大(Annie Alexander)这样对收藏与教育慈善事业感兴趣的环保主义者，以及像约瑟夫·格里勒尔(Joseph Grinnell)这样想证明自己的理论的科学家。借助边界对象这一理论手段，约瑟夫·格里勒尔与安妮·亚历山大在组织建造脊椎动物博物馆的工作中，试图消除异议，实现合作。当各式各样小组共同工作时，边界对象通过具体的工作过程得到显现，这并不是由某个单独的个体或群体所制造的，而是多个独立的地方性知识在形成某种新的地方性知识时共同合作的结果。

那么,作为博物馆主要创建者之一的格里勒尔是如何安排上述边界对象并创造出一种完成其博物馆建造与理论建构的手段的呢? 首先,格里勒尔把加州重构为他的"田野实验室",加州作为一个边界对象引起了几个参与小组的兴趣。其次,他用这一"田野实验室"把他自己建构成为加州的保护者与保存者以获得像安妮·亚历山大与其他环保主义者的工作与基金的支持。最后,格里勒尔用收集到的样本与标准信息,建构出他独特的进化理论——变化着的环境理论是自然选择、器官适应与物种进化的原动力,实现了他的研究目的。格里勒尔因此也能够通过边界对象来协调不同社会领域的利益,而对每一个不同的群体来说,这些对象具有不同的意义与局部的适用范围。

从格里勒尔的边界对象理论的应用中,可以看到在博物馆的建立过程中,各种管理目标的共同建构过程。格里勒尔转换所有这些不同社会领域利益的最好方式的行政决定,不仅塑造了他所建立的机构特征,同样塑造了其科学主张的内容(Star & Griesemer, 1989)。此外,博物馆还是格里勒尔证明其理论的方法与数据库,而证实博物馆及其生态信息对维持与例证化其理论来说至关重要。格里勒尔把精力集中在标准化的方法上,以获取他所需要的准确的生态信息,以及来自捕兽者、农场主与业余收集者的样本。最终的结果是,他的理论目标从当代生物学理论中消失,即使他那谨慎的方法论可能还继续存在(Griesemer, 1990)。这要求格里斯默认真地研究样本的博物馆设计组织,认真研究格里勒尔在 20 世纪 80 年代早期的论文,以重构与发展博物馆的组织理论。

通过边界对象理论起源的介绍不难发现,边界对象的定义是属于描述性质的,旨在对科学研究领域的形成过程和转译过程进行描述。而对于某一个研究对象而言,究竟哪些地方性的知识共同体可以成为构成一个边界对象并没有确切的界定。在实际的应用和操作过程中,尽管参与到构建边界对象理论的那些领域的研究共同构成了边界对象,但其准确概念仍有待界定,而支持这一界定也会随着研究者所持的理论依据的不同而不同。可以说,边界对象是就多个地方性知识共同建构新的地方性知识的过程的描述。这一概念超越了 SSK 将科学知识形成的原因单纯归咎于社会性的利益驱使,将科学自身在发展过程中多领域的合作多要素与多领域的协商过程的图景予以概括。

边界对象理论的引入,为研究库恩称之为"常规"科学时期下,不可通约性问题打开了新的研究视域,与此同时,正是因为边界对象的抽象性和不确定的特征,使得众多研究者在借鉴这一概念的基础上,针对各自的研究重点,发展形成了不同的具体化的、更具有操作性的研究理论。

边界对象作为一种可以对不同社会领域的多利益群体有效结合起来共同完成一项科学研究的过程进行研究的理论,在 STS 领域已经有了一定的应用,而在应用的过程中,也进行了适当的规训,并得到了进一步的标准化。

较为成功的应用边界对象理论进行案例分析的是藤村(Fujimura, 1992)关于乳腺癌的分子生物学癌症研究。在这一研究中,他分析了两种类型的地方性知识的形成和转译过程。其中一种是关于不同社会领域的利益群体共同实现癌症研究的案例,另一个是在科学研究内部,不同的生物学研究领域就癌症问题进行共同研究的案例研究。这两个案例中,藤村展示了从抽象的边界对象理论的应用到借鉴其他的标准化理论来规训边界对象理论并运用到具体的地方性知识研究中的图景,进而提高了边界对象在科学史研究中的可操作性。

(二)标准化整合

针对边界对象理论过于抽象,难以把握的状况,藤村提出用标准化整合来界定边界对象的范围,藤村通过强调利用转换、多角度的研究途径与重新表述过程中的边界对象来表述出较大规模的致癌基因学说,旨在强调的要点是致癌基因学说利用了边界对象与标准化工具的组合,这些对象与工具使不同领域在建构一种具有前景的理论时进行合作。在这种情形下,边界对象包括像基因、癌症、癌变基因、病变基因、病毒基因、细胞、肿瘤、发育与进化这类概念。这类概念是相当可塑的,对不同群体来说常常具有不同的意义。理论同样依赖于标准化工具中碱基顺序的数据库。数据库允许不同的研究线索共享基因与蛋白质碱基序列的信息。对这些碱基顺序进行研究的不同线索讨论着进化、癌症、正常的成长与发育，目的是开辟新的可能的相互合作途径。

致癌基因研究者，包括上述的 20 世纪 70 年代在加州大学旧金山学院医学研究中心微生物实验室里的毕晓普与瓦莫斯，利用边界对象理论与标准化工具建构了一个理论，这一理论反映出许多不同科学的社会领域中的知识问题。对于某些转换来说，他们用一种新的分析单位重新编织了现有的研究线索。对其他的转换，他们建构了原先不等价分析单位之间的等价单位。对另外一些转换，他们建构了在时空上的继续发展，同时在这些研究框架中引入新颖性。

通过采用基因、癌症、癌变基因、病毒基因、细胞、肿瘤、发育与进化以及标准化工具这样的概念，特别是碱基顺序信息的数据库，致癌基因研究者成功地建构了进化生物学、发育生物学与人口遗传学、医学遗传学、病毒性肿瘤学说、细胞生物学、发育生物学与癌发生说之间的联系。这些概念被相当松散地采用着，以允许在不同研究领域中的可变性及其工作场所的特殊性，而工具被非常特殊地采用。为证实这种结合的有效性，它允许几个生物学的研究者能够保持其领域中的工作，以支持与扩展他们的研究线索，把他们的理论强化为事实。藤村还概括了几个类似的相互作用，这反过来也可以表明含糊的概念与特殊的、标准的工具之间的整合，对稳定致癌基因理论及造成其流行具有重要的意义。而这种对形成过程中的研究目标在多领域共同合作的过程中实现标准化的整合的理论，对于考察在不同地方性之间相互协商、合作来实现共同的研究目标的过程提供了一种有效的分析手段。

第四节　科学文本、仪器与视觉表征的建构主义科学史

对于科学究竟应该如何解释的问题，除了从研究者的身份、研究的对象和场所进行研究外，建构主义者还将科学作为一种文本的科学修辞学建构，将实验室视为一个整体的科学文化的建构。鉴于这部分研究后面有专门的章节讨论，本节仅从建构主义科学史编史学结构的完整性角度简要介绍。

一、科学文本的建构主义科学史研究

在科学家可被观察到的科学活动中,本文是较易被获得的形式。对科学文本的考察是科学史研究的主要方式和手段。在科学家的科学活动中,所有活动中最有意义的部分,都是通过文本的形式记录和保存下来的。文本的功能首先是说服读者理解科学活动的基本形式,进而说服读者认可科学家就是自然的代言人。其次,文本也在科学共同体内部以及不同的研究范式之间建立起了解释学的沟通的桥梁。

首先,文本作为科学活动的表征是具有修辞性的。科学文本是如何成为科学实践过程的表征形式的呢? 在科学家看来,科学通过可观察的实践,寻找隐藏在自然背后的规律,科学文本对这些规律进行描述,为自然界的代言。科学文本的建构过程,就是将科学研究成果的文本化进而获得社会认可的过程。文本也由此成为整个科学实践过程中的对外开放的部分和可见的部分。科学可以通过考察可见的实践活动在假设基础上来理解。而科学家可被观察的实践也包括大量的口头的和书写的语言交流活动,所以,建构主义者的分析不能忽视科学语言,以便解决科学文本如何获得"事实效果"(reality effect)和科学家是如何使自己处于自然的代言人这个位置等问题。这可归因于语言的说服功能和传达意义的功能,对语言的说服功能进行分析是修辞学的任务,意义如何被解读则是解释学所关注的内容。

其次,归纳出科学文本的修辞特征是理解科学文本的客观性建构过程的关键。修辞学在漫长的西方哲学发展历史中,被柏拉图和亚里士多德等追求真理的哲学家所拒斥,修辞技术和对真理的表达形成了二元对立。然而,文本的产生离不开特定的修辞方法。承认文本的建构离不开一定的修辞策略,不等于简单地宣称科学史是修辞学的。更重要的是发现科学文本的修辞策略的独特性,解读其对建构科学文本的客观性形象的科学家在科学文本中用修辞方法来说服他们的读者,这个说服过程使得科学文本获得了"事实效果"。修辞学本身的存在时间比建构论要久远得多。从古希腊柏拉图对苏格拉底辩证法的推崇和对修辞技巧的诡辩论抨击,使得后来的哲学家们在提到修辞学时都有一种"修辞学没有内在价值,不过是不合理的技巧"的贬斥态度。而修辞学也为在历史与境中分析科学文本提供了三个基础概念:"一是传统(convention),意指由提供资源并产生约束,且在一个特定场景中影响发言者和写作者的某种正规的礼仪(certain formal protocol)来形成科学文本;二是观众(audience),这个概念是指所有文本都体现了一种指向预期的听众和读者的特定倾向;三是情景(situation),把对特定传统的采用,与观众所处的、被认为正当的一定范围的演说行为场境联系在一起。"(Golinski, 1998)[107]例如,夏平在《气泵与环境:罗伯特·波义耳的文学技术》(Shapin, 1984)一文中对波义耳的实验写作文本进行了这三个方面的分析,说明文本在波义耳那里只不过是作为一种工具,是为他说服读者的目的服务的。

夏平在对波义耳与霍布斯关于空气泵的有效性争论的研究中谈到,波义耳文章冗长,对环境进行事无巨细的描写,甚至包括失败的实验记录,在文章中添加能够表现三维立体效果的、带有阴影的设备图片,将自己的名字与贵族出身的社会地位恰当地添加在文本中,说服读者相信他所记录的都是事实。此外,夏平(Shapin, 1984)还将当时争论所处时代的政治与境联系起来,指出在英格兰复辟时期,知识精英们乐于将对政治稳定的倾向投射到对理论主张的需求之中,认为波义耳平静的经验哲学研究策略是与当时社会共同体的精神道德需求相一致的。

文本的解释功能亦即文本的表意功能,如果说对科学文本修辞学研究是从读者的立场进行的文本建构的话,那么文本的解释学功能研究则重回文本作者论述本意的真实还原。因此,文本的修辞学在一定程度上共同建构了科学解释学的基本框架。对文本的分析应该在解释学框架内来进行,因为解释学既指向文本作者也指向文本的阅读者,而历史天生就是一个解释学事业。戈林斯基认同历史解释的人类学方法把意义的产生和建构主义者强调科学的地方性联系了起来,"如此,历史学家努力把对科学文本要素的地方性理解,与语言使用者所属特定共同体的利益及实践相联系。这就要求去探索一组特殊文本解读的多样性、一个具体文本阅读的范围或者某个比喻的专用范围"(Golinski, 1998)[121]。而且,需要历史学家重视意义在不同语言领域间的转译。

　　不同共同体之间的语言的转译所产生的意义，通常是根据隐喻的作用 (the workings of metaphor)来讨论的。关于隐喻有两种相互对立的观点，一是传统的观点，认为科学理论的清晰阐述应包括能产生确切意义的概念，以达到它们被外行的共同体成员接受的程度，而后，这些概念就逐渐变得模糊不清和不确定了；另一种观点则认为，近来历史学家的研究表明，"科学家常常从其他文化领域借用一些术语(terms)，把这些术语不可分离的意义带入所谓的学术文本中"(Golinski, 1998)[122]。相关的历史案例包括史密斯(Roger Smith)对"inhibition"在 19、20 世纪的意义的研究，布诺(Jams Bono)对隐喻的研究，杨(Robert M. Yong)和比尔(Giuian Beer)对"达尔文的隐喻"的研究等。但比尔把达尔文的语言技巧归结为他对维多利亚时代文学作品的广泛阅读，是不能成为历史学家所希望的证明的。戈林斯基则主张从语义学、符号学以及叙事学的视角对科学文本进行解释学分析的途径，而且每个途径都强调了科学语言的一个特殊元素，从而可以从不同意义和不同用法方面进行追踪。

二、仪器操作与视觉的建构主义科学史

　　科学家的实践活动向实验室外转移的策略，除文本交流之外，还包括他们对实验仪器的操作和非推论性方式，特别是各种图示的运用。对这两个方面的历史研究，"已经从应用特定地方性资源建构的知识能够在其他场所复制方面进一步说明了'建构问题'"(Golinski, 1998)[133]。所以，对科学活动的综合性研究也需要关注实验仪器和科学文本中的图示。

　　对实验室中材料和仪器的控制构成了主要的实验室实践活动。17 世纪以来，实验室中仪器的制造、使用、展示都是科学史研究的对象，尤其是对于实验室中仪器作为维持研究对象与实验结论的客观性手段，成为科学家力图展现其实验结果客观性的有力工具。对于实验仪器相关的历史研究案例，可以从以下几个方面来概述：首先，就实验仪器产生和应用的历史研究来看，所有的仪器都是在特定的社会和文化背景下产生的。培根认为，从使用"仪器

和工具"来代替人手和人脑之日起,实验科学就已经开始通过人造仪器来从事自然知识的生产,并产生了一个为它的认识论目的服务的技术学(Golinski, 1998)[134]。历史学家如古丁、哈克曼(Hackman)等的研究表明,实验仪器如天文望远镜、气压计、温度计等,都是在特殊社会和文化与境中获得意义的。其次,他又通过历史学家对汤姆逊(Thomson)实验室、卡文迪许(Cavendish)实验室仪器制造的历史研究,说明了实验仪器的制造和应用是在个性化场所中进行的,所以,也应该在地方性与境中对仪器操作进行解释和说明。最后,戈林斯基认为 20 世纪晚期以来实验室的规模日益庞大以及仪器设施日益复杂,都对历史学家的解释工作提出了挑战。如何理解这些实验体系的历史发展?如何陈述它们特定的暂时性? 对于历史学家来说,可用的一个方法就是强调仪器设备的"黑箱化"(black-boxing)。皮克林、拉图尔等建构主义者也都通过具体的案例分析,描述了仪器设备的黑箱化为保证实验现象的稳定性具有重要意义。

总之,关注仪器的建构、特定地域文化对该过程的贡献、仪器系统中实验现象的持续固定化等,这些方法可以应用于所有的实验科学。接受这种建构主义方法挑战的历史学家将尝试着从特殊案例中识别出这些一般特征,同时也不忽略不同学科和历史时期的特定环境因素和文化与境(Golinski, 1998)[144]。

通过对科学文本中图示的考察,戈林斯基指出,任何对科学实践的叙述都不得不面对各种图示的重要作用。拉图尔和伍尔加就曾在他们的实验室人种志研究中观察了仪器的铭写(inscription)是如何被常规性地转换成表格和图片以修饰发表的论文的。照片、图表甚至是以表格形式制定的数字也能被视为给数量发现交流的视觉说服力增加了一个要素。建构主义者在实践中从三个方面对图示进行研究:一是图示被运用的不同场景(settings),从实验室到田野考察场点、到现代化的教科书等;二是图示被重建的作用(function);三是与环境和作用相关的不同图示所运用的不同技术(technologies)。

戈林斯基指出:"对图示的历史研究采用建构主义的视角并非否定特定图示作为事实描述方式的适当性,而是要从掌握不同图示的作用和意义方面抛开价值判断问题。甚至那些在现在看来不正确的图示,比如中世纪的解剖图、地图,也值得我们按照制作者和运用者的意图去研究。相反地,照片作为一个被我们现在看作通向外界实在的窗口,也需要我们进行历史性考察,以揭示它取得这种地位的背景。"(Golinski,1998)[147] 戈林斯基还通过大量的历史案例展示了有关图示的研究成果,认为无论在什么场所,图示都是以运用的技术似乎是透明的这种方式出现的,而历史学家们则应该试着用不透明的方式对待这些技术并仔细考察它们在人类创造意义的劳动中所发挥的作用。

可以说,不论是实验室仪器的整体性展示,还是对实验过程和结果的图示性说明,都是旨在建构科学实验过程中的客观性和中立性特征的策略。实验研究成果一旦产生,其向实验室之外的转译就不再是生产自然知识,而是展示实验结果,因此,转译中的实践结果是已知的,所有实践要素的组合不过是为了重复实践过程罢了。

第五节　建构主义科学编史学的困境与发展

从 SSK 强纲领的激进观点到对科学知识的社会学分析,可以说,STS 的建构主义图景从其建构之初,科学史就发挥着关键的作用,然而,在最后形成 STS 的理论图景之后,那些曾经在新近的科学论中发挥关键作用的科学技术史却成了不相干的东西从 STS 的地图上消失了(贾撒诺夫,马克尔,2004)[3]。建构主义科学史从科学争论研究出发,重建了科学史的研究策略。然而,随着近来文化论和科学哲学的实践转向,以及后 SSK、后人类主义等理论的兴起,建构主义及其进路下的科学史研究似乎已经完成了其历史使命。

一、科学文化观的社会建构性

在对建构主义研究的多元进路考察中,本章明确了其中一条沿着科学社会学—科学知识社会学—文化人类学—科学实践哲学演进的建构主义方法论路径。沿着这条路径,建构主义科学史重构了理解实验的方式、科学理论的建构要素以及科学知识的普遍性。曾经被普遍接受的科学固有概念受到了社会因素的历史建构与境的挑战。多元科学文化观正在形成。

首先,劳斯利用"文化"概念把曾经属于科学知识社会学或"社会建构论"研究进路相似的部分区分开来,以避免"社会学"一词阶级性倾向(Rouse,1993)。在劳斯看来,建构论无法超越理性的与社会的对立,这正是现代性二元对立的基本特征,如果将社会建构论作为对科学的整体性描述,势必将忽略更多的作为整体的构建因素,如科学实践者所面对的更为复杂的、涉及实践者自身对科学实践的理解。例如夏平和谢弗在波义耳和霍布斯争论的分析中对自然知识和社会知识领域划界问题的讨论等。

其次,1959年,查尔斯·斯诺(C. P. Snow)在剑桥作了"两种文化"的演讲,引起了人们对科学文化与人文文化的广泛讨论。斯诺将文化的概念作为一种超越社会领域的价值观框架,认为科学和技术为满足人类的需求提供了最好的解决路径,这一信念是宗教诉求的一种现世的替代。斯诺对科学作为一种文化的描述,充满了道德判断和审美价值体系符号,但独立于构成智力生活的社会条件框架,没有将这种文化与具体社会与境相结合。或者说,斯诺的主张缺乏对具体的科学研究机构和有关科学家态度的实质性分析,是一种远离社会领域的空谈(Edgerton 2004)。

第三,作为地方性知识的人类学进路科学史研究,将科学活动与其他人类活动同等对待,通过扮演"陌生人",展开实验室整体性研究。人类学进路下的研究往往是集中在相对有限的时间和空间之内,由人类学家通过优先处理某个具体的机构或社群来设立一种家族相似的榜样,进而为解释同类现象设立考量的尺度。因此,人类学进路下的科学史研究中的"文化"是一个规模相当有限的结构。如特拉维克在《物理与人理:对高能物理学家社区的人类学考察》中,对于高能加速器研究机构(KEK)高能物理学家共同体的描述:"一种文化的宇宙观,也就是这种文化的关于空间和时间的概念以及这种文化对于世界的解释说明,是反映在社会行动领域中的。"(特拉维克,2003)[185]物理学家们所栖身的社会世界与他们所创造的物理理论世界之间,或者说,在物理学家的精神世界和他们所栖身的社会世界之间,是一种无限的精神世界与有限的现实世界之间的矛盾。实验知识的扩展,正如前面所述,依赖于技术制品、表征、文本修辞等社会性的建构技巧,科学事实的扩散,离不开建构科学事实的建构论要素。或者可以说,建构论已经参与到这种普遍而异质的人类学网络扩张图景之中了。

综上所述,将科学作为一种文化的研究是建构主义科学史在经历了人类学转向、实践转向之后,在对技巧和规范、仪器与表征等的关注过程中,科学的社会学分析始终参与了对理解自然科学知识的科学史研究。

二、微观历史困境

科学史作为一种历史研究,在历史学经历了从编年史的宏观历史到微观的历史研究的转向之后,宏观的科学史何以可能,继历史的辉格式解释之后,宏观史学理论的方向又是什么等问题同样也是科学史研究中面临的重要问题。从建构主义科学史的编史学理论中,能否走出微观历史的桎梏,写出宏观的建构主义科学史问题,也是本文所关注的并尝试解决的问题。

历史其实就是讲故事,和小说家、诗人不同,历史学家的故事被认为是更可信的。"历史"一词既指过去发生的事情,也指对过去发生的事情的叙述过程。叙述的过程中不可避免会有节略,而节略的标准或者说理论并不是唯一的。根据不同的节略标准,可以得到不同的历史图景。辉格史选取了站在当代的角度,把科学描绘为一幅避免错误不断进步的标准,夏平和谢弗则把近代实验科学的诞生看作胜者为王,败者则要退出历史舞台的残酷而带有悲剧色彩的一场争论。对于解释现代科学来说至关重要的实验科学,并不是平稳地过渡到现代科学事业上的,其中存在过激烈的竞争,并且,令人遗憾的是,取得胜利的实验科学打败对手的方法并不是我们想象的那样值得信赖。甚至和争论双方所持的当时的政治、宗教以及民主立场都密不可分。而且,霍布斯的失败并不是理论上站不住脚(相反,他的几何式的论证更可信),而是因为他拒绝加入皇家学会,最终被排除在科学共同体之外,失去了论战的阵地。夏平和谢弗的研究提供了科学史的另一种解读,是对科学历史发展的多元建构的成功案例。

科学史家作为比人类学家和社会学家更可靠的故事讲述者,其所叙述的既是历史上发生过的事情,同时也是科学家视野里发生的故事。所谓的历史1与历史2在科学史的叙述中,既是难以截然分开的一体两面,又是科学史研究得以进行下去的必要条件。作为历史学领域中的新成员,科学史的发展,必然需要借鉴史学领域中的研究成果,丰富和完善科学史领域中的编史学理论。如著名史学理论家海登·怀特在分析编史学的风格问题时,将反辉格的编史学的风格描述为三种模式的特定组合过程(怀特,2004)[38]。而每种模式都可以归结为与境性、论证性以及意识形态蕴含性三个角度在合理的前提下进行组合:

情节化模式	论证模式	意识形态蕴含模式
浪漫式的	形式论的	无政府主义的
悲剧式的	机械论的	激进主义的
喜剧式的	有机论的	保守主义的
讽刺式的	情境论的	自由主义的

在三个角度的组合下,史学研究从编年史发展为丰富而有不同研究指向的多元化的研究领域。而对于科学史的研究来说,合理的借鉴这样的研究模式,将科学史的研究视野,从库恩后的微观史学研究,转向后微观史学时代的新的综合通史的研究,提供了一种可能。如果将已有的建构主义科学史研究进行这样的分类的话,夏平和谢弗的《利维坦与空气泵》可以看作是一部悲剧式的、与境论的激进主义的科学史研究。然而,夏平和谢弗的工作集中于争论过程的研究,缺乏一种宏观上的历史性的维度,更多的是一场微观的历史事件的描述。对科学家身份以及科学实验事实建构方面的编史学研究,则是在这一模式下进行一种可能的尝试。

(王哲撰)

第二章
女性主义科学编史学

女性主义是相对新颖且近几十年来在西方科学史领域影响日深的重要进路,学术界对于它们之于科学史研究在分析视角、研究方法、编史原则、科学史观等方面的影响,均未有足够的深入分析。尝试对女性主义科学史理论与实践的发展和意义进行编史学的考察、分析和总结,并将它与其他的科学编史进路进行比较,是本章的主要目标。

第一节　性别与科学社会建构观下的女性主义科学史

女性主义科学史研究的理论基础是什么？这一理论基础是否经历了变革和完善？其具体体现如何？这是本章第一节和第二节要讨论的问题。

一、理论基础：科学的社会性别建构

女性主义科学史研究的理论基础在于科学和性别之间的关联,而这两者的关联在更深层次上依据的理论前提则是性别的社会建构与科学的社会建构。

（一）性别的社会建构

性别社会建构理论的形成直接体现在女性主义研究最为重要的学术概念——"社会性别"一词的出现上。社会性别既是当代女性主义理论的核心概念,又是女性主义学术研究的主要内容。它的出现与女性主义对性别差异

的解释,以及对本质主义的批判相关。

在 20 世纪中叶的主流话语中,生理性别的差异被认为是两性差异的基础。20 世纪 60 年代末以后,对妇女本身的研究和对两性生理差异的研究开始让位于对两性性别标签的研究(Keller, 1988)。在一些社会学的研究中,学者发现人们给两性设定的形象不同,对他们的行为所给出的要求和规范不同,对他们的社会价值和个体价值的期许也不同(Archer and Lloyd, 2002)[21-38]。随着此类研究的深入,女性主义学者普遍认识到妇女扮演的性别角色是社会文化不断规范的结果;生理状况不是妇女命运的主宰,男女性别角色可以在社会文化的变化中得到改变(王政,2003)。基于此,美国女性主义学者开始对两个基本的学术概念"生理性别"(sex)和"社会性别"(gender)进行了区分。社会性别概念的运用,使得女性主义学者不再陷入关于性别差异的生物决定论的困境,转而关注造成这些差异的社会文化成因;不再执着于区分男女两性的性别差异,转而考察这些差异的内涵和被建构起来的过程(Keller, 1995)[26-38]。对于女性主义学者而言,社会性别概念最重要的意义就是:既然性别和性别差异是社会建构的产物,我们通过多重途径改变这种建构,实现两性平等便成为可能。20 世纪 80 年代以来,多数女性主义学者都将性别的社会建构观视为其研究的基本出发点或者说理论预设(Kessler and Makenna, 2003)。

就科学中妇女史的研究而言,正是基于性别的社会建构理论,才使得它不再局限于对被以往研究所忽略的伟大女性科学人物的挖掘和承认,而是日益关注科学中存在的种种关于性别的刻板形象,开始思考科学中性别差异的形成过程;并且进一步分析科学在社会性别意识形态形成与变革过程中起到的影响,探讨科学作为一种社会建制具有什么样的社会性别结构和文化特征等问题。正是在这个意义上,凯勒(Keller, 2002)强调:"大量的妇女进入科学确实能至少在某些学科上改变科学的内容,但其改变的方式并非大多数人认为的那样。妇女在科学中的出席改变了科学的内容,并不是因为妇女将传统的女性气质或女性主义价值观带到科学实践中,而是因为她们的存在有助于为她们所在的各个领域的每一个人去除传统的社会性别标签。"为此,凯勒

(Keller, 1985)[3] 强调她的女性主义科学哲学和科学史研究的前提之一是"性别是社会建构的范畴"。

(二) 科学的社会建构

科学的社会建构理论根源于 20 世纪以来后现代社会理论、科学社会学、科学哲学领域对现代性和科学的批判。其中,法兰克福学派率先展开了对技术理性的社会批判。20 世纪 60 至 70 年代以来,后现代社会理论、科学哲学、科学知识社会学(以下简称为 SSK)的科学批判影响深远。其中,福柯(M. Foucault)表示,现代科学知识一方面以客观真理的身份在社会中得到普遍传播,一方面又作为政治权力控制社会的基本手段起着规范化和合法化的功能(赵万里,2002)[15-16]。在库恩(Thomas S. Kuhn)、费耶阿本德(P. Feyerabend)和罗蒂(R. Rorty)为代表的科学哲学家那里,传统的认识论和科学真理观进一步被动摇。SSK 则明确提出,科学知识并非由科学家"发现"的客观事实组成,而是科学家在实验室里制造出来的局域知识。通过各种修辞学手段,人们将这种局域知识说成是普遍真理(赵万里,2002)[2]。上述领域对科学客观性和中立性理论的反思,既构成了女性主义科学元勘的深层与境,也构成其具体研究的理论基础之一。正如凯勒所言:"性别和科学都是社会建构的范畴,这是对社会性别与科学进行反思的基本前提。"(Keller, 1985)[3-4]

女性主义学者认为,在认识论和方法论层面,传统客观性概念意味着我们的理论反映了实在本身,它们不会受到人类利益、欲望或主观意识的污染。在形而上学层面,传统的客观性观念意味着在认识者和世界之间存在鲜明界限,认识者完全独立于世界之外(Worley, 1995)。在这两个层面,女性主义学者均展开了批判。以安德森(Elizabeth Anderson)为例,她在评价朗基诺(Helen E. Longino)的认识论时就曾明确指出,"女性主义认识论必须解释如下问题:具体的科学理论和实践如何是男性中心主义的? 这些男性中心主义偏见的特征如何在科学的理论研究以及理论知识的应用中得到表达? 这些特征又如何影响到对科学研究的评价?"(Anderson, 1995)显然,只有在假定科学社会建构论的前提下,才有可能对其所内含的男性中心主义的社会性别观念与意识形态展开分析。

第二个层面的批判,以凯勒的科学客观性理论为典型。她通过对科学客观性概念的历史批判和心理学分析,指出传统的科学客观性以主客体分离为前提,以忽视情感、关系和爱为代价,宣扬了以理性、分离和控制为基调的男性中心主义偏见,而她所主张的"动态客观性"则以尊重客体本身的独立性、整体性及其与主体之间的关联为前提,真正将他者视为类似于己的主体,通过关联、情感和爱而非分离、控制和统治,来获得对他者的认识。

在女性主义科学史研究者看来,"20世纪60年代以来,虽然英美的科学史研究开始挑战科学的客观性、价值无涉性和进步性观念,开始把科学作为一个政治范畴来进行历史考察,但是基于将科学看成是社会的、政治的建构产物这一新观念的科学史研究,仍然很少关注女性对于自然知识的贡献"(Outram, 1987)。女性主义科学史的案例研究也表明,它始终致力于阐明的都是:近代科学从其理论到实践,从其历史到现实都充满着男性中心主义的偏见,科学与社会性别意识形态、社会性别权力关系紧密纠缠、互相建构,科学远非客观中立的真理表达。正如图安娜(Nancy Tuana)所说:"科学是一种文化建制,它由实践于其中的那种文化、政治、社会和经济的价值观念所建构。女性主义学者并非是最先反思科学传统形象的群体,但却最先认真考察了性别偏见影响科学性质和实践的多种方式。"(Tuana, 1989a)[XI]

(三) 科学与社会性别的互构

性别的社会建构和科学的社会建构是女性主义科学史研究的理论前提,它们表达了女性主义将性别与科学关联起来的深层内涵,直接构成了女性主义科学史研究的理论基础。这一理论基础扩展到科学史研究,具体化为如下两个方面的内容。

第一,解析并批判主流科学中的男性中心主义编码。

科学史家约尔丹诺娃(Ludmilla Jordanova)认为"科学知识是关涉社会性别的"这一命题至少包含两个方面的内涵:"第一,追求知识的形式充满了社会性别的假定。第二,科学知识在内容上依据其解释自然的目标,不断调节着社会性别关系。"(Jordanova，1993)[478-479] 这表达了女性主义学者对性别与科学互动关系的一般看法。其中，对知识追求形式中社会性别假定的考察与揭示，集中表现为对西方近代科学男性中心主义偏见的解析和批判。反过来，这种性别化的科学又对社会性别意识形态进行不断的阐释和建构。这正是"科学是关涉社会性别的"命题的第二方面含义，相关的历史研究也成为女性主义科学史研究的另外一类重要内容。

值得注意的是，无论是第一个方面还是第二个方面的研究，都是在社会和文化象征的意义上来说明科学和性别的互动关系。换句话说，它们是在关于性别和科学的社会文化特征意义上阐述二者关系。对于第二类的工作而言，科学将性别差异本质化，恰恰说明了性别是社会建构的产物，甚至身体本身都是社会建构的产物。就第一类的工作而言，考察社会性别偏见对科学形式和内容的影响，则阐明了科学是社会建构的产物。

第二，重新评估由女性气质表征的科学传统。

科学的社会性别化还表现为对非主流的、被认为具有女性气质的科学传统以及由女性气质表征的那些研究方法的排斥。

在科学元勘领域，一些女性主义学者曾尝试建立女性主义的知识图式、文化模式和研究进路，发展某种"女性主义科学"。其构想大致可分为以下几种：第一种是在对具有性别偏见的"坏科学"进行批判的基础上，期望通过严格遵守和执行科学的标准、规范，建立一种客观的、好的科学。第二种是在批判主流科学文化对于女性独特才能忽视的基础上，期望在女性气质和科学之间建立关联。在此，女性气质指称的是其所属男权文化对于女性的规定，以这种女性气质作为特殊优势构建的"女性主义科学"，由于采取本质主义的立场，已遭到大多数女性主义学者批评。第三种是强调女性作为边缘人群和弱势群体的生活经验与独特视角，强调知识的情境化和价值负载性，试图在消除传统的价值中立观念以及二元论思维模式的基础上，建立一种具有"强客观性"或者"动态客观性"的科学。这种科学观由于既挑战了科学的客观性、普遍性和价值中立观念，又忽略了女性主体身份、经验视角的差异性和多样性，同时遭遇传统科学观和后现代主义科学观的双面夹击。

这些学者在批判主流科学中的性别偏见的同时,尤为强调对历史上和现实中女性智识资源加以挖掘和肯定,并对其重要性加以说明。例如,哈丁(Sandra Harding)曾感叹:"为什么不能像对待已成为现代科学技术思想基础的男性生活所产生的资源那样,对妇女生活所产生的资源进行分析呢?"(哈丁,2002)[123] 基于类似困惑和目的,其他女性主义科学史家也在思考历史和现实中是否存在"女性主义科学"的痕迹甚至范例的问题。他们追问:如果存在,它们为何没有被主流文化所认识? 如何去解读这些科学形式? 为解答这些问题,他们根据自身对"女性主义科学"的理解,或者发掘并考察了被传统科学史所忽略的研究主题,或者重新解读了科学史。

二、案例研究:科学中的性别政治

解构科学知识追求形式中充满的社会性别假定,分析社会性别意识形态之于科学发展的影响;揭示科学和医学对于社会性别关系和意识形态的说明、建构与强化;考察被认为具有女性气质的科学传统的历史,这三个相互关联的方面构成了女性主义科学史的三大研究方向。其中,关于近代科学起源的研究和关于生物学、医学中性别差异理论的大量讨论,是女性主义科学史解析西方主流科学中男性中心主义编码的两条主线。

(一) 近代科学起源与社会性别

"科学革命"历来是科学史研究的重要主题,麦茜特(Carolyn Merchant)、凯勒、哈丁和哈拉维(Donna Haraway)等一批女性主义科学史学者和科学哲学家对近代科学起源进行了社会性别视角的考察,揭示出近代科学的父权制根源。她们尤其强调了社会性别意识形态在科学发展中的影响与作用,认为这种影响是从最为根本的思维方式上进行的,它使得人们发现科学并非像其维护者所宣扬的那样是客观的、价值中立的,改变了我们对近代科学革命的历史图景的传统认知。

其中,麦茜特通过对自然隐喻、性/性别隐喻及其变化的分析,揭示出科学革命对女性自然的扼杀,以及科学中的性别政治内涵:"古代将自然等同于一个哺育着的母亲,这个等同将妇女史与环境及生态变迁史联系了起来。女性的地球位于有机宇宙论的中央,这个宇宙论却被'科学革命'和近代早期欧洲兴起的市场取向的文化所渐渐破坏。"(麦茜特,1999)³ 麦茜特首先通过对文艺复兴时期的田园诗,以及柏拉图、赫尔墨斯、帕拉塞尔苏斯等人的文本进行分析,论述了古代西方"将自然看成是养育者母亲"的自然观;随后,揭示了人们操纵自然的经验导致有机论自然观被摧毁并为机械论让路的过程。其中,她尤其对培根的《新大西岛》进行了解读,认为培根认可了对自然和女性的控制与剥削,并分析了机械主义哲学与社会秩序观念中蕴涵的对女性和自然的控制观念。

凯勒也发现培根的性/性别隐喻深深隐含了控制和统治的观念(Keller,1985)³⁵。例如,培根曾说:"让我们在心灵和自然之间建立纯洁而合法的婚姻""我到达真理,引导你,使得自然和她所有的子孙被捆绑起来为你服务,成为你的奴隶"(Farrington, 1951);"事物的本性,在实际的、机械的技艺拷打下,比在自然状态下,更愿意泄漏自身的秘密"(Fulton Henry Anderson, 1960)²⁵ 等。在凯勒(Keller, 1985)³⁴ 看来,这些隐喻说明"培根的科学观毫无疑问地会导致人类对自然的主权、统治和控制",然而,她也注意到培根隐喻的回应性的一面。通过对培根的另一著作《阳性时代的诞生》(*The Masculine Birth of Time*)[1]的解析,凯勒(Keller, 1985)³⁸ 发现,在培根看来,接受上帝的真理,心灵必须是纯净、顺从和开放的,只有如此,它才能分娩出具有男性气质的阳性科学。清除污染,心灵能为上帝受孕,且在此过程中被阳性化,获得了性能力,在与自然的联合中便能生育出阳性子孙。借鉴关于俄狄浦斯情结的分析,凯勒(Keller, 1985)⁴⁰⁻⁴¹ 认为培根的隐喻浓缩了对母性的挪用与抛弃的双重冲动,通过与父亲的认同,科学同男孩一样进入了男性的世界。在她看来,虽然在这些隐喻中,最为显著的是对女性气质的抛弃,这一抛弃常常被看成是科学事业的一般特征。但是,当认真分析它们时,就会发现在简

---

[1] 该书的零散文字写于 1602 年或 1603 年,在培根生前未公开发表,后由法林顿(Farrington)于 1951 年翻译出版。

单抛弃的背后,实际上事先预留了一种女性模式,它的存在使得更为急迫的、侵略性的抛弃成为必要。换言之,培根主张的科学家的侵略性的男性姿态,现在也许应该被看成是被一种需要推动着,这一需要就是去否认所有科学家包括培根本人私下都知道的事实:在某种程度上,科学心灵必须是一种雌雄同体的心灵(Keller,1985)[41-42]。

麦茜特和凯勒的研究深刻揭示了性/性别隐喻与意识形态在近代科学诞生过程中的深刻影响。在有机论和机械论的竞争中,近代科学站到与资本主义工业生产模式相适应的价值观一边,扼杀隐喻中与阴性相关的自然,并代之以一种阳性化自然的历史过程。以往对于科学革命的研究往往集中在哥白尼革命等方面,言说了近代科学的诞生及随之而来的社会进步的历史,她们则从社会性别视角和生态视角出发,表达了对科学革命的新理解,即就妇女和自然而言,"科学革命"并没有从古代的假定中解放出来,没有带来精神启蒙和客观性,反而给对自然和女性的奴役与控制提供了新的科学理论依据和技术手段。

(二) 生物学、医学与社会性别

女性主义科学史集中研究的另一主题是西方生物学、医学中的性别差异理论与生育理论,通过历史研究深入揭示了医学、生物学对社会性别意识形态迎合、建构与强化的作用机制。

其中,席宾格尔(Londa Schiebinger)考察了自古希腊至18世纪医学与解剖学同社会性别差异观念的互动关系史(Schiebinger,1989)[163-164]。她发现,在盖伦医学中,随着含"热"量的变化,女性可能会转变为男性,相反男性不能转变为女性(因为事物总是朝着完善的方向发展)。并且自古希腊开始,性别差异便反映了一系列的二元对立原则。围绕四种属性的种种二元对立关系还被赋予了不同的等级。热且干的事物(例如男性),被认为优于冷而湿的事物(例如女性),在此古希腊的宇宙论图式和医学图式结合起来,阐明了性别差异和性别等级区分的社会性别观念(Schiebinger,1989)[161-163]。

至16—17世纪,在新的解剖学观点(男女身体差异仅体现在生殖器官上)

和古老的性别差异观念（心灵存在性别差异）之间出现了矛盾。要解决这一矛盾，要么改变社会性别观念，要么改变生物学，18世纪中叶到19世纪初的生物学家和解剖学家选择了后者。他们对盖伦医学和16—17世纪的解剖学提出全面挑战，以使得新的解剖学更好地说明和支持当时的社会性别观念，尤其是为当时社会对母性的重视提供生物学依据。18世纪中叶之后，很多解剖学家开始呼吁对两性身体差异进行全面的解剖学研究。其中，德国解剖学家阿克曼（Jakob Ackermann）在他长达两百多页的著作中详细比较了男性和女性在骨骼、血管、大脑等各个方面的差异，并呼吁解剖学家们去发现"性别差异的本质"（Schiebinger，1989）[189]。此外，她还集中对比分析了当时解剖学家阿尔比努斯（Bernard Albinus）的男性骨骼图，阿尔科维尔（Marie Thiroux-d'Arconville）和泽默林（Samuel Thomas von Soemmering）的女性骨骼图，发现了当时的解剖学对社会性别差异观念的积极迎合（Schiebinger，1989）[214-216]。在她看来，18世纪关于性别差异的解剖学研究之所以如此兴盛，原因还在于当时法国启蒙思想家面临着一个困境，即妇女应处于屈从地位的古老观念与人人平等的人权原则之间存在矛盾，他们必须依据科学理论来裁决当时关于性别平等的争论。在他们看来，如果要把女性排斥在政治之外，就必须找到男女之间的"本质差异"，以使这种排斥合法化。

除席宾格尔之外，图安娜和由吉尔伯特（Scott Gilbert）领导的"生物与社会性别研究小组"在此方面也开展了研究。其中，图安娜（Tuana，1989b）[153]发现"女性比男性劣等"是亚里士多德生物学理论潜在的信念基础。并且，通过考察17世纪预成论生育理论中的卵原论和精原论的竞争，她认为自古希腊到18世纪的生育理论不管其形式如何，其中内含的"女性比男性劣等"的性别偏见一直没有改变，它直接影响到科学观察的过程、对数据的解释和理论的辩护与证明（Tuana，1989b）[168]。

"生物与社会性别研究小组"（The Biology and Gender Study Group，1989）则对19世纪和20世纪的受精理论进行了考察，发现关于两性在生育中的作用的观点仍然没有改变。通过考察盖迪斯（P. Geddes）等人的著作，他们发现这些生物学家都以新的隐喻表达出亚里士多德关于两性在生育中不同作用的古老观念。甚至"精子是英雄,通过千军万马的斗争获得作为奖赏的卵子"的故事,在 20 世纪 80 年代的受精理论论文中仍有表达。随后,他们又揭示出这一神话以新的形式在分子生物学中的延续,尤其是关于细胞质和细胞核的研究中浸透着社会性别偏见。他们认为,所有这些叙事都符合社会关于男性气质与充满能量、女性气质与被动无助相互联系的刻板印象;这些刻板印象通过科学语言得到宣传,给学生传达了关于性别本质的错误理解,然而却被宣称是客观的。

此外,朗基诺和德尔从进化论和神经内分泌学这两个学科中研究问题、研究数据、研究假设、证据与假设的差异等方面入手,揭示了"男性中心主义偏见在科学研究内容和过程中的多种表达方式"(Longino and Doell, 1983)[206]。她们认为,进化论的研究为行为差异提供了普遍性依据,因为在进化论看来,在物种的整个发展历史中,社会性别和性别角色都保持了基本的稳定;而神经内分泌学则为行为模式提供了生物决定论的解答,因为它认为特定的行为或行为特征取决于先天的荷尔蒙(Longino and Doell, 1983)[223]。

上述案例研究从总体上展现了,自古希腊到 20 世纪 80 年代这一大跨度的历史时段中,西方性别差异理论所经历的从宇宙论层面的讨论,到细胞生物学、神经内分泌学的精致研究的漫长发展过程。尽管不同学者考察的焦点和时间段不同,但得出的共同结论是:尽管有关生物学和医学的基本概念、术语、方法在变化,但"女性比男性劣等"的性别意识形态却始终在其发展过程中起作用;生物学和医学中充满了社会性别偏见,这些偏见体现在科学研究的基本假设、问题选择、数据解释等各个程序之中,科学并非其捍卫者所宣扬的那般客观中立;生物学、医学、身体和社会性别观念不断建构,而且这种建构既是相互的,也是长期的。

(三) 麦克林托克、助产术与"女性主义科学"

在女性主义学者看来,科学性别化的另一表现是科学中具有女性气质的研究方法和风格被边缘化,非主流的"女性主义科学传统"被科学史所忽视。

其中,凯勒关于麦克林托克的当代科学史案例研究便是一例。凯勒

(Keller，1985)[160] 选择麦克林托克作为研究对象，是因为"她的成功无可争辩地确证了其作为科学家的合法地位，同时她在科学领域的边缘化又为考察科学知识增长过程中异端思想的角色和命运提供了机遇。这种双重性表明，在不同程度上，价值观、方法论风格和研究目标的多样性总是存于科学之中的；与此同时，它还表明了容纳这种多样性所面临的压力"；她将麦克林托克的科学生涯看作"是关于这样一个过程的故事：通过这一过程，共同的科学话语被建立起来并被有效限制，同时保持充分的渗透能力，使得在一个时代不能被理解的特定工作能被另外的时代所接受"(Keller，1985)[161]。

　　然而，当凯勒将关于麦克林托克的传记发表之后，不同的人对这一著作进行了不同解读。"女性主义科学"的倡导者认为，麦克林托克恢复了女性气质对于科学的价值，多年的斗争使她终于赢得了主流科学的承认(Keller，1987)[41]。与此同时，主流科学的捍卫者则认为麦克林托克"对有机体的情感"是所有优秀科学家所具备的品质，这并不意味着女性气质的独特性，而且麦克林托克只是一位个性很奇特的女性，不能作为一般女性及女性气质的代言人，因而根本就不存在主流科学之外的另外一种科学(Gould，1984)。就连麦克林托克本人也坚持认为，科学始终是客观的、价值中立的，与性别无关的事业(Keller，1987)[41]。凯勒作为引发争论的研究者，对此给出了明确回应。

　　凯勒(Keller，1987)[41] 认为将麦克林托克的故事看成是"女性主义科学"范例的想法是成问题的。这些观点忽视了科学家的社会化过程，因为"科学是由过去和现在的实践者定义的，任何人想要被科学共同体接受，就必须符合其现存的规则。……期望女科学家和她们的男同事们之间存在尖锐差异，这是不合理的，而且这一观点确实会让大多数的女科学家感到害怕"(Keller，1985)[173]。对于后一种解读，凯勒认为"讨论的角度首先必须从生理性别转向社会性别，其次必须从性别的社会建构走向科学的社会建构。这样问题便可转换为：不是为什么麦克林托克在她的科学实践中要依赖于直觉、情感、关联和关怀的感觉，而是为何这些资源被主流科学所批判？如此，答案就包含在问题之中：对这些资源的批判正是源自日常将这些资源命名为女性气质的内容，而科学则命名为与此相反的男性气质建制。麦克林托克故事中隐含的科学与社会性别的相关性,便从社会性别在麦克林托克个人社会化过程中发挥的作用问题,转变为社会性别在科学的社会建构中产生的影响问题"(Keller, 1987)[42]。

显然,凯勒强调的是科学中的差异而非"不同的科学"。一方面,她坚持科学和性别的社会建构性,认为这是女性主义科学元勘的基础;另一方面,她又认为科学实践和科学话语的开放性能限制科学中的男性中心主义偏见。她在"女性主义科学"问题上的保守性,与她作为女性科学家的身份有关。正如她本人所言:"因为我是个科学家,不能支持抛弃全部科学的观点。"(Keller, 1985)[177-178]

与凯勒不同,金兹伯格(Ruth Ginzberg)可看成是理直气壮地阐述"女性主义科学"历史的代表。她认为,传统文化对于科学的定义自动地将女性主义科学传统排斥在主流科学之外。首先,我们被教导"科学"是由那些获得科学家头衔的人来从事的工作。其次,妇女的知识及其证明和传播往往靠口授相传,未被结构性地组织起来,在男性中心主义西方文化的历史记载中总是不可见。再次,人们做出具体实际的努力去压制、抵抗女性气质的科学。所以,我们不能把研究视野局限在那些被官方正式定义为"科学"的历史上,科学至少部分上是政治的术语,必须超越"官方正式的"历史去纠正那些压制女性的政治因素(Ginzberg, 1987)[90]。

为此,她寻找并列举了她所定义的"女性主义科学"实例。她认为,可食植物和不可食植物的区分知识、食品防腐和防毒的知识、种植和轮作的知识、药物学乃至20世纪妇女社会网络中那些被贴上"蜚短流长"(gossip)标签的知识都是女性气质科学的一部分(Ginzberg, 1987)[92-93]。在这些传统中,金兹伯格对"助产术"进行了个案分析。她认为,助产术和产科学分别代表两种相互竞争的范式,它们与库恩所说的任何相互竞争的范式一样,不仅研究问题的清单不同,其理论、方法论和评估标准也不同(Ginzberg, 1987)[100]。她回顾了人类分娩的历史,并通过对切会阴卧位和蹲坐式分娩姿势,以及助产妇朗(Raven Lang)和产科学教授古特马赫(Alan Guttmacher)开出的孕妇注意事项的比较分析,表明了这两类范式在研究立场、方法、研究者与研究对象的关系等方面的不可通约性。这种不可通约性彰显了女性气质的重要性,表明了女性主义基于女性生活经验和边缘立场确立女性主义科学的设想。

值得注意的是,金兹伯格并没有从本质论的意义上肯定这种女性气质的重要性。她提醒我们,如果历史地追溯男性气质的和女性气质的这两条不同的科学传统,一定不能认为其实践者存在严格的性别界限。确定一个科学家隶属于女性气质科学传统还是男性气质科学传统的关键是看他或者她实践的认识论基础、方法论、问题选择以及所属的科学共同体,而不是他们的生理性别(Ginzberg,1987)[94]。但依然存在的一个问题是,这种文化意义和边缘群体立场意义上的性别气质在被强调了之后,是否又将面临被重新本质化的危险? 如果是,它将是一种文化意义上的本质主义。

第二节　差异性与多元化视野下的女性主义科学史

伴随着女性主义研究和科学元勘理论的发展,20世纪90年代以来的女性主义科学史在扩展的理论基础上,展开了很多具体研究。

一、理论基础的进一步拓展:差异性与多元化

一方面,女性主义学者日益关注妇女身份的差异问题,强调社会性别只是影响女性主体身份的一个方面,其他范畴如种族、阶级、民族等也同时参与了对主体身份的塑造。另一方面,科学元勘学者进一步拓宽科学的社会建构观念,随着后殖民主义思潮影响的深入、地方性知识概念和科学的文化多元性观念的形成,西方主流之外的科学传统逐渐取得了科学史研究的合法性。

(一)女性身份的差异性:性别、阶级和种族

这一时期,"中产阶级白人妇女"的女性主义开始遭遇黑人妇女和广大第三世界妇女的挑战,很多中产阶级白人女性主义者也开始反思自身原有理论的局限,逐渐形成了黑人女性主义、第三世界女性主义、多元文化与全球女性

主义、后殖民女性主义等新的女性主义流派。

其中,黑人女性主义者的核心主张是:社会性别、种族、文化及其结构和制度是不可分离的(童,2002)[320]。对其而言,种族歧视、性别歧视和阶级压迫是相互交错、无法分割的,不可能仅仅只思考女性作为妇女所受的压迫,传统的白人女性主义理论对于这些妇女的解放而言,没有太大的意义。第三世界女性主义理论尤其反对将适合中产阶级白人妇女的观点和理论推广到第三世界,进一步强调种族主义、殖民主义和帝国主义与性别歧视的交错关系。类似地,多元文化与全球女性主义也将女性自我身份破碎的根源追溯到文化、种族和民族等因素,而不是后现代女性主义所主张的性、心理和语言文字,他们提倡的是多样性价值,并以此为核心原则,坚持认为所有文化群体都应该得到尊重和同等对待(童,2002)[317]。正如斯佩尔曼所言,一个有效的女性主义理论必须认真对待妇女之间的差异,它不能宣称所有的妇女都"正如我一样"(童,2002)[318]。

尽管这些女性主义流派所关注的对象和侧重略有差异,但它们都对传统女性主义理论与实践提出了批判,都反对"女性本质主义"(female essentialism)和"女性沙文主义"(female chauvinism),主张不存在适合于所有女性的、铁板一块的女性概念,强调女性身份的差异性和多样性,强调社会性别与其他范畴的交错关系;反对将西方中产阶级白人女性主义的理论和观念无限推广到其他种族、民族、阶级的妇女身上。这促使女性主义学术日益增多地以黑人妇女和第三世界妇女为研究主题,并致力于解构西方话语中黑人妇女和第三世界妇女的刻板形象,以及这一形象与阶级歧视、种族歧视等的关系。

与此同时,女性主义也不能因社会性别范畴的普遍运用,而塑造出这样一种自然假定:社会性别是女性主义研究唯一关键的理论视角(Fisher,1992)。20世纪90年代中期,斯科特(Joan W. Scott)明确强调,女性主义学者为实现女性主义政治目的,忽略了妇女之间的差异性,制造了本质先于存在的妇女共同身份。她认为划分出群体的女性主义史学,在确立主要分析范畴(阶级、种族或性别)之后,还必须使它与历史的特定时空和环境相关联。

同阶级具有历史性和相对性一样,社会性别也是如此,不能脱离历史来看待性别差异,差异并非一成不变的、稳定的、永恒的范畴(斯科特,1998)。

女性主义对妇女身份多样性与差异性的认识,以及对单一性社会性别分析范畴的反思,构成了这一时期女性主义科学哲学与科学史研究的重要理论基础,使得它们开始关注科学机构和科学文本中非西方中产阶级有色人种女性,分析科学中性别偏见和种族偏见的交错关系,并强调利用和整合社会性别视角之外的其他分析视角。其中,女性主义科学史家哈蒙兹(Evelynn Hammonds)和印度女性主义科学哲学家巴努•苏布拉马尼亚姆(Banu Subramaniam)曾进行过一次对话,对传统女性主义科学研究之于种族问题的忽视进行了批判。她们指出,无论是科学中的妇女史研究还是女性主义科学批判,都对种族问题关注不够。第三世界妇女和黑人妇女在科学研究和女性主义研究中都被边缘化了(Hammonds and Subramaniam, 2003)[931]。并且,巴努还以自己到美国从事科学研究的经历为例,说明有色人种妇女和第三世界妇女在西方社会所遭遇的种族歧视与性别歧视,她发现自己的身份总是成为她在项目组社会关系中的焦点问题(Hammonds and Subramaniam, 2003)[923-924]。

在科学史研究中,哈拉维作为较早关注性别与种族交错关系的科学史家之一,她认为,20 世纪 70 年代到 80 年代那些主导科学话语重构工作的绝大多数白人女性主义者,并没有为"女性主义科学"的理想提供支持,相反,却再一次体现出科学叙事对于作者本身"历史"位置的依赖,这一"历史"位置存在于科学、种族和性别的特定认知结构与政治结构中(Haraway, 1989)[303]。对此,凯勒认为,哈拉维的工作是对"性别可以脱离种族政治和阶级政治得到理解"这一观念的一个生动批判。在她看来,哈拉维的研究表明 20 世纪灵长类动物学对于自然的建构,同它对性别的建构一样,都深深暗含在 20 世纪的种族和殖民政治之中(Keller, 1995a)[37]。

(二)科学的文化多元性:地方性知识与解殖

这一时期,SSK、科学实践哲学,尤其是文化人类学和后殖民主义思潮日益强调的科学文化多元性观念和"地方性知识"概念,从另一角度为非西方、非主流女性主义科学史研究提供了理论支撑。

其中,SSK 和传统女性主义科学理论虽然没有明确提出科学的文化多元性观念和"地方性知识"的概念,它们在主张科学知识的社会建构性的同时,也隐含着某种文化相对主义的立场。该立场的核心在于反对关于科学与文化的欧洲中心主义观念,主张科学的文化多元性,强调对差异的尊重。尽管因否定科学的价值中立性和客观真理性,文化相对主义遭遇到众多学者的批判,但科学史研究却可以从它的核心思想中吸取养分。因为由这一观念引发的对传统科学观的反思,将使得非西方、非主流科学史研究取得某种合法性。在传统科学哲学和科学史中,"科学"指称的是起源于古希腊的欧洲近代科学,这一立场将使得西方学者无法指称非西方其他文明中的科学技术传统。在这种情况下,传统的非西方科学史研究往往采取辉格史的研究进路,以西方近代科学为参考系来考察自身的科学技术史。而基于文化相对主义立场和文化多元性观念,非西方科学的差异性本身就构成了其科学史研究的合法性基础。

在文化人类学和后殖民主义看来,任何知识包括科学知识都是地方性和情境性的。"承认他人也具有和我们一样的本性是一种最起码的态度。但是,在别的文化中间发现我们自己,作为一种人类生活中生活形式地方化的地方性的例子,作为众多个案中的一个个案,作为众多世界中的一个世界来看待,这将会是一个十分难能可贵的成就"(吉尔兹,2000)[19];而"假如人类相信有一种并且是唯一一种普遍有效的科学技术传统,那将是多大的悲剧!"(哈丁,2002)[8]与此同时,科学实践哲学也对传统科学哲学所强调的去情境化、去地方性的科学知识普遍性观念提出了批判,取而代之的是对知识的地方性情境的强调,"地方性知识"的观点已成为其基本观点之一(吴彤,2005)。文化人类学和后殖民主义对西方科学唯一性和普遍性神话的解构,"把科学的内涵扩展到包含各种社会生产中关于自然秩序的系统知识"(哈丁,2002)[15],进一步使得非西方、非主流科学史研究具备了天然的合法性。

这种科学的文化多元性观念和"地方性知识"概念在 20 世纪 90 年代以来

的科学史研究中已有所体现,尤其是在东亚科学史研究中逐渐得到重视(Low, 1998; Bray, 1998; Kim, 1998; Pyenson, 1998)。简言之,对科学文化多元性和知识地方性概念的重视、引入和发展,是 20 世纪 80 年代末以来的科学哲学和科学史研究的一个总体背景与发展趋势。它使得女性主义科学史研究因认识到女性内部身份差异性,而对非西方科学技术传统中妇女与性别问题给予关注时,拥有了丰富的理论资源,并促使关于这些地区科学技术中妇女史的研究呈现新的面貌。

二、案例研究:科学中种族政治、殖民政治与性别政治的交错

在上述理论与境中,新时期女性主义科学史研究的内容可粗略概括为以下两个方面:一是对西方科学话语和科学文本中性别问题与种族、殖民问题交错关系的解析。二是对非西方非主流科学中社会性别与科学相互建构关系的揭示。

(一) 科学中的种族、殖民与性别

哈拉维、席宾格尔等学者均以丰富的经验研究,揭示了西方近代科学中男性中心主义和欧洲中心主义的交缠关系。限于篇幅,本节仅以席宾格尔在 20 世纪 90 年代以后的研究为例,展开具体分析。

席宾格尔讲述的是"金凤花"[1]的历史故事,来自不同文化的博物学家认识到该植物在西印度被广泛运用于流产。有趣的是,尽管他们都记载了金凤花用于流产的知识,但却分别将它置于不同的社会与境中理解。其中,少数博物学家认为金凤花的重要性在于为奴隶妇女的身体和精神提供了解脱,甚至将流产视为奴隶妇女进行政治抵抗的一种形式。但是大部分博物学家、殖民官员和他们的妻子却将流产药物的使用归因于"女黑奴"的性放纵。在他们看来,黑人女奴之所以使用流产药物,目的在于保证性交易不受阻碍,甚至

---

[1] Peacock flower 直译孔雀花,在《女性主义科学编史学研究》一书中译为"凤凰木"。后四川大学姜虹博士告知应该是金凤花,因为其原产地可能正是西印度群岛。后笔者查知金凤花的种子可以入药,且最大的作用是活血和通经,可能有流产功能。故此处改为金凤花,是否准确,还待方家指正。

这还导致了从非洲连续进口奴隶的自然需要的增长。换句话说,黑人女奴必须为欧洲从非洲进口奴隶的需要负责(Schiebinger,2004)[243]。不仅如此,这些博物学家和医生还拒绝将与金凤花相关的流产知识传入欧洲。尽管早在1666 年之前,金凤花就被栽种在欧洲的主要种植园里,但关于金凤花的流产知识并未因此而得到传播。

那么,为什么殖民地的这一地方性知识没能在欧洲传播开来? 席宾格尔认为,这些均与欧洲自身的生育文化和性别文化紧密相关。她以普罗克特(Robert Proctor)的比较无知学[1]为工具,对阻碍殖民地流产药物使用知识传入欧洲的文化、经济和政治原因进行如下分析:首先,直到 19 世纪的欧洲,早期流产并不被支持,只能秘密进行,人们很难就西印度群岛流产药物的使用和安全性问题展开公开讨论;其次,这一时期男性职业产科医师开始接替传统助产妇的工作,他们在寻求职业化地位时往往注意与后者的流产实践保持距离;再次,18 世纪的欧洲政治经济学家均认为科学研究须与经济利润、国家财富直接挂钩,流产药物及其知识因与性相关而被视为成问题的,它无法引起科学研究的兴趣,也不能带来经济利润;最后,该时期重商主义盛行,人口众多被视为国家的财富、王权的荣耀乃至帝国的命脉。在此背景下,植物学探索者、贸易公司、科学机构和政府部门都不可能有兴趣去扩大欧洲在反生育方面的药典储藏(Schiebinger,2004)[246-247]。

席宾格尔的研究表明,社会性别观念和意识形态对与之无关或冲突的那类科学研究选题与内容的反向排斥作用。博物学家们辛苦地搜集医用植物的"地方性知识",但却没有做出将这些知识介绍进欧洲的系统尝试。可以说,欧洲的社会性别观念、科学观念和国家政治经济导向共同造就了系统的无知,这一无知反过来又塑造了现实的血肉之躯,19 世纪的大部分欧洲妇女逐渐失去了对自身生育的控制。欧洲社会因其自身因素导致的对殖民地知识的系统排斥,至少在两个方面表明欧洲科学知识普遍性的丧失。一是欧洲

---

[1]英文简称"Agnotology",主要是关于文化诱导无知(culturally-induced ignorance)的研究,致力于解释"我们不知道什么""为什么我们不知道",而非传统认识论研究所关注的"我们如何知道"的问题。

科学也存在系统性的无知,它在取得普遍性地位的过程中,直接忽略了其他的地方性知识;二是欧洲科学普遍化的过程并非基于科学知识的客观性和真理性,而是文化与政治斗争的结果。

比较而言,傅大为的相关研究立足于中国台湾近代化的历史背景,集中对殖民医疗之于台湾身体的建构进行解读。从清末到 20 世纪 70 年代,台湾医疗先后经历了清末传道医学、日本殖民时期的医疗和台湾现代医疗几个不同的阶段,其中每一阶段的医疗近代化历程都尤其与女性身体的重新建构和规训相关,并同时对原有的女性传统技艺形成威胁。傅大为对此做了系统研究。限于篇幅,这里仅讨论他对近代男产科医师传统逐渐取代产婆传统的过程的分析。

傅大为通过分析日本或中国台湾近代学者与医师的相关文献及新闻报道发现,台湾的传统产婆总是不断地被污名化。然而,在同时期台湾民间流传的"歌仔册"中,产婆的人品和技术都得到了极高的评价,这与近代化主流的批评形成鲜明对比。这一比较揭示了主流医疗和民间医疗的区别,以及女性在二者之中地位和形象的差异,差异的背后既包含了性别歧视,也充斥着殖民的动机。此外,通过对早期男性妇产科医师的医疗实践进行分析,傅大为解析了早期男性妇产科医师与女性身体"首度遭遇"时的性别、殖民策略:他们一边透过长期连续而多样的"基础调查",全面了解和掌握台湾妇女的身体状况;一边通过训练更多的新式产婆成为代理人进入民间,用暂时避开性别问题的方式排挤台湾传统产婆。傅大为认为,日本医疗透过殖民政权的强力规划,为随后的性别/医疗大转换打下了基础(傅大为,2005)[84-117]。在此转换过程中,即使到了 20 世纪 50 年代,开业医师仍然常常请产婆帮忙,正是通过与产婆的合作,他们才逐渐进入了妇产科领域。通过对大量产婆的访谈,他发现当时中国台湾妇产科医师对产钳等技术拥有的垄断权比当年英国医师所拥有的更大,这使得产婆在和妇产科医师竞争时处于劣势地位。最后,在妇产科医师和助产士彼此竞争,获取"家庭与妇女"信任的历史过程中,借着堕胎的特殊医疗技术,妇产科医师开始大幅领先。此外,傅大为还对族群因素与"助产所"的可能影响进行了探讨(傅大为,2005)[117-152]。

总体上来看,傅大为的研究展现了后殖民(或用他本人所言的更为广泛的"后启蒙")立场和性别研究的结合,以及后殖民视角与社会性别视角的综合运用。他对西方近代医疗和中国台湾传统妇产科医疗采取的是基本平权的态度,认为这二者的竞争与取代过程在很大程度上是殖民权力和政治运作的结果。正如他所言"基于一个'后启蒙'的立场,我们不特别去欢呼近代医疗,不去再一次重复'进步医学'的老生常谈,而是要在西方与中国台湾、在地与殖民、近代与前近代、男人与女人这些相对的组合中,不预设任何的优势位置,以取得一个适切的平衡,同时也在一个多元的情境中相互攻错,以造成一个互动的对话"(傅大为,2005)[152]。

(二) 中国古代医学与技术中的性别政治

20 世纪 90 年代以来,亚洲妇女与性别关系逐渐成为女性主义学者关心的重要话题,关于科学技术与性别关系史的描述和反思日益增多。

其中,费侠莉(Charlotte Furth)对公元 10 世纪到 17 世纪 700 年间的中国妇产科史进行了深入研究。限于篇幅,这里仅就她对身体观问题的研究加以分析。费侠莉构建了"黄帝身"(The Yellow Emperor's Body)概念并探讨了其社会性别内涵。在她看来,"黄帝身"是一种阴阳动态平衡的雌雄同体,它没有形态学上的生理性别区分,只有社会性别的区分(Furth, 1999)[19-20]。但这并不意味着中国古代的身体观不包含任何的性别差异和等级区分,在这种雌雄同体的身体里依然存在着阴阳之间的等级和包含关系。她为此还绘制了一幅气、精、血在各个层次上的等级包含关系图,清楚表明了它们之间的关系及其与性别的关联(Furth, 1999)[49]。

有趣的是,费侠莉发现宋明妇科的发展开始对这一身体观进行了变革。通过比较分析《太平圣惠方》和《备急千金要方》中的妇科论述,她发现基于身体气血论发展起来的宋代妇科尤其是它对女病治疗的特殊性的强调,开始对雌雄同体的身体观提出了初步挑战。例如,陈自明和齐仲甫采取男女有别的治疗策略,男子调气,女子调血,重视女子"别方"。为此,费侠莉认为有关医者开始对女性身体的特殊性有所强调,这意味着雌雄同体的"黄帝身"观念遭遇挑战(Furth, 1999)[74-87]。但是,明朝以来,从薛己和朱震亨的医学理论中,费侠莉发现宋代妇科身体气血论(尤其是对女病特殊性和"别方"的强调)又逐渐被抛弃,这与现实的医疗实践产生了矛盾。晚宋以来,男医生与女患者之间的距离日益明显,隔衣诊脉、弦丝诊脉的故事流传甚广。那么,现实医患关系上更为严格的性别区分为何没有促使明代妇科更注重气血论和其他基于性别区分的身体观?为何没有利用医学的身体性别区分来验证和巩固现实中的社会性别隔离制度,而是转向更为经典的"黄帝身"观念?

关于前一个问题,费侠莉认为这表明了明代文化模式与医学话语内部相互联系的复杂性。后一问题正是费侠莉本人最为重视的,即宋代之后妇科气血论衰落,雌雄同体的"黄帝身"概念替代了气血区分的身体观,伴随着的却是对妇女身体约束的加强,这与西方现代生物医学史上的情况正好相反。对此,费侠莉认为,中国的身体分为"生成身体"与"妊娠身体"两个层次。在"生成身体"中,男女是同质的,类似于阴阳五行宇宙万物的生命创造过程;而"妊娠身体"则更多地与物质的、肮脏的女性身体相关,它在价值评判上是低于"生成身体"的。中医中雌雄同体的身体本质上是男性的,男性虽不参加妊娠,但其在父子关系中的重要性却不容忽视(Furth, 1999)[310-311]。实际上,社会性别的等级关系不一定依赖于生理性别上的等级划分。费侠莉思考的这一"矛盾"是以西方二元论认知模式为标准提出的。她本人也提到,中国古代医学文化与西方生物医学文化如此不同,但却同样可以为社会性别等级区分提供医学基础,分析这一现象能为西方女性主义身体研究提供新的进路(Furth, 1999)[312]。

白馥兰则重点考察了中国古代建筑、纺织和生育这三大"妇术"领域。限于篇幅,在此仅就其关于建筑技术与社会性别关系的讨论展开分析。白馥兰认为,住宅是文化的模板,人们居住其中,被教授或灌输着为其文化所特有的基本知识和技巧。孩子在成长过程中,能将由高墙、楼梯和接待客人的规范、礼节、传达信息的惯例以及日常工作所标志的性别之间、代际和阶层之间的等级关系内在化。换言之,建筑是一种将仪式、政治和宇宙论关系转换为日常生活所体验的和自然化的空间术语(Bray, 1997)[51-52]。在她看来,实际的房屋建造者如砖匠和瓦匠都是男性,但女性也参与了对家庭空间的建构过程。

一间房屋如果没有妇女的诸如烹饪、织布和小孩喂养之类的日常生活,就不可能转变为一个家(Bray, 1997)[55]。在这个意义上,她将房屋建筑技术作为中国"妇术"系列的重要部分,考察中国房屋建筑中的社会性别意识形态,以及女性在此空间内发挥的作用。

透过众多关于住宅建筑的历史文本,白馥兰首先对中国封建社会晚期的房屋材料要求、美学设计、建筑风格等方面的标准化问题进行分析,尤其对其中反映出来的性别差异和阶级差异进行了深入讨论。例如,在探讨住宅内部的家具摆放问题时,白馥兰尤其讨论了椅子的摆放及其蕴涵的社会性别等级观念(Bray, 1997)[81]。随后,白馥兰还对房屋内部空间发生的社会活动进行了深入考察,揭示出祖先祭祀活动、婚礼仪式、家内空间划分与分配等方面体现出的社会性别意识形态。在此方面,白馥兰不仅揭示了两性之间的等级区分,也表明了女性内部的身份差异。

宋代以来,性别隔离的教条在新儒家哲学的详细阐述和规定下,逐渐成为整个社会各个阶层的正统思想。白馥兰考察了包括《清俗纪闻》在内的很多文本,发现几乎所有社会阶层的女性都必须接受住宅空间上的隔离,"男主外、女主内"的性别分工规范进一步被强化。她认为,妇女的性别隔离是中国古代建筑空间内社会性别意识形态体现最为明显的地方,而且这一做法和考虑是因为人们往往把妇女看成社会秩序的潜在威胁,男女分工有别的教义被用来作为男性牵制与控制女性的依据(Bray, 1997)[128]。值得提及的是,白馥兰在对中国古代富裕家庭小姐闺房的家具和摆设进行分析时,还比较考察了性别化色彩同样明显的男性书房。在她看来,在男人对于书房主人地位的渴望之中,实际蕴涵了上流社会妇女对内闱所持有的类似理解(Bray, 1997)[137-139]。换言之,与妇女被隔离的闺房类似,书房也在文化上象征着男人的上层社会地位,内闱和书房在此意义上具有某种一致性,都富有特殊的社会性别内涵。

白馥兰的上述分析重新解读了中国古代建筑技术史,描绘了一幅完全不同的景象。她扩展了技术的概念,摆脱了以现代技术作为参考标准的辉格式研究,对非西方国家及其妇女的技术实践活动给予了认真的分析。有学者认为,她的工作将促使人们不再把妇女从中国的历史中剥离,或者说不会将中国从技术的历史中剥离,改变了人们研究历史的方法和道路(Cahill, 2000)。

第三节　女性主义科学史研究的方法论问题

作为科学编史学研究,除对女性主义科学史这一特殊编史进路的理论基础与案例研究进行分析之外,还需要从方法论的角度考察它的方法论特征及其在具体研究视角和方法中的体现。

一、女性主义方法论论争与女性主义科学史的方法论特征

(一) 女性主义方法论论争

雷恩哈茨(Shulamit Reinharz)曾将女性主义学者关于方法论的争论总结为:是否存在和应该存在某种女性主义研究方法? 如果存在,它包含哪些内容? 如果应该存在,这种女性主义研究方法同其他的研究方法差异何在?(Reinharz, 1992)[4] 对这些问题的回答,实际上就是从方法论的角度对女性主义研究的独特性和重要性给予论证。

"是否存在某种女性主义研究方法"的追问,主要缘于女性主义对传统学术的批判。女性主义学者发现,传统生物学和社会科学研究方法中存在的男性中心主义假定和观念在以往没有被质疑,而这些研究方法无法为人们理解女性的"本质"和生活以及作用于人们行为和信念的方式提供帮助。基于此,很多女性主义学者提出了可供选择的女性主义研究方法。例如,麦金农(Catharine MacKinnon)就曾主张"提升自我意识"是女性主义研究方法(郭慧敏,2005)。哈特索克(Nancy Hartsock, 1987)提出的是一种"特殊的女性主义历史唯物论",强调马克思主义辩证唯物论和历史唯物论对女性主义研究的重要意义。这也表明女性主义在此问题上,最初并未达成一致看法。

哈丁认为不同学者的观点之所以出现分歧,一个重要原因在于很多女性

主义者往往以"方法"来指代研究方法、方法论和认识论这三个不同层面的概念,其结果不但不能搞清楚什么是独特的"女性主义研究方法",还使得人们无法确认女性主义社会研究最独特的东西是什么,进而影响到女性主义研究本身的发展(Harding, 1987)[2]。就研究方法而言,哈丁指出,以往很多杰出的女性主义研究往往都是采用最为传统的研究方法,只不过其运用的具体方式可以有所不同,这种不同往往是直接由其背后的方法论和认识论的不同所决定(Harding, 1989)[22]。在这个意义上,哈丁认为不存在独特的所谓女性主义研究方法,只存在独特的女性主义方法论和认识论,不是某种具体的研究方法而是方法论为女性主义研究的独特性提供了基础。

随后,越来越多的女性主义学者认识到了这一点。正如德佛(Marjorie L. Devault, 1996)所说:"几乎所有讨论这一主题的学者都同意,不存在某种独特的女性主义研究方法。"雷恩哈茨(Reinharz, 1992)[240]也坚持认为女性主义是一种研究视角,它可以运用多样化的研究方法;它由女性主义理论所引导,对非女性主义研究展开持续批判;它是跨学科的,以创造社会变革为目标,并努力代表人类的多样性;它常常将研究者自身纳入研究范围之内,并试图与被研究的人、读者之间形成一种特殊的互动关系。

显然,女性主义科学史研究广泛吸收了传统科学史研究的文献考证与分析方法、案例分析方法,并借鉴了人类学、社会学、语言分析等各个领域的研究方法。如同席宾格尔所强调的,女性主义学者所使用的研究方法同女性主义和科学本身的多元化一样,呈现出多样化的特征,研究方法的灵活性正是女性主义研究的核心特征之一。同任何其他的分析工具一样,女性主义的分析工具也必须根据环境和具体情况进行更新和调整(Schiebinger, 2003)。总之,从方法论的角度来看,女性主义科学史研究区别于传统科学史研究的独特之处在于它的方法论而绝非某种"女性主义科学史研究方法"。

(二) 女性主义科学史研究的方法论特征

哈丁(Harding, 1987)[6-10]早在 1987 年将女性主义方法论的独特性总结为三个方面:①女性主义研究的特点之一是从女性经验的视点出发,界定需要研究的问题,把它作为衡量现实世界的一个重要指标,并且女性经验是多样化的,它来自不同阶级、种族、文化的女性的日常生活,这些支离破碎的主体身份构成了女性主义见解的丰富源泉;②女性主义研究的目标是为女性提供她们所关注的社会现象的解释;③在女性主义研究中,研究者本人的阶级、种族、文化、性别假设、信念和行为等必须被置于她或他所要描绘的框架中。哈丁(Harding, 1987)[10-11]认为,正是这三点造就了最好的女性主义学术,因为它们向我们表明如何透过科学理论的一般结构去研究妇女和社会性别;同时它们也是一种女性主义认识论,因为它们暗含了与传统认识论不同的知识理论。随后,哈丁(Harding, 1989)[26-29]又做了进一步的修改和阐述:①女性主义研究的创新之处不在于对妇女的关注而在于分析社会性别;②在不同的女性主义理论框架中,会产生不同的研究问题、基本假定和观念,这些理论框架是制定研究计划、搜集与解释数据、建构事实与证据的源泉;③女性主义研究必须具有反身性,要理解种族、阶级和文化的历史建构过程,就必须去反思研究者自身观念和行为的建构过程。

雷恩哈茨援引心理社会学家巴坎(Paul Bakan)对人类生存的两种基本倾向的划分,并结合卡尔森(Rae Carlson)和凯勒对于人类在认知方式上体现出的两种类似倾向的分析,整理并总结出传统的社会学研究方法与新的女性主义研究方法在此分类原则中体现出的差异性(Reinharz, 1983)。依据她所列的差异列表可知,传统方法论主张主客体分离,强调研究主体压抑自身的情感因素,坚持研究行为和数据分析的理性化,主张对研究客体的控制和征服,而女性主义方法论则与之相反;传统方法论感兴趣于静态结构以及对事件的控制与预测,而女性主义方法论感兴趣于动态过程以及对现象提供理解;传统方法论倾向于将问题置于预先给定的观念中进行考察,往往脱离具体与境,而女性主义方法论则倾向于在研究过程中得出新的观念,强调具体情境。

德佛也曾明确指出,"女性主义方法论"的核心是将现有知识生产的工具视为建构和维护女性压迫的场所,主张对其展开持续批判。在她看来,这种女性主义方法论重在揭示女性所在的位置和视角,追求对被研究对象的最小伤害,支持对女性有价值的研究,它提供一种不同于冷漠的、歪曲的、无激情的所谓社会研究客观程序的另类可能性(吴小英,2003)。史密斯(Dorothy E. Smith)主张女性主义社会学应该具有自己独特的思维方法和叙述文本的方法,能够将人们经验和行动的具体情境与关于社会运行组织和统治关系的说明联系起来;基于女性、黑人和其他边缘群体的视角和基本立场的社会学,将使得传统的社会学关于可获得客观性知识的主张被质疑,因为这些知识都依赖于作为研究主体的社会学家(Smith, 1987)。

结合前文的案例分析,可以认为女性主义科学史研究在方法论上的独特性已在哈丁、雷恩哈茨、德佛和史密斯等人的方法论主张中得到彰显。在此,我们将它明确总结为以下几个方面:第一,形成和发展了独特的社会性别分析视角;第二,更加注重研究方法上的主客体融合,倡导主客体情感的适当表达,批判研究主体对研究客体的控制意识;第三,承认具体研究过程中情感、直觉与偶然因素的重要性,否认纯粹客观的、抽离式的研究方法的存在;第四,重视作为研究对象的女性的经验与言说方式,强调边缘人群的立场与视角的重要性与意义;第五,强调研究的反身性,注意反思研究主体的特殊身份与价值取向的先在影响。

二、研究视角的创新与综合运用

在方法论体系中,研究视角往往比具体的研究方法更能体现出该方法论的独特性。女性主义科学史研究没有创建某种独特的女性主义科学史研究方法,但却树立了独特的女性主义科学史研究视角,即社会性别的研究视角。同时,还因认识论上的共通性而引入和综合运用了人类学视角与后殖民主义视角。

(一)社会性别的基本分析视角

从方法论的角度看,"社会性别"的应用本身亦被不断深入完善。其中,人类学家卢宾(Gayle Rubin)首先提出性/社会性别制度的概念。她认为,一切性和社会性别的表现形式都可看成是由社会制度的命令构成的,性/社会性别制度是社会将生物的性转化为人类活动产品的一整套组织,它不隶属于经济制度,而是与经济政治制度密切相关的、有自身运作机制的一种人类社会制度。其中,家族的再生产,或者说女人交易,在家庭中再生产了男性权利,构造了社会性别身份(卢宾,1998)。20 世纪 80 年代末,斯科特(1997)对社会性别概念做了进一步的拓宽。她认为,作为一种文化结构和社会关系,社会性别被认为是表达权利关系的基本途径和主要方式,它包括四个互为条件、相互依存的相关因素:①具有多种表现形式的文化象征,例如基督教传统中的夏娃和玛利亚就是妇女的象征;②对象征意义做出解释的规范性概念,这些概念反映在宗教、教育、法律、科学中,通常以固定的两极对立的形式出现,按部就班地描绘男性与女性、男性气质与女性气质的含义,它们排斥了任何其他解释的可能性,在历史的撰写中这些规范化概念就成为社会认同的产物;③社会组织与机构;④主观认同,也即主体身份的历史构成。

在此意义上,哈丁(Harding, 1986)[17-18] 进一步细分了社会性别的三层含义:社会性别符号系统、社会性别结构和个体社会性别。其中,社会性别符号系统代表着二元论的文化图式,它涉及二元论的性别隐喻,并使之与现实中理解的各种与性别差异毫无关联的两分法相对应,具有普遍的象征意义;社会性别结构是指诉诸这种二元论的文化图式来组织社会活动和制度,在不同的人类群体之间划分出等级体系;个体社会性别则是指社会建构的、与性别差异的实在或概念不完全相关的个体身份。

在女性主义学者看来,从作为个体文化属性的社会性别,发展到作为文化结构、社会关系与社会制度的社会性别概念,意味着女性主义研究从考察社会性别意识形态在男女两性发展过程中发挥的作用,拓展为探讨社会性别意识形态在各个社会领域和自然领域发展过程中产生的影响(凯勒,1997)。

结合女性主义科学史研究的理论和实践可以发现,就作为个体文化特征的社会性别而言,女性主义科学史重在揭示科学对于男女两性性别身份的生物学建构,席宾格尔等人的工作可谓典型;就作为社会性别符号系统或者社会文化关系和社会意识形态的社会性别而言,则重在解构西方科学文化隐喻中存在的二元对立划分图式及其与科学发展相互影响和建构的关系,麦茜特和凯勒等人的工作具有典型性。费侠莉、白馥兰的中国古代医学史和技术史研究也体现了对社会性别这一基本分析范畴在多层次意义上的灵活运用。其中,白馥兰研究中国古代技术与社会性别关系的一个重要目的,首先就在于要恢复中国古代妇女在技术史上的积极地位,其次更要说明这些技术与中国封建晚期社会政治伦理生活与社会性别制度的互动关系。也为此,在科学史家戈林斯基(Jan Golinski)看来,女性主义坚持"社会性别"的基本立场,消解自然与文化的边界,对理解人类在科学和技术网络中的角色作用提供了深刻的洞见,值得建构主义科学史借鉴(Golinski, 1998)[183-184]。

(二)其他研究视角的综合运用

第一,人类学的研究视角。

女性主义科学史研究对人类学的借鉴分为两个层面。第一个层面是人类学思想和视角的借鉴,第二个层面是人类学研究方法的借鉴。在此,我们仅分析前者在女性主义科学史中的运用。

首先,其意义和影响体现在人类学打破了对科学技术的传统界定,扩展科学以及技术的概念,并进而促使科学技术史的研究领域和范围得以扩展。例如,在技术人类学的理论视野中,技术不只是人类发明并制造的人工制品,也不仅仅是"制造"和"使用"的方式,不再是独立于社会的自治系统,随着被创造和运用于实践,技术融入了人类的活动和人类的建制模式中,并使这些活动和建制产生了重要变化。正如普法芬伯格(Bryan Pfaffenberger)所认为的,人类学意义上定义的技术,既是物质的、社会的,也是符号的(Pfaffenberger, 1988)。

正是基于这种人类学的技术概念,白馥兰对传统的技术史研究提出了批评。在传统的技术史研究中,技术仅仅停留在原始物质的意义上,与社会和文化的历史无关。实际上,每个人类社会都建构着其自身的食物、居所、衣服和其他事物的世界,这个物质经验的世界常常被语言、数字、图画、工艺品等形式记录下来。人们能将这些记录汇集成一个新的历史文本,这是一个记录了社会结构网络变化模式与构造的文本。通过它,我们能发现和理解产生这些技术的社会的各种关系结构(Bray, 1997)[1-2]。也为此,白馥兰关于中国古代技术史研究的主要内容便超越了以往技术史的技术概念,把中国古代技术置于具体的历史与境中,将其作为中国封建社会晚期政治、文化实践系统网络的一部分来分析;将其看成是中国封建社会晚期不同人群之间交流的某种方式,并研究中国封建社会晚期各项技术与社会性别制度的关系。

其次,人类学对于女性主义研究的影响还表现在女性主义人类学的兴起。20世纪20年代以来,女性人类学开始普遍关注母亲角色、亲属制度和婚姻仪式等主题,逐步向女性主义人类学过渡;20世纪80年代,女性主义人类学开始关注生产与工作、再生产与性、社会性别与国家等主题,其中,美国学者尤其重视对身体的研究,重视社会性别与权力的关系问题(白志红,2002)。实际上,在费侠莉和白馥兰关于中国医学身体的人类学与社会性别考察中,身体、性、性别权力关系、社会性别制度等都是被重点研究的内容,这可看作是女性主义和人类学的结合在科技史研究中的体现。

此外,白馥兰还进一步倡导女性主义科技史研究应加强与关于现代性和全球化的文化人类学结合。她提出其中有两条重要进路尤其值得女性主义科技史研究借鉴,即"技科学的人类学"和"物质文化研究"。在她看来,"当社会性别研究与关于现代性和全球化的文化人类学相融合,其注意力就会转向探讨技科学在重新塑造社会性别制度方面的角色作用;而它与'强调消费作为主观性和权力的构成场点的重要性'这一更宽泛意义上的文化转向结合,物质文化研究的新场域将构建出一种对待技术的、新的、激进的反本质主义视角"(Bray,2007)。可以预期,这一新的结合将会给女性主义科技史研究带来新的契机和发展空间。

第二,后殖民主义的研究视角。

就西方科技史研究而言,后殖民主义视角的引入主要在于反思西方科技与殖民扩张之间的关系,这是西方学者对于自身科技文化的某种自我反思和自我批判。例如,佩尔森认为,西方人总是把自然的数学法则看成是文明的显著标志,把由资本家支持发展起来的近代科学摆在世界面前,以显示其文化人的姿态;而实际上,对于非西方国家来说,牛顿原理等这样一些物理法则对于实际应用来说,并非唯一有效(Pyenson,1990)。医学史家帕拉迪诺

(Paolo Palladino)和沃博伊斯(Michael Worboys)发现,精密科学同样带有帝国主义色彩,科技文化殖民与经济、政治殖民是交织在一起的,殖民地人群的视角必须得到重视,科学技术并非简单地由帝国向殖民地单向流动(Palladino and Worboys, 1993)。

就非西方的科技史研究而言,后殖民主义视角的关键在于反对东方主义的思维方式,反对使用欧洲近代科技标准来衡量非西方社会的科学技术,反对辉格式的历史解释,强调科学技术的文化多元性。正如哈丁所强调的,后殖民主义视角下的"科学"指称任何旨在系统地生产有关物质世界知识的活动(哈丁,1993)[11]。从这种宽泛的科学定义出发,所有的技术知识,包括近代西方科学革命以来的技术系统,也都是所谓的"地方性知识",或者"本土知识体系"。正是在这样的技术定义下,非西方文化中的秘术、巫术、地方性信仰体系中的"民间解释"、技艺成就等,才不会因与现代技术无关而被技术史的研究所忽略。

对于费侠莉、白馥兰等女性主义学者而言,在对非西方社会的女性知识传统进行研究时,后殖民主义视角能帮助她们摒弃欧洲中心主义的偏见,克服因种族、民族和阶级等方面的差异而造成的偏见,避免给非西方女性及其知识传统形成新的刻板印象。例如,在亚洲之外,中医很容易被认为是一种反主流文化的东方整体论的治疗艺术,与占支配地位的、全球化的生物医学相对立。但是,这些关于传统与现代、科学与民间迷信的对立范畴,都不是费侠莉所要研究主题的有效分析工具。在她看来,这些对立的分析范畴鼓励了东方主义的二元划分,共同强化了全球殖民主义话语下"东西差别"的刻板印象。使用这种二元划分对东方智慧和精神进行定位,或者称赞其先进,或者合理化其落后,都同样是成问题的(Furth, 1999)[5]。类似地,白馥兰认为,技术史或许比其他的历史分支更能保持一种殖民主义心理。对技术史家来说,"主人叙事"是对将西方技术革命看成是必然的、自主的观念的一种辉格式解读。在这种认识论框架下,西方技术成为将现代与传统、积极与消极、进步与停滞、科学与无知、西方与非西方、男性与女性对立起来的结构性等级制度中的一种符号象征。如同女性为非男性,对男性镜像的考察优先于女性一样,其他的社会和它们的技术是非西方的，关于西方的镜像也具有了相应的优先性(Bray，1997)[7]。而在她看来，非西方社会的人们如何看待他们的世界和他们自身的位置，他们的需要和欲求是什么，技术在创造和满足这些需求，以及在保持和塑造社会结构的过程中发挥了什么样的作用等问题，才是非西方社会技术史研究所应该关注的基本内容(Bray，1997)[11-12]。

三、具体研究方法上的继承与创新

女性主义在具体的科学史研究过程中仍然大量使用传统的科学史研究方法，但在不同的方法论体系中，所采用具体的研究方法有不同的侧重，在使用过程中也会体现出新的特点。

（一）口述史与访谈方法

对历史上非精英、非主流的女性的知识传统的研究，在很大程度上依赖于口述史。正如傅大为(2005)[324]所言，口述史方法对于社会性别研究具有十分重要的意义，这是因为"平时很少有机会书写的弱势人民和妇女，往往有着相当珍贵的性别经验可以分享，而女性主义者透过访谈，也有机会与下层阶级的妇女进行交流、沟通乃至互相充权的可能"。

傅大为在他的研究中大量采用口述访谈方法，相关访谈构成了其整个研究的基本资料库(傅大为，2005)[327]。在描述和解释"性别/医疗大转换"问题时，傅大为对11位妇产科医师、8位年长助产士，以及约200位阿妈进行了访谈。他的访谈体现了女性主义口述史的一些特点。例如，强调"让妇女和弱势群体使用自己的语言发出自己的声音"，尝试了解女性自身的想法和感受，较多采取半结构开放式访谈，注意捕捉访谈者和被访者之间的即兴互动(Reinharz，1992)[18]；强调了解对方所发生的事情以及其自身对所做事情的看法和感受；等等(鲍晓兰，1999)。在访谈过程中，傅大为注意保持与访谈对象相同的语言，且在转述成书面材料时仍保留了访谈对象的语言风格，并对访谈对象当时的表情和语气做了说明。并且，他十分注意让访谈对象表达对于其他妇女所拥有的知识和技术的想法和感受，了解产婆和女医师的认知方式与独特视角等,并从中分析妇女内部因身份、立场不同和竞争关系而呈现出的差异性。

传统史学家曾对女性主义口述访谈提出质疑,认为其蕴涵了很强的意识形态,带有诱导性,缺乏中性客观的研究态度,甚至无法保证研究结论的可靠性。对此,傅大为认为,在任何访谈中,没有立场、没有理论、纯粹替访谈对象传话的访谈者是不存在的。即使存在,女性主义访谈所面临的这一质疑,也是其他任何访谈都无可避免的问题。而且,这种对中性客观、没有任何意识形态并反对任何的主义与理论渗透进历史研究中的强调态度本身,也是一种意识形态,有实证主义色彩的悠久历史。简而言之,关于运用女性主义立场和视角对访谈材料进行分析与诠释,是否会破坏历史客观性的问题,傅大为认为这实际上已不是口述史的特有问题,而是所有历史研究所面临的共同问题(傅大为,2005)[324-325]。

女性主义口述史在方法论意义上的主要创新在于:让女性用自己的语言发声,确立访谈对象在访谈中的主体地位,弱化访谈者的解释权威;明确访谈者和访谈对象之间的平等互动关系,甚至通过帮助访谈对象、研究者自我披露、多次深谈等方式来建立访谈者和访谈对象之间更加亲密信任的关系。然而,单就访谈者与访谈对象的关系,究竟是陌生人好还是相互信任的朋友好这一点就引起很多争论,至今仍无统一看法。此外,如何在访谈对话和访谈材料的处理中,真正体现访谈者和访谈对象之间的平等关系,也是目前女性主义学者致力解决的问题;如何区分和分析访谈对象回忆与表述的内容的可靠性等,也是访谈研究面临的重要考验。尽管如此,口述史与访谈方法在女性主义科学史中的应用,尤其是对分析和探讨近当代妇女知识和技术传统,让处于主流科学和主流社会身份之外的女性发出自己的声音,恢复她们的历史记忆,以及反思传统史学的客观性概念、男性中心主义和科学主义倾向等,都具有十分重要的意义。

(二)隐喻分析方法

20世纪60年代以来,一批科学哲学家和科学史家开始重视隐喻在科学中的重要作用。其中,库恩明确提出,隐喻在以客观性、逻辑性和精确性见长的自然科学中也能发挥重要作用,是科学概念变革的助产士(李醒民,2004)。赫西(M. Hesse)断言,科学概念的形成在本质上是隐喻的(安克施密特,2005)[10]。对于隐喻在科学陈述与认知中的重要作用,女性主义学者有充分的认识。在凯勒看来,描述性陈述的力量往往来自隐喻对于相似性和差异性的制定,隐喻在确定"家族相似性"时,为我们对自然现象的分类提供了基础(Keller, 1995b)[XI]。费侠莉提出,隐喻是充满弹性的、开放式的语言方式,它是社会性别和其他社会经验与社会意义的特殊塑造者,也是能产生新内容的潜在领域(Furth, 1999)[15]。可以说,对隐喻认知功能与意义的重视和强调,为女性主义的科学批判提供了一个突破口。在女性主义科学史研究中,隐喻分析成为十分重要的研究方法。

依据上文提及的案例可知,女性主义科学史的隐喻分析主要分为两个方面:一是通过对科学文本和话语中性/社会性别隐喻的分析,揭示科学文本背后隐含的社会性别权力关系;二是通过对科学文本中性/社会性别隐喻的分析,表明社会性别意识形态之于科学发展的建构与影响。关于第一个方面,在费侠莉的中国古代妇科史研究中有很鲜明的体现。例如,她发现中国古代妇女的"怀孕身体"在长寿追求者自我更新和重生的过程隐喻中不断出现并被变形。她认为袁黄对存神的强调,目的是达到一种超我的境界,以期在加强身体技能和性能力的同时,又能返老还童、获得重生,这其中蕴含了很深的"怀孕"和"子宫婴儿"的隐喻。在她看来,内丹与医学的关联恰恰是建立在隐喻基础上的,而且这种隐喻层面的关联还关乎父权制社会对于两性在生育中发挥的作用问题的考虑(Furth, 1999)[221]。关于第二个方面,在麦茜特和凯勒对培根科学话语中的性/社会性别隐喻分析中得到最为明显的体现。其中,凯勒通过对培根关于新科学价值观和研究方法的隐喻式回答进行分析,表明了在这类性/社会性别隐喻所预示的新科学观关照下,人类与自然之间形成了新型关系,即控制与被控制、统治与被统治的关系。

女性主义科学史研究对科学发展中性/社会性别隐喻的独特关注,与女性主义致力于解构西方二元论的学术目标紧密相关。因为性/社会性别隐喻首先是对关于男女的一系列二元对立概念的诠释,而这些诠释恰恰又在隐喻层面同科学与自然的二元对立关系上产生对应。这种建基于隐喻的对应关系之所以会导致科学与女性气质的疏远,还与社会赋予这一系列的二元对立概念以不同的价值判断有关,它强化了科学与男性对于自然和女性的控制。

此外,女性主义对隐喻的科学认知作用的重视,也与后现代史学对隐喻和转义之于历史研究意义的强调相通。怀特(Hayden White)提出,历史学家赋予资料以意义,使陌生的变成熟悉的,使神秘的过去变得可以理解,而使过去变得可以理解的工具便是"比喻语言的技术"。换言之,历史见解和意义只有借助于转义的使用才是可能的,转义学之于历史学,如同逻辑和科学方法之于科学一般,不可或缺(安克施密特,2005)[11]。女性主义通过性/社会性别隐喻分析所揭示的科学的社会性别建构观,以及将科学史看成是科学/社会性别互相建构史的科学史观,表明女性主义科学史所追求的也并非是对科学历史事件真相的揭示,而是对历史文本的再解读和再建构。

第四节 女性主义科学编史学纲领的独特性与影响

使用科学编史学纲领一词,在此更多表达的是某种具体的科学史研究进路及其框架结构。在这一框架结构中包含了编史目标与立场、研究内容与主题、研究取向与分析视角、科学观与科学史观等基本要素,正是这些不同的要素构成形成了各种科学编史学纲领的独特性和学术意义。

一、女性主义科学编史学纲领的基本内涵及其独特性

女性主义和 SSK 一样,均对科学的客观性、普适性、合理性和真理的传统话语进行了批判,这一度使得它们成为科学大战及科学批判思潮内部论争的漩涡中心。为此,学界一般将女性主义科学元勘归入"泛建构论"的范畴,以此表明二者共同主张和坚持的建构主义科学观。然而,正因如此,常有学者认为女性主义科学史在研究内容、方法、史观等方面缺乏新意。为此,本节尝

试在辨析女性主义科学史与 SSK 的科学史实践之间差异的基础上,说明女性
主义科学编史学纲领的基本内涵及其独特性。

(一) 编史目标与研究内容

综合上文,女性主义科学编史目标可概括如下。一是寻找和恢复:重新
发掘和认可科学史上非主流的、被遗忘的女性和其他边缘人群及其知识,以
及那些具有"女性气质"的知识传统,意味着对科学史上女性(和其他边缘人
群)集体失忆现象的揭示和纠正。二是批判和反思:反思科学及其规范对女
性(和其他弱势群体)造成约束和压迫的结构性、制度性因素,及其对她/他们
本质的规定;并对传统的科学主义、理性主义科学观,以及传统的科学史观提
出反思与批判,系统地改变对既有科学史研究领域基本问题和研究范式的评
价,形成新的科学编史学理念。三是理论和实践互动:将女性主义运动和实
践的目标与政治倾向渗入女性主义科学史研究,其研究结果及由之得出的理
论和依据可用来指导和支撑女权主义运动实践,并在实践中进一步证明和发
展现有的研究。

相应地,女性主义科学编史内容主要集中于以下几类。①解构科学知识
生产中的社会性别假定,分析社会性别意识形态对科学发展的影响;多集中
于对近代科学父权制根源的反思,以麦茜特和凯勒的研究为典型。②分析科
学和医学对社会性别关系、制度及意识形态的说明、建构与强化,揭示科学的
性别统治功能;代表性工作包括席宾格尔对西方解剖学史的研究,以及吉尔
伯特生物与性别研究小组开展的生物学史研究。③追溯不为主流科学史所
关注的、具有女性气质的科学传统,赋予它们和主流科学同等的位置;凯勒和
金兹伯格等人的工作较具典型性。④关注西方科学中性别与殖民的交错关
系以及非西方科学中的性别政治,以席宾格尔、白馥兰和费侠莉等人的工作
为典型。

比较而言,SSK 的科学史研究在很大程度上服务于其科学社会建构论的
理论主张,其编史目的是通过经验案例阐明科学知识是集体协商的产物,科
学的发展具有偶然性。SSK 的经验研究一般可分为以下几类。①科学争论

研究,以爱丁堡学派的利益分析为典型,包括夏平对 19 世纪爱丁堡颅相学争论的研究,布鲁尔对 17 世纪微粒哲学与亚里士多德活力派哲学之间争论的研究等,侧重对科学知识的扩展和应用及其与行动者的目标之间的关系进行社会学的因果说明。②科学话语分析,以马尔凯(M. Mulkay)及其约克小组为代表,侧重对科学文本展开修辞学、文学或社会学分析。这类研究旨在透过科学历史文本将知识的内容与产生它的社会过程连接起来,进而说明科学事实与真理的社会建构。③实验室研究,以拉图尔和伍尔加的《实验室生活》为代表,聚焦于科学知识的生产场所,侧重对当下处于开放状态的科学活动进行参与式观察和深描,以揭示科学事实的建构性质与具体过程。④实验仪器与设备的研究,以皮克林(A. Pickering)和伽里森(P. Galison)对高能粒子物理学领域实验仪器的分析为代表,表明 SSK 开始重视物质因素在科学知识建构中的作用。

可见,女性主义与 SSK 在科学编史目标与内容上至少存在以下差异。①SSK 的编史目标旨在阐明科学知识内容的社会建构性质,而女性主义的着眼点则在于促进科技领域的性别平等,采取建构主义立场是其研究的必要策略而非最终目的。②SSK 侧重从多种角度分析社会因素建构科学知识内容的具体过程与方式,而较少关注科学作为一种意识形态、制度结构对社会观念、关系、制度和文化的反向影响,而女性主义则同时关注到了这两个方面。③二者均重视历史上被抛弃或被贬抑的科学传统,但 SSK 侧重将它们放在与胜利者平权的位置上展开对称性分析,揭示社会因素对科学理论选择的影响;女性主义则较多通过详细追溯并恢复它们的历史价值,以将与女性有关的经验纳入科学实践,并对二元论提出批判。④SSK 较少关注非西方科学知识的生产问题,女性主义则较早将研究视野拓宽到了非西方科学传统。⑤二者都坚持建构主义科学观,女性主义则如图安娜所言最先和最突出地考察了性别偏见影响科学性质和实践的方式。

(二)编史视角与方法论

女性主义科学史区别于其他科学史的重要之处在于社会性别的分析视

角。如上文所揭示,它强调性别身份、关系、制度、观念的社会建构性,并以此分析科学与上述不同层次的社会性别内涵之间相互建构的历史。女性主义科学史不仅关注科学的社会建构性,同时更注意揭示科学的性别统治功能。这一新视角的出现,无论是对传统科学史研究还是对 SSK 的科学史研究都是一种很好的补充。

不仅如此,在哈丁看来,女性主义的独特之处还在于它将社会性别作为变量和分析范畴,同时还采取一种批判性的姿态(Harding, 1989)[27]。哈丁坦言,女性主义研究的目标是为女性提供她们所关注的社会现象的解释,其研究目的与其问题视角不可分割(Harding, 1987)[8];在立场认识论的关照下,她更是明确强调从"女性和其他边缘人群"而非某个"陌生人"的立场和视角去书写科学史。也为此,劳斯(Joseph Rouse)认为女性主义学术的政治性更强,"因为女性主义科学元勘属于批判性别歧视与赋权于妇女的更大范围的政治与文化运动的一个组成部分"。(Rouse, 2002)[139-140]

相比之下,SSK 的科学史研究强调"陌生人"分析视角,重视研究者保持抽离和中立的立场,侧重自然主义的叙事策略。夏平和谢弗在研究中开宗明义地提出了"陌生人"的研究视角,试图挑战"成员"视角的"自明之法",对历史上的科学事件和现今被认为是常识的科学理论及其预设展开社会学分析,秉持一种反辉格主义编史原则。同时,强调"陌生人"视角最大的好处还在于外人更有能力知道其他替代信念和实践方式(夏平,谢弗,2008)[5]。拉图尔和伍尔加在实验室研究中也同样强调了"陌生人"视角和中立性立场的重要性。在他们看来,作为实验室观察者,重要的是使自己熟悉一个领域,并保持独立和距离(拉图尔,伍尔加,2004)[17];在研究过程中,应该持一种不偏不倚的立场(拉图尔,伍尔加,2004)[39]。

在女性主义学者看来,SSK 试图避免任何先在假定的方法论倾向与其相对主义纲领存在冲突,它很难在主张"科学事实是制造而非发现的"认识论观点下立住脚;因为这种避免任何先在假定的做法实际上是对某种实证主义禁令的回归,即不允许个人的或者政治的利益影响到其对数据的选择或解释(Lohan, 2000)。女性主义对这种实证主义禁令的态度,早已包含在其科学客观性批判之中。科学研究者不能做到彻底的价值中立,这一点同样适用于 STS 学者自身。正如哈丁(Harding,1987)[9] 所言,在女性主义研究中,研究者本人的阶级、种族、文化、性别假设、信念和行为等必须被置于其所要描绘的框架中,"研究者对我们来说不是以一个无形的、匿名的、权威的声音出现,而是表现为一个具有特定欲望和利益的、具体的、真实的、历史的个体"。

(三)科学观与科学史观

从根本上看,由对近代西方科学客观性、中立性的消解所带来的科学的社会建构观念、科学的多元文化观以及科学与社会性别之间的紧密联系,构成了女性主义科学史研究的理论根基。它不再延续实证主义的道路,而是与 SSK 的科学史进路更为贴近,体现出批判史学的独特魅力。

女性主义科学史实践致力于阐明科学与社会性别互相建构、强化的过程和方式。显然,在其研究者看来,科学远非客观中立的真理表达;相反,"它是一种文化建制,由实践于其中的文化、政治、社会和经济的价值观念所建构"(Tuana,1989a)[XI];并且,这种传统的客观性概念还被认为与男性气质直接关联。凯勒明确提出:"客观性真正是男性的特权产物。"(凯勒,2007)但与 SSK 不同的是,大部分女性主义学者注重在批判的基础上构建新的客观性概念,大部分女性主义学者拒绝相对主义标签。例如,哈丁(2002)[184] 认为"不依靠客观性标准反而考虑用主观主义或相对主义的根据来为信念、假说和政策作辩护,代价实在太大"。哈拉维则明确强调"女性主义必须继续坚持客观性的正当意义,并对彻底的建构主义保持怀疑态度,……必须对世界做出更好的说明,不能仅是指出一切事物都有彻底的历史偶成性和建构模式"(哈拉维,2010)[301]。

正因如此,上述女性主义学者往往被认为是谋求传统科学哲学和 SSK 之间的某种中间立场。然而,在劳斯看来,女性主义超越了认识论,SSK 依然假定外在世界客观存在,可以通过抽离的方式去对关于它的科学知识进行整体评估;SSK 依然没有抛弃对科学知识的"辩护",并坚持"语义上行"而不关注科学实践的多样性,且仅将反身性视为一种策略。这些均是 SSK 没有摆脱旧有认识论传统之处,也是女性主义与之相比有所超越的所在(Rouse, 2002)[143]。例如,女性主义关注的对象已从知识的语义内容转向了认知者与认知对象的关系(以凯勒的麦克林托克研究及"动态客观性"概念为典型);对科学知识与实践的研究采取一种参与式而非中立的立场,并时刻注意反身性(以哈丁的立场认识论为典型)。不过,我们在此也需明确的是,SSK后来的发展尤其是皮克林等人的工作已逐渐将科学作为一种社会实践活动来看待。

与此同时,基本科学观的变化及其具体的编史实践,还造就了女性主义学者对科学史的独特理解(下文将展开论述)。SSK和女性主义均坚持反辉格主义编史原则,并且都对进步主义科学史观进行了批判。但是,二者在科学史客观性问题上的态度却存在差异。

其中,夏平、谢弗强调要摆脱历史学家的"自明之法",并明确反对"成王败寇"的辉格史观;巴恩斯则主张消解"内在因素"与"外在因素""科学史"与"文化史"的边界,并且否定长期的、单向性的科学进步的存在(巴恩斯, 2001)[168]。这些论述涉及反辉格主义编史原则和反进步主义科学史观。然而,透过其编史视角与方法论策略可知,SSK的科学史实践虽然解构了科学的客观性,但却要求从"陌生人"和"外行"的"抽离""中立"的研究视角出发,通过自然主义的叙事方式保证研究过程和结果的客观性。换言之,在历史的本体论和认识论上,SSK坚持的是实在论立场。正如夏平所承认的:"与一些后现代主义者和相对主义者朋友不同,我在写作时深信我所写的主题较之我本人更来得有趣,因而本书的大部分内容可以按照老派的历史实在论的方式去阅读。"(夏平,2002)[9]

从女性主义科学史实践者对传统科学史研究的批判,可知其对历史研究客观性问题的反思性立场及其与SSK的差异。女性主义科学史同样反对辉格主义编史原则,但却不强调自身研究的抽离立场和"陌生人"的研究视角,并直言其科学史研究的政治性以及社会性别分析视角的重要意义。换言之,女性主义科学史并不追求基于价值中立立场和自然主义叙事策略的史学客观性。约尔丹诺瓦对传统编史学的批判同样适用于SSK。她认为:"传统编史学用利益来解释动机,用经济或其他决定论来解释因果性,关注事物和事

件而非关系和过程。简而言之,传统编史学带有很强的科学主义成分,科学
史家尤其容易如此。"(Jordanova, 1993)[478]

二、对传统科学编史学纲领的挑战

判断和评价一种科学编史学纲领在本领域的学术影响,需要分析它所持
有的科学观、科学史观及其具体的编史思路,对现有的科学史研究意味着
什么。

(一)对科学客观性观念与客观主义科学史观的挑战

19 世纪以来,兰克(L. V. Ranke)的"如实直书"思想与史料批判方法在德
国以外产生了影响,形成了客观主义史学。与此同时,自然科学迅猛发展所
带来的"科学"的"乐观主义"氛围,促使了实证主义史学的产生。前者认为历
史学家在史学研究中能摈弃主观性,能不带任何感情色彩地反映客观历史;
后者则相信历史学可以实现"科学化",成为实证科学,从而为历史学的职业
化打牢根基。西方科学史研究自 20 世纪初开始建制化以来,便是在这样的史
学背景中成长的,更因为自然科学被认为具有其他研究所无法比拟的客观
性,科学的历史被看成是真理不断战胜谬误的过程,是最具客观性的历史。
这一点在萨顿(G. Sarton)的编年史传统与柯瓦雷(A. Koyré)的思想史传统中
都有鲜明体现。

后现代主义历史学对传统史学"宏大叙事"、历史进步论、欧洲中心论等
历史叙述框架和叙述线索提出了深度质疑。在它的影响下,传统史学的"科
学性""客观性"被不同程度地否定,历史研究的性质和意义被重新规定,历史
研究的主题从宏观史转向微观史、从社会史转向文化史、从精英史转向其他
群体的历史。传统妇女史研究在此背景下经由女性主义理论的兴起,重新焕
发生机。女性主义历史学家斯科特主张妇女史研究应该采用后现代主义的
一些理论,用来建立一种与原来不同的认识论和历史方法论(王晴佳,古伟
瀛,2006)[46]。

在实证主义看来,存在一个与人类完全相分离的世界,科学知识是对这

个世界的表征和反映,是以力图脱离人类社会与境和主观因素的方式获得的一种知识,它是对客观实在的真理表达。女性主义独特地以"西方的二元对立思维方式及其在'科学/社会性别'问题上的体现"作为切入点,将对科学客观性和价值中立性观念的批判与对科学的父权制意识形态的批判结合起来。正如第一节所论述的,女性主义科学哲学家们阐释了科学知识的客观性与男性气质之间的等式,提出传统的科学史被描绘成男性精英的历史,而这一历史却被想当然地认为具有客观性和价值中立性。

女性主义科学史是对传统科学史重要研究内容的重新检视,支持了它对史学和科学的上述批判。其中,就西方近代"科学革命"的研究主题而言,柯瓦雷的观念论、默顿的科学社会学均未对科学的客观性和价值中立性这一基本观念提出挑战。麦茜特、凯勒等学者的研究表明,近代科学的产生有其深刻的父权制根源,社会性别意识形态和性/性别隐喻在近代科学的发展中产生过重要影响。并且,在她们看来,这种影响是从最为根本的思维方式上进行的,它使得人们发现科学并非像其维护者所宣扬的那样客观和价值中立,而是深深被渗透着各种意识形态,尤其是社会性别意识形态的影响(Merchant, 1980; Keller, 1985; Harding, 1986)。这些研究提供了关于科学革命的新理解,挑战了传统科学史的编史观念,揭示出科学史的多样性与科学史自身研究过程的非价值中立性。进一步结合上文对女性主义科学史方法论的讨论,以及女性主义对 SSK 坚持"陌生人"视角和"中立"立场的批判,也就可知女性主义科学史是对客观主义科学史观所产生的挑战。

(二)对科学进步性与进步主义科学史观的挑战

如上文所言,19 世纪科学的迅猛发展与随之而来社会对科学所抱持的乐观情绪,为实证主义史学尤其是实证主义科学史提供了良好的土壤。在此土壤中成长的实证主义科学史,不但将科学知识描绘成最具客观性的知识,将科学事业描绘成最具价值中立性的事业,还将科学的历史视为科学知识或科学思想不断发展和进步的历史,科学、科学事业、科学的历史成为社会进步的最佳表征。换言之,科学的进步性和"进步主义"的科学史观,也是实证主科学观在科学史研究上的必然体现。在此科学观下，即使承认科学的发展历程会受社会因素的影响，但科学知识内容的客观性仍然决定了科学真理的普适性和唯一性；相应地，科学的历史便是科学真理不断发展的过程，是不断进步的历史。为此，自惠威尔、萨顿、柯瓦雷到默顿的科学史研究，虽然有人（例如柯瓦雷）明确反对辉格式编史原则，但却都坚持或默认了科学史的进步性，他们或者将今天的科学视为知识不断进步性地累积的结果，或将其视为科学思想按其内在逻辑演化发展的产物。

然而，随着库恩提出范式概念，并强调范式间的不可通约性，使得超越范式的科学进步变得不再确定，费耶阿本德采取的文化相对主义立场和"怎么都行"的方法论规则，更将这种不确定性推到极致，他们共同否定了判断进步性的普遍标准或规则的存在（孟建伟，1995）。SSK 运用历史研究、实验室观察和科学话语分析进一步颠覆了实证主义科学观及其内涵的科学进步观。相应地，实证主义科学观与进步主义（往往也是辉格的）科学史之间的连接也被截断。

与之相比，女性主义科学史在案例研究和理论阐述方面均更为明确地对科学历史的进步性提出了质疑和批判。其中，女性主义科学史关于科学革命的研究，显然也对近代科学革命的进步性提出了挑战。在女性主义学者看来，西方近代科学史的倒退性不仅仅对于女性而言如此，对于西方之外的其他国家和地区而言，亦是如此。哈丁通过对近代西方科学兴起与资本主义殖民扩张之间关系的深入分析，表明近代科学对于女性和其他殖民地国家和地区而言都是倒退性的。克里斯蒂在分析哈丁的科学史工作时提出，传统科学编史学的缺陷恰恰在于它们没能去承认和分析这些过程，而是将近代科学的起源描绘成一个神话，它铭记着西方社会男性英雄的创造力，而且这种创造力有其自身的发展原则；同时它讲述着一种抽象理性的活动，这一活动客观、价值无涉，与任何的社会和政治关系与境毫无关系，且指向进步和发展；但是，如果对女性没有构成"进步"，这样的科学史便不能被认为是进步的；西方科学由于与资本主义殖民扩张政策紧密相关，在本质上对世界的影响是倒退性的（Christie, 1990）[106-108]。

（三）对科学普适性观念与一元普遍主义科学史观的挑战

除坚持历史的客观性与进步性之外，"宏大叙事"是近代史学的另一重要特征。它表达了启蒙运动以来人类对理性和普遍性的某种史学追求，存于"宏大叙事"背后的史学观念是对普遍理性的信仰。可以说，它的实质是认为人类社会将遵循一定的规律发展进步，各个社会节奏有快有慢，但都必须经历相似的历史发展阶段，发展的结果也将大致趋同，而且凭借理性，人类可以叙述这一历史过程。在这一"大写的历史"中，地方性、个别性与特殊性都被忽略，国家、民族、政治、外交成为史学的中心领域。这一点无论在黑格尔还是在兰克的史学中都有鲜明体现。

就科学史而言，无论是在实证主义编史学纲领还是在观念论编史学纲领那里，科学的历史都被认为具有内在的发展逻辑和意义，科学的自治性与客观性在历史上除表现为进步性之外，更表现为发展的规律性，对这一历史规律性的寻求既成为科学史研究的目的，同时更意味着这类科学史研究坚守了一种一元普遍主义的科学史观。换言之，世界不同国家与不同地区的科学都将朝着同一个方向发展，而这个方向往往由发展领先的近代西方科学来表征。从编史学角度来看，这一科学史观意味着世界上其他地区的科学史研究，往往必须以现今最为发达的西方科学为标准去追溯过去，而这最终将陷入辉格解释和欧洲中心论的窠臼。正是在这个意义上，学者们认为后现代主义学者要深入批判近代历史哲学，即"大写的历史"，就必须认真反思普遍性以及以普遍性观念为根基的欧洲中心论，更应反对用产生于西方的概念去描绘世界的历史（王晴佳，古伟瀛，2006）[45]。

反之，如果说科学是一种文化现象或社会建构的产物，不同的文化和社会与境中产生的科学便应具有文化的相对性和独立性，也即不存在唯一的、普适性的科学。换言之，对科学客观性的反思与对科学普适性的反思是科学批判一脉相承的两个方面。无论是传统的女性主义科学史还是新时期的女性主义科学史都对这种一元普遍主义科学史观提出了挑战。其中，金兹伯格和席宾格尔等对西方助产术传统的研究，便表明了对这种被传统科学史边缘化的科学传统的追溯和承认,以及对主流科学普遍性的消解和对科学知识地方性的强调,或明或暗地支持了科学的文化多元性观念;甚至都对传统科学史提出了一个根本性的挑战,即要求进一步拓展科学的范畴,变革现有的科学概念,给各种地方性知识体系以平权的位置。新时期的女性主义科学史更加关注女性身份的差异性和科学的多元化特征,一元的、具有普适性的"大写的科学史"进一步遭遇挑战。例如,哈丁的案例研究表明,近代欧洲航海活动和殖民地的建立不仅促进了欧洲科学的发展,同时还奠定了欧洲科学技术在全球的中心地位(哈丁,2002)[52-73];但这并不意味着处于全球中心的这一"科学"具有普适性,相反"所有的科学知识,包括近代西方确立起来的科学,都是所谓的"地方性知识",或者"本土知识体系"(哈丁,2002)[8]。

可以说,传统女性主义科学史基于反辉格的编史原则,赋予边缘人群以其知识以科学史研究的独立性和合法性,意味着对历史多样性、科学多元化的某种承诺,它进一步瓦解了近代史学的"宏大叙事"和精英史传统。而关于非西方社会女性及女性气质科学传统的史学研究,则进一步对科学和历史的普遍性提出挑战。简而言之,女性主义科学史研究日益表明,her-story 与 their-story 将取代单一的、大写的 HISTORY,而这一大写的 HISTORY 实质上是欧洲的、男性的 his-story。

(四) 坚持包含情境性的多元科学史观

女性主义科学史试图重建的是一种以女性主义的立场和价值为指向的、社会性别与科学相互影响和建构的历史,这一历史不标榜具有绝对的客观性、进步性,相反它被认为是阐释性的、情境性的与多元化的。

在克里斯蒂(Christie, 1990)[106-108]看来,哈丁在强调女性主义科学史更多的不是讨论"科学中的女性"问题,而是分析"女性主义中的科学"问题时就明确强调了女性主义的目标、策略和价值观念必须被置于分析的首要位置,女性主义科学编史学的目标就是要从女性主义的立场,提供关于科学的哲学和编史学角度的批判。麦茜特在关于近代科学起源的自然史研究中,也首先明言:"从一个女性主义视角来写历史就是要推翻这一切,从底层看社会结构,打翻主流价值。"(麦茜特,1999)显而易见,女性主义科学史从不讳言将女性主义的立场和价值目标纳入对科学史的阐释中,反而表明这一点恰恰就是女性主义科学史研究的基本特征,在此,传统科学史所标榜的客观性成为被批判的对象。

后殖民女性主义的理论主张与非西方女性主义科学史研究的实践进一步表明,在女性主义科学史的叙事框架中,西方科学与非西方科学、精英主流科学与边缘群体的知识传统都是"地方性知识",它们在科学史研究中具有同等的合法性与地位。女性主义科学史表明,无论是社会性别,还是科学,关于它们的观念都是地方化、情境性的,不能按照统一的标准去分析和评价,科学的历史是情境性与多元化的,而非一元与普适的。

女性主义对实证主义科学史所持有的客观主义、进步主义、普遍主义观念进行了反思;同时一些女性主义者试图同 SSK 的相对主义立场保持距离,转而追求一种新的包含情境性、价值和道德评判的、多元化的科学史。女性主义这一科学史观体现了激进主义和保守主义的有趣结合,激进的一面坚持应将女性主义的价值观置于核心位置作为分析和判断的基础,保守的一面却坚持拒绝完全抛弃科学的客观性及其在历史上展现出的自治性(Christie,1990)[108]。实际上,这一保守性既与女性主义科学史试图为作为群体的妇女,确立科学史的集体叙事的目标直接相关,也体现了女性主义在科学认识论上面临的困境之一(下文将展开论述)。但是,需要提及的是,这并不意味着女性主义科学史失去了其批判性,相对于 SSK,它所倡导的科学史观更具有反身性和自省意识。

第五节 女性主义科学编史学纲领的学术困境与理论发展

女性主义因其所主张和坚持的特殊科学观与科学史观,以及在编史目标与编史立场等方面体现出的独特性,为科学史研究提供了新颖的分析视角与分析维度,并形成对传统科学史的挑战。然而,正是在构成该纲领的两个主要方面(一是科学观,二是性别观),女性主义所持有的主要立场和观点,遭遇科学家、传统科学哲学家与科学史家,以及女性主义内部学者的广泛批评。

一、客观性批判的困境:相对主义问题

女性主义因其对科学的客观性、价值中立性以及科学与社会之间的互动关系进行的深刻反思与批判,成为"科学大战"中争论的集中领域之一。

(一) 科学家的诘难

科学家们就"社会性别隐喻在多大程度上建构了科学的内容"问题,对女性主义科学观进行了集中讨论。其中,生物学家格罗斯(Paul R. Gross)之所以如此重视和反感女性主义研究,根本原因在于他认为这些研究将会导致人们对科学家研究过程及科学知识客观性的怀疑,而他所要做的就是重新捍卫科学的客观性(格罗斯,2003)[101]。

具体而言,他对女性主义关于受精理论的研究的批判主要立足于以下几点:①在女性主义所引用的那些隐喻性内容中,很多是研究者的杜撰(格罗斯,2003)[92];②以往的科学研究并没有忽视卵子的作用,并不带有男性中心主义的偏见(格罗斯,2003)[95-100];③发生生物学的知识完全不依赖于隐喻(格罗斯,2003)[101]。显然,格罗斯首先否认了女性主义学者在科学文本中发现的各种相关隐喻,认为这些只是后者的编造和杜撰,并强调生物学史表明科学家并没有忽视卵子的作用。但是,当发现确实有一些科学家使用了类似的表达时,他不得不采取另一种策略,即强调这些隐喻式的表达只是对某种科学事实的描述,并不带有性别偏见。最后,罗格斯的批驳中最为深刻但却遗憾地没有展开论述的部分,便是强调隐喻不会影响发生生物学的实际发展。在其看来,"无论人们采用什么样的隐喻去描述或写作受精过程或早期的发育,……但我们有关发生生物学的知识完全不依赖于这些隐喻"(格罗斯,2003)[100-101]。然而,罗格斯并没有质疑和挑战隐喻分析本身的合法性与有效性问题,他甚至还承认某些隐喻可能会影响个别研究者的实验选择。换言

之,他没有否定隐喻作为基本思维方式之于科学研究的重要影响。然而,只要不否认隐喻的科学认知功能,就很难从根本上推翻女性主义学者关于受精理论的诸多结论。

鲁斯(Michael Ruse)针对女性主义学者关于达尔文进化论的社会性别研究提出的批判采取了类似的策略。但他强调要区分大众科学和专业杂志上的科学,前者"必须对文化与非认识的价值开放",后者虽然也会受文化价值的影响,但"并不突出";并且,"人们决不能说达尔文的进化论从来没有受到过此种文化因素的影响","但这肯定也不是达尔文进化论的全部面貌";总而言之,"科学——我这里指的是整个科学而不仅仅是生物学——是一种文化的产物,同样,它也反映出其赖以生存的客观基础"(鲁斯,2003)。显然,鲁斯甚至承认了科学是文化的产物,那么他对大众科学和专业科学的区分就显得不那么重要了,而且他也无法界定文化价值和认识价值对于科学客观性的作用边界,因而也未对女性主义的科学客观性思想形成真正的挑战。

值得注意的是,索伯(Alan Soble)否认了隐喻在科学研究中的影响和作用。他承认培根在其科学文本中使用了大量的隐喻,这些隐喻之中很多是性隐喻,但是"就培根广泛使用的各种隐喻来说,我建议我们不要认真对待它们,因为它们是培根有意识地取悦他的听众,或者作为一种在发言时的无意识的情感表露";"培根的隐喻应该被合理地理解为'文字上的修饰',而不应该作为'科学的实质内容'"(索伯,2003)。不过,索伯同样没有将此作为一个切入点,进一步深入剖析或批判隐喻分析的合理性与有效性问题。

显然,这些科学家对女性主义客观性批判的诘难主要集中在对后者所擅长的隐喻分析上。但他们的批判较多止步于否认这些隐喻的存在,或者指出它们不能影响科学的认知内容和实际发展,强调科学仍由其内在的认知价值所决定,但却缺乏进一步的深入论证。从另一方面来看,科学家的批判较多关注具体个案,而很少对女性主义学者的理论文献进行剖析并提出质疑。这些均使得他们对女性主义学者的科学客观性思想和认识论的挑战有限,没有构成对女性主义的深层威胁。

(二) 深层的困境与出路

相比于科学家的批判,来自科学哲学界尤其是女性主义内部的批判更具有挑战性。对于逻辑实证主义和历史主义学派而言,女性主义与 SSK 一样否认科学具有超越任何文本、话语、价值和社会性别的自治性与普遍性,坚持科学的社会建构性和文化多元性,这陷入了相对主义的危险。对此,女性主义学者也做出了回应,可以看到他们试图一方面立足于文化相对主义立场,对传统的科学客观性概念提出严肃批判,另一方面,又不希望彻底颠覆和抛弃客观性概念。尤其,针对哈丁的"强客观性"概念主张,后现代女性主义学者提出了质疑。

其中,哈拉维对哈丁的立场认识论提出了明确批判。在她看来,首先,女性内部的巨大差异表明并不存在不变的、统一的、具有本质主义倾向的女性身份与女性经验;其次,身份认同不构成批判性认知的基础,从被压制者的立场看的危险在于可能浪漫化或者占用了其中较无权力者的立场,并宣称可以从他们的立场去看待世界;再次,即便存在被压制者的立场,它也不能免于批判性的检视、解码、解构和诠释,这一立场并不"无辜",并不更少偏见,并不构成获得客观性的基础。为此,她认为相对主义的出路是部分的、情境化的知识,同时保持连接网络的可能性,而非追求另一抽象的、超越于历史性、身体性、地方性的客观性及其优越性(章梅芳,2014)。

有趣的是,哈拉维所谋求的在彻底建构论和女性主义的经验论与立场论之间、整体主义和相对主义之外的第三条逻辑自洽的道路,同样存在问题。例如,她使用"结盟"策略代替"认同"策略来实现客观性,但对于各种局部视角究竟应该如何"结盟",以及这种"结盟关系"到底是什么却并未展开阐述。并且,既然承认科学和性别一样在根本上都是社会建构的产物,又该如何确保一种建构比另一种建构更客观? 正如有学者指出,这种认识论立场实际上是在一方面接受知识的建构主义解释,以及因此而来的所有知识的相对主义本质;但另一方面却认为自己的知识宣称是对实在的准确描述,因此将自己的知识宣称排除在相对主义的范畴之外(Campbell,2004)。对此,哈拉维的回应是"尽量避免关于实在论和相对主义的争论,我只能说'实在'存于自然与文化的裂缝之中,我正努力追求一种更好的实在论"(Haraway,2000)[110],但她却依然没有深入解释这是一种怎样的实在论。

不过,"涉身客观性"强调身体、自然等物质维度在科学认知中的重要意义,为女性主义开辟了新的理论方向。女性主义开始转向寻求一种物质本体论。其中,图安娜(Nancy Tuana)和芭拉德(Karen Barad)分别提出"互动主义"(interactionism)和"能动实在论"(agential realism)的观点,以弥合自然与文化、物质与语言、非人与人等系列二元对立之间的裂缝。芭拉德强调女性主义的关注焦点应从"语言"转向"物质",突出"介入"和"实践"以及物质与语言互动的实在性,并且主张"能动实在"始终处于不断地被重构之中(Barad,1999)。赫克曼(Susan Hekman)和阿莱默(Stacy Alaimo)等女性主义学者也认为,语言与实在的界限在后结构主义学者那里依然没有被消解,他们将一切均转化为语言,无法描述世界的实在性。也因此,必须超越后现代语言建构主义认识论,并在当代思想中重新定义和提出新的解决方案(Hekman,2010)[32]。其中,赫克曼在批判地继承了福柯(Michel Foucault)、维特根斯坦(Ludwig Wittgenstein)关于语言/实在问题的观点的基础上,通过援引哈拉维、拉图尔尤其是皮克林的思想资源,提出的解决方案也是试图超越认识论和表征主义的框架,转而介入物质世界的混乱(messiness)之中,从而走向一种身体、实践和科学的本体论。

赫克曼所言的"从认识论走向本体论"意味着女性主义将不再陷入逻辑实证主义的自然实在论,也将摆脱彻底的社会建构主义立场,而是主张主客体融为一体,在实践中互动生成、共舞或转译。这一新的主张也促使越来越多的女性主义学者参与科学实践,正如劳斯所发现的,他们更加关注科学实践以及科学的未来。与凯勒、哈拉维等学者一样,芭拉德、伯克(Lynda Birke)等具有自然科学背景的女性主义学者,更加注重在科学实践中介入和磋商。正如伯克所希望的,尽管尚未发展出真正的有创新性的方法论,但女性主义、SSK、妇女研究,以及人与动物关系的科学研究等领域,仍朝着一种跨学科的合作研究的方向努力(Asberg and Birke,2010)。

二、生物决定论批判的困境：新本质主义问题

女性主义科学史研究的另一重要理论基础是性别的社会建构理论，它认为社会性别和生理性别之间不存在本质的、必然的联系。如第一节所言，如果性别被认为是由生理基础决定的，那么在现有的观念体系中，那些不利于女性的范畴、定义和刻板形象将被合法化，这最终将使得女性在科学领域的边缘位置具有了生物学的依据。为此，女性主义想要摆脱这种束缚并为妇女赋权，就必须对生物决定论发起挑战。

（一）生物决定论的明显危害

然而，性别是否完全与生理因素无关，至今仍是女性主义内部一直争论不休的问题。仅就激进女性主义内部而言，自由派和文化派的观点便鲜明对立，后者将孕育生命和抚养小孩看成是由女性先天本质决定的，并且是女性的优势所在，而自由派便认为这一观点进一步从生物学意义上固化了男性和女性的本质区分（童，2002）[121-122]。正如克里斯蒂所担忧的"当代女性主义理论有一种后退到本质主义的倾向，它将女性气质的社会性别身份归到女性的生育性生物学上讨论，认为社会性别身份是女性的生物学本质而非变化着的社会和文化建构物。对于女性主义而言，生物学本质主义的危害是显而易见的。如果女性的本质是由其生育能力和功能决定的，那么这些都十分容易成为关于女性的刻板认知和刻板形象的基础，这些认知和形象常常以有利于父权制的形式运作：妇女作为妻子、养育者、家庭主妇等。因此，本质主义几乎成为女性主义批判首要关注的主题"（Christie，1990）[104]。

女性主义科学史在此方面展开的众多研究，尤其是席宾格尔对 17、18 世纪西方解剖学史的研究，都成功地表明性别是科学建构的而非生物决定论的。可以说，到目前为止，彻底的生物决定论的本质主义已经逐渐淡出舞台。女性主义学者基本都认为，实现性别平等的关键不是去讨论男性和女性在生理上的差异究竟何在，而是要去反思社会和文化对于性别的不同规定，简而言之，要去反思社会性别意识形态和社会性别关系制度。

既然如此,为何女性主义一方面宣称性别是社会建构的产物,另一方面却总是反复强调要重视女性的历史? 实际上,即使是在女性主义科学史和科学哲学家那里,研究科学中妇女的历史与研究科学与社会性别关系的历史之间究竟是何种关系,仍是一个存在很大争议的问题(Hammonds and Subramaniam, 2003)[928]。对此,我们更为关注的是社会性别作为一个基本的分析范畴在科学史研究中的作用和意义。它既分析女性科学家也分析男性科学家,分析科学中的社会性别关系和社会性别制度,乃至一切父权制现象。女性主义之所以强调女性,是因为现状是女性处于科学领域的底层。出现这一现状的原因恰恰是,女性的气质与特征被建构为与从事科学研究所必须具备的气质和特征根本不同。如果反过来是男性的气质与特征被建构成如此,女性主义理论同样会对此建构过程给予分析,或许那时理论的名称会改为"男性主义",但社会性别分析范畴仍将是其核心的分析范畴。这就如同阶级是马克思主义的核心范畴一样,它既分析无产阶级也分析资产阶级,只是无产阶级处于被剥削的地位,所以在研究中往往更强调无产阶级被剥削的一面。这里的社会性别表达的是文化结构、社会关系与社会制度层面的内涵,而非仅限于个体的社会角色特征。

但是,如果女性主义学者将"女性主义科学"归约为"女性的"科学,则将重新落入生物决定论的圈套。对父权制科学传统的批判,取而代之的并不是建立一种新的生物学意义的"女性科学",这种科学既不存在,更不可能给女性带来解放。

(二)新本质主义的困境与出路

摒弃生物决定论之后,女性主义学者包括金兹伯格、朗基诺和哈丁等学者给出的替代方案是追溯或构建基于"女性气质""女性经验"或"边缘人群立场"的科学范式。她们的工作很快遭遇后现代女性主义的诘难,认为这些新的认识论主张或编史理论依然没有摆脱本质主义的桎梏。其中,最重要的诘难有两点:第一,女性内部的差异性同样十分突出,统一的女性气质、女性经验或边缘人群立场缺乏存在的根基;第二,女性气质、经验或边缘人群的立场同样是流动不居的,不存在不变的某种本质。上文论及的哈拉维对哈丁立场认识论的批判,即是这方面的典型。

那么,女性主义如何彻底摆脱这种文化本质主义呢?目前的回应有三种。其一,承认并强调女性身份的碎片化和异质性,尤其是在有色人种女性主义、第三世界女性主义等流派的推动下,"差异"而非"社会性别"成为女性主义学术新的关键词,"差异"逐渐被认为是女性主义发展的优势而非障碍。正如格罗兹(Elizabeth Grosz)所宣称的,差异至上的女性主义不复在性别差异之中作茧自缚,而是以性别差异为根基(格罗兹,2012)[164]。其二,强调与境的重要意义,任何一种知识、身份和立场都是与境化的,脱离具体与境无法讨论知识、身份和立场的合理性。以上两点在哈拉维的科学客观性思想中,已得到充分展现。在她看来,相对主义之外的出路是部分的、可定位的、批判的知识,其维持连接网络的可能性,包括政治中的团结以及知识论中的共享对话(哈拉维,2010)[308-309]。其三,是引入时间和历史的维度,突出流变、不确定性和"生成"的概念。这一点在格罗兹的工作中有特别突出的反映,她认为时间性关涉文化与表征关系、主体性概念、性别特征概念和身份认同概念等,必须摆脱现在性的统治,以时间性将现在铭刻在一种不确定性之中,这种不确定性能改变我们的认知,她试图探讨的正是生成在生物、文化、政治和工艺过程中的形式,以及它们对于我们的自我理解和认识世界具有怎样的意义(格罗兹,2012)[2]。

换言之,生物本质主义和文化本质主义的缺陷显而易见,物质和符号均不具有某种不变的本质,女性主义重新寻找的理论基础在于强调差异性、与境性和生成性,以及在此基础上的联盟。这表现为构建一种新的物质—符号互动生成的本体论倾向。身体、自然和其他一切物质与文化、社会化构成无法割裂的血肉之躯,不断在科学和技术的实践中生成、演化,这便是女性主义强调的物质/生成本体论的要义所在,也是女性主义针对本质主义困境所提供的解决方案。

综上,女性主义苦苦挣扎于多重的夹缝之中,试图求得生存。一面是具有现代性内涵的"平等"政治诉求和恢复女性"集体记忆"的历史学诉求;另一面却是后现代主义强调的"差异""异质"和完全的"碎片化""分裂",后者使得前者的努力丧失了根基。一面要彻底批判和摧毁父权制的思想观念、制度安排和话语符号,一面又必须借用这些父权制的现有手段和工具以构建新的思想、制度和话语,前者和后者同样面临着自我冲突和相互抵消。

难能可贵的是,20世纪90年代末以来,西方女性主义科学哲学与科学史研究在应对科学家、传统科学哲学家、科学史家与女性主义内部不同流派学者的争议与质疑的同时,一直在努力寻求新的理论突破。他们对建构主义性别观和科学观进行了自我反思,一些学者在对二元论、本质主义和表征主义的批判过程中,逐渐走向注重实践的物质本体论。这一编史理论上发生的重要转变,已经并更多地在女性主义科学史的经验研究领域得以展现。值得一提的是,新的研究方向和问题领域的出现,并不意味着传统女性主义科学技术史研究的消亡和被取代,它们之间同样是相互生成的关系,共同推进女性主义科学技术史与科技哲学研究的发展。

(章梅芳撰)

第三章
人类学进路的科学编史学

在西方,科学史学上的每一次重大变化都受到了来自哲学、社会科学等领域里新思潮、新观念的影响,在其影响下产生的科学观、科学史观和编史传统直接形成了科学史研究的新领域、新视角和新方法。20 世纪 60 年代以来,科学史研究积极地进行跨学科研究的尝试,无论就一般的科学史而言,还是就中国科学史研究来说,科学史研究与人类学的结合形成了科学史发展诸多方向中非常突出且值得重视的方向之一。

第一节　科学史研究中人类学进路的引入和应用

人类学是一门年轻却充满智慧的学科。该学科所具有的独特研究视角,对西方中心主义的批判和反思,以及对文化多样性的倡导和尊重,使其成为一个日益受人瞩目的学科。人类学在 100 多年的发展中,经历了诸多学派和理论的更迭,各个学派之间虽存在着差异,但它们共同促进着人类学学科的发展,都为人类学理论的建立和实际资料的积累做出了重大贡献,并且体现出了一些共同的研究方法和研究特征。人类学的核心思想和学科特征,体现在其文化多元观、文化整体观、文化相对主义观念,以及反对民族(西方)中心论等观念和主张之中。

科学史作为一个独立的学科,诞生于 20 世纪初期,在科学史学科奠基者乔治·萨顿(George Sarton)的时代,实证主义的科学史观占有统治地位。萨顿的实证主义科学史,和另一位稍后的科学史家柯瓦雷(A. Koyre)所开创的

"观念论"的科学史研究传统,都体现出了内史论的科学观。随着学科的发展,科学史研究的方法和理论,以及科学史研究的领域等都有了极大的变化。20世纪60年代之后,科学史的发展超越了实证主义的编史传统,外史论的观点逐渐形成,各种科学社会史的研究趋势开始出现,科学史领域发展出了"与境主义""后现代主义""社会建构论"以及"现象学"等"形形色色新的科学史观与研究方法"(刘兵,1996)[21-27]。总之,在科学史不到100年的历史中,无论是研究内容、研究方法还是研究视角都处在变化发展之中,科学编史学也经历了自身变化的过程,比如从内史传统到外史传统的转变。

作为各种新的科学史发展方向之一,人类学进路的编史学方向正是在上述科学史发展的大趋势之下出现的。同时,更具体地来看,人类学进路于20世纪70年代末80年代初进入科学史研究,也是科学史发展到近期的自然趋势,这种趋势体现在科学史自身的几种变化中。

一、科学史研究模式的变化

这一变化体现在对传统进路的批判以及对普遍主义模式和大历史的超越。

第一,对传统进路的批判。早期的科学史以及科学社会学的研究,多是对科学以及科学家的歌功颂德,"科学家的价值受到褒奖,他们的智力和思想被看作是理性行为的典范"。到了20世纪60年代之后,对于科学的这种实证性褒扬开始受到批判,在这种与境之下,出现了研究自然科学的科学知识社会学。既然出现了对科学的社会研究,那么"把科学放到文化的与境中,而且在更广阔的文化解释以及人类学研究的与境中来理解科学家、他们的行动和知识"这一努力的出现也是自然且必须的了。因此,科学史研究中的人类学进路,是作为一个"关注科学在当今世界中的位置,以及在基本意义上关于科学的合法性问题的大传统的一部分而发展起来的"(Mendelsohn, 1981)。人类学的比较研究以及跨文化研究的旨趣,能够为科学史的研究提供更多的分析维度;在对非西方科学传统进行的考察中,人类学由于其独特的传统而具有天然的优势。

第二,对普遍主义模式和大历史的超越。传统科学史对非西方、东南亚的研究以李约瑟的研究模式为主。李约瑟在中国科学史研究中的伟大成就毋庸讳言,然而,科学史是发展的,科学编史学理论也处在发展之中。对于中国或整个东亚以及东南亚科学史的研究出现了对李约瑟的某种超越,这一研究趋势随着后现代和后殖民思潮的产生而更加突出。20世纪七八十年代以来,李约瑟的普遍主义模式已经让位于社会学的、人类学的批判性视角,以及地方性、语境性的多元化历史。科学史研究"大图景"的提出,正是倡导这种多元化历史研究模式特别是人类学进路的研究体现。

科学史研究模式的另一个重要变化,体现在"伟大的作者、伟大的著作、伟大的发现这种模式已经逐渐式微",研究的重点从"关注作者、作品和学说这些在我们当前科学观之下最重要的内容,转移到对构成过去科学之行为的全景式理解",在这种转变的过程中,科学事件和科学作品的历史意义,科学实践者的意图以及对科学工作的调整和接受等内容开始受到更多的关注(Jardine,2004)。全景式的理解、对行动者意图的理解等正是人类学研究的独特优越性所在,这些新的关注主题使得人类学理论和观念进入科学史研究成为一种必需。

二、科学史研究倾向和关注点的变化

科学史关注点的变化体现在对日常生活技术和物质文化的重视。科学史研究关注点的一个突出变化是对日常科学技术的研究,"以往的技术史研究主要关注技术史上的重大发明创造,而较少注意那些不起眼却发挥着重要作用的日常生活中的技术",近些年来,"技术史家越来越多地探讨处于边缘位置的日常技术"(张柏春,2005)。

一方面,这种关注点的转变使得研究者需要从社会、文化视角对技术加以考察,引入人类学或社会学的相关方法也成为必然的途径。同时,科学日常行为成为科学史研究的主题,科研机构中的日常生活,科学的生活世界等进入了研究视野。对日常生活以及对日常技术的关注是新的科技史发展所体现出的特色,而人类学研究进路的一个重要特征就是对日常习惯、惯习的研究,强调"定性研究进路",关注对"历史与境的深度研究"以及对"日常环境的研究"(Alexandrov，et al，1995)。因此，人类学的特征独一无二地适合于"理解科学的日常世界"这一科学史发展的新方向。

另一方面，对于科学的实践性方面以及日常方面的关注，使得科学史的研究必然关注到行动者的策略，"很多建立在实验性的实践以及日常事物中的实践性知识是默会的(tacit)——通过身体性的表演以及模仿来传递，而不是通过确定的表述和对原则的有意识掌握。如果默会知识确实存在于科学探求的基础之中，那么对这些行为的获得和传达的历史理解方式变得具有核心的重要性"(Jardine，2004)。对于科学实践者或行动者日常生活的关注，使得对于他们在实践中的默会知识的关注成为科学编史学的重要问题之一，而在人类学家的相关研究中，对默会知识的表述是一个中心主题。

三、科学观的变化

科学观的变化对于科学编史学方向的影响十分重要。20 世纪 70 年代之前，科学哲学、科学社会学和科学史倾向于强化这样一种观念，即"现代科学是一种进步的社会事业"。之后，现代科学开始受到更多批判性的考察，对于传统文化形式的多样性和多元性的关注，提出了多元性的科学观。特别是实践科学观的出现，给科学史研究中人类学进路的发展也带来了影响，"如果我们把科学既看作思想又看作行为，那么，一种人类学的进路不仅是合适的，而且是必需的了"(Mendelsohn，1981)。

以上从科学史研究的模式、关注点以及科学观的变化三个方面论述了人类学的进路进入科学史研究的特定背景。人类学相关理论和方法就是在上面几种背景下进入了科学史的研究领域。

在当今国际科学史领域中，人类学进路被看作是一个充满活力且极具发展前途的方向。和其他研究进路相比，人类学进路给科学史研究带来的意义在于它更加广泛的整体论视角、跨文化比较的取向以及对意义和解释的关注等，这些特点使得人类学进路能够在科学史的进一步发展中发挥出更大的作用。作为一个正在发展中的新趋势，人类学进路的一阶科学史研究在国际科学史领域中已经有了较好的发展。

通过对一阶科学史研究的深入考察，本章提出人类学进路科学史的编史学框架即是对人类学理论和方法的引入和应用。相应地，科学史中人类学进路的研究具体体现在以下两个方面：对人类学基本理论和观念的引入，以及对人类学研究方法的借鉴。本章重点探讨的人类学基本理论和观念包括文化相对主义、功能主义理论和地方性知识；重点探讨的人类学方法包括田野工作、跨文化比较研究和主位客位研究。

需要强调的是，理论和方法的应用乃是相互结合而不是截然分离的，缺少了理论的支撑，就无所谓方法的正确运用，而理论的应用也须通过方法的实践来达成。

第二节　人类学理论在科学史研究中的应用

人类学进路的科学史研究的一个突出方面是对人类学基本理论和观念的引入，因此，有必要从科学编史学的角度对理论、观念进行研究，并对相关问题进行考察。

人类学拥有众多的学术理论和观念，本文之所以选择这几个方面来进行论述，原因有二：其一，在科学史研究中，对这几种理论和观念的引入具有典型性和代表性，能够分别从如何看待科学（包括历史上不同时期、不同地域中的科学），如何对科技和社会进行整体的把握，如何丰富科学史研究的维度等方面给科学史研究带来重要的改变，具有重要的意义；其二，对人类学理论和观念的选取是和当前科学史研究中的实际研究结合起来的。根据笔者的考察，这几个方面在人类学进路的科学史研究中体现得较为突出，因此也就具有了分析的可能性、重要性和价值。

一、文化相对主义

（一）人类学中的文化相对主义

文化相对主义观念是现代文化人类学的基础，被学者评价为"人类学给

20世纪最重要的思想献礼"(叶舒宪等,2004)[5]。文化相对主义的直接提出者是美国文化人类学家梅尔维尔·赫斯科维奇(Melville J. Herskovits)。以赫斯科维奇为代表的文化相对主义思想可以表述为,"衡量文化没有绝对或唯一标准,只有相对的标准,每种文化都具有独特的性质和充分的价值,否认欧美价值体系的绝对意义;文化没有先进落后、文明野蛮之别,所以要尊重其他民族的任何一种文化:不能借口某个部落没有独立发展能力而进行干涉;全人类文化有本质上的共同性,只不过这种共性有时通过不同的形式表现出来"(吴泽霖等,2003)。

当前关于相对主义的若干争论,反映了不同的态度和立场。但是,有一些争论产生于混淆和误解。真正理解和把握人类学意义上的文化相对主义,需要意识到人类学文化相对主义的本质:

第一,文化相对主义所反对的是绝对主义,而不是普遍主义。文化相对主义思想的核心之一就是承认全人类文化有本质上的共同性,只是这种共同性具有不同的表现形式,这是对多样性和普遍性的承认。因此,相对主义所反对的是那些以普遍主义面貌出现的绝对主义,而不是普遍主义。

第二,文化人类学的相对主义并不是不要标准,而是反对西方标准或唯一标准。这一点所体现的是评价标准的多样性。相对主义认为文化是多元的,真理不止一个,因此评价标准也应当是多样的。这是相对主义给我们的启示之一,正是在上述意义上,下文探讨文化相对主义的科学观及其对科学史研究的影响,并就相关问题进行讨论。

(二) 文化相对主义的科学观

科学是唯一的还是多元的,是绝对的还是相对的? 这是对科学进行社会、文化研究时必须要回答的问题。文化相对主义的科学观体现在对科学文化多样性的承认,以及对评价标准相对性的倡导。

1. 科学文化的多元性

人类学的一个很重要的特征是对多元性和多元文化的提倡,以及对"他者"或"他文化"的承认和尊重。现代人类学站在相对主义的立场上,反对种族主义,"认为文化必须总是理解成复数的,只可在其特定的背景中才能进行判断"(拉波特等,2005)[77]。复数文化概念的提出,能够对那些所谓具有普遍合理性的假设做出有益的批判和修正,任何"将单一的文化价值渲染成放之四海而皆准的真理论调必然遭到它的批判和有力抵制"(赫兹菲尔德,2005)[6]。采用复数的文化形式是要强调,人类学家要用批判的眼光去看待那些被认为是构成这个世界的唯一准则。

人类学的复数文化观念并不是显而易见的,尤其是当把这种复数观念应用到科学之上时。在复数文化观念以及批判的眼光之下,人类学提出了人类构建科学体系的多样性,"由于对科学价值的取向不一,人类可以构建的科学知识框架和资料积累的办法以及该积累哪些知识的取向,是可以呈现若干种不同的可能性"(罗康隆,2005)[262],现代科学和技术只是当代文化的产物,而其他科学传统则是其他文化的产物,小写的复数"sciences",开始代替了大写的单数的"Science"[1]。复数的科学表明了对文化多样性的承认和对西方科学技术的反思,在文化相对主义的观点之下,也就是要承认并尊重科学文化的多样性和相异性。

2. 评价标准的相对性

与科学文化多样性相关的就是评价标准的相对性。在人类学看来,文化相对主义的最初原则,就是"理解和判断必须基于当地的背景",并保持对地方文化的尊重。当人类学开始把自然科学当作研究对象时,就开始关注西方意义上的科学知识的地位问题,质疑西方科学对其他文化系统的特权地位,以及科学和理性的等同关系。

事实上,这种质疑也提出了科学的评价标准问题。当用西方科学的标准去评价其他文化时,是把西方科学当作了普遍性的标准。由于提出人类构建科学体系的多样可能性,人类学主张对各种知识体系采取平等看待的态度。

---

[1] 20世纪80年代以来的一些出版物的名字也反映出了这一倾向,比如 Mendelsohn E 和 Elkana Y. (1981)所编的《诸科学和诸文化:对科学的人类学和历史学研究》(*Sciences and cultures: Anthropological and historical studies of the sciences*)一书的书名就体现出了复数的文化和复数的科学观念。

科学被看作是众多文化系统中的一种,而不再是"唯一合理的,客观的"真理。所谓评价标准的相对性,是指不能把现代西方科学当作评价其他认知体系的唯一标准。与那种认为现代科学是唯一的、普适的观点不同,从人类学的角度来看,任何以某一种科学框架为标准,去评价甚至排斥其他科学框架的做法都是行不通的。总之,复数文化和复数科学概念的应用,是对绝对唯一标准的挑战,科学知识是人类社会文化的产物,每个民族都有自己的科学——科学知识是多样的,评价的标准是相对的。

(三) 科学史研究中文化相对主义观念的应用

人类学提倡的文化相对主义和文化多元性,使得科学史研究转变为研究"sciences"的"histories"。以文化相对主义的视角来看,现代科学只是"理解并对我们的存在赋予意义的人类努力的连续体的一部分"(Nader, 1996b),科学史研究的对象既包括现代世界中不同的科学文化系统,也包括历史上的各种科学或知识形态。采用文化相对主义的观念,就是要在科学史的研究中平等地看待这些不同的科学文化系统。

1. 文化相对主义观念对绝对主义科学史的批判

在西方中心主义以及唯科学主义的观念中,"科学是和迷信以及神秘实践相对立的。科学家是和'原始'人以及他们自己社会中的门外汉们相对立的。当代的西方科学是和其他文明中——比如中国、印度、伊斯兰的科学相对立的"(Nader, 1996a)。在这种观念看来,好像西方的科学和其他文明中的科学是没有关系的,或者非西方文明中的科学只在过去存在。这种观点事实上是将不同的科学形态放到进化的序列之中,将西方科学放置到进化的前端,而其他科学文化系统则处于序列的后面。

针对这种观念,白馥兰(Francesca Bray)采取了一种文化相对主义和反种族中心主义的态度。她提出,一种批判性的科学史应该探讨科技体系在具体境域中的含义,不以建立比较的等级(并强化种族中心主义的论断)为目的,而是要严肃深入地研究另一种世界的构造。用以衡量科技成就的一般标准要与具体文化联系起来,与西方世界的科学相比,"其他的世界是由其他的方式造成的。过去的社会是如何看待他们的世界以及他们在其中的处境？他们的需要和意愿是什么？科技对于制造和满足这些意愿、对于维持与改造社会结构起了什么作用？这样的问题能够提供探索非西方社会科技的框架"（白馥兰，2006)[10]。白馥兰在把技术本身当作文化的基础上，提倡在技术史研究中引入人类学视角从而对技术史的多元性进行研究，这也充分反映了她对技术的"标准观念"以及传统技术史研究模式的批判。

2. 文化相对主义观念下的科学史研究

文化相对主义观念认为，历史地来看，"不同的文化拥有不同的科学和技术。今天现代的，世界性的科学和技术——也就是在世界各地的大多数大学里教授的科学——只是当今现代文化的产物，正如古希腊科学、印度科学，中国科学等是它们自身文化的产物一样"（Hess，1995)[3-4]。

在科学史研究中，对上述原则的提倡体现在具体的研究对象、研究实践以及研究成果上。下面通过讨论查托帕迪亚雅（Chattopadhyaya）的研究来表明科学史研究中对文化相对主义的应用。

查托帕迪亚雅提出了他所反对的一种古老而有影响的观点。这种观点认为：存在某些人类社会，比如说原始部落，它们是"不发展的"，也就是不存在具备自身特征的历史。从"某一些社会没有历史"很容易得到下面的论题："一些社会没有科学史"，一种更极端的论题是"一些（未开化）人们和他们的社会是没有理性的，因此不能有任何历史，更不用说他们自己的科学史了"（Chattopadhyaya，1990)[XIII]。如果按照这种观点，很多文化便是没有"历史"的，也是没有"科学"的，自然也就没有"科学史"了。在今天，这种论点在某些范围内仍然颇具影响力。这个问题涉及"发展"与"科学"这两个关键性概念：所谓的落后文化，只能当作先进文化的过去来看待吗？它们没有自身发展的独特历史吗？在讨论"科学"时，当今西方意义上的科学概念是唯一普遍的标准吗？那些并不存在"科学"概念的文化，是否应该纳入科学史的研究范围之内？没有对这些问题的正确理解和合理解释，科学史的研究将是有缺陷的。

文化相对主义的立场，能够为科学史家所面临的问题提供有益的帮助。从历史的角度来说，如果把那些"异文化"当作是西方文明落后的复制品，那么发现文化丰富性和独创性的愿望将会遇到重重困难。人类学对于非西方社会的研究，并不是将它们看作西方社会的"过去"，而是给西方文化和非西方文化赋予了同等的地位和价值。"为了把某些社会看作是另一些社会发展过程中的'阶段'，人们势必要认为，在后一类社会中正在发生某些东西，而前者中则没有什么（或只有很少东西）发生"，人们乐意说及"没有历史的民族"，但是，这并不能说他们的历史不存在，只是尚不为人知而已（莱维-斯特劳斯，1999）[367]。人类学家的这一观点，从反对西方中心主义和"历时"性的角度论证了"异文化"具有其自身的历史以及对它们进行历史研究的合法性。这种观点对于回答上述科学史研究中面对的问题，同样是有效的。

查托帕迪亚雅认为，科学史研究实际上是研究异社会（alien society）[1]的科学。对于过去以及过去科学的理解，是受当前的科学和社会需要影响的，过去问题的"答案"，在很大程度上是由当前所提出的"问题"决定的。但是我们必须看到，在一种文化中是"科学"的东西，在另一种文化中却可能是"神秘主义"的东西；当我们说某物是"科学"的时候，在另一种文化中却可能用"神秘主义的"这个说法来描述。这就说明在科学史研究中，要意识到并尊重科学标准的多样性。一个社会中的智者（wise man）在理解另一个时代或同时代其他社会的科学和文化时，若只运用他自己的概念框架，而不顾及另外一个社会中的智者对其科学和文化的理解，他将会遇到严重的交流困难（Chattopadhyaya, 1990）[15-28]。查托帕迪亚雅采取适当的文化相对主义态度，论证了跨文化交流是可能的。

文化相对主义观念在科学史研究中的应用，一方面表现为上文所述的科学史本身的多元性和多样性，从另一个层面来看，科学史的叙述方式也不是单一和绝对的，而是多样的，这是文化相对主义在科学史研究中的另一个重要体现。科学的普遍性和唯一性遭到质疑，这种观念在科学史的研究之中体

---

[1] "异社会"一词和人类学中的"他者（other）"和"他社会（other society）"在含义上是相同的。文化人类学意义上的他者一般是指共时性层面的。笔者认为，这一观念在科学史研究中的应用就是将他者的观念应用到历史上不同的社会中，即历时性层面。人类学和历史学的研究对象，可以分别对应于空间上的他者和时间上的他者，关于这一点，在后文方法论的讨论中会进一步说明。

现为对传统历史叙述方式的批判和再考察。科学史的叙述不再只是呈现连续、进步的图像,而是要呈现出一种丰富多样的图景。

在科学史研究中引入文化相对主义的意义可以从理论和实际两个方面来看:从理论上来说,把文化相对主义的观念应用到看待科学技术上,提出科学技术的文化多元性以及文化相对性这种观点,对反对科学主义具有一定的意义;而且相对于"唯科学主义"以及"绝对主义"观念,文化相对主义是接受地方性知识以及文化多元性的前提,对于我们正确宽容地理解人类信念的多样性是至关重要的。同时,文化相对主义观念和下文中所要论述的地方性知识观念以及相关的方法也是相联系的。另外,文化相对主义观念也具有一定的现实意义,比如在对中医、西医问题的思考和相应政策的制定中,能够起到参考作用。

二、功能主义理论

在科学史研究中,对人类学观念、理论和方法的借鉴和应用包括很多方面。功能主义作为人类学的一个重要流派,其理论和观念对于科学史的研究具有重要的借鉴作用。

(一)人类学功能主义理论及其主要思想

功能主义学派是在对直线进化观批判的基础上发展起来的,产生于 20 世纪 20 年代,盛行于 20 世纪 20 至 50 年代,创始人是马林诺夫斯基(Bronislaw Malinowski)和拉德克利夫-布朗(A. R. Radeliffe-Brown)。马林诺夫斯基和布朗在研究内容和观点上存在着一些差异,如马林诺夫斯基主要进行了巫术、宗教等的研究,布朗的研究则集中在图腾崇拜等的研究。虽然有研究重点上的差异,功能主义学派还是存在着基本的共同点:

1. 强调文化整体论观念

功能主义学派的一个重要观点就是"文化整体论"。马林诺夫斯基再三强调,"人类学的主要研究对象是文化,而文化是一个整体"(黄淑娉等,2004)[119]。在功能主义者看来,"每一种文化中的各个文化因素不是孤立和处于游离状态的,而是彼此有着复杂的交互关系;如果把某一文化因素单独提取出来,使其脱离整个文化环境,断绝与整体文化的联系,则就不可能了解和认识这一文化因素的作用和意义"(杨群,2003)。

同马林诺夫斯基一样,布朗也强调整体观。他认为,社会生活的各方面,都密切地相互关联,结成一个整体。因此,在研究任何一个方面时,必须研究它与其他各个方面的关系,每一种社会活动都有它的功能,而只有发现它的功能时,才了解它的意义。

总之,每一个活生生的文化都是有效力功能的,而且整合成一个整体,就像是个生物的有机体。若把整个关系除去,则将无法了解文化的任何一部分。人类学的研究应"通过有机地、整体地把握文化诸要素的功能,把文化作为一个合成体来理解"(黄淑娉等,2004)[107]。

2. 研究的主题是事物的功能和意义

事物的"功能"和"意义"是功能学派研究的主题,和文化的整体观念相联系的,就是在整体之中对文化功能的考察。马林诺夫斯基认为,文化的意义就在文化要素的关系中,一切事情都互相关联,具有动态的性质,文化要素的动态性质揭示了人类学要研究文化的功能。文化通过风俗、仪式、类别性称呼、宗教信仰、巫术等文化要素而发挥功能,因此对功能进行探究,能揭示出人和文化之间的多层面关系,这也是文化人类学研究的重要目标。总之,对文化整体性的强调、对文化功能和意义的研究以及对功能差异的关注,是功能主义人类学的主要特征。

上面分析总结了功能主义学派的主要特征,该学派的理论和实践意义体现在以下方面:

1. 功能主义理论体现了平等看待各民族文化的特征

功能主义理论对人类学发展的主要贡献之一,在于它指出了应该平等地看待欧洲和其他文明中的文化,不能把欧洲以外的文化形态贬低为比欧洲文明低等的文化。布朗提出,文化的单线发展模式已经难以解释世界上人类知识和文化的多样性,"许多无可争辩的事实说明,文化的发展不是单线的,作为一个社会历史和环境的结果,每一个社会都发展它自己独特的类型"(拉德克利夫-布朗,2002)[9]。功能主义学派强调文化功能的差异性和平等性,认为"一切文化和社会现象都有其存在和不可缺少的作用,并强调文化功能的差异性质"(杨群,2003)。

2. 功能主义理论强调对实际日常生活的关注

在功能主义之前,大多数的人类学研究都是摇椅上的人类学家的玄想,他们从二手文献中建构人类社会进化的历史。功能主义的观点则揭示出"人类学研究的对象不是文物、文字、文献中的玄理奥义,而是寻常百姓的现实生活中的日用常行之道",研究文物、文献的目的是理解人的生活,也可以通过研究生活而理解反映这种生活的文物、文献。这就把人类学"从书斋带到田野,从历史带进现实,从对文化史的构建引向对社会生活的理解和表述"(张海洋,1999)。把人类学家从摇椅上带入实际的田野之中,这也是功能论的新意。

(二)科学史研究中功能主义理论的应用

马林诺夫斯基和布朗的功能主义都强调共时性研究,反对进行探索文化起源的研究。后人对功能主义的批评之一也在于该理论过于强调横面的研究,强调共时性的"功能",而"忽视变迁、历史和文化的不同层次的内在差异"(王铭铭,1996)。但是这种功能主义的思想和理论却可以被历史学家借用,并应用到历史的与境之中。在当前科学史的研究中,存在着两个可能的问题:第一,忽视科学技术的功能,倾向于制作年表似的科学编年史或大事记;第二,以今日技术之功能臆测历史上技术之功能,得出不符合历史的结论。从以下几个方面来看,功能主义理论对于当今的科学技术史研究具有重要的启发意义和实际作用:

1. 功能的多样性:功能主义观念的引入是对科学史研究领域的拓展

功能主义的理论,可以使我们注意到科学技术功能的多样性。对于技术史研究来讲,这一点的意义更加突出。提起技术的功能人们会很自然就联想起它的功用,技术人类学是对传统技术观的质疑,可以使我们从以下两个方面理解技术功能的多样性。

一方面,技术并非只是生产性的,因此,技术史的研究也不应该只关注生产性的技术,而是要大大拓展技术史的研究范围。也就是说,我们通常所理解的"技术"概念需要加以扩展。传统技术观对器物的实用和非实用功能的二分,使得考古学、技术史的考察只关注那些实用性器物的功能,比如战争武器、农具、炊具等,而不去关注非实用器物的象征或符号性功能。技术人类学的研究表明,仪式性器物和实用性器物一样,应该属于技术史研究的范围。而且,"仪式性技术和非仪式性器物,无论它们的形式如何,只有在互动的与境中才能获得它们的功能"(Walker,2001)。对于正确理解历史上的技术形态,这一点尤为重要。

在人类学家的研究中,技术甚至还包括和精神力量相关的技艺,认为"许多技术乃是使用精神能量的技艺,包括祈祷、祭奠、占卜、典礼及护身符或偶像的使用"(博克,1988)[205]。

另一方面,即使已经在研究范围之内的技术,其功能也需要进一步地发掘。"虽然探讨矛、蒸煮罐、犁头和其他实践性物体的符号意义可能是有意思的,但是许多考古学家却不去做这些"(Walker,2001),在人类学的观念之下,人造器物的符号和仪式性的功能得以强调,有一些仪式本身也进入了技术的研究范围。功能观念的引入,可以促使我们去思考何为技术? 技术史的研究范围是什么? 也使我们意识到,技术的范围不局限于我们传统上对技术的理解,技术的功能并不仅仅是使用和实用的功能。考虑非实用性的技术以及技术的非实用性功能这两个方面,有利于科学史研究更加全面地展示科技发展的实际面貌和与之相关的丰富社会背景。

2. 文化整体观的启示

功能主义的重要思想就是文化整体论,马林诺夫斯基反复强调整体观在人类学研究中的重要性。这一观念的核心,事实上是把文化看作一个整体,任何现象都应该置于文化的整体之中,而不能孤立地去考察。

科学、技术也是文化系统,在科学技术史研究中,对科学技术因素的考察,也要放到一个整体的与境中去考察。技术人类学研究者布赖恩·普法芬伯格(Bryan Pfaffenberger)提出,"任何技术都应该被看作是一个系统,而不仅仅是工具,同样也是相关的社会行为和技艺。……进一步说,技术的产品,物质文化,远远不只是一个实践的手段"。在这样的技术观念下,他继而提出"人类学的好处,在于它独一无二地适合于研究技术与文化之间的复杂关系。人类学的特色不仅在于它的地方性,以及参与观察的方法,还在于它的整体论,把任何社会看作一个由或多或少的相关成分所组成的系统",人类学的这种整体性分析并非易事,"它们要求把行为和意义放到它们的社会、历史和文化的语境里来进行分析"(Pfaffenberger,1988)。如果我们希望表明社会和技术之间的关系的话,理解并运用整体论的观点是必需的。

3. 功能主义促进科学史对现实日常生活技术的研究

功能主义人类学强调对实际日常生活的研究,主张从日常生活的研究中揭示文化的功能以及文化之间的关系。功能主义人类学认为,文化的研究对象并不局限于文献中的玄理奥义,对日常生活的关注也是重要的方面。技术并非仅指生产性的技术,还包括日常生活的技术,只有在实际中加强对日常生活的关注,才能够真正体会技术的丰富内涵并在研究中得到体现。同样,科学史在考察与日常生活相关的科学技术时也要注意这一点,这种观点也可以把科学史家从文字堆中带入现实的田野中来,对现实的理解和把握,也有助于更好地理解历史上的文献。

具体到科学史的研究,对于那些没有文字记录的民族或地区的科学史研究,比如对少数民族科学史的研究,当文字资料有限时,对实际日常技术的重视和考察,应该成为科学史研究的主要方法。

4. 功能主义的巫术、科学和宗教研究对我们的启示

马林诺夫斯基的研究主要是对巫术和宗教的研究,功能主义对巫术、宗教的研究,对于我们在科学史的考察中理解历史上的"科学"形态具有重要启示。在非西方科学史的研究中,历史上并没有现代西方意义上的科学,即使在西方,古代的科学也是和巫术、宗教等思想体系交织在一起的。因此,在科学史研究中,不能以现代科学的观念来看待古代的科学。

上文讨论了功能主义理论对科学史研究的借鉴,以及具体的科学史研究中对功能主义的应用。这样的研究和讨论是有意义的,如果没有对这些已有研究的分析,我们甚至看不出这类科学史研究的特点以及与其他研究的区别所在,更谈不上借鉴人类学的理念和方法进行本土化研究。

三、地方性知识

文化解释理论以及"地方性知识"的观念是著名文化人类学家吉尔茨的重要思想。下文在对文化解释理论进行阐述的基础上,主要分析作为人类学核心思想之一的"地方性知识"在科学史研究中的应用,探讨地方性知识的观念给科学史研究带来的变化及其编史学意义。同时,地方性知识的观念和文化相对主义的思想又是紧密相连的,带有文化相对主义特征的"地方性知识"的研究,是对多元历史的承认和尊重,也是对其他民族的科学文化和智力方式合法性的认同。

(一) 解释人类学和地方性知识观念的提出

吉尔茨是马克斯·韦伯(Max Weber)的社会学与弗朗兹·博厄斯(Franz Boas)的文化相对论传统的集大成者,也是人类学中解释人类学派的创始人。吉尔茨在人类学界具有极其重要的影响,同时对其他学科也颇具影响力。提出文化解释理论以及地方性知识的观念,是吉尔茨对于人类学的重要贡献之一。

1973 年,吉尔茨出版了《文化的解释》(*The Interpretation of Cultures: selected Essays*)一书,这一著作的出版可以看作是吉尔茨文化解释理论确立的标志。"文化"是人类学的核心概念,吉尔茨的文化解释理论体现在他对文化概念的独特理解中。吉尔茨的文化概念是意义性的,他所坚持的文化概念,不是行为模式,而是"从历史上留下来的存在于符号中的意义模式,是以符号形式表达的前后相袭的概念系统,借此人们交流、保存和发展对生命的知识和态度"(格尔茨,1999)[109],也就是说,吉尔茨认为文化并不是行为、习俗或人工制品等符号本身,而是这些象征符号表达出来的意义体系。

地方性知识的提出,是吉尔茨文化解释理论的进一步深化。在《文化的解释》出版 10 年之后,也就是在 1983 年,吉尔茨出版了另一本著作《地方性知识——阐释人类学论文集》(吉尔兹,2000),将文化解释理论进一步推进。文化解释理论要求关注意义和阐释,但意义的体现和对意义的解读不是绝对、唯一的,而应该是丰富多样的,吉尔茨提出地方性知识观念,来指代和研究各种由多种意义构成的知识。《地方性知识》一书不仅在人类学界而且在整个学术界产生了极其重要的影响,引起了众多学者对于各种地方性知识的关注,并将其应用到了比较文学、法学等其他研究领域中。

(二) 科学史研究中地方性知识观念的应用

地方性知识所表达的观念以及相应的地方性历史的观念,随着人类学的进入,被应用到了科学史的研究之中。科学史研究中,地方性知识的应用体现在以下几个方面。

1. 任何科学事件的发生,均是在特定的时间内、特定的空间之中

所有的历史都一定是地方性的,这意味着任何历史研究都必须全面考察构成所研究的特定行为的地方实践,包括知识的生产。同样地,没有任何科学史不是关于一个地方性的事件或者一系列事件,地方性观念的引入,可以避免科学史研究中哲学意味的简单推论,而尽量以整体观的方式来考察地方性的科学实践,还科学史以真实的图景。

萨卜拉(A. I. Sabra)主张把地方性作为编史学的一个焦点,提出了历史包括科学史都是地方性的观点。他提出,"相信没有人会对所有历史都是地方性历史这一观点进行争论,不论这种地方性是属于一个短事件或是一个长故事,所有的历史都是地方性的,科学史也不例外",科学史家"关注发生在特定时间内,作为过程的科学或以一系列现象呈现的科学,由于它们具有年代上以及地理上的地方性的特别特征,我们将之称为'历史的'"。历史之所以具有这种特征,是源于这样的事实。科学史家"探究的现象,不仅存在于空间以及时间中,而且还存在于事件中,同时与我们称为'文化场境'中活动的个人相关,事实上,事件也是由他们来创造的"(Sabra, 1996)。由此看来,历史事件的地方性特征是一个显然的事实,因为历史性事件发生,必定是在特定的时间、地点并和特定的人物相连。

2. 地方性知识观念进入科学史研究的核心意义，在于强调现代西方科学只是地方性知识的一种，而不是普遍的、唯一的真理

在科学史研究中采用"地方性知识"的意义不仅是强调历史上的科学事件总是发生在特定的时间和地域之中，更重要的是把西方科学知识看作是地方性知识的一种，平等地看待西方科学与其他民族认识自然的方式。这是对原来不属于知识主流的地方性知识予以重视和承认，也是对科学史研究范围的扩展。

无论在西方社会还是非西方社会都存在着"专业科学"模式之外的科学，人类学的研究针对这种现象提出了这样的问题，"到底什么构成了科学？ 为什么我们会把某种'他者'排除在我们关于合法性的概念之外？"（Nader，1996a）。

采用地方性知识的观念来研究科学史，对于上面问题的答案就是，现代意义上的西方科学也只是地方性科学的一种。举医学的例子来讲，在过去的医学史研究中，"占统治地位的框架是实证主义的框架"，这种框架假定，"疾病是一个普适（universal）的生物或心理-生理实在，疾病的产生是由肉体上的损害或者功能紊乱导致的"。在这种观念之下，按照生物医学的观点，"医学知识是在和实际的生物学实在的联系中形成的。疾病实体以及正常的、不正常的生理功能，在本质上是普适的不依赖于社会和文化与境的实证性的实在。"即使疾病可能是由独立的心理或行为因素引起的，相应的医学知识具有多元的文化色彩，但是在生物医学看来，"即使医学护理和疾病的传播受社会、文化和生态环境的影响"（Good，et al，1981），医学知识却是普适的。

用地方性知识的观念来看待医学史，现代意义上的生物医学如其他各种民族医学一样，也只是各种地方性医学中的一种。"生物医学并非是通常所认为的'客观的他者'（objective other），'科学的推理'（scientific reasoning），它是受到文化和实践的推动，并且和传统的民族医学体系一样是变化和实践的产物"（Nichter，1992a）。疾病也是文化建构的产物，在不同的民族中，对于身体、健康、生死等都有着不同的观念。

除了在医学领域中的应用之外，地方性知识的研究还包括各种技术和关

于自然界的一般知识,这些知识体系包含了人类理解的各种知识,包括了"从如何生火和捕鱼到如何制造飞机和计算机"(Goodenough,1996)的各种知识体系。在地方性知识的观念之下,不管是今天看来最"原始"的技术,还是高科技,都是具有平等价值的知识体系。在意识到这些观念的前提下,能够在对地方性的科学技术史、医学史的研究中做出更加有效的研究。作者认为在医学史领域中,复数的医学史、非西方的医疗实践、历史上疾病的文化建构以及生物医学的发展等领域都将是非常有发展前途的研究对象。

3. 人类学基于地方性知识提出的民族(ethno-)概念对于科学史中引入地方性知识的研究具有重要意义

"Ethno-"在人类学中是一个关键性的概念,这一概念所包含的意义,是"基于当地意识的基础构成的文化整体观",这一观念的精神实质就是吉尔茨总结的"地方性知识"(王铭铭,2002)[63]。因此,ethno-的概念是和地方性知识直接相关的,也是对各种文化系统平权的体现。与ethno-观念相连的,是人类学始终强调从当地人的观点来看问题,而不仅是从研究者的视角对当地的文化现象做出解释和评判,把研究者的观念强加到当地人身上。

在科学人类学中,通常使用民族科学(ethnoscience)[1]一词来指称非西方文化(indigenous)的知识系统。将这一概念放置到科学和医学之前,已经将文化相对主义以及文化多元性的概念应用其中,并且将现代西方科学当作是地方性知识的一种,正如一位学者指出的那样,"人类经验的多重性,没有什么比民族医学更能表明这一点了"(Nichter,1992b)。

在科学史研究中,和科学技术以及医学相关的各种民族概念,对于以地方性知识的观念来研究科学技术和医学史是非常重要的。对于非西方民族科学、技术以及医学史的关注,要求从当地人的自然观、信仰、关于身体的观

---

[1] 国内对 ethnoscience 一词的译法有多种,比如译作"地方科学""本土科学"等,此处按照人类学中对 etnno-这一词头的翻译,将其译为"民族科学"。相应地,把 ethnomedicine 和 ethnomathematics 译作"民族医学"和"民族数学"。另外,有人类学者指出使用 ethnoscience 的局限,认为这一词语未能将非西方的知识系统包含进去,并提出了 ethnoknowledge 一词,使其更加符合地方性平等的观念。笔者认同这种观点,但鉴于多数研究中使用 ethnoscience 一词,文中就在宽泛的意义(即包含非西方知识系统)上使用该词。

念等出发来看待其自身的历史。突破以西方科学作为评判其他民族智力方式的标准，并决定科学史研究范围的状况。民族科学这一体现了地方性知识思想的概念，在科学史的多个领域都有了应用，其中对民族科学的具体研究体现在各个领域，包括对民族数学(Eglash, 1997；Marcia, 1991)、民族医学的研究(Tarbes, 1989；Nichter, 1992a, 1992b)等。

　　地方性知识作为整个人类学的核心观念在科学史中已经有了相当多的应用。在科学史研究中通过以平等的视角关注西方及其他文化中的地方性知识系统及其历史，能够展现出人类科学文化(无论是西方还是非西方，历史上或是当代)的丰富性和多样性。通过展示非西方的知识、技术和医学发展的连贯性以及知识的精细性，能够使人们更加容易意识到"人类思想在组织世界时方法的可能性以及局限性"(Hess, 1995)[185]，并且对现代西方科学知识的普适性假设提出质疑。对于各种地方性知识及其历史的关注的确有益于科学史本身的发展和推进；而且在当今西方科学知识全球化的趋势之下，这种研究所提供的智力资源能够为非西方文化抵制那些以教化之名强加的西方知识、技术以及发展的意识形态做出贡献，并为之提供理论上的支撑。

第三节　人类学方法在科学史研究中的应用

　　所谓编史学，是"对历史书写之研究"，而科学编史学的研究"把对科学史的不同书写方式作为其研究的对象"(Christie, 1990)。在科学史研究中，不同的研究方法和书写方式会给科学史带来深刻的影响，在一些重要的科学编史学研究中，就专门提出了讨论科学史研究方法和研究工具的重要性(Hacking, 1994)。在人类学进路的科学史研究中，一个很重要的方面是对人类学方法的引入，并且在借鉴中培养方法论的自觉和应用。因此，需要从科学编史学的角度专门对方法以及相关的方法论问题进行考察。

一、田野工作方法

"田野工作"(field work)作为人类学最基本的工作方式,已开始进入历史学以及科学史的研究中,并和历史研究原有的文献考据形成方法上的互补,在一定程度上成为对已有研究的补充或修正。田野工作方法在科学史中的应用主要体现在两个方面,即实际的田野工作和文献中的田野工作。这里从方法论以及具体操作的层面上,探讨田野工作进入科学史研究的背景,分析田野工作在科学史研究中的具体应用,以及这种新的工作方式的进入给科学史研究带来的意义和启示。

(一) 科学史研究中引入田野工作方法的背景

人类学田野工作方式的确立,对整个人类学学科的发展起了关键的作用。这一方式真正把人类学家从"摇椅"中解放出来,走出书斋,走向田野,并且作为人类学最基本的工作方式被继承发展下来,具有了前所未有的重要性,成为"每一位文化人类学工作者最主要的活动方式"(容观夐,1999)。在人类学训练中,更是把进行实际田野工作作为一个人类学研究者的"成年礼"。

田野工作方法进入科学史研究之中并不是偶然的,下文从一般历史学以及科学史的新近发展,来分析田野工作方法进入科学史研究中的背景。

在一般历史学领域,传统的史学研究以文献为主要考察对象,以文献考据为主要研究手段。随着历史学的新发展,田野工作和民族志方法成为历史学方法变革的重要方向。历史学在积极探求新的研究方式,提出了诸如"走进历史田野"、走向田野的历史学等说法,并且在实际的研究中加以实践。特别是随着"历史人类学"[1]的提出,越来越多的历史学研究者开始进入田野之中搜集资料,为历史学研究注入了新的生命力(王笛,2003)。历史学研究中的这一主张,无疑也影响到作为其分支学科的科学技术史的研究。

在当今国际科学史界,学科的发展使得科学史研究对田野工作方法的要

---

[1] 对于历史人类学(historical anthropology),国内存在着不同的看法,现在一般倾向于把它看作一种研究视角,而不是某一门学科(历史学或人类学)的分支学科。

求日益迫切。同一般历史学一样,科学史研究主要以档案馆为工作地点,以文献资料、史料、档案为主要研究对象,以文献的考据为主要工作方式。随着人类学研究者和人类学研究理论的介入,科学史研究不再局限于文献传统,田野调查受到了越来越多的关注。人类学理论的引入使得科学史的研究对象发生变化,原有的工作方式不能完全满足新的需要。新的研究对象和问题需要新的方法,从内史到外史,从研究科学进步的大历史到具体的微观历史,这些变化使得科学史的研究走向田野成为必然。

(二) 科学史研究中田野方法的应用:实际的田野和文献的田野

1. 科学史研究中的实际田野工作

在科学史研究中,实际田野的研究对象主要是仍然存在的科学技术,或者技术持有者。实际的田野地点非常广阔,可以是一个村庄、一个实验室、一个社区。也就是说,既可以是高科技的现代科学城,也可能是传统的村落。研究者进入这些地点,并以同等的态度看待和研究当地的科学技术和医学。

这一类型的田野工作,与一般人类学的田野操作相同,参与观察和深入访谈是主要的操作方法,不同的是在田野中加入了时间的维度。也就是说,科学史研究者要采用横向和纵向研究相结合的方法,尽可能多地收集在资料室或者档案馆中无法找到的实物、地方志、民间传说等,获得更多的第一手资料,和原有的文字资料相互印证或作为文字资料的有效补充或修正。

从档案馆进入田野中的科学史家,将会发现以前材料上没有记载的数据以及历史的丰富性。在田野地点,可以通过观察和访谈来体会当地人的科学技术观念,记录当地人对自己所持有的科学技术的看法等。比如在考察一项民间技艺的发展史时,可以参与到当地居民之中,观察该项技艺的具体操作、应用;同时要重视技艺中所涉及的行动者主体,通过观察和访谈来体会以及把握当地人对于这一技艺的看法、感受以及历史观等。

从目前已有的实际研究来看,科学史中的实际田野工作主要体现在以下两个代表性领域:民间技术医疗史、生活技术史和科学社区、科研机构史。

（1）日常科学、技术和医学史。

人类学关注普通民众以及当地人看法的理念进入科学史研究中，表现在对民间和日常生活中的科学和技术的日益关注。科学史研究所关注的焦点不再只是科学思想的观念史，或是伟大科学家的传记，更触及了日常生活中的文化议题和科技的关系。在以官方文本为主的历史文献中，很多民间的技术或医学一般并没有得到充分或正确的记载，研究对象的变化、历史文献资料的缺乏，要求研究者必须进入"田野"中去，去探索当地的技术以及当地人如何看待自己的技术和历史的发展。而国际科学史、医疗史是对田野调查方法应用较多的领域。

（2）科研机构史研究。

在对科研机构历史的考察中，田野工作的方式具有独特的优越性。SSK的实验室研究已经体现了民族志方法的应用，对科学机构的考察是田野工作方法在科学史研究中的重要应用领域之一。

罗伯特·安德森（Robert S. Anderson）在论述田野方法的重要性时指出，在已有的科学史和科学社会研究中已经对"中国医学，17 世纪英格兰的科学和工业，现代物理学中量子不连续性的智力与境，二战中核物理的作用，以及战后原子能科学家的运动等有了出色的研究"，而"科学和技术团体的成员们自己已经写了团体的历史——学院、出版物、荣誉和奖励等"（Anderson, 1981），但是对于科学技术团体的研究却缺乏科学史家的参与。他的特殊兴趣在于地点（places），在这些地点中，科学研究（research）在有规则地进行着。安德森指出，在对科研机构进行的考察中，科学家和技术专家的日常生活是关注的中心，通过田野方法我们可以使用主位的策略来研究日常生活中的科学家，并且以最大的可能性来用科学家自己的文化术语来理解他们的观点和行为，这是田野工作在研究机构史时所具有的特殊意义。

在上面讨论的基础上，需要对人类学意义上的田野调查与历史学中传统的实地考察的区别进行一些分析，笔者认为这两者之间的区别或者说田野调查的独特性主要体现在以下几个方面：

第一，人类学观念的进入。两者之间最主要的一点区别，是研究者带着人类学的观念进入田野地点。比如整体观、相对观的应用可以使研究者观察到更多的东西,捕捉到更多的信息,注意搜集那些稍纵即逝的历史,为以后的历史研究留下材料。在实际的田野考察中,研究者不仅带着问题进入田野,而且还带着人类学的理念和观照。

第二,关注科学技术背后的文化因素。对于科学技术的考察不只是对工艺流程的记录,在人类学的理念之下,科学史研究者在田野中不是孤立地看待科学技术,而是运用整体观来考察和体会科学技术与当地社区中其他因素的互动关系,追寻科学技术系统背后所隐含的文化背景和文化意蕴,探讨其对于整个文化系统的意义等。那些从民间搜集到的文献以及口述资料,"只有在整体的社会、文化脉络中,才能找到其意义。同时,也只有在田野调查和这整体的脉络中,才可以了解'过去是如何创造现在'和'过去是如何被现在所创造'"(蔡志祥,1994)。

第三,重视"人"的因素以及当地人的观点。在传统的考古或者科学史的实地考察中,重点放在了对具体技艺、技术性的考察勘测上,人的因素经常被忽略。在民族志田野工作中行动者是非常重要的因素,因此在科学史的田野工作中,把对技艺的持有者、匠人、医疗者等实践者的关注放到一个重要的地位。同时注重当地人自己的观点,将他们对自己所持有的技艺的理解,对该技艺发展历史的陈述,他们眼中科学技术的地位和对当地人的意义,他们如何看待发展和变迁等内容纳入科学史的研究中。

在日常科学史以及科研机构史两个领域中,田野方法的实际应用将大有可为。同时,有更加广阔的领域有待科学史家去开拓。

2. 文献中的田野工作

与人类学主要进行共时性的研究不同,历史学以及科学史的研究中所面对的研究对象主要是历史文献。因此,除了讨论科学史研究中的实际田野之外,还需要对文献中田野方法的应用进行分析讨论。

在一般历史学领域和人类学领域中,提出了"在文献中做田野"的说法,提出了"资料堆中的田野工作"(布莱特尔,2001),认为研究者"能从不同的记述中展开'文献里的田野工作',在心灵上与'死人对话'"(王铭铭,2002)[64]。

徐杰舜提出要走进历史田野,"对中国历史文献进行人类学解读和分析"。他认为,运用"训诂、校勘和资料收集整理的方法研究中国丰富的历史文献,使得近现代的学者往往只重史料的考证,却忽视对经过考证的材料的理论升华",所谓人类学的解读和分析,是"提倡运用人类学的理论和方法,对中国浩如烟海的历史文献重新审视、重新整合,做出新的解读和分析,从中概括出新的论题,升华出新的理论"(徐杰舜,2001),这也是历史学发展所要求的。

另一个来自德思-策尼的重要提法是"作为田野地点的档案馆"。将档案馆作为田野,最重要的也是要发现和利用"本土的文件"。在许多人看来档案馆更像一个图书馆而不像是"田野",但是,当他"计划尝试把一些档案材料、口头历史研究的成果与当代民族志研究结合起来时",就发现"存在一个完全在档案馆里实施的不同寻常的人类学事业"。在把档案馆作为田野地点的情况下,研究者对话的是文献中的人物。于是,田野不再局限于某个确定的地点,"当'田野'不再需要由地理边界确定的地点组成,新的视野就打开了"(德思-策尼,2005)。德思-策尼对于田野、档案馆以及历史文献的论述对于科学史研究来说同样是重要且有意义的。

那么,何谓"文献中的田野"?

在人类学和一般历史学中,都没有对何谓文献中的田野进行清晰的界定。但是按照上文中对文献田野的论述,我们可以给出如下的界定:文献中的田野可以理解为对人类学实际田野方法的一种引申或扩展,是一种对规范的田野概念的借用和隐喻,所谓文献中的田野,就是把文献当作田野作业的对象(而实际田野中的对象就是现实的场景以及活生生的人);在文献中做田野,也就是带着人类学的观念以及人类学田野工作的基本观照,将田野工作的方法应用于对文献的解读中,重点在于要解读出文本背后的"景",使我们犹如进入历史现场,理解过去人的行为意义和历史事件的深层含义。简而言之,对应于在人类学的观念之下对实际生活的考察,文献中的田野是指一种在文化观念之下对文献的解读。

文献中的田野和文献考据的区别何在?笔者认为主要体现在如下两

方面：

第一，两者最主要的区别在于前者更加强调要透过文本读出文献中的"景"，去挖掘真正的意义和图景。虽然不能直接与古人对话，但观念的变化可以让研究者解读到更多的东西。

第二，文献本身的丰富也是区别之一。在史料的应用上，文献中的田野强调文献的利用不局限于正史文献，文献的田野和实际的田野相结合，充分发掘和利用已有文献以及在实际田野中收集到的材料，注重从多元的视角对文献进行解读，重视被传统历史记载有意或无意忽略的声音。

上面讨论了科学史研究中田野工作的两种类型。在实际研究中，通常是把实地田野和文献中的田野结合起来进行研究，而不是以此代彼，两者没有先后或主次之分，研究者需要随时在两者之间穿梭。实际的田野考察并不是忽视文献，在整个过程中，都有对文献的应用，同时除了观察和访谈之外，还在实际田野中对田野文本进行收集。文献的田野则需要利用田野中收集到的各种资料，并对传统的历史文献进行新的解读，发现新的问题，从而有意识地去发掘文献背后所隐藏的真正意义，重现历史的真正面貌。

二、跨文化比较研究方法

在科学史的研究中，比较的方法早已存在并被经常使用，这使得科学史研究中反思已有研究并对人类学中的跨文化比较研究进行借鉴成为可能。

（一）人类学中的跨文化比较研究

比较研究或跨文化比较研究，是文化人类学研究的一种基本方法，也被称为人类学方法论的重心。抛开具体的方法，由于文化人类学家总是要面对自我与他者，本文化与异文化等问题，"比较"事实上是作为一种潜在的观念一直存在于该学科的发展之中的。从人类学作为一个学科成立之初的古典进化学派，到功能主义学派，历史主义学派以及解释人类学派，比较研究的方法一直作为一种重要的方法论而存在于人类学的研究之中。

正如人类学学科内部经历了各种变化一样，跨文化比较的方法在人类学不同学派之中的应用也不是一成不变的。在人类学产生之初,古典进化论学派就采用了跨文化比较的方法来论证自己的进化论观点,在这一时期,比较是为了把初民社会当作西方社会的过去来看待,试图建立一种人类社会发展的普遍规律。

随着人类学学科的发展,不同学派的学者根据自身的理论观念以及学术关注点,展开了不同的比较研究工作。如博厄斯创立的美国历史学派,在批判直线进化的同时,主张比较研究不能只局限于比较发展的结果,还要关注比较发展的过程,他提出的"历史特殊论"及其思想中所体现的文化相对主义观点,为以后的跨文化比较研究提供了理论基础。

在功能主义学派的代表人物拉德克利夫-布朗那里,跨文化比较的方法也被重新加以阐述和应用。他认为进化论学者将从世界各地收集来的表面上相似的现象排列在一起,这并不是真正的比较方法,他自己比较方法的重点,是比较各种文化、各种社会现象的差异点。他还提出比较包括两个方面,即"共时性的比较"和"历时性的比较"(拉德克利夫-布朗,2002,译者中文版初版前言)[4-5]。在人类学学科接下来的发展中,跨文化比较的方法一直得以应用,并且成为人类学方法论的重心。

如上所述,人类学不同学派对跨文化比较研究的具体应用有所差异,但是从上文对几个学派的跨文化比较的论述中,也可以很明显地看出在进化论学派之后各学派之间本质上的一致性。

第一,反对西方中心主义,或者更广泛的"我族中心主义"。人类学认为,在比较中没有一个固定的标准,而是要平等地对待比较的对象。"人们往往以为他们自己的生活方式最优越,往往以自己的习惯为标准去评估其他生活方式"。人类学中最重要的启示之一就是"只是局限于一个特定的社会,讲一种特定的语言,将会给一个人理解和评价其他生活方式带来极大的困难"(博克,1988)[1]。人类学强调,在跨文化的比较研究中应当避免西方中心主义和民族中心论。

第二,避免将比较对象置于进化的阶梯中,而是试图解释不同社会和文明可能走的不同道路,将每一个社会和文化放到自身的历史与境之中去理解和比较。正是在上述的意义上，下文将展示对这一方法及其背后所蕴含的理念的借鉴，会给科学史的研究带来怎样的影响和变化。

（二）科学史中传统的比较研究

比较研究的方法除了在人类学研究中具有核心地位之外，在其他人文社会科学研究中也得到了认同和使用。科学史家在研究中也会经常使用到比较研究这一方法。下面就通过对李约瑟的研究，以及围绕李约瑟难题所进行的一系列比较研究的分析，来讨论传统科学史研究中进行的比较研究所体现出的特征和存在的问题。

1. 李约瑟对中西方科学史的比较研究

李约瑟的整体思想就是比较，可以说比较的观念贯穿于李约瑟关于中国科学史的整个研究之中。李约瑟在中国科学史研究上所取得的成就，以及对于中国科学史研究所做的贡献，是毋庸讳言的，他的工作促进了国际上对于非西方国家科学史的认识，并在一定程度上大大促进了中国科学史研究的发展。但是，若从比较研究的角度来看，李约瑟的研究"潜在地预设了欧洲或者说西方作为一个参照物"，"在这种预设的参照物的对比下，更加关心发现的优先权问题"（刘兵，2003）。李约瑟虽然是以反对西方中心主义为其出发点的，但他的研究并没有超越西方中心主义，在他的比较科学史研究中，仍然是以西方为参照对象和比较标准的。

李约瑟对中国科学伟大成就的强调，是基于中国古代科学如何对现代科学做出贡献的意义上而言的，他所持有的观点是现代科学的"普遍性"，而他认为各种科学传统总要汇入现代科学海洋之中的"万流归海"的思想，也是他研究假定的一个反映。

举医学的例子来说，中国医学是让李约瑟感到困惑的一个领域，因为在他看来，近代以来，中国的物理学、化学、天文学等很多自然科学领域在中西方交流以后就很快与西方相关领域产生了融合，也就是说基本上都归入了李约瑟所谓的"普遍的"近代科学，而中国传统医学却没有进入这样一个进程。面对这样一种状况，李约瑟将中国传统医学与西方生物医学进行对比，希望找出中医中诸如针灸以及把脉等现象的科学根据,而且他认为,如果找不到科学根据,则中国医学与现代西方医学的融合就难以实现。这里反映出两个问题:其一,李约瑟的现代科学普遍性的思想,使他在比较时倾向于从现代医学之中为中国传统医学寻找科学依据;第二,同样由于他的普遍性假定,使得他对于中国传统科学的其他领域与现代科学的融合缺乏反思,认为这种融合是必然且理所当然的,而中国医学的现象则成了一个"异数"。而且,跨文化比较的目的也并非只是为了寻找相似性,但李约瑟对中西炼丹术的比较,似乎只是为了寻找现代"化学"名义下的一致性。

1999 年第 13 卷《俄赛里斯》的主题是"超越李约瑟:东亚与东南亚的科学、技术与医学"。该卷的主编洛在导言中写道,"如果我们确实想要超越李约瑟和单一的科学,我们还需要打破由现代化研究所强加的框架。近来的经验表明,进步可以不是线性的","在撰写全球科学及其进步的线性的历史倾向背后,是对于西方科学取代了传统的、更地域性的知识形式的信仰"(Low,1998)。洛的表述说明了科学史研究者对西方中心主义的反思,以及对于线性进化观点的批判,而在这种反思和新的探求中,人类学可以助我们一臂之力。

在对待科学的问题上,李约瑟并没有突破欧洲中心论和欧洲种族主义,他的对比研究还停留在人类学早期古典进化学派的观念上。人类学在对进化论抛弃的基础上进行了更多的理论和观念的建树,这也是科学史研究需要从人类学中加以借鉴的。在李约瑟没有突破的地方,即种族中心主义和线性进化的思维模式上,恰是人类学中文化相对主义以及跨文化比较研究方法可以为科学史提供借鉴和参考之所在。

2. 围绕李约瑟难题的相关研究

在某种意义上,可以说李约瑟的工作打开了中外科学史比较研究的大门。尤其是"李约瑟难题"的提出,在客观上大大促进了中西方科学与文化史的比较研究。因此,除了李约瑟本人的比较研究,中国的科学史研究者围绕"李约瑟难题"也对中国和西方科技思想等问题做了很多的比较研究工作。这些比较研究从中国的社会制度、政治、经济、文化、哲学思想等各个方面入手,通过对比中国和西方来探讨近代科学革命没有在中国发生的原因。自从李约瑟难题提出以来,一直到今天,这种比较研究一直都没有中断过。此处不对这些研究进行详细评述,仅结合部分研究分析目前的一些比较研究可能存在的某些问题。

一方面,对于中国的科学史研究者而言,李约瑟问题具有特殊的意义,这种特点使得围绕该问题的比较研究容易带有比附性研究的倾向。这一类研究的典型特点是脱离了中国以及西方科学发展的不同历史与境,把西方科学当作"正确"的"真理"以及比较的标准。在比较的过程中,符合西方科学标准的就认为是"科学",而不符合标准的则被排除在科学史研究之外,称之为"伪科学"或"迷信"。

另一方面,由于中国科学技术史研究的总体目标在相当长的时间里被定位于"总结祖国科学遗产,总结群众和生产革新者的先进经验,丰富世界科学宝库"(袁江洋,2003)[67],这又使得中国的科学技术史研究容易陷入"我族中心主义"的泥淖。这一类研究比较常见的表现形式是"中国某项发现或发明,比西方早＊＊年"。

上述两类研究在本质上又是相同的,都是拿西方现代科学作为标准来进行比较。或者可以说,这些比较研究在一定程度上还停留在直线进化论的水平上。

提出批评和反思之后,下一步的工作就是要寻找新的途径,讨论如何去超越过去所做的研究,对人类学方法的借鉴和引入或可作为一种尝试。

(三) 科学史研究中跨文化比较方法的应用

与李约瑟相比,席文更具有一种人类学家的关怀。席文曾经明确地提出在中国科学史的研究方法和观念上"跨越边界"的问题,他认为对科学史研究已经在三个边界的探索中被实践着,其中第三个边界,是它与人类学和社会学共有的(Sivin, 1991)。

对于科学史研究来讲,比较的方法并不是一个全新的方法,因此我们需要从人类学中加以借鉴的,与其说是一种形式上的"比较"的方法,不如说是带有人类学观念和意识的跨文化比较方法。因此,这里并不单纯从具体的操作层面来论述跨文化比较研究法的应用,还同时强调方法背后存在的观念因素,进行方法论层面的讨论。在具体的科学史研究中,可在以下几个方面对人类学的跨文化比较进行借鉴。

1. 否定直线进化观念,进而反对建立在这种观念之上的比较研究,反对将文化放到直线进化的序列中进行比较

人类学中对于单线进化模式的抛弃和拒绝,强调每一个社会都有它独特的发展类型,比较的目的是要发现各种文化和社会现象的多样性,从而理解世界上丰富多样的文化方式。这是对科学"普遍性"假定以及李约瑟"万流归海"说的一个批判。并非所有文化模式发展的方向都必然朝向现代科学,因此,在进行科学史研究的跨文化比较研究时,要警惕和注意把非西方社会中的认知方式当作西方科学的过去的倾向。人类学跨文化比较研究法的引入也可以使研究者对那些比附印证性的研究进行反思。

2. 科学观念的变化

在科学史的比较研究中,比较的对象成了"科学"。由于在一般理解中"科学"所具有的特殊意义,西方科学通常被赋予特殊的地位。因此,在进行科学史跨文化比较研究的时候,首要的一个问题就是如何来理解"科学"。席文在《比较:希腊科学和中国科学》一文中指出,他是在很宽泛的意义上使用"科学"一词,它"包含四个颇为不同的方面:描述自然界的哲学、数学、自然科学(天文、历法以及技术等)和医学"。在这种宽泛界定的基础上,席文进而指出,"每一种文化中都包含科学、技术和医学"(席文,1999)。与席文的这种宽泛的界定一致,在前文中已经提到,近些年来的人类学以及科技人类学的发展,把科学看作文化系统,将其"当作整个人文文化的一个组成部分,当作与宗教、艺术、语言、习俗等文化现象相并列的文化形式的一种"(刘珺珺,1998)。这种把科学看作文化系统的观点,是把西方科学放到与其他民族的"科学"同等的地位上来,为在比较中平等地看待比较对象奠定了基础。

3. 在比较中平等地看待比较的对象，即各个文化的不同思想和实践方式

科学史比较研究中，关键是对西方中心主义或"我族中心主义"的突破。人类学独特的开放胸怀，看待各民族文化的平等态度，以及对西方中心主义的批判，对于科学史研究以及中国科学史研究具有重要的意义，而且，人类学跨文化比较研究所取得的成果，可以为科学史比较研究提供借鉴。把科学看作文化系统，也确立起科学史比较研究的合法性。比较是对不同文化系统的比较，而不是以西方科学为标准来印证或框定其他文化中的"科学"。平等地看待比较对象，一种"比较的科学史"是可能的，"科学能够按照不同的方式发展，其他的发现能够揭示出关于自然的不同规律，西方科学的唯一性并不是必然的。在不同的文化之间一种'比较的科学'（comparative science）是有意义的"（Elkana，1981）。

4. 把研究对象放到各自的与境之中进行比较

文化人类学强调"他者"观念的重要性，提倡站在他人的立场上去著述他人，从研究对象自身文化的观点来看问题，即人类学提出的"文化持有者的内部视界"。忽略与境的比较研究是有问题的，正如席文所指出的那样，"如果忽略史境来比较一个事物，不管是概念、价值、机器或是人群，结果一定没有多少意义"（席文，1999）。在科学史的比较研究中强调对与境的关注，势必对研究者提出更高的要求，那就是必须要对所比较的两种文化有同等深度的了解和掌握。人类学中的跨文化比较研究就是建立在对不同文化的深度参与和实际考察的基础之上的。

在以上几个方面的讨论中，体现了人类学跨文化比较研究的特点以及对科学史研究的影响。另一个需要思考和讨论的内容，是在科学史研究中进行跨文化比较研究的目的和意义。通过上文的具体论述和分析，我们认为，比较的目的是要认识科学文化之间存在的相似性和差异，展示人类文化和科技的多样性，并且探讨这种差异和多样性存在的深层原因和合理性，而不是要做出某种文化比另一种文化更加先进或是落后的判断，也不是以现代西方科学为标准，去发现别的知识系统中存在的"合理"因素。

同时,比较是要认识到各种文化之间存在的差异和相同之处,简单地罗列或者把两种事物摆在一起,并不是真正的比较研究。用席文的话来讲,"比较研究显然揭示了各种文明间的许多相似性,以及它们之间的经常接触。但是它们揭示了人类思想和实践的新的可能性了吗?它导致对世界范围的科学的实质性理解了吗?它帮助我们更深刻地理解了日本医学,或希腊人的认识论,或印度数学了吗?积累了相当的事实和日期,大多很少影响我们的日常工作,或者影响我们对专门研究对象的理解"(席文,1999)。

科学史研究所呈现的不应该仅仅是各种民族文化的汇总,这正是为什么人们总是寄希望于比较研究。借鉴人类学在跨文化比较中的观念和成果,有助于我们回答席文提出的这些问题,对比较研究的意义和目的进行更加深刻的思考,并且在实际的研究中加以应用。

三、主位和客位研究方法

主位/客位研究法(emic/etic approach)是人类学中的一对重要方法。简单而言,主位的研究就是"按照他者的理解来解释他们的世界",客位的研究就是把研究者的理论"应用于分析他者的行为和机制"(Jardine, 2004)。

主位和客位方法的应用是和田野工作方式的出现紧密相连的。随着田野工作方式的出现,以及"参与式"观察的确立,对于"主位研究和客位研究的认识就成为学术发展的必然"(岳天明,2005)。主位和客位的研究法成为人类学田野调查以及民族志撰写中应用的两种不同研究视角或研究立场。

21世纪以来,也开始有学者探讨将主客位的方法引入科学史的研究之中。主客位的方法进入科学史中有其必要性,而科学史和人类学在研究"他者"上的相通性也使得这种引入成为可能。

(一)主客位方法以及人类学中的主客位研究

主位的研究是指站在被调查者的角度和立场,用当地人自身的观点去解释他们的文化,也就是所谓的从"内部看文化"的研究;客位的研究则是从调查者的立场出发,用调查者的观点去解释所研究的文化现象,也就是所谓的

"从外部看文化"的研究。正如有些学者提出的：主位研究表明了"以当地人为核心的一般倾向"，强调"当地的意义和当地的规则"以及内部人对事实的看法；客位的研究则指明了"外部研究者的取向"，主要是表明研究者"对于所研究主体的世界是如何组织的有他们自己的分类策略"（Morey et al，1984）。

　　虽然在人类学研究中有对主位、客位的不同侧重，但大部分人类学家都认为，在研究中这两种视角不是截然对立的，两者之间的划分也不是绝对的，需要在研究中综合应用，并根据不同的研究阶段，针对不同的问题，采用不同的方式。比如在实地的田野工作过程中，存在着一种"潜藏的主位主义"，"其中当地人的观点、意义、解释等为了理解行为而被给予了极大的重要性"。然而，到了分析的层面，"由于用于比较的普遍范畴的重要性，人类学家在进路上变得愈发客位起来"，因此"对于一个完整的研究视角来说，这两种进路都是基本的"，在何种情况下采取主位或是客位的进路，"依赖于被询问的研究问题以及研究所进行的阶段"（Morey，et al，1984）。

　　因此，人类学家通常都是处于主位和客位这两个极端之间的某处，采用两者相结合的方法。在实际研究中，人类学研究者能够在意识到两者各自优势和缺点的前提下，综合地运用这两种不同的观察视角和方法，做到方法的自觉。

（二）科学史研究中引入主客位研究法的必要性和可能性

　　主客位的研究方法超越了人类学研究领域，被应用到了教育、音乐、影视、管理等不同的学科和领域中。也有学者开始研究如何将主客位的方法应用到科学史研究中，比如剑桥大学科学史和科学哲学教授贾丁从编史学的层面对主客位研究方法和科学史研究之间的关系和相关问题作了研究；《爱西斯》前主编罗森堡曾用树木和森林的比喻来说明科学史研究中主位和客位方法的结合应用等。下面结合科学史编史观念和编史实践的变化，以及科学史和人类学在研究"他者"上的共通性来探讨主客位方法在科学史研究中应用的必要性、可能性以及存在的问题。

1. 科学史研究引入主客位视角的必要性

这种必要性源于科学史研究倾向及编史学传统的转变。一方面是科学研究的模式从关注伟大的人物、作品和发现,转移到对科学作品的历史意义以及实践者的意图等的关注上来;另一方面是对物质文化的关注日益增加,这种转变也使得对行动者策略的关注成为必须,比如对"默会知识"的研究是人类学家关于主客位的讨论中所关注的中心问题。

总之,科学史研究对传统"大历史"的偏离,以及对于科学技术的日常实践性层面的关注,使得在科学史研究中必须关注到实践者本身,以及他们的行为意图及其掌握的默会知识等。科学编史学的研究必须要对这些出现的新倾向和变化进行关注,而对日常生活意义以及实践层面的关注是文化人类学的强项,在这样的背景下,科学史开始借鉴人类学的相关方法,主客位研究进入了科学史研究者的视野,并被尝试着应用到具体的研究之中。

2. 科学史研究引入主客位视角的可能性

这种可能性体现在科学史研究与人类学主客位研究的相通性——时间的他者和空间的他者。

关于主位和客位方法,罗森堡曾经做过专门论述。他提出,"主位方法的来源是,试图理解一种时间或空间上遥远的文化,就像这种文化中的人所感知和体验的那样;而客位方法把本质性的东西看作是一种更高级、更真实的实在,看作是一种有组织的结构,这种结构超越了被研究主体所感知和共有的实在"(Rosenberg, 1988)。罗森堡对主位和客位的论述与上文中的总结是一致的,这段话的重要启示还在于他对主位方法来源的说明,在笔者看来,所谓"时间或空间上遥远的文化"正可以分别指代历史学和人类学的研究对象。

在上述意义上,研究者所要试图理解的时间或空间上遥远的文化,可以分别对应于科学史历时性研究中时间上的"他者",以及人类学共时性研究中空间上的"他者"。因此,在科学史研究中,同样会面临着对他者的观念和实践进行理解和解释的问题,和人类学中的主客位研究一样,"科学编史学的问题也是集中于对他者的观念、技艺和机制的解释和分析"。在人类学和科学史研究中,对于局内人视角的重要性能达成广泛的共识,在这两个领域中,对于在其前辈中盛行的关于进步模式的宏大叙述都持有一种批判和怀疑的态度,而且在"寻求揭示在一个社会中扮演不同角色的主体感知和理解其世界的不同方式"(Jardine，2004)上能够达成共识。

理解时间或空间上遥远的文化在本质上是对等的，这种相通性也使得在科学史研究中引入人类学主客位方法和视角成为可能。所不同的是，人类学意义上的空间上遥远的文化可以通过直接参与和观察来研究和考察，而科学史的研究对象即时间上遥远的文化，会给科学史探究他者的意义和实践的研究带来更多的困难。这也是科学史研究在直接应用主客位方法时所遇到的困难，而且，科学史研究在可以进行参与性研究的对象上，也没有给予足够的重视以及细致的研究。

（三）科学史研究和主客位方法的应用

除了上面的互通方面之外，科学史研究还可以从人类学的主客位研究中获得其他重要的借鉴和启示。这些借鉴能够促进对科学史中相关问题更深刻的理解，某些论点事实上也可以看作是对上面科学史中存在的几个问题的解决。

1. 对主体的关注和尊重

以主客位相结合的观点来看，科学史研究中的重要问题之一，就是缺乏对主体意识和观念的关注，主客位的视角相互分离；而且在当前客位的研究还是占据主要地位的情况下，需要强调对研究主体的关注。

"主位的科学史，和主位的民族志一样，目的是讲述主体如何理解他们的自然和社会世界"(Jardine，2004)，因此，主位的科学史研究需要关注历史的主体怎么看待自己的行为和工作，而且对历史主体的界定也有必要扩展。和人类学的观念相对应，科学史所要研究的历史主体不应该只包括传统意义上的"科学家"，还要把在各种科学史中缺席的民间技艺实践者、工匠、各种传统中的治疗者等纳入进来，重新恢复这些被以往历史所淹没或忽略的主体的声音。在人类学进路的研究中，随着主客位视角的进入和进一步应用，要更加体现出从历史主体的视角看问题这一方向，对科学史中忽略历史主体的偏差给予注意。

这里简要列举一位西方学者对于非西方医学的考察来说明这一点。在一项对民族医学的研究中,卡尔·拉德曼(Carl Laderman)主要采用了主位研究的方法,对马来人的身体观念、疾病观念进行考察,在实际的田野调查和访谈之中,对马来人本身进行研究,并且研究了马来人的治疗者。

拉德曼首先指出,医学人类学家通常不能对"主位"还是"客位"的进路在分析他们的资料时能够证明是最富成效地达成共识。两种进路各有其危险:"主位"的进路可能会把被研究者塑造成作为他者的角色,他们的信念和实践与西方的信念和实践没有任何关系,而"客位"的方法可能会缩小观察的范围,力图把资料放入西方制造的"普罗克鲁斯式"(Procrustean)[1]之床上。在指明主客位方法各自危险的基础上,拉德曼指出,由于讨论的对象是民族医学,最合适的是采用"主位"的方式。

作为对异文化的研究,为了更加真实地反映当地人的疾病观念以及治疗系统,拉德曼从主位的视角出发进行研究,倾听当地人对身体的观念,对宇宙的观念,对疾病如何理解,以及如何看待治疗疾病。非西方人民所采取的分类策略未必和西方的信念相一致。比如马来人不像西方一样,把疾病分为"自然的"和"超自然"的(可能分别对应 body 和 mind),而是分为"一般的"(usual)和"非一般"(unusual)的疾病,在一些情况下,疾病也可能是这两者特征的综合。而且马来人把人看得更加复杂,而不仅仅是心灵-身体的二分或者二重性。在对健康和疾病的解释中,马来人包含了其他必须加以考虑的力量,而相应的医疗实践也不同于西方生物医学的实践(Laderman, 1992)。

在这项研究中,为了克服主位观点的缺陷,在一定程度上也采用了客位的观点,从而达到对于马来西亚医疗的更好理解。

2. 主位/客位与主观/客观

当研究者和主体的解释不相符合时,内部人的观点就一定是主观认知的吗? 外部人的观点就一定具有客观、科学、经验分析的特点吗? 这时需要澄清"主观"和"客观"与"主位"和"客位"之间的联系与区别。

---

[1] 即强求一致的意思,意为若以一种客位的进路,就会力图把看到的东西放到西方的框架模式之中去考量,或只观察到那些可以用西方模式或统一标准来衡量的信息,从而使观察的视域变窄。

在一般的理解中,会认为研究者的观点更加客观,更加"科学",而主体的理解更加主观,因而是"不科学的"。主位和客位视角的进入,能够帮助我们更好地理解这一对概念,并且更好地处理相关问题。文化人类学告诉我们,从事件的参与者本人(即主位视角)和从旁观者的角度(即客位视角)来观察人们的思想和行为的方法及其得到的结论常常是有区别的,客位不等于客观,主位也不等于主观,两者并不是孰优孰劣或由谁转换成谁的关系,而是如有可能应该用一种观点去解释另一种观点。

如果以反映当地文化现象为标准,能更加清楚地看出主位、客位和主观、客观之间并没有直接的对应关系。人类学家进行文化研究的首要目的就是要真正了解当地的文化,"而文化是特定社会中人们行为、习惯和思维模式的总和,每一个民族都有其世代相传的价值观",正是主位的观点反映了当地人的思想和宇宙观,"这种思想和宇宙观又会影响到他们的行为。若将这种思想或宇宙观视为虚妄而嗤之以鼻,将不能真正了解当地文化"(孙秋云,2004)[19]。科学史研究者也应当采用这种看待主位视角的态度。

在实际研究中,对于主观、客观以及主位、客位的混淆,使得研究者容易对自己的观念带有一种优越性,以为客位的观点会更加客观,更加接近真实,而事实上,在对文化以及时间上的他者进行研究时,主位的观点也许更加客观和接近历史真实。这一点需要强调,也意味着科学史研究者应当具有自省性,需要时刻提醒自己的研究可能会带有偏见,不能想当然地认为自己的观点更加客观和真实,并将之强加到研究对象身上。

3. 科学史研究中主位和客位的结合

科学史家可以从人类学主客位研究之中吸取的最重要的研究立场,就是各种不同研究进路之间的相互宽容。与对不同研究视角采取宽容的态度相关,科学史学研究者也要警惕不要过于强调一种视角而否定另一种视角。需要特别指出的是,科学史学研究既不能固守成见同时又不能一味盲从,正如贾丁指出的,与人类学的态度形成对比的是,在科学史领域中,"所有科学史家都已经准备好了把线性进步的简单化模式应用到他们自己的学科之中——开始的时候是对进步的胜利性描述,继而是对 17 和 18 世纪研究的各种社会学转向,到现在完全占领性的新的文化微观史！从人类学家那里学习,科学史家应该变得不那么对流行敏感"(Jardine, 2004)。主客位的引入提醒我们,过去的那种关于科学进步的宏大叙事对于科学史研究来讲是不完备的,因为完全不考虑主体思想和观念的极端客位进路也是不可行的;当主位的方法被引入科学史研究之中后,不能又一味地采取主位的方法,因为极端的主位进路同样是不可行的。人类学在对主位和客位的应用上已经展示了将这两方面进行有益结合的多样性,科学史研究应该向人类学学习,将这两者结合应用于不同的描述、解释或者批判性的研究中。

同时,主客位视角的引入,对于"辉格"和"反辉格"的讨论也有意义。比如"反辉格"是否一定是有益的,过度的"反辉格"是否可能,如何认识"辉格史"和"反辉格"历史之间的关系等(Baltas, 1994),对主客位视角的理解和掌握对于理解这些问题能够起到重要的启示作用。

第四节 主要研究结论

一、结论1

科学史研究中人类学进路的进入有其特定的历史背景,是科学史自身发展的需要和自然趋势,也是科学史和人类学进行积极交流和对话的体现。

作为各种新的科学史发展方向之一,"人类学进路"这一编史学方向在科学史发展的大趋势之下出现于20世纪70年代末80年代初。更具体地来看,人类学进路产生的特定背景体现在科学史自身的变化中。

1. 科学史研究模式的变化:对传统进路的批判以及对普遍主义模式和大历史的超越

20世纪七八十年代以来,李约瑟的普遍主义模式已经让位于社会学的、人类学的批判性视角,以及地方性、与境性的多元化历史。科学史研究"大图景"的提出,正是倡导这种多元化历史研究模式,特别是人类学进路的体现。

2. 科学史研究倾向和关注点的变化：对日常科学技术和科学日常行为的重视

近些年来，科学史研究开始越来越多地探讨处于边缘位置的日常科技，这种关注点的转变使得研究者需要从社会、文化视角对技术加以考察，引入人类学或社会学的相关方法成为必要的途径。对科学日常行为和日常科学技术的关注，使得科学史的研究必然关注到行动者的策略，人类学的特征独一无二地适合于"理解科学的日常世界"这一科学史发展的新方向。

3. 科学观的变化：多元文化的科学观以及实践的科学观

20 世纪 80 年代以来，研究者们因为对于传统文化形式多样性的关注，进而提出了多元文化的科学观。特别是实践科学观的出现，给科学史研究中人类学进路的发展也带来了影响。如果我们把科学既看作思想又看作行为实践，在科学史研究中引入和使用人类学的进路不仅是合适的，而且是必需的。事实上，从根本上来说，科学观的变化对于科学编史学方向的影响是十分重要的。

二、结论 2

人类学进路科学史的编史学框架，是对人类学理论和方法的引入、借鉴以及应用。探讨人类学理论和方法在科学史研究中的实际和可能性应用，是未来对人类学进路进行编史学研究的一个重要发展方向。

基于对一阶科学史研究的考察，笔者提出，人类学进路科学史的编史学框架是对人类学理论和方法的应用，主要内容可总结如下。

1. 对人类学理论的考察

"文化相对主义"的观念和立场是人类学的思想精髓，文化相对主义观念的引入带来了科学观的变化，新的科学观在科学史研究中得以应用，对科学史和科学哲学的研究产生了重要的影响。"功能主义理论"以及功能主义学派开创的田野工作方法的出现，被看作是现代人类学开始的标志。功能主义的理论和观念对于科学史研究具有重要的借鉴作用，功能主义观念下的科学史研究产生了新的研究成果。文化解释理论以及"地方性知识"的观念在科学史研究中的应用给科学史研究带来新的研究领域,具有重要的编史学意义。

2. 对人类学方法的考察

"田野工作"作为人类学最基本的工作方式,进入历史学以及科学史研究中,并和历史研究原有的文献考据形成方法上的互补,在一定程度上成为对已有研究的补充或修正。由于人类学的学科性质以及跨文化比较研究方法背后所蕴含的思想和观念,使文化人类学意义上的跨文化比较研究具有特别的意义,对这一方法的应用使得科学史研究超越了传统的比较研究模式,给科学史比较研究带来了重大变化。"主位和客位研究法"是人类学中的一种重要方法,是人类学田野调查以及民族志撰写中应用的两种不同的研究视角或研究立场,主客位方法进入科学史中有其必要性,而科学史和人类学在研究"他者"上的相通性也使得这种引入成为可能,主客位相结合的视角在科学史的发展中能够发挥重要的作用。

三、结论 3

人类学进路科学史的编史学特征体现在人类学式的编史观念和编史学方法两个方面,即文化多元性的科学观和科学史观,以及强调实地调查和寻求意义解释的编史学方法。

1. 从编史学观念上来看

文化概念和文化视角的引入产生了人类学式的科学观和科学史观。文化多元性的科学观和科学史观体现在以下几个方面。

第一,把科学当作文化系统。人类学的研究对象是一般文化。在科学史中,当引入人类学进路并将之应用在考察"科学"这一亚文化时,就意味着引入了人类学的文化观念和文化分析的视角,把科学当作众多文化系统之一。这样的科学观以及相应的科学史观在人类学进路的一阶科学史研究中得以体现,比如,对历史行动者的观念以及当地人立场的关注,对科学直线进步观的质疑和批判等。

第二,用文化相对主义的视角看待科学。科学史中引入人类学文化相对主义的视角,有助于我们明确如下观点:文化相对主义所反对的是绝对主义,而非普遍主义；文化相对主义所反对的是西方标准或唯一标准，而不是不要标准。对上述观点的明确能使我们更加深入地理解何为科学文化的多元性以及评价标准的相对性。文化相对主义的科学观也成为人类学进路在编史学观念上的一个特征。

第三，把科学看作地方性知识。人类学进路被应用于科学、技术以及医学史的研究中，范围极其广泛，既包括对西方科学史发展的重新审视，也包括对非西方的各种本土性和地方性知识体系的考察。人类学进路的科学史呈现出了多元化和地方性的特点。科学史的多元化和地方性是人类学进路科学史的主要特征。

2. 从编史学方法来看

人类学具有自己独特的方法和方法论，相应的人类学进路也体现出了独特的方法和方法论特征，这些特征具体体现在与传统科学史以及其他科学史研究进路的区别上。

第一，和传统科学史研究方式相比，人类学进路更加强调实际的田野调查以及寻求意义解释的历史研究方式。

人类学进路的研究更加重视田野调查和实地研究，这一点也是人类学方式相对于一般历史学研究方式的优势所在。当历史学家们必须满足于对文本片段的考古学式的研究时，人类学家可以参与科学实践的具体过程，观察到科学研究的实际发生。同时，人类学进路更加重视理论和方法的结合，并强调方法背后的理念的重要性。

人类学进路和传统历史学的研究方式的另一个差异在于解释历史的不同方式。当对一个历史现象存在不同的解释时，历史学研究的典型方式就是要从诸多的历史观点中找出一个正确的观点；而人类学却提出了另一种不同的进路，人类学的方式不是要确定哪一种方式是最正确的，而是要寻求形成这种状况的原因，去研究是什么原因导致了多种不同观点的存在，为什么出现了对过去的不同说法。

第二，和一般社会学进路相比，人类学进路的特点在于强调个案和深度，同时强调整体观和整体论思想。社会学方式主要是要做一种大范围的研究，强调研究的一般性和代表性;而人类学研究并不追求这种代表性,而是要研究和了解不同的行为方式,强调个案和深度。

第三,和后殖民主义、女性主义等其他科学史研究进路相比,人类学进路具有自己特定的、系统的方法体系。由于人类学学科本身具有独特的方法和方法论,因而在引入人类学进路的科学史研究中,自然会将人类学这些比较成熟的方法引入科学史的研究中,这使得人类学进路科学史研究中理论和方法的结合体现得更加明确和显著。尽管人类学进路与女性主义和后殖民主义在研究观念上有相通之处,但后两种进路更加重视认识论上的提倡,缺乏与观念相对应的系统方法。

四、结论 4

人类学进路科学史的编史学意义在于为科学史领域带来了新的理论和方法,扩展了科学技术的概念以及科学史的研究领域,从而对一元科学史提出了挑战,并对非西方科学史研究产生了重要的影响。

1. 人类学进路的引入给科学史研究带来了新的研究理念和方法,扩展了科学技术的概念以及科学史研究的领域

人类学理论和方法的引入与应用,突破了科学技术的"标准观念",扩展了科学技术的概念。科学概念的变化与扩展必然带来科学史研究领域的变化和研究范围的扩展。这种变化和扩展促使我们重新反思"科学"观念,包括:如何定义"科学""技术",科学技术史的研究范围是什么等问题,突破以现代西方科学技术观念为标准来决定科学技术史研究领域的状况。这种新的研究趋势对于科学技术史的研究有着积极的影响。

2. 对一元科学史提出了挑战,对非西方科学史研究产生了重要的影响

在传统科学史研究中,当科学史家将目光投向非西方社会的时候,事实上往往是在以西方科学的独特标准来衡量非西方社会。人类学进路的引入给科学史研究带来新的变化,它与后殖民主义、女性主义一起,强调对非西方民族的科学、技术以及医学史的关注,给予其他民族的科学以西方科学同等的地位。文化相对主义和地方性思想的引入,使得原来在正统科学史研究之外的非西方民族的科学、技术以及医学史研究,进入了科学史研究者的视野。科学史研究者在充分借鉴人类学成果的基础上,形成了一种新的研究范式。这种研究范式体现了对"他者"的关怀,突破了一元的、普适的科学概念,以一种对等的方式对非西方科学技术以及医学史进行了卓有成效的研究,使科学史研究呈现出一种丰富且更加接近真实的图景。

从根本上来说,人类学进路科学史最重要的编史学意义在于其带来了一种新的科学观,这种科学观既是对传统一元科学观的批判和反思,同时又是对新的多元科学观的倡导和确立。事实上,对一元科学观和一元科学史的挑战,是人类学和女性主义、后殖民主义等共有的,但是由于人类学对文化概念以及文化多元性的强调,使得它在这方面有别于其他视角。

人类学是一门提倡反思精神的学科,和这样一门学科进行对话和交流,首先要有批判和反思的态度,在看待人类学理论和方法在科学史研究中的应用时,这种态度也应得到贯彻。人类学进路在对传统的编史学观念提出挑战的同时可能也会带来一些新问题,因此,在后续工作中,需要对人类学进路研究中存在的问题,以及这一进路如何与传统科学史研究、其他进路的科学史研究形成互补和结合进行进一步探讨。

最后,需要再次强调的是,人类学进路的编史学方向不是对传统科学史研究的简单否定或抛弃,而是在批判和继承的前提下,在已有研究的基础上,形成一种更加多元化的研究方向,丰富科学史研究的工具箱,并且形成与其他学科进行交流对话的良好局面。研究是动态的,作为一个初步的探讨,笔者所做的工作仅仅是研究的开始,在这一方向上还有更多的实际工作要做,更长的路要走。

(卢卫红撰)

第四章
科学修辞学与科学史

　　随着语言学转向的发生，修辞学受到了越来越多来自科学元勘领域的关注，也就产生了科学修辞学[1]。科学修辞学是一种新兴的研究方式，也是对传统哲学的一个突破。科学修辞学自其产生以来，对科学史、科学哲学和科学社会学产生了很大的影响。它通过对科学的各个过程和领域的修辞分析，解构并重新诠释了科学的"文本"，动摇了传统科学观。它的研究促使人们进一步反省所谓的科学"内核"与文本之间的关系，反省科学的社会建构特征。同时它的话语批评模式对于科学史而言有着特别的借鉴意义，引入修辞学的文本分析方法，将对科学史中的文献的诠释有着特别的借鉴意义。

　　现在的修辞学进路的科学史研究大部分都集中在对于具体的科学历史时期、人物、机构的一阶案例研究。这种研究实践中展现出来的研究方法和理论背景已经非常丰富，研究人员也来自很多不同的学科，呈现出非常蓬勃的发展面貌。从已有的研究看来，对于近代科学制度建立初期、科学革命时期和当代的科学文本的研究，对于达尔文、伽利略、牛顿、拉瓦锡以及现代生物学家和物理学家的研究等焦点议题已经出现了很多重要的史学研究。学术背景不同的研究者进行的修辞学进路的科学史侧重点也各有差异：来自修辞学的学者进行的研究强调修辞学的分析传统；来自 SSK 背景的强调不同话语版本之间的区别，强调话语的社会建构性质；来自正统科学史传统的研究强调科学话语的形成过程等。各家的研究方法也各自不同，为科学史提供了

---

[1] 本章使用"科学修辞学"指的是修辞学的方法和观念与 STS 各领域结合的各种研究，而并非指称一个独立的研究学科。

丰富的方法论的发展可能。

修辞学进路的科学史的一阶研究是本章最核心的文献基础。从事该领域研究的不仅有科学史家、科学修辞学家，还有科学哲学家、科学社会学家，甚至还有文学系和传播学系的学者也用修辞学的方法进行了科学史的研究。主要的代表人物有格罗斯（Alan Gross）、迪尔（Peter Dear）、巴扎曼（Charles Bazerman）、迈尔斯（Greg Myers）等。这些研究是以具体的科学文本为案例研究对象，主要有以下一些研究焦点：研究科学论文、实验报告等文体的形成过程和修辞作用；研究科学史上重要的科学人物的写作或重要著作；科学争论中的修辞研究；科学方法的修辞研究；等等。

另外，来自科学修辞学和科学哲学方面的研究成果也促进了修辞进路的编史学研究。科学修辞学自从 20 世纪六七十年代产生以来，已形成许多丰富的成果，同时，由于其对于科学观的深刻影响，也成为 STS 领域中不容忽视的一类研究。在理论研究方面，集中探讨的是科学修辞学的研究合法性、修辞学的认知特征、对科学哲学的影响以及对科学修辞学的反思。这一类研究是本研究分析框架的重要理论来源，是对史学案例进行研究的基础。

科学哲学家们对于科学修辞学的理论探讨则主要是从佩雷尔曼、图尔明的修辞传统出发，马尔切洛·佩拉（Marcello Pera）的研究是典型的代表（佩拉，2006）。他从修辞与辩证法这一对古老的议题出发，探讨科学修辞学的另一种发展模式。包含《科学的一种修辞》在内的"关于修辞/传播的研究"丛书对科学修辞学也有了重要的推进。

在对科学修辞学的基本理论、概念的反思方面，《修辞诠释学》（*Rhetoric Hermeneutics*）这一文集收录了关于如何正确理解和进行科学修辞学的一场大争论。其中对于科学修辞学的研究范围、文本的定义、研究的经验性与规范性之间的关系、科学修辞学研究的效用、与古典修辞学之间的关系等问题进行了讨论，也使得这些概念更加明晰。

第一节　理论溯源

科学史中的修辞学进路是科学修辞学的一个研究部分。科学修辞学是科学元勘中的一个新兴的研究领域，也是在传统哲学中不可能出现的研究方式。它在经历了一段艰辛的历程后才获得了自身的合法性，而修辞学的进路进入科学史中，更是由于多方面的理论积累和变革奠定了基础才得以形成的。首先是由于修辞学内部对于"修辞"概念的认识有了根本性的转变，使得修辞学与科学元勘之间有了交叉点；其次是由于库恩后的科学哲学开始更多地承认科学中的社会性因素，在这种观念的指导下，科学史也开始引入多元的方法来注重考察科学的另一个侧面。

一、修辞学的演进与变革

柏拉图在《高尔吉亚》(*Gorgias*)和《斐德罗篇》(*Phaedrus*)中抨击当时的政治制度和学术氛围时，批评了智者时代的观点。他严格地区分了"辩证术"(dialectic)与修辞学，认为辩证术关心的是认识和真理，而修辞术关心的是舆论(doxa)、信念或个人意见(柏拉图，2002—2003)。真理是绝对的、必须接受的观念，而舆论则是无关紧要的。他开启的辩证术和修辞学之间关系问题的讨论也决定了后来关于修辞学的地位的讨论方式。之后西方在很长一段时期里都延续了这种轻视修辞的态度，普遍认为修辞在知识论的层面上是一种迷惑人的、多余的甚至不道德的行为。

肯尼思·博克(Kenneth Burke)拉开了新修辞学的序幕，彻底扭转了对修辞的认识。他指出："如果要用一个词来概括旧修辞学与新修辞学之间的区别，我将归纳为，旧修辞学的关键词是'规劝'，强调'有意的'设计；新修辞学的关键词是'认同'，其中包括部分的'无意识的'因素。'认同'就其简单的形式而言也是'有意的'，正如一个政客试图与他的听众认同。"(Burke，1973)[263] 认同中"有意识"的部分与旧修辞学中的规劝类似，博克归结为由共同的东西构成的"同情认同"(identification by sympathy)以及在分裂中求同的"对立认同"(identification by antithesis)。但是博克更加强调的是"无意识的认同",即"误同"(identification by inaccuracy),他以今天科技社会为例,人们常常不自觉地将机械的能力当成自己的能力。博克还认为语言不仅导致行动,还建构我们的现实。我们的生活中,包括科学中使用的术语在本质上是选择性的,一个术语是现实的一种反映,它同时也是对另外一些现实的一种背离。术语不仅影响我们观察的内容,而且我们的许多观察就是因为这些术语而产生的。这样就将语言渗透到了科学的认识活动中。他在《动机语法学》中给修辞的定义,"一些人对另一些人运用语言来形成某种态度或引起某种行动"(Burke, 1969)[57]。这样,修辞就跳出了演说者对听众的一种有意行为框架,发展到关注广泛的社会交往中的语言,修辞的分析模式也不再是亚氏的技巧分析,而发展到关注一种言语行为如何能够达成交际目的。

之后修辞的研究范围得到了不断拓展和突破,修辞学家、哲学家韦弗(Richard M. Weaver)指出所有语言使用的情况都是劝说性的、修辞性的,更提出要把物质或场合也包括在内(Weaver, 1970)。修辞学家道格拉斯·埃宁格(Douglas Ehninger)认为"那种将修辞看作在话语的上面加上的调料的观念被淘汰,取而代之的是这样的认识:修辞不仅蕴藏于人类一切传播活动中,而且它组织和规范人类的思想和行为的各个方面。人不可避免的是修辞动物"(Ehninger, 1972)[8-9]。这些主张虽然未取得学界的共识,但这却表明了对修辞的认识已经基本破除了以往的偏见,学者们开始从更深层、更广阔的范畴来进行修辞研究。

在修辞学复兴之时,修辞学的研究范围成了学界热烈争论的话题。哲学家们也注意到了这一问题并参与其中。耶鲁大学的哲学教授莫里斯·内坦森(Maurice Natanson)在这场讨论中通过重新探讨古希腊修辞传统中辩证与修辞的关系来重新确立修辞的范围(内坦森,1998)[200-210]。通过梳理修辞与辩证的关系,他提出辩证构成了修辞中的真正哲学,辩证研究的不是事实,而是在逻辑上先于事实存在的理论结构。修辞哲学研究的是以下问题:语言及其含义之间的关系;思维及思维对象之间的关系;知识与其学科之间的关系;意识与其不同内容之间的关系等。

哲学家佩雷尔曼(Chaim Perelman)在《新修辞学：论论辩》等著作中，从两个方面推进了修辞学的研究。首先，他拓展了理性的范畴，把修辞性的理性主义也包括在其中；其次，他将修辞研究结合到认识论中(Perelman, Olbrechts-Tyteca, 1971)。他认为理性的作用不仅仅在于逻辑上的证明和计算，还要思考和论辩，因此在逻辑理性之外还存在着修辞理性。图尔明(Stephen Toulmin)对于修辞学的贡献更为直接，他提出了自己的论辩模式，用来分析普遍的论辩，特别是以前被忽视的、非正式的日常论辩的组成，为评价日常论辩的推理方式提供了方法(Toulmin, 1958)。通过这些理论的发展，修辞学呈现出多元化和交叉性的学科特点，几乎在每一个其他学科中都有自己的研究领域。修辞的概念已经发展为：为了交流的受众能够认同自己的观点而进行的一种情境性的语用行为。

二、科学元勘的突破

科学哲学自身在这一时期也经历了一场范式转换，伴随着哲学整体上进入现代哲学反本质主义、基础主义，库恩后的科学哲学在科学观上有了彻底的转变，对科学的社会建构性有了更多的认同，而修辞作为一种重要的建构因素也进入了整个科学元勘的研究视野。这一变革主要体现在下述三个方面。

（一）主客二分的消解

科学与修辞的对立在哲学方面主要源自科学诞生之初认识论中主客体的二分法。17世纪笛卡尔开启了哲学上主客二分的传统，他发明了作为自然之镜的"心"的观念，心成了一种内在世界，而哲学主要讨论的问题就是内部表象是否准确的问题，从而引发了认识论转向。

在这一传统下，语言和修辞被放到了真理和理性的对立面。修辞作为一种社会性事物，从或然性入手，容许多元的理据共存，而科学强调的是从观察和理性着手，像镜子一样反映自然。但是不承认修辞的存在并不代表现实的科学中修辞真的杳无踪迹。事实上，此时的科学只是用潜藏的、官方的修辞来抵制人们概念中的修辞。"如此的对立将措辞弃诸脚下，并且以折服（convince）取代说服（persuasion）。"（麦克洛斯基，2000）[13] 也就是说，一种新的权威修辞，一种无以辩驳、压倒性的推理证明取代了传统修辞。

到了现代，主客绝对二分的观念带来了越来越多的形而上学问题，哲学家们从各个进路纷纷开始反思这一观念。这些认识越来越趋近于关于修辞的新理解。因为修辞强调的是一种三元的构成，即在原来的"语言——对象"二元的基础上，还包含着言语者、听者及其情境，它是共同体在相互理解、达成共识过程中的必需品。这种在认识论上的一致性为修辞学进入 STS 提供了根本的保障。

（二）语用学转向

一条语言哲学的发展线索受到了更大的关注，即后期以维特根斯坦、奥斯汀、乔姆斯基、塞尔为代表的语用学进路。维特根斯坦提出了语言游戏论，他认为传统的本质主义思想总是将语言的意义寄托于对应它所指的现实对象，这样并不能解释所有的语言现象（维特根斯坦，2005）。事实上，语言就如同游戏一般，有着自身的规则，言语者是通过不断运用这些规则而形成了语言游戏。语言的意义不依赖于对象，而是在于公共的使用。言语行为理论更明确地提出"说话就是做事"，它反对将语言看作是符号系统和世界之间的一种静态关系，而是认为语言是一种言语行为，是语言、对象、说话者三者之间的一种动态关系。

这并不仅仅是一个研究对象的焦点的转移，而是表示在理解语言与世界的关系中已经发生了巨大的转折。首先，它表明在对语言的理解上摆脱了本质主义的束缚，不再认为语言对于实在世界只是简单的映射、表征关系；其次，语言不只是一套符号系统，而是对人类认知、理解有着深刻意义的实践系统，这种理解逐渐与对修辞学的理解交融起来；再次，对语用的关注，说明了对于语言使用者、对于实现语言交流中的其他因素的关注，也就是说对于语言符号系统、世界之外的第三方的关注。修辞学作为广义语用学的一个部分也成为一个关注的焦点,并且在理论基础和方法论上得到了有力的补充,更重要的是获得了哲学上的合法性。

(三) 科学观的转变

传统的科学观认为科学研究的客体对象是自然界,自然界是客观的、唯一的、可认识的,科学活动就是通过一系列客观的、纯粹的观察和实验等经验方法,用逻辑的科学语言,加之社会学的规范,剔除让我们产生偏见、歪曲的因素,来对自然界进行复写。因此,科学知识也是客观的、唯一的,是放之四海而皆准的。这种观念在逻辑实证主义那里发展到极点。但是他们发展出来的描述历史解释时网罗一切的定律,对大部分从事实际研究的史学家来说毫无启发并且难以置信。实际上并没有人真正奉行这套规则。

历史主义代表人物库恩的《科学革命的结构》彻底颠覆了当时的科学观,他引导人们看到了科学不一样的维度,科学的发展不是简单累加,而是一个不断发展更替的过程。科学活动不是独立于社会因素之外的神圣物,而应该将其纳入社会语境中来考虑。人类学的"地方性知识"概念被引进科学哲学之后更进一步地促使人们反思普遍性、永恒性的科学概念。现代意义上的科学其实也只是地方性科学的一种,它的起源、传播、运用等都带有着地方性的特色(叶舒宪,2001)[121-125]。科学知识社会学(SSK)在科学观的颠覆上走得更远,他们提出了科学知识的社会建构理论。这一科学观的转变对于科学元勘领域研究的改变是根本的,它使得科学元勘更加注重科学知识的产生、验证、传播等实践过程,更加肯定科学和科学知识中的社会建构因素,更加宽容开放,从而采用更加多元的研究方式。这也为修辞学进入科学领域中提供了一张准入证和巨大的发挥空间。在这种社会认识论的框架下,科学知识的产生过程极大地影响着科学知识,其辩护和正当性等都依赖于相关的共同体中的社会过程。在这一过程中,修辞扮演着重要角色。

三、小结

由上述的理论回溯可以看到,正是由于修辞学和科学哲学两方面的共同推进,使得修辞学进入科学元勘的研究领域成为一种必然。这种观念上的改变对于科学史的触动非常大,科学史开始在编史学意义上反思科学的面貌究竟是怎样,应该如何来描述它等问题。又因为科学元勘领域的这一重大转变,科学史也开始逐渐感受到了对于新方法、新进路的发展需要。因此,科学史家和修辞学家一起将修辞学进路引入了科学史研究领域。这一新进路的引入并不是单纯累加性的多一种分析工具,在其背后蕴含着深刻的理论渊源和哲学变革,从而带来的也是一种异于传统的、社会建构色彩颇浓的科学史。

第二节 修辞学进路的主要编史方法

本书主张将科学史中的修辞学研究从研究形态的角度来进行一种分类,主要根据对一阶科学史中分析对象的视距不同来分类。大致上可以分为三种:宏观的建制研究、中观的社会研究、微观的策略研究。这种分类并不仅仅简单地因为研究对象的规模,也是由于这种形态上的不同,其背后科学史研究人员的学术背景、研究的方法以及最终的分析结论也随之不同。由于这些共通的标准,而一同形成了每一种研究形态的特征。

一、宏观的建制研究

在科学史的修辞学研究中,特别是在早期,有许多研究倾向于对一系列的文本进行分析。这些系列文本往往跨越比较长的历史阶段,相对而言是一种宏观的研究。典型的是对于科学杂志的历年出版物或者科研机构的长期记录进行分析,例如对《哲学汇刊》或者法国科学院等机构历年的杂志或者科研记录的分析,也就是说对于科学建制的某种研究。因此,将这一类的研究称为宏观的建制研究。

它也属于科学史中的建制史部分。在以往的建制史中,讨论得较多的是科学机构、科学奖励机制、学术交流机制等方面的情况,而对于文本方面的建制,例如科学中各种文体的形成、各种出版物等则讨论得较少。并且已有的相关建制史的研究中都将文本方面的建制看作是在特定的历史时间点上,由某些著名的科研机构或者科学家所规定下来的形式。而宏观的建制研究不仅填补了这方面的空缺,并且从修辞学的角度深入文本内部,探讨文本方面建制的形成过程与科学其他社会结构、因素方面的互动。

(一) 主要研究人员、代表作品

宏观的建制研究的源头可追溯到以默顿为代表的科学社会学。默顿本人就做过类似的工作,他在《17 世纪英格兰的科学、技术与社会》中(默顿,2000)有一章就参照 17 世纪英格兰唯一的科学杂志——皇家学会的《哲学汇刊》,对其中发表论文的内容进行定量分析,从而来分析当时从事实际工作的科学家的认识兴趣中心的转移历史。也就是将公开出版物看作是对当时科学系统运行情况的折射,文本中产生的整体性的、制度性的变化与当时科学机构的运行情况(包括资金来源、科学家的协作关系)之间的联系。

后来以这种方式来进行修辞学分析的学者也大多具有科学社会学背景或者属于正统的科学史研究者。随着修辞学分析进路的社会建构倾向越来越明显,这种宏观的方式并没有成为主流。然而,这一研究形态在科学史中的影响力却不容忽视,并且与传统科学史研究融合得也较好。

《科学论辩的文学结构》这本论文集(Dear, 1991)中大多收录的都是这种形态的研究。其中具有代表性的是布罗曼(Thomas Broman)(Broman, 1991)追溯了德国著名科学杂志《生物学文献》(*Archiv fur die Physiologie*)的发展进程,从它 1815 年变身为《德国文献》(*Deutschies Archiv*)到以后的发展。布罗曼阐明了随着《自然哲学》和布鲁诺主义的到来,杂志的风格开始转变,开始重视形态学,成为一本经验性的研究杂志。他重点阐明了在这个过程中杂志关注的焦点和研究类型与当时的历史语境之间的联系。

此外,巴扎曼也是以宏观建制研究见长的学者。他的代表作《塑形书写知识》也是这一类型重要的典型作品(Bazerman, 1988)。其中,对《哲学学报》《物理学评论》等众多著名的杂志都进行了长期考察,从各种文体的形成史中分析科研方式和观念转变的历史。

(二) 主要研究对象、研究方式

宏观建制研究的主要对象是跨越长时段的一系列文本,这些文本通常都是作为当时科学研究的一种社会建制的正式文稿,并且这一类的研究通常倾向于从文本中的修辞特征出发,分析这些文本的建制过程与当时的科学社会体制(包括科学研究机构的运行、科学家的主流研究方式等)之间的关系。

事实上,研究对象和源头很大程度上决定了这种研究的方式。最突出的就是借鉴了社会学的量化的内容分析方法和历史学的人学研究方法。量化的内容分析就是对社会调查数据进行多元分析,"人学就是通过对历史上某一行动者群体生活的总体研究来探索其共同的背景特征。这种方法被用来确立一个要对其进行研究的领域,然后被用来询问一组统一的问题"(默顿,2004)[47-48]。但是在借鉴的过程中,又针对文本分析的特定研究语境做了相应的改造。人学的方法已经被正式引入科学史的研究之中(Shapin, Thackray, 1974),但是主要的分析方式是以集体传记的方式考察代表性的科学家的社会出身、经济地位、教育、宗教等社会特征,从而来分析一个时代的科学共同体的特征。而宏观的建制研究中由于针对的是文本的修辞特点进行分析,所以人学方法体现为将文本作为一个折射体,通过针对性地分析代表性科学家的科学文本写作特征及相应的研究环境、社会背景,来分析一个时期的科学共同体的文本特征及其修辞运用,从修辞的角度对当时的历史进行侧面描绘。

量化的内容分析方法即充分运用统计学的方法来对众多的文本对象进行分类和量化处理,进而突出地讨论一组论题。但是宏观建制的统计研究并不是标准的统计研究,因为在针对文本分析的过程中,很难找到作为指标的变量去做出数值上的统计,而是针对一段时间或者一定文本范畴中的语言特色、修辞特征做出定性化的统计。一方面由于选择的分析对象数量巨大,不可能做类似于后面要提到的两种研究模式那样的逐一的细致分析,统计学的分析方法是较优化的选择;另一方面,研究者选择以这种方式来进行文本分析的时候,意图在于探索文本与社会因素之间的关系,而不是在于某一文本内部的具体问题。从这种研究目标出发,宏观建制研究的结论也相对温和、保守。

虽然在方法上看上去是一脉相承的,修辞学进路的宏观建制研究却与默顿的研究有着很大的区分。在默顿的相关研究中,完全无视单个的文本,他的考察几乎不涉及任何一篇具体文本,完全是数据掩盖了一切。然而在宏观的建制研究中,却在宏观的统计学研究之下,有着对具体文本的深入精读。它坚持的不同点在于,它认为在对科学的认识中,语言、修辞以及各种社会性因素和手段都有着深刻的认识论意义,而不是需要克服的外在因素。

(三) 案例:论文写作风格与社会建制

霍尔默以化学学科为代表,探讨了 17、18 世纪科学论文的不同写作风格与皇家学会和法兰西科学院两种不同科学机构建制之间的关系(Holmes,1991)。他认为写作风格不同的原因就在于两个学院不同的人员组成方式、薪酬方式等制度所导致的研究模式、信任关系等不同。

霍尔默在该研究中选取的是 17、18 世纪——研究论文作为一种科学文体的固定、形成期间,两大科学机构的两个代表性杂志,皇家学会的《哲学汇刊》和法兰西科学院的《纪要》(*Memoires*),旨在探讨在这两种杂志中存在的两种主要写作模式:以事实描述为主和以理论论证为主。这两种模式又对应着两种写作目的:对于发现的描述和解释。

1. 英国皇家学会与描述性写作风格

对于皇家学会的写作风格,已经有很多科学史家做出了先行性的分析,最著名的有夏平和迪尔对于 17 世纪英格兰的论文的研究(Shapin,1984;Dear,1985),其中都特别注意到了玻意耳对于细节的繁复描述,并且做出了相关的修辞解释。霍尔默也是以玻意耳作为典型代表来分析这种写作风格形成的原因。

霍尔默指出,玻意耳一直试图在报告和解释之间划出分明的界限。他在他的《关于空气弹性及其物理力学的新实验》的前言中将他对于实验的描述叫作"叙述"(narratives),并且他在这些叙述与基于实验而做出来的结论之间做出了明显的间隔,使得那些只关注历史描述部分的人可以不用去看这些反思性的想法。也就是说,玻意耳认为他的实验叙述部分才是整个论文的重点和主旨。

霍尔默认为产生这种写作风格的原因主要在于,以玻意耳为代表的皇家学院的科学家在写作时主要的目的是使得读者相信这个实验真实地如所记载的那样发生过,也就是追求一种"虚拟见证"。因为皇家学院的文本面向的受众并不局限于皇家学院内部的成员,而是向公众开放的。皇家学会的科学家一般都不是全职的科学家,他们的成果大多是单独做出的,因此,在交流方面也需要更多的文字来增加信任。另外,皇家学会的科学家的结论多是基于少量的几个关键性实验,但是这种实验过程非常复杂、实验仪器非常昂贵,因此,不容易被其他人重复。

2. 法兰西科学院与论证型写作

在法兰西科学院记录其院士的研究成果的报告中,明显的是一种论证型的结构,其中对于实验和事实的描述部分并没有占到很大的比重。霍尔默认为这主要有两个原因:首先是科学院所倡导的研究模式,其次是科学共同体对于信任的要求。

在法兰西科学院的研究模式上,霍尔默援引了哈恩(Roger Hahn)对于法兰西科学院的体制特征的研究(Hahn,1971),认为法兰西科学院给院士提供的待遇非常优渥,能够保证这些学者成为全职的科学家,并且要求他们成为某专业领域中的专家。在这种氛围中,法兰西科学院认为可靠的知识只能通过事实的累积逐渐得出,不可能迅速得到。因此,这就使得科学院策划并组织了大量经年累月的长期研究。

另外,科学院士们没有必要用长篇累牍的描述来为他们的结论树立权威性。因为尽管科学院也最终将结果公布给公众,但是它们最直接的目的还是为了院士们之间的相互交流。这一时期的研究多数是一种集体研究,他们通常能够直接见证他们的化学家们所做的实验。霍尔默所关注的这个计划进行了 20 多年,到这个计划结束的时候,科学院已经拒绝为了个人研究活动而进行的公共询问,并且要求每一个科学家们都要"选择一个独立的对象进行研究",来丰富科学院的研究。

此时,科学院中产生了一批新的化学家和一种新的研究模式。霍尔默重点考察了洪伯格(Wilhelm Homberg)在1700年至1710年发表的论文。这期间,洪伯格至少发表了7篇以"观察"为题的论文,它们关于植物或者矿物化学。其中每一篇都是从一个特定的问题开始,然后转入作者为了解决这个问题而进行的实验,最后以得出的结论及其相关讨论或者对于观察到的现象的说明收尾。这种结构与上一时期的结构基本相通,但是在叙述和论证的比重方面有了重大的变化。在这一时期,虽然随着个人研究的展开,对于实验的叙述开始逐渐增多,但都还是安排在一个论证框架内,并且是有重点地描述实验过程,与皇家学院的风格迥异。而这种实验与论证之间的关系、论文体系的编排一直影响到今天科学论文的写作模式。

3. 关于案例的讨论

霍尔默研究的旨趣在于发现科学家工作的情境、科学机构的组织结构和成员体系以及科学机构所从事的研究这些建制因素与科学文本、研究论文之间的关系,正是宏观的建制研究所关心的议题。

法兰西科学院中化学家不需要描述他们实验探索中的所有细节,因为他们形成了一个专家的共同体。每一个化学家与另外的化学家们交流的时候,他们都了解了涉及的基本的程序并且认同共同的假设,所以他们可能更便利地用一种事前删节过的、选择性的形式来描述实验,仅仅提到那些为了把握工作重要的创新之处所必需的条件、操作顺序和观察。当作者来描述探求过程中的特定事实时,是因为这些事件不寻常或者对于结果而言太重要,实验共有的常规程序则被省略了。重复的部分被缩减为对程序的一般性的描述。失败的实验则不写出来,这在共同体中也被视为理所当然的。通过这样一种分析同样也解释了科学论文的形成过程。因为法兰西科学院自1700年确立下来的出版物的形式,作为一种建制保证了科学院的研究工作和院士们的职位,同时也确立了科学论文文体。科学论文的标准形式——导言、方法、结果、讨论和结论一直延续到今天。这种形式更有效率地让科学家获得更多的实验信息和科学知识。这种被包含在一个分析的逻辑框架中的结构使得论文看起来克服了个人叙述和其他主观性,简略掉了科学家们实际研究如何达到最后的结论的过程。这与我们今天关于科学写作的要求是一致的。在这个方面,霍尔默的分析有着明显的辉格史观,也就是说基本假定科学是一个不断上升、发展的过程。这一点也成为他比较法兰西科学院和皇家学院的标准之一。

科学论文文体的形成过程,也是对于实验方法、演绎方法等的不同认识态度的形成过程。通过霍尔默的案例表明,由于不同的社会情境产生了不同的修辞需要,从而导致了科学家对于科学研究过程认识的不同,在文本上则体现为篇幅、主次安排、论证与被论证关系等的不同;反过来,文本作为一种行动者,又能使读者产生态度、行动,从而在更大的范围建构了、确立了这种认识模式。

这两个案例为代表的宏观的建制研究对于科学中语言方面的建制史研究事实上也填补了传统建制史中的空白。在没有重视到语言形式对于科学知识的重要性之时,传统的科技史中的建制史部分一般都是讨论科学组织,而不涉及语言的建制部分。梅森、韦斯特福尔对于近代科学形成的历史中的建制部分都是讨论的皇家学院、法兰西科学院、无形学院等的组织形式(梅森,1980)(韦斯特福尔,2000)。而在科学史中重点考察了建制的科学史家贝尔纳则将科学语言放在科学方法里面来讨论。并且他对于科学语言的形成描述得非常简单:"在观察实验和逻辑的解释的过程中,长成了科学所用的一种语言,或者应该说若干种语言。天长日久,科学语言变为科学所必不可少的,如同具体的仪器一般。也像仪器,这些科学语言在本质上并不奇特。"(贝尔纳,1983)[11] 宏观的建制研究从修辞的角度对科学文体的形成过程,尤其是与其他建制因素的互动过程,有了详细的考察,使得科学史的研究更加丰满。

二、中观的社会研究

科学史中的修辞学进路研究有另一块兴趣点,在于分析集中于某个事件一段时期的一系列文本,例如一段科学争论双方的文本、实验室中某一个科学研究阶段的文本等。这种研究是一种相对中观的研究,主要通过语言的分析来探讨科学知识形成过程中的社会性因素。因此,将这一类研究称为中观的社会研究。这类研究与后文中的微观研究构成整个修辞学进路的主流研究形态。

(一) 主要研究人员、代表作品

从事这一类研究的学者以科学知识社会学(SSK)背景为主,更准确地说,是从开始关注文本、开始微观研究方式的 20 世纪 70 年代末之后的第二代SSK 学者,如巴黎学派等。

SSK 中的文本研究是整个 SSK 研究中的一个很重要的组成部分,马尔凯和吉尔伯特提出了"话语分析纲领",将 SSK 方法与后现代文本分析技术结合起来,从而形成了文本分析学派。马尔凯在文集《科学社会学理论和方法》(马尔凯,2006)中总结了自己的文本分析方法。这一学派进行的具体案例分析的代表性著作有《词语与世界》(马尔凯,2007)、《打开潘多拉的盒子》(Gilbert, et al, 1984)等。《词语与世界》主要讨论了两位生物化学科学家之间通过书信进行的一段辩论,分析了他们各自如何表述自己和对方的研究中事实和观点的区别,以及书信中持续的不对称结构是如何导致解释失败的。

在话语分析学派之外,其他很多 SSK 的学者都有涉及修辞研究。例如拉图尔(Bruno Latour)和伍尔加(Steve Woolgar)的《实验室生活:科学事实的社会建构》(拉图尔,2004)、拉图尔的《科学在行动:怎样在社会中跟随科学家和工程师》(拉图尔,2005)、诺尔—塞蒂纳(Karin Knorr-Cetina)的《制造知识》(塞蒂纳,2001)等著作中都对科学文本有修辞学的分析。《实验室生活》在开头两篇中就分析了实验室中涉及的各种文本:记事簿、文献记录、科学家谈话等。《科学在行动》中拉图尔集中关注修辞集中体现的科学争论中的语言和实验室中实际构成知识过程中的语言。《制造知识》中塞蒂纳则明确提出了"作为文学推理者的科学家"的概念。但是最为典型的从修辞学角度来分析的还是迈尔斯(G. Myers)1990 年出版的《书写生物学:科学知识的社会建构文本》(迈尔斯,1999)以及夏平(Steven Shapin)和沙弗尔(Simon Schaffer)的《利维坦与空气泵——玻意耳、霍布斯与实验室生活》(Shapin, Schaffer,

1985）。后文的案例分析中将重点分析这两项研究。

（二）主要研究对象、研究方式

在这种研究类型中，研究对象最为复杂和开放，也就是对于"文本"的理解分歧最多。有传统的科学期刊的发表物、出版物文本，有科学家的学术笔记、书信，还有科学家们的谈话、演讲等都作为研究的对象出现。它不仅突破了传统科学史中的文本概念，甚至有的主张包括科学实践等一切在内都是文本。而话语分析学派的一个要旨就是探索不同的新的文本类型。但是这些对"文本"概念的理解并没有在研究者中取得共识，仍在不断讨论中。

中观的社会研究在研究方式上主要是采用 SSK 中从社会学中移植过来的人种志（ethnography）研究方法、话语分析方法等。总体而言，它与默顿式的规模样本、统计测量、变量分析不同，而是主张描述主义的经验研究方法，更加强调研究者的参与、局外者身份、细节分析等。

马尔凯曾给了话语分析方法一个说明："我们不得不放弃想对所研究的社会行动领域提出单一的、经验上被证明了的模型这个传统的社会学目标，取而代之的是我们认为更真实的研究目标，即对研究者如何建立他们关于社会世界的不同看法做出描述，并把研究者话语的变化与发生这些变化的社会环境因素联系起来，其他别无选择。我们把这一研究战略称为'话语分析'（Discourse Analysis）。"（马尔凯，2006）[8] 在提出这种方法时，研究者是希望将科学家的语言作为研究的对象而不是研究的资源，来对科学本身有更好的认识。科学文本是科学家对自己的实践和成果的解释和表述，它随着各种语境、各种社会情境而变动。完全采信这些文本来理解科学则可能掉入陷阱，误解当时的历史情境，反而，意识到修辞的作用而主动来研究这些变化的文本能够帮助了解科学家们如何对其实践的解释进行社会建构、如何通过语言构建科学展现出来的形象。因此，话语分析方法的旨趣在于以分析语言为手段来揭示科学知识形成中社会建构过程。

人种志的方法为话语分析提供了无穷的文本的可能。人种志的方法要求分析者深入实验室等"田野"中进行实地的参与性考察。而实验室中所出现的科学家们在科学知识产生过程中的各个阶段的笔记、草稿、实验报告、最后发表的论文、同事之间的讨论、项目申请书、不同实验室或者科学家之间的争论等不仅是很好的分析对象，更重要的是，它们反映了在不同的时间段、不同的受众对象下对于科学实践的不同描述和解释。卢卫红在人类学进路的科学史中提出"文献田野"的概念也是一种类似方法(卢卫红，2007)。

因此，中观的社会分析热衷于研究在不同的社会情境中关于同一个研究事件的文本的各种变化。通过关注这些变化，联系引起变化的社会因素，来达到认识科学的社会建构性的目的。隐含的论证思路是，在一个研究实践事件中，对于同样的所谓科学事实(观察、实验结果等)存在着各种不同的分别有效、成立的解释，也就是说，任一解释都存在着自身的替代性解释，而不同的解释的出现是因为社会利益、共同体惯例等因素的影响。

(三) 案例分析：关于科学争论的修辞分析[1]

夏平和谢弗在《利维坦与空气泵》中讨论一起著名的科学争论(夏平，谢弗，2008)，即玻意耳与霍布斯关于空气原理的争论，其本质是对于实验方法的合法性的争论。在这本书中，他们构建了一段有别于教科书上的、传统的辉格科学史的争论事件。这本书被普遍认为是科学知识社会学的经典性著作，其中修辞学进路的运用也是突出的特色。而关于玻意耳的修辞学讨论，夏平在此之前单独有一篇专门的文章来讨论：《泵与情境：罗伯特·玻意耳的书面技术》(Shapin，1984)。针对这场科学争论，夏平考察了玻意耳在这期间的一系列文本，包括《新实验》《续新实验》《怀疑的化学家》《流动性与坚固性的历史》、众多私人书信等，来对玻意耳面对争论中的各种情境的语言来进行话语分析。

夏平指出科学事实的建立有赖于三种技术的运用：气泵的建造和操作中的物质技术(material technology)；将气泵所产生的现象传达给未直接见证者知道的书面技术(literary technology)；以及社会技术(social technology)，即

---

[1] 在这个案例的讨论中，术语基本采用中国台湾蔡佩君在《利维坦与空气泵》中的译法。主要的译法差异：社群即其他部分所指的共同体，成规则指的是惯例。

整合哲学家在讨论及思考时应该使用的成规。这也是他用以解释玻意耳和霍布斯科学争论的三个要素。其中的书面技术一般被认为指的就是修辞。在玻意耳的哲学观念、也是当时英国学界流行的哲学观念中,实验、事实比解释来得更加重要,因此他将写作的重点放在实验事实部分。但从事实到对事实的解释之间的步骤是模糊的,他有意地在实验的事实和最终的物理原因和解释之间做出一个划界。夏平主要从三个方面分析了玻意耳的修辞:叙述性语言特色、谦虚的态度和对于受众的界定。

1. 叙述性语言特色

夏平认为,实验知识的生产有赖于一套生产事实并且处理其阐释的成规。我们先将事实当作实验生活形式的基础,然后着手分析并展示产生事实的成规如何运作。在玻意耳看来,实验产生事实的能力,不只有依赖其实际执行,主要还在于相关社群能保证此事实曾实际被执行,也就是见证的概念。如果想要让知识建立在实验的基础上,那么就必须让实验被证实。在这个时期的主要见证方式有三种:第一种是在社会公共空间中执行实验;第二种方式是促成实验现象的重制;第三种,也是最重要的一种见证方法,就是虚拟见证,即在读者的脑海中重现出实验场景的图景。通过虚拟见证,见证的广泛程度几乎是无限的。因此,这方面是玻意耳的语言资源运用的重点所在。

夏平指出文本本身即构成一种视觉来源。玻意耳为了达到这个效果,在他的论文中出现了两大特色:冗言和图表。也就是说,一方面,用一目了然的图表形式来展示实验的场景,另一方面,通过巨细无遗的描述来生动刻画实验场景。语言的冗长提供了虚拟见证的可能性。有了对于实验的信任,读者便可以不用亲自重复每个实验,就能从实验结果的基础上开始做进一步的思考。这种写作方式跟操作实验一样重要。他特别就此撰写了一篇短文,专门讨论"实验论文"。

2. 谦虚的态度

实验报告作者的诚信等道德品质也是玻意耳极力想要建立的。夏平指出玻意耳有很多种展现谦虚的方法,他重点分析了三种。最直接的是实验论文形式的运用。实验报告是对于某几个实验这个限定范围内的现象进行忠实描述,因此通常会被认为是"冷静而谦虚"之人、"勤奋而明辨"的哲学家,"只断言其所能证明者"。因此,这就将实验哲学家塑造成了"奠基者"角色,为了促进"真实的自然哲学的真正进步"的身份。通过这种方式来展示谦虚的态度,既提高了作者的声望,又未破坏报告的完整性。

玻意耳展现谦虚的另一技巧,是他声称的"赤裸裸的书写方式",也就是平实的、不加修饰的风格。他避免华丽的风格,以展现出一种哲学家而不是修辞学家的形象。这样的风格一方面有助于更加清楚地、无障碍地提供虚拟证据,另一方面能确立一种道德品质,即哲学家献身于社群服务而不是个人名誉。

而玻意耳展现谦虚的最重要的书面策略,就是充分发挥实验中最重要的认识论范畴——事实。玻意耳将事实和解释分割开来也有这方面的考虑。因为事实是一种客观性的描述,而解释则不免要夹杂作者的道德姿态,在表述这种解释的时候就需要特别注意保持一种谦虚的态度,即用可能性的话语来代替肯定性的话语。

通过这三方面的谦虚的表现将玻意耳描绘成一位不涉利益的观察者,他的论文也清晰而不扭曲地反映了自然。因此,造成的修辞效果就是,证词可靠、文本值得信任、见证也更充分。

3. 对社群的规定

英格兰实验社群是玻意耳最主要的受众对象,但是此时社群还处在萌芽状态。实验哲学的认可必然需要实验社群的成长。在这个过程中,玻意耳也有自己明确的建议。他提议,首先,要让更多的实验者加入进来,让信奉其他哲学的人也纳入进来。在《怀疑的化学家》中,他甚至将炼金术士也包括进来,因为炼金术士虽然指导理念上与科学家有分歧,他们中有很多人做出了丰富的实验成果,玻意耳的前提是让这些有潜力的炼金术士们将自己的实验和晦涩的臆测分离开来。其次,定义并公开实验哲学家的社会角色和实验社群特有的语言实作。只有正确的论述规则才能让事实产生、被辩护,从而成为知识的基础。理论语言和事实语言之间只有偶然的关联而无必然的关联,就是他定义的现存社群得以和实验纲领连接的语言条件。这种语言上的规定与社群界限是相互制约的,也就是说,夏平认为论文的书写方式是判定科学家在理念上和实践上是否归属于这个实验社群的标准之一。玻意耳在科学争论方面也制订了很多礼仪规则,来确保社群成为一个冷静的空间,能够最终达成一致意见、获得知识,同时也取得名誉。

4. 对于该案例的讨论

玻意耳和霍布斯的这场科学争论虽然是两种不同的科学理论之间的竞争,但实际在于两种理论背后的实验方法还是演绎方法之间的竞争。在争议点上,两人基本达成一致,因此,他们的修辞策略也就在于如何将自己的方法论确立起其合法性,进而被科学共同体所认同。夏平对于玻意耳文本的分析也正是围绕这一点。玻意耳独特的写作方式并非一种偶然或者可有可无,而是作为参与到科学过程中去的重要环节。

夏平直接将修辞与科学知识内核之一———实验事实的客观性关联在一起:"玻意耳书面技术的作用,是创造一个实验社群,以内在和外在为其论述划出疆界,并提供其中的社会关系的形式和成规。虚拟见证的书面技术为所有的文本读者提供有效的见证经验,如此扩大了实验室的公共空间。玻意耳的语言实作所规定的疆界,其作用在于使社群免于分裂,也保护那些可望取得普遍同意的知识,与那些在历史上造成分歧的知识相区隔。同样地,他所规定的争论中的适当礼仪,作用是保障社会连带,以助于产生对于事实的同意,同时判定那些可能破坏实验生活形式的道德完整性的非难为不恰当。实验事实的客观性,是特定论述形式和特定社会连带模式的产物。"(夏平,谢弗,2008)[72]

该案例对于书写这段著名的科学争论的历史以至一般的科学争论的历史都是有革命性意义的。传统的历史中一般将玻意耳的胜利看成是真理理所当然的胜利:他的实验方法、建立在实验方法之上的气体理论都是由于是对于自然界最真实最准确的写照而自然地获得了胜利。然而,夏平却分析了在当时培根的自然哲学逐渐占了上风的社会情境中,在化学逐步从炼金术中走出来的特殊时代中,玻意耳是如何通过"三种技术"达到了最后的胜利。而修辞作为其中的一种重要的技术,与其他二者一起构建了实验事实的客观性。这种客观性在传统的科学观中一般是基于外在世界的实体的，而夏平通过这个分析将客观性定义在共同体的共识层面上，是修辞、物质、社会共同作用的结果。

三、微观的策略研究

科学史中的修辞学进路研究中还重点关注著名科学家的公开及私人文本、科学史上的经典著作等单个的文本。例如伽利略的《对话》、牛顿的《光学》、达尔文的《物种起源》等。这种研究多采用一种逐段逐句的精读方式来分析，重在分析文本中通过何种方式达到了最后的修辞效果。因此，人们称这类的研究为微观的策略研究。

（一）主要研究人员、代表作品

微观的策略研究的研究者主要来自具备修辞学背景的学者，他们熟悉已有的修辞分析模式和术语，因此分析的整体风格也是比较经典的修辞分析模式。格罗斯（Gross，1990）和普赖利（Lawrence J. Prelli）（Prelli，1989）各自的经典著作《科学修辞学》和《科学的一种修辞》中的案例分析部分也非常具有代表性。《科学修辞学》中格罗斯用 DNA 模型发现过程传奇式的历史，说明了科学中类比的作用，用牛顿的光学思想受到的不同的修辞效果如风格、编排等修辞方式的作用，通过用戏剧方法分析 DNA 重组的研究历史来探讨科学中的社会建构。

论文集《科学修辞学的标志性文献》则收录了修辞学进路发展以来典型的、有里程碑意义的作品（Harris，1997）。其中收录的坎贝尔（John Angus Campbell）对于达尔文著作的分析、格罗斯对于牛顿光学著作的分析都是非常典型的作品。在案例分析中将重点分析这两个文本。《说服科学：科学修辞的艺术》中有众多关于 17 世纪科学革命时期的科学家们，例如伽利略、牛顿等人的修辞分析（Pera，Shea，1991）。

（二）主要研究对象、研究方式

微观的策略研究的主要研究对象有对于单篇科学家的经典作品，也是科学史上里程碑式的文本进行分析。例如《物种起源》《两大主要世界体系的对话》等。这些文本多数经过历史的洗礼，成为被整个科学界所广为接受的理论，也就是说它们往往在修辞方面已经获得"成功"。而修辞学家对它们进行分析的潜在话语就是假定它们在同时代竞争的胜利中修辞扮演了重要角色，那么，最终的修辞目标究竟是通过哪些修辞方法以及如何实现的。

在研究方式上，事实上，亚里士多德已经建立起了一套比较完整的修辞理论和修辞分析模式，集中地体现在《修辞学》这一著作中。之后，虽然经历了漫长的历史时期的发展，特别是进入现代之后，修辞学有了很大的改变，但在修辞的分析方法上，特别是在这些核心概念上，很大程度上仍然沿用着亚氏的体系。

当修辞学们开始分析科学文本的时候，采用的研究方法也是将亚氏的修辞学体系改造之后借用过来的。具体来说，格罗斯首先认为可以将科学发现（scientific discovery）用修辞学中的"invention"一词来描述，这不仅可以将这个概念的相关修辞理论引入对科学文本的分析中，更重要的是，科学发现指的是科学是发现自然界中本身就存在的东西，而发明指的是创造性地提出新的事物，用它来描述科学发现是对科学传统权威的一种挑战。格罗斯（Gross，1990）[7-8] 还重新诠释了"stasis"的体系，包括"an sit""quid sit""quale sit"。运用到科学中，"an sit"可以指向"实体是否存在"，"quid sit"可以指"假设实体存在，那么它们的性质是什么"，"quale sit"可以指"假设事物的特性保持着一贯性，那么描述这种特性的定律是否唯一"。

科学文本中同样要依赖逻辑、信誉、情感三个要素。在逻辑这一要素中，古典修辞学有一些固定的主题（topic），如对比、原因、定义等，这些方面都是论述要重点展开的部分，而科学文本也是在这些方面着力。观察、预测和数学化这些方面同样也是论证的资源。信誉要素在科学中普遍表现为依托权威，情感要素在科学中体现为谦逊等品格特征。

科学文本的编排和风格也是重要的分析部分。例如实验报告划分为"简介—材料和方法—结论"这三个部分，并按照这样的顺序进行编排，背后暗含的是培根式的自然哲学观，是有其修辞意图的。科学发现所使用的模型方法等也与修辞中的类比、隐喻有着千丝万缕的联系。

（三）案例分析：达尔文《物种起源》的修辞分析

坎贝尔的《达尔文：科学界中的修辞家》（Campbell，1997a）[3-17] 是一个典型的微观的策略研究，它的研究对象主要集中在单一文本《物种起源》上，运用专业的修辞分析术语和模式，来完成最后的修辞目标的过程和策略。坎贝尔以达尔文的进化论为案例，分析了科学理论得到社会认同的因素。因为一个科学理论的提出并不会仅仅因为其解释力和逻辑一贯而必然被科学共同体及大众接受，孟德尔的遗传学定律就是失败的例子。他从两个层面分析了达尔文作为一个杰出的修辞家的理由，首先对公众而言，《物种起源》是一本畅销书，通俗易懂，但另一方面，专家同行也承认它在学术上的价值。

1. 对大众的修辞

在面向大众这一点上，坎贝尔提出了《物种起源》作为一本畅销书的几大要素。第一，简洁性。《物种起源》只有单独一卷，看上去像一个摘要。第二，作者使用的语气、表现出的气质。在这本科学著作中，达尔文的口气一直是非常平易近人的，甚至是让人同情的。读者在读这本书的时候更多的是像跟一位好朋友、一位绅士聊天，而不是听一位教授对着小学生上课。第三，日常化的语言。达尔文使用的"起源""选择""存活""竞争"等拉近了作者和日常世界之间的距离。第四，达尔文尊重英国的自然神学。他在扉页上引用的两段话都是来自英国自然神学。在每个版本中达尔文都表达了对神学、对造物论的尊重。最后，诉诸常识。达尔文认为我们可以相信一个解释面如此宽泛的理论，因为它就是一种我们用于判定日常普通事件的方法。

2. 对同行专家的修辞

对同行专家的修辞是一个更复杂的过程。在对修辞的态度上，一方面达尔文大方地使用着文学化的语言，另一方面达尔文尽量地避免能言善辩的形象。坎贝尔分析前者是因为当时的科学界的文风普遍都很文学化，还没有形成像今天这样的标准化的科学论文模式，因此这并不会在受众的心目中构成一个花言巧语的印象。而后者则是由于科学家形象的需要。

达尔文最大的修辞在于他在方法论上的归属,坎贝尔通过对比达尔文的私人笔记发现,在《物种起源》中所表现出来的方法论与在私人笔记中体现出来的达尔文的真正思考过程是完全相反的。在《物种起源》中,达尔文声称他是受到"贝格尔号"环球航行中的许多地质和生物现象冲击而有了物种起源的灵感。在旅行回来后他花了数年来攻克这一问题,最终得出这个结论。但是在他的私人笔记中并没有支持他的这些公开说法,而是体现出他在研究过程一开始就抱持着一种理论。通过这种方法论上的掩饰,达尔文将自己的形象塑造为一个坚定的归纳主义者。

3. 进化论的中心概念分析

坎贝尔通过集中分析达尔文的两个关键术语——"自然选择"(natural selection)、"生存竞争"(struggle for existence)来指出,达尔文自身的语言哲学而不是他所谓的归纳主义者——实证主义者的语言观为他的成功确立做出了重要贡献,而且这些隐喻性的语词在理论中是必需的,而不是因为便利的需要而使用的。达尔文在阐述"自然选择"的时候,他用"她"来指代自然,并且把她描述成一个无所不在但是却看不见摸不着的神秘力量,这种神秘力量只能通过隐喻来表达和描述。坎贝尔认为,通过这些修辞性的语言,达尔文不仅建立了一种科学的新范式,而且还创造了对于人和自然关系的新的理解。其中的关键点在于人工饲养者和自然力量之间的张力,饲养者的人工选择这一现象是读者所熟知的,而自然选择的过程是读者未知的。用前者来说明后者非常有助于理解和接受。选择者的形象非常具有说服力,因为它运用了一个技术性的符号,与当时流行的奇迹的概念相比更加具体可信。达尔文的时代有一个很普遍的说法就是"创造的规律"(the laws of creation),这个概念将神学和科学的概念糅合在了一起。而达尔文的理论实际上巧妙地塑造成一个模糊的关于创造的规律,通过这两个概念之间的关系就变得很有说服力。只是这个规律是一种自然主义的,这样暗地里实际上是在科学范式上完成了一个决定性的转向。将自然的作用以对驯养动物的品种选择来做比喻,对普通的读者而言,更贴近他们自身的经验,而对科学家而言,"自然选择"更像是一个自然主义的形象,并且相对于"创造的规律"而言,这个概念蕴含了更多的研究潜力。它不能说明究竟生物内部的变异是如何发生的，也不能预测哪种变异会在某些环境下发生。这个既不与任何已知的定律相符也非超自然的概念，只是"打扫出了一块自然定律可以填补的空间"（Campbell，1997a）[12] 而已。

从"自然选择"这个词在达尔文思想形成过程中的变化也可以看得出来它的非实证主义特性。在 1842 年和 1844 年的手稿中，达尔文是将这个过程表述成"想象一位比人类更精明的存在者"，而后来的"自然选择"的概念虽然没有这么拟人化，但是也蕴含了这样的类比，并且是将人工饲养者的操作转移到自然的过程中去。这个隐喻为以后的研究提供了大量的阐释空间。

"生存竞争"的概念也是如此，达尔文也是自觉地从修辞动机出发来选择的这个词。《物种起源》的第三章"生存竞争"在以前的一部著作中，达尔文命名为"自然的战争"（War of Nature）。他同时还考虑到了赖尔的"物种数量上的平衡"的概念，并且承认赖尔的表达比他自己的要更正确。但是他并没有用赖尔的这种表达，因为他认为这个概念"太过静止"了。达尔文挑选了"生存竞争"这个处于两个概念中间的一个词。因此，坎贝尔认为达尔文选择词语的标准并不是准确，而是要说服读者。在《物种起源》中，达尔文明确指出生存竞争有三种含义：一是指两种动物共同争夺一种稀有的资源，一个有幸生存繁衍而另一个不幸灭绝；二是指一种生物遇到了一个很艰苦的环境，例如植物遇到干旱而死亡，达尔文指出这时说植物依赖于湿润的环境应该更准确；三是寄生物的过度繁殖会影响到寄主的生存，最终影响到自身的生存。达尔文认为这三种含义中有着层次递进的关系，并且相互影响。但是坎贝尔指出，这三种含义都可以分别用其他的词语来代替，例如"战争""依存"（dependence）、"机会"（chance）就可以更准确地说明这三层意思，但是达尔文却选择了用"生存竞争"这样一个隐喻性的概念来涵盖这三个意思。他是希望保持这种模糊性，也保持概念内在的解释张力，并且看上去更具科学性。

4. 对该案例的讨论

坎贝尔通过修辞分析形成了对达尔文创作过程的另一种历史解释。传统的科技史对于这一段的记载基本上采信了《物种起源》中的说法，即在环球航行积累了大量的化石证据和其他经验材料之后,受到马尔萨斯的理论的启发而形成了进化论思想。坎贝尔的分析则认为这段过程的描述实际上是达尔文的修辞策略之一,是为了在方法论上迎合当时培根影响下的归纳主义风潮。而在私人笔记中展现出来的过程却是达尔文一直纠缠在理论问题之中,并且明确认识到理论的指导对于从经验材料中最终形成结论的重要性。如果没有修辞的维度,不可能发掘出历史的这一面,也不可能对于这二者之间的差异做出解释。

这个案例最突出的工作就是对于两个关键隐喻概念的分析。坎贝尔的分析结论指出,隐喻作为一种理论表达方式,除了方便读者理解这一最浅显的作用之外,更重要的是,隐喻是一种能带来画面感的语言,是一种模糊的富有解释张力的语言,这些特性对于理论在共同体中的接受、对于经验事实的解释等都有着至关重要的意义。它在理论体系中是不可置换也不可或缺的。这一结论不仅扭转了隐喻作为一种修辞方式在科学语言中的作用的认识,也扭转了对整个科学语言的认识。

第三节　修辞进路的史学观点

一、科学史中修辞的交流性

科学交流的过程在通常的观念中已经被接受是有修辞作用的过程,科学家们为了让自己提出的观点、理论更易被其他同行或者公众认同,通常会使用修辞方法来改变它们的表达方式。但是这种表达方式的改变在传统观念中被认为与科学知识本身无关,并且修辞存在的有无是由科学家/修辞者的选择决定的。如果科学家选择平实、无技巧的语言就可以免于修辞。然而,修辞学进路的科学史在此基础上指出,当科学正式成为一种建制化的社会活动之后,只有实现科学交流、得到科学共同体的认同、具有"科学性"才能称之为科学活动。因此科学话语中不可避免地运用了修辞,而不单是科学家写作时的选择。修辞不仅包括科学家为了说服论文发表的评审人、说服科学争论中的对手而有意无意使用的修辞策略,还包括制式化的实验报告、科学论文的写作格式、科学语言异于其他语言的特殊写作要求。它们都是为了获得科学共同体的认同而形成的特殊而隐性的修辞。

科学交流的过程起始于其语言工具的形成,也就是科学符号、科学文体的产生和制式化,继而是科学论文和实验报告的形成,科学论文的投稿、发表、进入交流,科学观点引起科学争论,最后由科学共同体对竞争性的理论进行选择而决定其在当时的历史情境中修辞效果的成功与否。本节将按照这一顺序来逐一论述修辞学进路的科学史中得出的重要结论。

（一）科学文本的符号化、制式化形成

科学文本在今天的科学建制的形态中是一种特殊的文体,它是将科学共同体凝聚成为集体的一个重要标志,然而这种文体形态的出现到最后的形成不仅是一个历史的过程,也是一个修辞的过程。

科学文本是一种符号化的书写方式,不仅包含其他文体中都有的语言符号,更有一些有特殊指代的符号系统。例如牛顿和莱布尼兹的微积分的不同书写方式,实际上是由于他们各自从不同的方向得到微积分这种运算形式,牛顿从物理学出发,运用集合方法研究微积分,其应用上更多地结合了运动学,莱布尼茨则从几何问题出发,运用分析学方法引进微积分概念、得出运算法则。而在后世的微积分发展中,广泛运用的是莱布尼兹的符号体系,而在这种符号系统的选择使用中,也选择了从莱布尼兹的无穷小的观念来理解极限,理解微积分,而不是牛顿的流数法。只是在以后的使用中,逐渐遗忘了这些符号所产生的情境。

科学文本中的实验报告、科学论文等特殊的文体的形成过程也反映了科学家的集体的修辞目标。很多科学史家都对这一点有深入的研究。例如格罗斯认为实验报告实际上反映的是科学家对于培根式的自然哲学的认同和靠拢。实验报告被安排成为一个归纳式的过程,事实上实验本身进行的过程可能是两个方向的,一个是做出实验在先,然后追究其原因,而另一个是已经

有某种理论的假设,再得到新的实验。然而实验报告的形式将所有的实验进行的真实模式全部取消在一个归纳式的框架中。

科学论文更为显著地体现修辞过程的领域(李小博,朱丽君,2005)。首先,在科学论文的内容组织上,其构造也基本是固定的,包括导言、理论假设、实验材料、实验方法和计算方法、实验数据、结论及其讨论,其中一般包含必要的图表来进行说明。

另外,在论文的组成中有时在非正文部分还会出现一些附属但是却非常重要的内容。例如注明文章受到某基金的研究支持,如果该基金具备一定的权威性质,无疑将为该论文提升潜在价值。注释和索引也是非常重要的部分,对于有名望的科学家或实验室的理论或实验数据的引用将增加论文的可信度和说服力,也体现作者在该领域的认知度和研究基础,同时注明参考来源也是对于职业规范的一种尊重。

最后,在语言特征上,科学论文存在着一系列的规则,而这种规则直接针对的是科学共同体中的规范,例如默顿提出的公有性、诚实性、无私利性等。科学语体的最一般特征就是行文的抽象概括性与逻辑准确性,科学论文语体的修辞特点和要求是非常明显和严格的。

(二) 科学文本的同行评议

在科学研究者完成科学论文,递交给科学杂志之后,科学杂志会将论文送往该领域中的同行专家来进行评审。由于这一过程决定着论文是否能被杂志接受,因此也极大地影响着修辞过程。并且评审意见将会隐秘地参与到论文的说服性中,因为如果评审的意见是积极的,论文被接受发表的话,评审的评论将成为指引作者论文修改的重要参照。在修改的过程中有一个交流的网络,由评审者、编辑和作者三方构成。

一个同行评审决定就是希望在评审者、编辑和作者之间形成一种共识,即某一篇论文是否是一个可发表的科学。第一,这个讨论过程会包括同行评审给出意见、编辑的中间协调和论文作者的回应,并且这个过程通常只进行一轮,也就是说作者只有一次的答辩机会,而编辑和评审者显然在话语权中是占主导的。第二,虽然在这个交流中,三方都是使用一种日常语言而非科学论文式的语言来交流,但是三方的语气显然是不平等的。第三,作者不能自由地开启言语行为,例如其不能使用命令式或者批评式,而编辑和评审者却可以。第四,在这个过程中,评审人和作者相互都是匿名的,这也将造成沟通之间的不顺畅。迈尔斯在考察生物学论文发表情况的时候指出,他在访谈过程中几乎每一位科研人员都向他诉说过审阅人的不公正评论或者错误的修正等。可见,这个过程偏离理想言语情境,没有实现充分讨论。但是整个系统在朝着这个方向努力,例如编辑在其中的调和与传达,以及一些职业规范的作用。

正是由于评审制度这种特殊的论辩情境,使得修辞在这个过程中发挥着重要的作用,同样也使得修辞成为理性达成的重要程序。评审人员成为科学论文作者的第一说服对象,他们的意见将极大地影响科学论述。然而这个过程在进行完之后就消失了,科学论述即使是通过激烈的讨论、大刀阔斧的修改之后形成的,仍然是直接面向自然界的。它的认识论基础也从科学共同体的共识之中摆脱出来,似乎是建立在与自然界的关系之上。论文发表之后,知识被保证的程序的痕迹就被擦掉了,评审人员的意见也通常不太能在正式的文本中读到了。

(三) 引发的科学争论和大众传播

争论在科学领域内是非常普遍的,除了在公开的出版物、媒体上的争论,在此之前,实验室内同事之间的争论、科学家来往的信件中、学术会议上的争论都是经常发生的。科学争论通常是两种范式之间的争论,修辞就成为在科学争论中实际的解决方式。双方通过修辞行为来让对方理解从而认同自己的观点。这些修辞行为通常包括对于观察事实的说明、对于实验结果的解释、方法论上向共同体所公认的标准靠拢、人格形象塑造成共同体伦理所倡导的科学家品质、诉诸权威等。

在大众媒体中进行争论的过程的特殊性主要在于这是一个受众种类众多、修辞效果不能把握的修辞过程。而因应这样的情境特征,科学家在这种争论中会特别强调自己作为科学共同体一员、其理论具备科学性这些特征。

另外还需要看到，这种争论的过程并不是一个简单僵化的一方胜利一方落败的过程，因为修辞的过程是开放性的，它依据不同的受众、不同的情况而做出调整，这一点也使得对方对于自己论辩的回应将构成对于观点的一个"评审意见"，修辞者将依势将自己的观点或弱化或激进或修改。科学争论同时也是一个集体思考的过程，其中产生的并不是单独某一方的意见，而是一个共同的产物。

（四）科学的理论选择

理论选择是在一段历史时期内科学共同体对于一个科学论述做出的最后选择。在经由一系列的检测和竞争理论的争论之后，某一科学论述会在共同体的共识中正式进入科学知识的序列。

科学中理论选择的标准一般认为有两类，尽管对于两类的具体内容的表述有各种不同，但是基本上是认为：一类是经验、理性的标准，即看理论获得的科研程序是否合理、科学事实是否与经验相符合、是否能做出准确的预测、理论内部是否连贯一致等；另一类是价值的标准，通常认为是理论的实用性、简单性、对称性、经济性等（McMullin，1991）。

这并不是说前一类标准不充足，第二类标准是对其的补充，而是重新调整了对于"标准"的看法。第一，选择的权力从自然界转移到了共同体的手中，是共同体的共识来做最后的判断；第二，第二类的标准本身就是一些"主观"标准，有着很大的机动空间，判断的结果会依照共同体的文化环境、意识形态等而有着很大的不同，也就是说，这些规则还将受到它们背后隐藏着的很多子规则的影响，包括作者的权威、论文的表述方式等；第三，即使对于第一类标准，也不再是原来意义上的标准。即使是经验上符合这样的标准，也要涉及解释的问题。经验和理论之间并不像模型和模具两个实体之间的关系，可以直接对应。在运用这个标准的时候，用哪一些事实对于这个理论是有决定性的检验效果的，这些挑选出来的事实是怎样以一种因果联系符合或者证伪了被检验的理论，这些问题都是可以有着不同的解释的。另外，即使限定了这些列举出来的规则就是用于判断的所有判断标准,还存在着对于这些标准的优先性排列的解释问题,究竟怎样的价值在科学共同体看来更重要,这个问题也需要援引其他的价值标准来做判断,虽然存在着一些传统的常规来对这个问题做出一个大概的回答,但是仍然是一个不确定的答案。

而这些总括起来就是修辞在理论选择的过程中的意义。在修辞中,这些标准都是提出理论的科学家与共同体/修辞者与受众双方都将综合运用的标准。对于这些标准的使用没有硬性的规定,根据修辞者、受众、语境三者的不同而随时做出调整性的应用。修辞没有事先规定好最终的选择结果,而是默认为结果是有着多种可能性的,它取决于在这个过程中的说服力和认同度。并且,又由于这些标准的存在,使得这个过程不会成为一个相对主义、不可知论的过程。

二、科学史中修辞的发明性

修辞学进路中,尤其是微观的策略研究中深入地探讨了科学家在面对不同的修辞情境时有着不同的应对方式。而他们作为修辞者来发明各种修辞策略的过程,在修辞学的分析中是有着一套完整的修辞发明程序。修辞者主要通过树立修辞目标、确定争议点,针对主题来运用修辞策略。这些科学史研究分别从各自案例出发,考察了不同的修辞者在自己独特的争议点和主题上发明的过程。本论文认为它们共同形成了对于科学史中修辞的发明性的阐释。

在传统的观念中,通常将科学理论对于经验的说明力量、预言力量、与已有的科学体系的一致等都归于科学的逻辑、理性的一面,认为它们构成了科学区别于其他文化形态,拥有对世界说明的独特力量的理由。然而修辞学进路的科学史的结论却指出,这些方面正是科学家进行修辞发明的重要主题。它们并不是科学认识活动自动展现的,而是科学家在将他们的工作情境性地、有受众针对性地通过科学话语表达后传递出来的说服力。

科学话语中的修辞的发明性的理论主要侧重在修辞者为了在他的特定情境中实现最终的修辞效果所针对性地构思的整个修辞过程。基本的过程是确立合理的修辞目标、发现与修辞目标相关的关键点、从某些主题出发、选择适当材料,构建一个尽可能合理的、有说服力的论证。普赖利(Prelli,1989)对于发明过程的原则和方法做了相对全面的阐释,本节将从他的理论出发,依照修辞发明程序的框架,对目前修辞学进路的科学史中在发明性这一点上的具体结论做一个梳理。

　　修辞行为一般以修辞目标的确立为起始点。在明确了修辞目标后,需要找到进行修辞的切入点和着力点,这个过程一般分为两个部分,第一是寻找到争议的关键点,第二是针对这些关键点来进行集中的修辞发明。争议点是修辞者选择主题进行修辞发明的基础。争议点的理论主要关注争论双方的分歧中心点,是在STS领域研究科学争论时经常会被自觉或不自觉地引用的理论,例如科学知识社会学的柯林斯的科学争论研究的特征就是追溯引起争论的原始症结点。而修辞学进路将这一理论明确地运用到科学史研究中,能够帮助分析科学争论的停止原因的类型,发掘出修辞者/争论者用哪些有用的说服性资源来捍卫他们的论断立场,将争议点明确地表述出来而实质地对科学讨论有所推进。

　　最后,也是最重要的发明部分,就是来建构一个合理的论证,而与之最相关的就是修辞学中的主题理论。论证最关键的是要寻找到合适的主题来围绕其进行构造。普赖利将科学话语中的主题分为三类:问题-解决型主题(problem-solution topoi),评价性的主题(evaluative topoi)、范例性的主题(exemplary topoi)(Prelli, 1989)。问题-解决型主题中有很多具体的主题,它们是科学家们最常用来替自己的理论辩护或者攻击竞争理论的点,科学史的修辞学进路对此的分析也很多。例如:实验的能力(experimental competence);确证(corroboration);说明性的力量和预言性的力量;分类学的力量;经验上的满足(empirical adequacy);提出重要的反常和反常——解决这两个主题。

　　评价性的主题中既有为科学话语的评价所独有的论断的准确性、内部的自洽性、论断与其他理论的一致性等,同时一些对于其他话语的评价性原则也适用于科学话语,例如简洁性、优美性等一般的价值。而范例性的主题则更像是不限于科学话语的一般的修辞主题,如范例、类比、隐喻,在修辞学的理论体系中也论述颇多。

这三种主题类型实际上是三种科学共同体思考和评价的方式,从这些原则出发来审视科学观察、实验、论断的合法性,审视科学家的思维线索。它们广泛地被科学共同体所接受,以致已经深深根植在科学的文化中,是科学话语合理性的诉求原则中的"公理",因为它们的基础已经无须做辩护和论证。修辞目标中的合理性从这三种主题类型中才能组织最有力量的科学论辩。当然,这些主题是随着不同的修辞情境而有不同的侧重和发挥的。

三、科学史中修辞的认识论功能

修辞学进路的科学史最重要的一点就是揭示了修辞并不仅仅是外在于科学语言中的因素,而是内在于科学知识的发现、辩护总过程中不可避免的因素,修辞在科学中也有着认识论功能。在科学知识社会学打开了科学知识的黑箱之后,科学哲学中开始认识到现有的科学知识不是对于自然界的唯一说明方式,它的形成过程受到很多社会因素的综合作用,而修辞也是其中一种。但是在此一般只是注意到修辞对于科学理论的表述、竞争性理论的抉择等这些显在的、冲突的语境中对于科学知识的作用。修辞学进路的科学史通过从修辞的角度对科学知识从个体经验继而成为科学事实、构成科学假说到对科学理论的过程进行分析指出,修辞是贯穿于整个过程中的。

关注修辞的认识论标志性的研究就是司各特(Robert L. Scott.)在不同时期三篇相互呼应的论文(Scott, 1967,1976,1994)。他的论文使得从修辞学到哲学以及 STS 领域开始关注修辞的这一特性,并且他的论证也基本上奠定了从这个方向来进行修辞分析的其他研究的一般思路。司各特是将真理等同于知识、等同于具备某种意义上确定性,认识论就是求知、寻求确定性,而由于哲学上的研究认为不可能诉求到近代哲学认识论中所追求的那种确定性,因此修辞能在将知识的确定性建立在共同体的共识中的意义上具备着认识论的性质。在这个意义上可以说,修辞的认识论功能是从交流性深化而来。

什尔维兹和希金斯对于修辞的认识论作用的哲学讨论（Cherwitz, et al, 1986）是一个很有代表性的研究。首先，知识的源头是从个人对于自然的观察、触摸等经验事实的获得出发，在成熟的科学学科中，这一过程主要以实验的方式呈现。实验也是一个类似的过程，是用干预和控制的手段来间接地获得经验事实。但是从自然界或者实验过程所表现出来的现象到科学活动中有意义的经验事实却不是一个直接的过程。当人遇到一种新现象的时候，通常需要将其逐步地有条理地整理到知识系统中去。第一步就是从已有的词库中选择一个词语或者与已有的认知联系创造出一个词语来标记这种现象，从而将它与其他的事物区别开来，作为一个单独的知识构成。当经验事实形成之后，需要从第一人称的经验陈述构成一个科学论断。但是科学论断需要对一组经验事实进行整合，而不是经验事实的线性叠加，是大于这种总和的、对于事实之间的复杂关系的揭示。只有通过这个过程才能实现使经验发展为一种知识，并且使得这种知识可传播、可派生出其他的知识。在科学研究中，由于研究规范、科学建制因素等形成科学家之间的信任，使得并不是每一个科学论断都要追溯到第一人称的论述，但是却是每一个科学知识的最终根基。这个整合的过程是通过"推理""证明""省略三段论""意味着""理所当然的"等形式实现的，而这些过程向来就被认为是修辞的。

这个过程虽然是由修辞者的话语引导做出的，但是最终所实现的是在当时的情境中修辞者和受众双方的观念的整合。这种结果比双方各自所得到的都要多，它不仅包含话语中所明确表现出来的部分，还有在修辞互动中所得到的新知识。

当科学话语做出之后，修辞能够让科学话语有得到讨论甚至引起激烈争论，最终被科学体系所接受或者排除的可能。修辞在最基本的层面上使得每一种科学话语都提出自己的辩护理由，以语言的形式存在于人类的"思想市场"之中，从而得到严密的考察和讨论。充分的论辩能够使得这一观点更加持久地被认为是一种真观念。

修辞一方面通过捍卫己方的信念，另一方面让学界认识到对立的观点的错误，来使得科学知识体系从新的共识中得到积累。另外，修辞使得话语必然包含着某种态度,必然表达着它们赞成什么、反对什么,也就是进行一种评价。这种评价能够影响对于某种观点的信念。而在一个论辩情境中,如果能够朝着诸如理想言语情境的程序性保障而努力的话,可以在一个平等的论辩中达成理性的共识,形成科学知识。

除了这种从整体上论述修辞的认识论功能的研究之外,还有一种比较主流的修辞的认识论功能的论述,即从隐喻这一个具体的点来阐发与认识论的关系。这种研究一般认为是从赫斯在 20 世纪 60 年代的论述(Hesse, 1963)正式开始的。赫斯主要探讨了模型作为科学理论中最重要的一种隐喻的功能。

塞蒂纳进一步发展了隐喻观念在科学知识产生过程中的类比推理作用,她研究了实验室中现实情境下科学家如何用隐喻——类比的方法开启了新的研究思路。她举出的案例是生物学家在研究蛋白质时,认为蛋白质与沙子存在着某种相似性,从而通过沙子的特性来对蛋白质的性质做进一步的延伸,进而引发了对蛋白质微粒行为的详细研究。塞蒂纳认为隐喻与类比之间的联结是一种创新理论,它的主要作用在于科学研究定向。隐喻使得两个互补关联的事物被看作具有某种一致性。在不相关的思想之间建立某种相似性,就能使得两个知识和信念体系之间有着相互作用,而这种作用将推动知识的创造性拓展。隐喻关系的双方,不仅是已知事物对于待认识事物的认识的启迪,同时后者也将对前者有着反作用。塞蒂纳举出文学中案例,但丁的"地狱是一个寒冰之湖"这句话中,地狱和冰湖之间的隐喻关系,不仅能让人从冰湖的形象拓展认识到地狱的形象,同时,地狱的相关文化背景也将影响到冰湖的概念。因此,她指出"这种作为一种基本对称关系的概念性互动,是创新的隐喻理论的核心"(塞蒂纳,2001)[95]。

本小节将科学史中得到的分散在各案例中的理论结论按照修辞的不同层面进行了提炼,认为目前的修辞学进路的科学史阐明了修辞的交流性、发明性和认识论功能。它们也阐释了科学中的修辞在科学交流中、科学家独白式写作中和科学家的认识活动、知识的确定性获得过程中的存在方式。

第四节　对修辞进路的批评

修辞学进路在其发展的过程中受到了来自各个学科的批评和讨论,但是这种批评的作用并不完全是否定的,而是对于修辞学进路的发展有着建设性的促进作用。正是在对这些批评的回应中,修辞学进路能更好地去反省自身的定位、论证中的细节、领域的边界等关键问题,并朝着更加良性的路线前行。

对于修辞学进路的讨论最有名的一次起源于冈卡在言语传播协会(Speech Communication Association)一次年会上的发言,在其他参会代表的鼓励下,冈卡系统地发展了他对修辞学进路的批评。此后,许多学者特别是直接被冈卡批评的科学修辞学家做出了回应,但是同时也启发了更多的学者在冈卡的基础上进一步对修辞学进路提出质疑。《南方传播杂志》(*Southern Communication Journal*)为这起争论提供了一个很好的舞台。最后,这次讨论的最突出的成果被结集成书,即《修辞解释学》(Gross, Keith, 1997)。

一、修辞概念的泛化

修辞学经过几千年的发展历程,特别是现代新修辞学发展以来,"修辞"概念的范畴在理论上不断被拓展,甚至有在一切皆是文本的意义上提出一切都是修辞这样泛化的概念;在修辞学进路应用于科学史的过程中,同样也有着这样的倾向,修辞被认为已经渗透到一切的实践活动中去,因此可以对此做出修辞学分析。在这种情况下,明晰修辞概念的范畴是一个首先面临的问题。

为什么修辞的概念能够无限泛化,学界认为这与修辞背后的理论体系非常单薄是直接相关的。修辞学的进路缺乏一个成熟的、系统的理论框架。正是因为在根基上缺乏牢固统一的基础,造成了修辞这一概念的发展也是缺乏约束的。

坎贝尔辩称(Campbell, 1997b),理论的单薄并不一定就意味着毫无限制。新亚里士多德主义的代表人物格罗斯认为修辞传统严格地限制着修辞批评，即使在没有修辞术语的情况下这种限制也是存在的。古典修辞传统不仅包括有一系列的专门术语，还有一系列的假设。修辞理论必须根植于实践之中，事实上在不断的案例分析的过程中，其研究方法等就将对于充实理论、将修辞理论普遍化有着合理的促进作用。但是必须注意到理论的单薄及其灵活性必然会带来一个严重的问题，即不能证伪。修辞学家可以任意地解读这些理论从而应用于解读文本，而这些文本的解释结论却无法得到检验。

二、对于修辞批评方法的认识

修辞批评方法究竟应当如何在 STS 领域中定位，能否从属于科学修辞学从而与 STS 其他学科区隔开来；究竟是作为一种描述性方法还是规范性方法等也是修辞学进路中经常被讨论的问题。

在主张科学修辞学独立的方面，哈瑞斯（R. Allen Harris）对几种相近研究的区分是一个典型的看法（Harris，1991）。他希望能将科学修辞学作为一门独立的学科类型与其他学科区别开来，所以他选择用所谓"立体主义的方式"来明显地、强烈地标识出科学修辞学与其他类似学科之间的区别。哈瑞斯认为学科之间虽然有要素的交叉，但是在学科上仍然是垂直区分的。冈卡则非常关注科学修辞学与科学知识社会学之间的关系，这两种研究方式都是从 20 世纪 70 年代开始，但是科学知识社会学已经走向了一个学科层面的凝聚性，它能够提出专属于 STS 领域中的"社会"范畴中的问题，而科学修辞学针对的却只是模糊的"带修辞色彩的"这个理念。并且在科学知识社会学的研究中，特别在柯林斯对于科学争论的研究中，出现了很多关于修辞学的研究。

对于修辞分析研究性质定位的问题是从对修辞的反身性问题思考开始的，即在对原文本的修辞分析的研究中，同样存在修辞分析的问题。这个问题集中体现在两篇相关联的文章[1]上，第一篇是麦克洛斯基写的《经济学专业的修辞》（麦克洛斯基，2000），之后斯泰特拉有一篇针对此文的《麦克洛斯

---

[1] 此版本中的措辞即是 rhetoric，也就是修辞。

基经济学的措辞的措辞》(斯泰特拉,2000)。麦克洛斯基的文章是用修辞学的方法来对当今的经济学进行诊断,主要是批判经济学中的现代主义。但是斯泰特拉认为麦克洛斯基的这种修辞分析的结果收效甚微:"麦克洛斯基的贡献是把经济学隐含的做法明白说出来,指出了引导着经济学论述的,更多是非正式、未经审视的日常措辞,而不是方法论方面的指示。"也就是说,医生指出了病人的病情,但是却无形中感染了同样的疾病而并不自知。

作为一种解释性的研究,修辞学进路本身必然存在反身性的问题。修辞分析的理论前提中就认为修辞是普遍存在的,不仅存在于文学作品、公众演说中,也存在于科学研究中,不论是人文社会科学研究,还是自然科学研究,当然也包括在修辞分析本身之中。因此,修辞分析本身并不排斥进行反身性的分析,但是这种反身分析必须是平等进行的。由于修辞分析是一种解构研究,因此其反身分析也是对于修辞分析方法本身的解构和批判。

三、修辞批评方法的有效性

针对修辞批评方法的有效性的质疑主要集中在两个方面:第一,修辞批评家们的解读是否是任意的;第二,修辞批评的结论对于 STS 领域是否有新的意义。

对于科学文本的修辞效果的解读是否任意这一问题事实上包含着两个侧面:对于任何一个文本的案例,什么能被看作是修辞性的是一种内在于这个文本中的性质,还是取决于分析者如何去解读;如果是取决于阅读的效果的话,不同的阅读者是否对同一个文本有着不同的解释,或者同一位精明的阅读者能在不同的文本中读出同样的效果来,这些阅读的结果是否真的揭示了修辞效果的实现过程? 在这方面,富勒的批评是最尖锐的,他指出,既然其他人都没有读出来这种效果,那么批评家凭什么可以解释这些效果? 分析结论是一个猜测的事实,而不是一个因果的论述(Fuller, 1997)。也有人对此提出了类似的"文本是透明"的观点,这种观点指出,由于对于修辞没有一个准确的界定,因此一旦将文本看作是作者修辞意图和策略的展现,文本参与到一个高度针对性的语境中,文本本身就被变成透明的了。对这个文本进行修辞分析的研究者通过一定的程序,一定能让文本讲出它的秘密,也就是分析者能得到修辞是如何被设计的结论。同时文本也变成了一种临时的表达形式,即它只不过是承载修辞者传递观念的一个透明的中介。

事实上,这种思考包含了一种新的本质主义倾向,也就是说,这一思路在历史观上仍然认为历史存在着唯一客观的真相,这种真相本体性地存在于过去,历史的研究能够以某种方式重新还原这个真相。但是修辞学进路的科学史首先在历史观上就是强调历史的多元性,也就是说,历史是一个多面体,不同进路的编史方式是从不同的侧面表达对于同一段历史的不同解释。修辞学的进路是其中的一种解释,与实证主义科学史等是平行的。

四、修辞分析结论的有效性

学界对修辞分析结论有效性的质疑源自修辞学进路的理论基础及其结论之间的关系的问题。冈卡指出目前修辞学进路将其合法性的理论基础建立在库恩或者费耶阿本德及其之后的科学哲学那里,但是至今这些大师中没有一个承认他们一直以来所做的是一种修辞性的阅读方式,或者将在他们之后的工作中包含修辞的词汇。也就是说,冈卡认为修辞学进路实际上是对这些科学哲学的误读的基础上找到的同盟军,并且在其研究的过程中,与其他STS研究的关系非常微妙。富勒(Fuller, 1997)一针见血地指出"冈卡提出的问题实际上是:科学修辞学在科学知识社会学的基础上增添了什么新的东西呢?"如果修辞学的进路是按照古典修辞学的方式来进行,那么它的结论将平淡无奇,而如果它偏离这种修辞传统,那么它的研究将会与科学社会学等学科混同起来,没有自身独特的意义。

但是这并没有否定科学史中的修辞学进路的研究对于STS领域的意义,它的研究是社会建构论的进一步深化,同时又由于其独特的修辞视角,为科学史提供了新的研究方法,也为科学哲学等提供了关于科学语言、科学观的新观念。

(谭笑撰)

第五章
视觉图像与科学史

20 世纪中叶以来,科学史中的视觉表征(visual representation)作为不同于语言和文字史料的研究对象逐渐引起艺术史、科学史、科学知识社会学等多个领域学者的关注,从而形成科学史中的视觉表征研究(the study of visual representation in the history of science)或简称为视觉科学史(visual history of science)的研究分支。本章的任务就是对 20 世纪中叶以来西方国家特别是英语语系国家的视觉科学史研究进行编史学考察。

第一节　视觉科学史的发展脉络

20 世纪中叶以来的视觉科学史经历了一个由渐进到迅速发展的演变过程,在这个过程中先后受到科学哲学、艺术史、艺术心理学、历史学、视觉文化研究等众多学科领域的影响。

一、孕育时期:艺术史和艺术心理学的温润土壤(1975 年之前)

20 世纪 70 年代中期之前,除了少数科学史学家对图像的偶尔涉及外,关于视觉科学表征的研究几乎是艺术史学家特有的研究领域。他们的研究以一些与科学相关的学科如植物和草药的插图史、印刷史、绘图技术史、版画技术史、地图史等专门史居多。其中有代表性的如艺术家、历史学家威尔弗里德·布伦特 1950 年以编年史方式记述的从旧石器时代刻画在骨头上的植物图画一直到 20 世纪的植物学插图的历史(Blunt, 1955)。

威廉·艾文斯(William M. Ivins)是较早关注视觉艺术对于科学发展的重要意义的艺术史学家,他研究了制版术从最早的德国木刻到现代光化学制版技术的发展史(Ivins,1953),令人信服地阐述了精确复制视觉陈述的印刷技术对于科学理论的验证和科学知识的积累的重要意义,还大力颂扬了给视觉科学表征制作带来革命性进展的摄影技术。因此,这本书不是从艺术史角度把印刷术看作一种美术手段,而是把印刷技术作为一种记录和传播科学技术知识的工具,关注并探讨图像的雕版印刷技术在科学和技术发展中的推动作用。

另外,艺术心理学方面的研究(潘诺夫斯基,1987;Arnheim,1954;Arnheim,1969)虽然不一定直接与和科学史相关,却为以后的视觉科学表征研究提供了理论基础。这一时期的研究形式上以编年史为主,内容上以学科史和专门史居多。在有关科学的问题上多受实证主义科学观的影响,对图像的作用也多强调其写实功能和认知功能。这一时期的研究工作为培育此后科学史学家、科学知识社会学学者关于视觉科学表征的研究提供了温润土壤。

二、萌芽时期:观念史研究的崭露头角(1976—1984 年)

虽然早在 20 世纪 30 年代的一些科学史著作中就偶尔涉及过图像的分析,而且至迟从 20 世纪 50 年代开始就有艺术史学家关于插图、图书、印刷制版技术、绘图技术、摄影技术等各种与图像相关的研究领域的通史,但图像作为一种运用于科学的视觉描绘的工具,成为科学史学家的主要研究对象,却是以马丁·路德维奇(Martin J. S. Rudwick)为开端的(Rudwick,1976)。在这篇被广泛引用的文章里,作者首先指出了尽管视觉材料是地理学家经常利用的工具,但却一直得不到地理史学家的重视。而且,除了地理学史、医学史和技术史之外,这种现象在别的科学史领域也非常普遍。作者希望通过对1830 年之后视觉语言在地理学文献中的运用进行研究,为地理学史取得这方面的进展做出贡献。

这篇由科学史学家撰写的可视为观念史的文章的出现,标志着视觉科学表征的研究进入萌芽时期。这篇文章在以后的视觉科学史研究中受到广泛的关注。在此后的几年里，又陆续出现了一批关于图像在科学史中的作用的文章和专著。这些研究多关注图像对对象及科学理论的表征作用，在取材和编写方式上与前一时期的编年史和通史相比，则更为关注某一时期、某一地域或者某一学科的具体的视觉表征问题。

三、发展时期：科学知识社会学的异军突起（1985 年—20 世纪 90 年代初期）

科学知识社会学关注科学知识内容的社会根源，主张科学知识不是对客观事实的"发现"，而是科学家基于各种各样的动机和利益在特定的认识语境中"生产"出来的。他们的研究目的就是展示科学知识的这种生产过程。在科学知识社会学影响下的视觉科学表征研究具有全新的特点：关注科学图像的修辞功能和说服功能，强调科学图像的社会建构性，对图像的写实功能进行解构。

法国著名科学社会学家和人类学家布鲁诺·拉图尔是科学知识社会学的代表人物之一，他对当时与视觉科学表征和表征技术相关的研究工作的全面回顾（Latour，1986），成为科学知识社会学对视觉科学表征研究的开山之作。

另一位重要人物是美国康奈尔大学科学技术研究系教授迈克尔·林奇（Michael Lynch），他在 20 世纪 70 年代中期就开始利用人类学"参与式观察法"对科学家实验室中所产生的"人造物品"进行了将近 10 年的研究（Lynch，1985）。他进入加利福尼亚的一个神经生理学实验室，和这里的科学家一起工作、生活。他从两个方面对这些科学家的日常生活进行观察：一是他们如何制作关于一个假想的轴突分叉的神经现象的电子显微镜成像；二是在日常会话中他们是如何达成共识的。林奇还对实验室人员之间的语言交流进行了研究，展示了科学家如何通过设置曝光参数和筛选图像，如何通过一系列日益复杂的操作来提高样品组织特征的成像清晰度。林奇同时指出，科学家们却并不把这些图像看作手工制作的产品，而是把它们看成是"自然的"，就像我们认为照片是对真实性的复制一样。

建构主义学者、比勒费尔德大学的卡林·诺尔-塞蒂纳(Karin Knorr-Cetina)和克劳斯·阿曼(Klaus Amann)也利用人类学"参与式观察法"进行了一项类似的研究(Knorr-Cetina, Amann, 1990)。他们通过对一家分子遗传学实验室的放射能照相研究活动进行日常观察,分析自然科学研究中科学家是如何在工作中完成图像制作,以及如何利用图像进行工作的。他们通过对影响图像制作的因素进行分析,得出结论认为这些图像不是通过客观方式"获得"的,而是被设计和制造出来的。

四、繁荣时期:"后建构主义"的悄然转向(20 世纪 90 年代中期之后)

科学知识社会学特别是其强纲领把科学知识完全看成社会建构的产物,科学图像也被完全看成是社会建构的产物,它所描绘的"实在"在他们的研究中被战略性地抛弃,从而带来了方法论和认识论上的危机。为了走出这种危机,视觉科学史研究一直没有停止过对科学知识社会学的反思。到了 20 世纪 90 年代初期,在历史人类学思想和视觉文化研究的影响下,慢慢形成了一个注重科学的文化研究和对作为一个自治领域的科学的研究的风格,这一风格被称为"后建构主义科学史"(Pang, 1997)。虽然"后建构主义"没有代表性的人物,没有自己的研究纲领,甚至这一称谓在此后并没有得到广泛认同和使用,但这种转向在视觉科学表征的研究领域里确实存在。"后建构主义"反对把视觉科学表征完全看成社会建构的产物,但与 20 世纪七八十年代科学史学家的观念史相比,"后建构主义"仍然承认视觉表征的社会性,同时也认为,视觉科学表征所表达的对象和利益、情感、个性、人格、美学修养、教育和职业背景、研究范式一样,在知识的生产过程中都起到了性质不同的作用。可见,这一进路在社会因素和职业因素之外为科学家的动机拓展了更多的内容,同时为材料和自然保留了更大的空间。"因此,后建构主义"研究进路不仅是对科学知识社会学研究进路的反思,更是对学科内史和观念史研究进路的拓展和壮大。

这一时期的研究无论从数量上还是范围上都日益丰富起来,不仅相关专著和论文大量出现,还出现了大量的学术论文集(Baigrie, 1996; Pauwels, 2006)和期刊专号(如 *The British Journal for the History of Science* 杂志 1998 年第 31 卷第 2 期的 *Science and the Visual* 专号和 *Studies in History and Philosophy of Science* 杂志 2007 年第 38 卷第 2 期的 *Objects, Texts and Images in the History of Science* 专号等),反映出这一研究领域的日渐成熟。

从内容上看,除了科学史学家完成的数量最为众多的学科图像史和观念史研究之外,这一时期还更多地关注图像的功能、图像的社会性研究。

第二节　认知与修辞:视觉科学史关于 视觉表征功能的研究

本节着重考察不同时期、不同领域学者对科学史中视觉科学表征功能的研究及其主要观点。相比之下,艺术史学家更为关注视觉表征技术的写实描绘功能及其对近代科学革命的意义。科学史学家在关注视觉表征的观察和记录功能的同时,更为关注视觉表征的其他认知功能如归纳与概括、表达与交流的功能以及视觉思维功能等。而科学知识社会学学者从其相对主义科学观出发,更为关注视觉科学表征的修辞功能和说服功能及其在科学知识建构过程中的作用。

一、视觉科学表征的认知功能

(一)观察与记录功能

眼睛是人类最重要的感觉器官,大脑每天所接收的信息有 90% 以上来自视觉。不管是在人们的日常生活中,还是在科学研究中,视觉对于认识活动都起着最重要的作用。因此,视觉科学表征的观察与记录功能得到艺术史学家和科学史学家共同的认可和关注。

人们很早就认识到视觉图像对于记录所观察事物的视觉形象的作用。比如西班牙历史学家贡萨洛·费尔南德斯·奥维多(Gonzalo Fernández de Oviedo y Valdés, 1478—1557)在 16 世纪时就提出,知识的主要来源在于直接经验对事物的自发理解,而这些直接经验一定会经历一个表征,即被翻译为文字和图像的过程,从而才能为作者、艺术家和读者所理解(O'Malley and Meyers, 2008)[12]。然而,在文艺复兴之前,绘画用于科学观察和记录的功能受到诸多限制,这些限制主要表现在两个方面:一是在透视画法发明之前,画家无法精确地将所观察到的影像转化为一致性的图像;二是在雕版印刷技术出现之前,抄写员无法通过手工方式精确地复制前人所绘制的图像。

到了文艺复兴时期,透视画法和明暗对照画法的发明解决了精确描绘观察影像的难题,艺术家和科学家对自然样本和形态进行直接而精确的观察和描绘的兴趣越来越浓厚。特别是到了 17 世纪,在弗朗西斯·培根(Francis Bacon, 1561—1626)哲学思想的影响下,科学图像的观察和记录功能得到了更加充分的运用。对于培根来说,科学的首要任务是建设一个宏大的"自然档案",所有的自然定律的段落(培根称其为"形式")都将被安装和组织到这个档案中,因此将这些"形式"翻译成图像成为科学活动的一项重要内容。培根所谓的"形式"也包括实验室中完成的实验。通过将实验翻译成图像,科学家可以让更多的人"观察"到他的实验现象,可以让同行们更准确地重制他的实验。

17 世纪到 19 世纪的博物学绘画被认为是描述性科学用于观察和记录的得力工具,因而成为艺术家关于视觉科学表征的研究中所关注的焦点之一。博物学的任务包括"捕捉当下的自然",描述和命名新的物种,这些任务与植物学和动物学插图精确的视觉描绘是密不可分的。正如英国国家艺术馆视觉艺术高级研究中心特雷泽·奥马利(Therese O'Malley)和耶鲁大学英国艺术中心的埃米·迈耶斯(Amy R. W. Meyers)所说的那样,"在 17 世纪,新的观察技术(显微镜)和表征技术(改良的颜料和版画技术)将自然主义艺术家推到博物学研究重大转变的风口浪尖上。由于帝国权力和新技术的驱动,加上几个世纪以来哲学思想感染下的知识传统的影响,经验主义成为新科学的里程碑。在这个经验主义乍现初期,博物学领域的绘画在博物学研究转型过程中显示出特别的重要意义。无论是植物原生地、实验室还是植物园都成为田野考察的场所,近距离的详细观察和显微镜头一起把新科学向前推进。自然主义艺术家不仅关心自然对象,还关心自然过程的影响,如时间的流逝、环境的改变对植物的影响,以及当它们从原生地被移植到世界各地的花园时产生的变化。植物园(收集、移植植物样本实验和研究的实验室)成为植物学和博物学论文的生产中心"(O'Malley and Meyers, 2008)[10]。

(二) 归纳与抽象功能

在科学史学家看来,作为观察和记录的工具,视觉科学表征绝不仅是对观察现象的被动反映,而是在科学知识开始传播之前的定义和说明过程就已起到了重要作用。视觉科学表征不仅能够通过提炼观察者对观察对象的感知来帮助他们更清楚地看到他们的发现,还经常运用于对大量标本进行对比、分类、简化、综合、抽象,从而帮助科学家建立合理的科学模型,因此是科学研究的一个重要组成部分。

1. 对比

对不同事物的图像进行对比可以帮助科学家发现事物之间的共同属性和不同特征,对同一事物不同发展时期的图像进行对比可以帮助科学家发现事物发展变化的规律。比如德国植物学家爱德华·斯特劳伯格(Eduard Strasburger, 1844—1912)绘制的植物细胞分裂的图像(Robin, 1992)[49],就是利用不同时间的图像对比来显示植物细胞分裂的规律的。

2. 分类

分类是科学研究中试图发现自然秩序的某些相似性的重要研究方法。知识必须进行分类、编码和存贮并与以后的观察或他人的观察进行比较,这样事物之间微妙的差异才能被发现和澄清。图像有助于传播关于它们的外观的知识,有助于对纷繁复杂的自然现象进行分类,因此利用图像对事物进行对比和分类的研究方式在历史上经常被运用于博物学研究。特别是在科学启蒙时期,视觉表征媒介在对自然的理解和支配中起到了重要的作用,观察、描绘、积累并系统地调查、分类、出版、收集和研究实物一直是博物学的重要任务。

在18世纪中期,林奈分类体系被欧洲绝大多数植物学家所采用。在林奈分类法中,植物的生殖器官——花和果实的特征被赋予了特别重要的意义,它们决定了植物的纲、目、科和属。18世纪中期以后的植物学研究的一项重要内容就是按照林奈分类体系,依据植物物种的典型的、与分类学相关的特征信息对植物进行观察、记录和分类,植物学插图在这一时期也就被广泛运用于植物学分类研究中。而这一时期的植物学插图无一例外地表现出对植物的花和果实的特别关注。

在动物学中,也有很多利用图像对动物进行分类的研究项目,其中比较有代表性的例子就是法国1820年出版的《蚁类博物学》(*the Natural History of Ants*)。在这本书里,作者邀请绘图师为其绘制了大量蚂蚁插图,并依据这些插图对将近100种蚂蚁进行了分类。

3. 综合

科学图像往往不是对此时此地此物的忠实描绘,而是将同一事物不同时间的形态或者同类事物的共同形态融合在一起,从而更综合地表现事物的整体特征,这就是科学图像的综合功能。

以植物学插图为例,对某一株具体植物的客观描绘往往不能满足植物学家的需要。著名画家丢勒的学生汉斯·维迪兹(Hans Weiditz)曾经为奥托·布伦费尔斯(Otto Brunfels)的著作《活植物图谱》(*Herbarum vivae eicones*)制作版画[1],但是无论维迪兹的插图如何生动,它们始终不能让博物学家们满意,因为维迪兹的版画所展示的是植物的特定个体,经常还带有枯萎的或者虫咬过的叶、茎或者花,它们还经常扭曲着,就像是以被压扁的标本为对象进行描绘似的。很多插图是按近大远小的透视画法描绘的,或者有些部分遮挡了其他部分。这种对样本的写实主义描绘,虽然是艺术家艺术功力的见

---

[1] 这本书的书名有两种翻译方法,一是《活体植物图谱》(*pictures of living plant*),二是《草本植物的活形象》(*living pictures of plants*)。Brian W. Ogilvie(2003)[141-166]认为应该采用后一种翻译方法,因为它能够突显维迪兹写实主义(naturalism)的绘画技术在这本书木刻画中的重要性。

证,但也恰恰让读者无法确定这些未充分描绘的部分的形态(Ogilvie, 2003)。

　　和艺术家对逼真的追求相反,博物学家并不总是要求图像与具体的"事实"相吻合。艺术家致力于捕获特定植物于其存在的某一特定时刻,而博物学家则希望展示植物在不同时期可以观察到的全貌。莱昂哈特·福克斯及其追随者所建立的植物木刻画风格经常以一种我们事实上永远看不到的方式来描绘植物,比如可以在一株植物上同时长着根、茎、叶、花和果实,这种插图风格至今仍有着显著的影响,这就是对植物不同生长期的特征进行归纳与综合的结果。

　　4. 简化

　　图像还可以对事物纷乱复杂的运动过程进行简化,从而归纳出事物运动的本质特征。英国摄影师埃德沃德·迈布里奇从 1872 年开始研究动物的运动,因为当时的学者一直为马在奔跑过程中腿的运动方式而争论不休,迈布里奇便在 1878 年到 1879 年间采用 12 至 24 台照相机按照设定好的顺序依次拍摄了马的奔跑过程,从而成功地将每个运动节点记录下来(曾恩波,2012)[155],这就是迈布里奇著名的动态摄影作品——《赛马》。《赛马》将马的复杂的奔跑过程通过摄影抽象成一个个运动节点,清晰地归纳出马在奔跑过程中腿的运动方式,从而结束了学者们的争论。

　　5. 抽象

　　科学家都要面对丰富的、千变万化的具体的自然对象与选择性的、构成性的"工作对象"之间的对立,科学图像同样需要面对异质性和标准化之间的矛盾。尽管不少科学家坚守"精确展示样品,包括它们所有的不完美之处"的客观主义理想,但是停留在对特定具体事物的描绘并不能得出普遍性的科学知识,因此从丰富的同类个体对象抽象出这类事物的共同特征是科学研究的重要任务,而科学图像也被科学家广泛用于对事物特征的抽象。

　　科学家通过制作事物"典型的"(typical)或者"范型的"(archetypical)图像来对事物的本质特征进行抽象。建立范型的观察必须是系列的,因为对特殊个体的单次的观察或对少数个体的少数次数的观察是极特质的。也就是说,抽象需要从多样的、偶然的现象中提取共有的属性。

6. 建立模型

模型可以指所制作的表达事物形象的样品(包括实物的和图像的),也可以是对所研究的系统、过程或概念的抽象表达。不管是哪种模型,科学图像在建模过程中都能起到重要作用。

科学史中有不少广为传闻的通过视觉模型获取灵感的历史故事或轶闻趣事,比如詹姆斯·沃森和弗朗西斯·克里克通过制作模型发现 DNA 的双螺旋结构,玻尔通过太阳系行星结构模型提出原子结构模型,化学家弗里德里希·奥古斯特·凯库勒(Friedrich August Kekule)因为梦到一条蛇咬着自己的尾巴而提出苯的分子结构模型等(Trumbo, 2006)。

建立适当的模型可以帮助科学家有效地进行思维,当然,错误的模型也会阻碍科学家得出正确的结论。

(三)视觉思维功能

从 20 世纪 60 年代开始,有不少不同专业背景的学者对视觉表征在思维中的作用从不同角度进行了研究,为视觉科学表征思维功能提供了丰富的理论支持。

1. 视觉思维相对于语言逻辑思维的优势

美国卡内基·梅隆大学心理学系的吉尔·拉金(Jill H. Larkin)和赫伯特·西蒙(Herbert A. Simon)从认知心理学和逻辑学的角度研究了图形的认知学优势:"为什么一幅图有时顶得上一万个字?"他们认为,"语言表征是顺序的,就像文本中的命题。图形则是在平面中按二维位置索引的,通常能展示语言表征不能明确表达的或者不得不费力计算的信息,使其变得清晰可用。"(Larkin and Simon, 1987)他们通过几个具体的实例比较了这两种表征方式在数学和物理学中解决问题的计算效率。作者从这些实例的解题过程中发现,当两种表征方式包含等量的信息时,它们的计算效率取决于所应用的信息处理算子。两种算子在识别模式、直接进行推论、控制策略(特别是搜寻的控制)等方面的效能是不同的。图形表征和语言陈述在所有这些方面所支持的算子也不同。用于一种表征方式的算子可能方便地识别特征或者直接进行推论,却难以用于另外一种表征方式。当然,更重要的是搜寻信息和表达信息效能的差别。在图形表征方式下,信息是通过位置进行组织的,通常需要进行推论的大部分信息都是在某一单一的位置得到展示和明确表达,因此问题的解决可以通过对图形平顺的转换得以进行,所需要的信息搜寻工作或者所暗含的信息元素的计算工作可能非常少。而且图形可以将全部信息结合起来一起运用,于是免去了利用语言陈述解决问题时搜寻所需元素必须做的大量工作;图示以位置组织单个元素的信息,避免了匹配符号标志的需要;图示自动支持大量的知觉推论(perceptual inferences),对于人类来说这非常简单,而语言表征则不具有这样的功能。

2. 视觉思维的直观性

视觉思维有时能够完成语言和逻辑思维无法完成的工作,特别是在处理一些需要主观介入的数据时,视觉思维的不可替代性尤为突显。华盛顿大学历史系托马斯·汉金斯(Thomas L. Hankins)关于约翰·赫歇尔确定双星轨道的图形方法的研究就提供了一个利用图形的视觉思维功能解决语言陈述、数学运算和逻辑推理无法有效解决的问题的科学史案例(Hankins,2006)。

约翰·赫歇尔1833年出版的《论旋转双星轨道的研究:作为对题为〈364双星等星体的千分尺测量〉的论文的补充》提出了一种确定双星轨道的图形方法。赫歇尔认为,在图形方法中,曲线图能够提供一种处理复杂数据的实用方法,它们让自然哲学家可以排除观察中的偶然误差和所观察现象的波动,它们还能揭示数据表所不能揭示的规律。他认为这种方法更多地依赖人的判断而不是数学分析,能够在数据具有不确定性时给出比计算更好的结果。赫歇尔指出,天文学和地球物理学特别适合使用这种图形方法,他期望曲线图能够在所有科学领域里起到越来越重要的作用。通常情况下,双星中都是一个比另一个更亮些。赫歇尔假设其中较暗的恒星(伴星)围绕较亮的恒星(主星)以椭圆轨道运转,较亮的恒星位于轨道的一个焦点上。他很快遇到两个问题。第一,如果实际轨道是椭圆的话,它在天球上的投影仍然是椭圆,但是就需要为视轨道找出实际轨道。第二,前人的双星观察数据有的质量太差,误差太大。赫歇尔所面临的任务是结合前人质量参差不齐的观察数据以及自己的观察数据确定双星轨道的最佳近似结果。双星的数据由两个测量值组成,即双星之间的距离(视角差)和方位角,赫歇尔认识到主要问题在于距离的测量。双星之间的距离不仅非常小而且相对稳定,然而当伴星围绕主星运转的时候方位角却在不停地变化,因此方位角的相对变化比距离的相对变化要大得多。另外,尽管赫歇尔的千分尺在多数情况下还比较精确,但在测量距离时却经常出现不规则的误差。

由于他对方位角的测量比对距离的测量精确得多,他找到了尽可能利用方位角来处理的方式。开普勒第二定律(在相等的时间内,太阳和运动中的行星的连线所扫过的面积都是相等的)使这一方式成为可能。由投影几何学可知,如果开普勒第二定律对于真实椭圆轨道成立,那么它对于视椭圆轨道也将成立。赫歇尔所需要的就是伴星在不同时间围绕主星运动的角速度,根据角速度可以计算出双星之间的相对距离。为了获得角速度,他在一张大图纸上画出了方位角相对于观察时间的坐标图。"我们下一步……一定要通过眼睛的判断徒手并且仔细地来画出一条尽可能少、尽可能近地偏离这些点的曲线(不是'通过',而是'从这些点中间穿过')。"赫歇尔指出,有些天文学家的观察数据比其他人的数据更好,因为这些天文学家拥有更好的仪器,使用更成熟的技术,我们在画图的时候就应该圈出这些数据,并且使曲线尽可能地离这些点更近些。于是这条"优美而曼妙"的穿插曲线应该就更可靠地反映了这些数据,因为它比任何一个单独数据更为可靠。"……那些观察的失误,即使不能完全排除,至少也能极大地得到纠正。"曲线在某一点的斜率给出了这一时刻的角速度,根据角速度和时间他计算出了伴星到主星的相对距离。利用行星在各个时刻的方位角以及由其计算出的相对距离的值,赫歇尔得到了椭圆轨道。

为了找到伴星完成整个轨道运行周期所需要的时间,他把这条椭圆拷贝到"一张非常均匀的布纹纸上,这张纸没有硬结,也没有厚度不均匀的地方"。他切下这个椭圆并称量其重量,然后从这个椭圆上切下包含他利用的时间段的部分。他称量了所切下的每个部分的重量并与整个椭圆的重量相比,重量的比率就是面积的比率,这就告诉了他把这部分时间乘上多少可以得到整个轨道所对应的时间。

人们怎样才能减少观察的误差和波动来揭示它们背后所隐藏的规律? 虽然概率计算可以很好地帮助我们,但是概率计算并不总是最合适的方式。在某些情况下,曲线图往往可以很好地帮助我们。汉金斯认为,当我们用曲线图以视觉的方式来研究时,一条被偶尔误差所掩盖的定律有时就会变得非常明显。曲线图有时还能给出将定律应用于真实世界所需要的系数的值,在这些情况下曲线图给出了概率计算所不能给出的眼力。物理学和生物学的更多更好的数据需要更好的方式来处理它们。如果问题是数据的缺乏而不是过剩,就像赫歇尔在研究双星轨道时所遇到的那种情况,曲线图也许能起到很好的作用。

3. 视觉表征的超索引功能

许多计算机辅助设计系统的设计师把工程设计看作一个严格地按照从思想到绘图到原型到产品的步骤运行的线性过程,而绘图只起到将设计人员的设计方案记录下来并指导生产部门进行产品生产的作用。社会学家和艺术批评家、得克萨斯 A&M 大学社会学系副教授凯瑟琳・亨德森(Kathryn Henderson)在研究视觉表征在技术科学知识(techno-scientific knowledge)的生产过程中的作用时发现,这种简单化的模型具有严重的误导性(Henderson, 1999)[8]。

亨德森认为,工程设计中的设计图有一个非常重要的特征,就是它所具有的可塑性(malleability):它可以被工程设计小组的成员交互式地绘制、塑造、重新绘制、重新塑造。在这个过程中,图像整合并传递着集体的思想,进而改变着设计者的认知。而设计图还成为联系设计部门、生产部门、营销部门、管理层的纽带,并综合了诸如电气工程、液体力学、结构力学等不同领域的知识,因此形成了亨德森所提出的视觉表征的超索引(meta-indexical)的功能。视觉表征的超索引功能至少表现在这些方面:将其他认知方式如语言的和数学的模型转变成视觉形式;索引、再组织未被明确表述的或者隐性的知识;显化隐性知识,使之表达成他人可以阅读的形式。

因此,亨德森指出,视觉表征的功能之所以如此强大,就在于视觉表征的超索引功能提供了让那些来自不同部门和人员的不同领域的编码的和未编码、显性的和隐性的知识汇合和互动的场所,这些知识包括但不限于言语的和非言语的物理知识、数学知识以及视觉知识、地方性的和经验性的知识等。正是在这种汇合和互动的过程中,视觉表征不停地融入各方面的知识和见解而被反复重新塑造,从而增强了设计工作的创造性(Henderson, 1999)[12]。

二、视觉科学表征的修辞和说服功能

从逻辑实证主义科学观出发,视觉科学表征的首要特征应是其客观性和学科规范性。然而,近几十年的视觉科学史研究,特别是科学知识社会学学者认为,视觉科学表征不仅是对事物进行描绘和对概念进行抽象表达的工具,也往往是科学家用于学术争论的工具,以及面向公众的宣传、争取社会支持的说服工具。跟文学和艺术作品一样,视觉科学表征也往往使用各种象征和修辞手法。

(一) 神话学、图像修辞学与视觉科学表征的修辞功能

罗兰·巴特是法国著名的作家和批评家,他在 1957 年出版的《神话学》中首先将符号学研究拓展到了对包括摄影、电影、报告、表演、广告在内的视觉文化的分析。巴特认为,图片确实比文字更具说服力,图片只要看一眼就能明白要表达的意义。

巴特的符号学是对索绪尔符号学的发展。巴特通过将符号拓展为一个二级符号学系统即"神话"为研究符号的象征意义提供了更广阔的空间。比如,在索绪尔符号学中,能指"dog"与所指即我们关于"狗"的概念形成了一个符号。在巴特的符号学中,这个符号仅仅提供了神话系统的第一个层面,而这个由能指和所指构成的符号将继续成为其他事物(比如忠诚)的能指,这样,巴特符号学便进入了"第二个层次"。也就是说,索绪尔符号学中的符号"狗"作为能指和它的所指"忠实"构成了巴特符号学中的一个二级符号。同一个神话可能有若干个二级符号作为能指。比如,巴特在《神话学》中列举了《巴黎竞赛画报》杂志的一期封面作为例子,封面上有一个黑人士兵在向法国

国旗致敬。巴特认为,这张封面的所指就是法国的殖民主义和帝国力量,但它的能指是若干符号的汇合之物(包括旗帜、士兵、文字、摄影等)。因此,神话就是"符号的总和"。

巴特认为,制造神话就是"把一种意义(即观念或者意识形态)转化成一种形式(即选择的符号)"。因此,记者或者其他神话制造者所做的工作就是为事先存在的观念即意识形态寻找合适的符号。而神话所具有的功能就是利用包含在视觉文化文本中的潜在文化假设,巧妙地把意识形态表述成"不言而喻"的事实。

英国南安普敦大学从事考古学研究的斯蒂芬妮·莫泽对考古学中关于人类祖先的日常生活中的视觉图像的研究(Moser, 1996)展现了考古学家和古人类学家是如何利用我们现代人所熟悉的视觉符号来制造符合自己理论的神话的。她认为史前生活的视觉重建大量使用了我们现代人生活经验中的视觉符号,因此对我们具有很强的视觉说服力。这类图像通过强调人类祖先的特定属性和特征,从而界定其属于人类还是古猿类。因此,这些图像的制作体现了两种理论需要之间的张力,一是将人类祖先描绘得更加接近我们人类的特征,一是将他们描绘得更加接近古猿的特征。

莫泽发现,考古学家和古人类学者为了满足自己的理论需要,分别使用了不同的视觉符号来制造满足自己理论的神话。在关于南方古猿的研究中,那些认为南方古猿应该属于人类的考古学家和古人类学者往往通过绘制大量直立行走的南方古猿追逐野兽、投掷、食肉、制造工具、穴居的图画,从而确保南方古猿不断地被看作猎人。而那些将人类祖先视为古猿的学者则往往把他们与其他动物描绘成共存和竞争的关系,从而将他们看作动物世界的一部分。比如 C. R. 布雷恩(C. R. Brain)的猎豹图(Moser, 1996)中就将古猿描绘成了猎豹的猎物,从而暗示他们和动物并没有本质上的区别,因而他们应该是猿类而不是人类。

(二)"书面技术""不变的动体"与视觉科学表征的说服功能

视觉科学表征是科学家所采用的说服同行以确保其理论获得科学共同

体的认同,以及建立学术同盟的重要的辩论和说服工具。视觉科学表征所具有的独特的主体参与性,使其成为科学知识社会学学者挖掘科学知识建构性的重要切入口,因此很多著名的科学知识社会学学者如拉图尔、伍尔加、塞蒂纳、夏平等人都对视觉科学表征给予了充分的关注和深入的研究。在他们看来,视觉科学表征具有高度的诱导性,而且这种诱导作用通常是微妙的,在潜意识层面进行的,林奇和伍尔加(Lynch, Woolgar, 1990)[7]因此称其为科学家用于辩论和说服同行的"花招"(tricks)。

在众多科学知识社会学学者的研究中,美国著名科学史学家、科学社会学家、哈佛大学科学史系教授史蒂文·夏平和西蒙·谢弗所提出"书面技术"和"虚拟见证"的理论以及拉图尔所提出的"印迹"和"不变的动体"的概念最具代表性,对科学史学家关于视觉科学表征的史学研究也产生了广泛影响。

夏平和谢弗研究了玻意耳在与霍布斯关于真空本质之争中是如何建构科学"事实"的(夏平,谢弗,2008)。他们指出,玻意耳"事实"的建构"运用了三种技术:镶嵌于气泵的建造和操作中的物质技术(material technology);将气泵所产生的现象传达给未直接见证者知道的书面技术(literary technology);以及社会技术(social technology),即用以整合实验哲学家在彼此讨论及思考知识主张时应该使用的成规"。而书面技术是"比直接在证人面前执行实验或促进实验重制更加重要:我们将称之为虚拟见证(virtual witnessing)"。"透过虚拟见证,见证(者)的增衍基本上可以是无限的,因此也是建构事实最有力的技术。"玻意耳为了提高虚拟见证的可信度,特别注重图像的逼真性和对于客观性的修辞。为了传达一幅关于所发生事件的清晰图像,玻意耳尽可能栩栩如生而又真实地展示关于实验的描绘。比如,玻意耳的一幅版画中在空气泵的接收器里面画出了一只死老鼠,有的版画还描绘了实验操作者们自己的形象。夏平和谢弗认为,"这种现实主义手法并非仅仅为了真实客观地描绘实验器材和实验方法,更在于提高虚拟见证的可信度,因为这些逼真的描绘就像是在宣称'这真的做过了',而且'是按照规定的方式做的'"。

拉图尔的观点(Latour, 1986)和夏平、谢弗的观点有相似之处。拉图尔将科学家在其实验室中生产的所有非文本的"印迹"(inscriptions)如图表、墨渍、波谱、柱状图等称为"不变的动体"（immutable mobiles）。不变的动体就是指可传送、复制、交换、发布的，同时又保持一定的稳定性和不变性的视觉表征（通常在纸张上）。拉图尔认为，在科学中，不变的动体是科学家发现同盟不可缺少的工具："如果你想从自己的世界里走出去，并且带着丰硕的成果回来，并迫使他人从他们的世界中走出来，需要解决的最重要的问题就是可移动化（mobilization）。你必须走出去并带着那些东西回来——如果你不虚此行的话。但是你带回来的这些'东西'必须能够抵抗旅途的消磨不至枯萎。更进一步的要求是：你收集并带回来的这些'东西'必须能够可以立即呈现给那些你想让他们信服而且没有去过那里的人。总之，你必须发明具有移动性以及不变性、可呈现性、可读性和相互之间的可结合性的特点的工具。"在拉图尔看来，科学家的二维印迹完全可以满足这些要求。

当然，拉图尔还强调，印迹对于科学家的重要意义首先在于它们所具有的修辞或辩论的独特优势："不管他们在讨论什么，只有当他们指向简单几何化的二维图像时，他们才能以某种程度的自信开始交谈并被同行相信。而那些真实的'物体'则被扔在一边，甚至根本不会出现在实验室里。"

第三节　写实与建构：视觉科学史关于视觉表征客观性的争论

"客观性"是哲学的一个中心概念，指一个事物不受主观思想或意识的影响而独立存在的性质。视觉科学表征的客观性即视觉科学表征真实表现客观对象而不受作者自身理论、思想、观念、知识结构、教育和职业背景、利益、兴趣、愿望、艺术水平等主观因素影响的性质。视觉科学表征的客观性问题是视觉科学史的核心问题之一，这一问题经历了从潜伏到浮现到白热化到相对妥协的过程。视觉科学表征涉及对事物以及概念、理论、过程、方法、数据等不同对象的展示，贯穿于科学知识的整个形成过程，因此不同学者关于视觉表征客观性的研究在学术立场、研究方法和结论等方面都不尽相同。

　　20 世纪 70 年代之前,对于在视觉科学表征研究中占主导地位的艺术史学家来说,他们正倾心于文艺复兴时期发展起来的以透视画法为代表的写实绘画技术以及摄影技术所具有的准确表现事物形象的优越性,客观性对于他们眼中的写实绘画技术和摄影技术来说似乎是一个无须讨论的问题。对于 20 世纪 80 年代初期之前的科学史学家来说,视觉科学表征技术似乎也只存在着一个写实水平和学科规范的问题。只有到了 20 世纪 80 年代中期之后,科学知识社会学学者力图证明视觉科学表征所包含的主体建构性、修辞性、审美性的时候,视觉科学表征的客观性问题才引起广泛关注、争论和反思。

一、视觉科学史关于写实绘画技术客观性的争论

(一) 视觉科学表征客观性的基础:写实绘画技术的发展

　　在摄影技术出现之前,写实绘画技术是视觉科学表征客观性的基础。从人类最古老的岩画开始,"像"与"不像"即成为评价绘画作品的一个重要标准,我国南齐谢赫的《古画品录》也将"应物象形"列为品评画作标准的"六法"之一。因此,栩栩如生地描绘所看到的事物一直是众多画家孜孜以求的目标。自然科学的重要特征即其所追求的客观性,因此对于科学图像特别是科学中的描述性绘画(descriptive pictures)来说,"像"与"不像"的标准尤其重要。所谓"像"与"不像",就是绘画能否从光学效果上与对象保持一致,从而反映事物真实的形貌特征。

　　在文艺复兴之前,勾线填色是绘画的主要形式。古埃及绘画是这种绘画形式的代表。图 5 - 1 是古埃及《死亡之书》(约前 1370 年)中的插图(Harthan, 1981)[13]。从插图中可以看出,画中的人物和物体没有透视关系,没有明暗变化,因而缺乏立体感。古埃及绘画通常不遵守近大远小的透视缩短(foreshortenning)法则,将重要的人物置于画面中央,并且画得比其他人物更大;次要的人物画在画面周围,并且画得较小些。人物多是侧面像,即使是正面像,人物的双脚也会朝向同一个方向。因此,古埃及绘画所描绘的并不是眼睛直接所见,而是经过头脑想象和加工后的形象。

图5-1　古埃及《死亡之书》中的插图

　　古代中国的写实绘画技术和古埃及绘画技术有相似之处。虽然中国古代绘画在同一幅作品中会按照近大远小的原则描绘不同的对象,但对于单一对象比如一座建筑通常不会遵循透视缩短法则,因而也不是对眼睛所见的真实展现。

　　透视画法出现于欧洲15世纪早期。透视画法和明暗对照画法相结合,巧妙利用三维透视、光线明暗、色彩浓淡以及描绘对象与观看者的位置关系形成的逼真影像,成为人类写实绘画的重要成就。图5-2所示丢勒著名的版画《画家画卧妇》(Alpers,1983)[43]表现了透视画法的基本原理。

图5-2　丢勒的版画《画家画卧妇》

透视画法能够像照相机那样精确地展示人眼所实际看到的物体的形状、

色彩、明暗,这和科学图像真实记录客观事物的需求相一致。因此,透视画法在近代科学发展过程中的意义成为近几十年艺术史学家和科学史学家都非常关注的话题。

(二) 艺术史学家对写实绘画技术科学意义的研究

艺术史学家最晚从 20 世纪中叶开始就关注到透视画法技术、图像雕版印刷技术、摄影技术等写实视觉表征的制作及复制技术对于客观描绘物质世界以及对西方近代科学技术发展的影响。他们的基本观点契合于逻辑实证主义的观点,认为视觉科学表征的客观性在于对事物的准确描绘,并认为这种客观性是近代科学发展的基础。

从艺术史角度看,透视画法第一次为绘画的光学一致性提供了系统的理论和方法。因此,包括潘诺夫斯基在内的一些艺术史学家认为,写实绘画方法的发展以及线透视画法使经验观察和精确记录成为可能,为视觉表征的客观性提供了基础,并且使现代科学成为可能。同时,文艺复兴艺术鼓励对自然的近距离观察,使数世纪以来迷恋于书本的自然哲学家有了第一次郑重的转变。

艺术史学家塞缪尔·埃杰顿的观点也颇具代表性。埃杰顿强调以透视画法和明暗对照画法为特征的文艺复兴艺术所具有的写实功能,并认为透视画法在近代科学的诞生中起到了决定性的作用。埃杰顿通过东西方绘画艺术的对比研究,发现透视画法这种"将绘画想象成一个窗口的观念是一个未被东方艺术所共有的西方艺术的特性",因此东西方绘画的差异"不仅仅是艺术风格上的差异,更重要的是对自然本身的态度上的显著差异"(Edgerton, 1980)。17 至 18 世纪在翻译西方传教士所带来的科技著作时,中国画师无法正确地复制西方技术插图,因为中国艺术家缺少透视画法技术,这从图 5 - 3 所示的意大利工程师阿戈斯蒂诺·拉梅利(Agostino Ramelli)1588 年出版的《多样而精巧的机器》(*The Diverse and Artifactitious Machines*)一书中的版画(Edgerton, 1991)[279],以及中国 1726 年出版的《古今图书集成》中的中国画师复制的这幅插图(Edgerton, 1991)[282] 可以看出来。由于中国没有透视画法

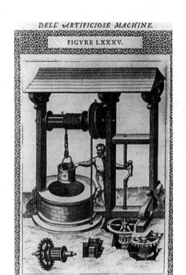 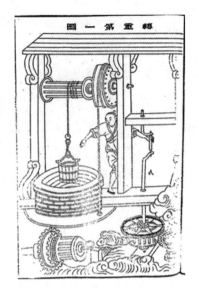

图 5-3　拉梅利《多样而精巧的机器》插图和《古今图书集成》复制图对比

技术以及西方剖视图、分解图等制图规范,因此无法绘制工匠们能够借以建造机器的技术插图。因此埃杰顿认为,为什么 1500 年之后的资本主义欧洲迅速超越此前更为先进的东方文明,并先于世界上所有其他文明发明了我们所理解的近代科学?"至少有一个答案在于文艺复兴时期欧洲的绘画艺术和同时代的东方的绘画艺术之间的差别",而"欧洲文艺复兴艺术的几何透视画法和明暗对照画法传统,已经被证实了对近代科学格外重要"(Edgerton,1991)[4]。

当然,埃杰顿的观点也引起了广泛的争论,特别是科学史学家的质疑。一些科学史学家认为,应用写实绘画较多的动物学、植物学、解剖学等描述性科学,以及建筑、造船等应用技术,并不是近代科学革命的直接动因;只有观察与数学方法、逻辑推理的密切结合,才为科学革命提供了坚实基础。此后的不少艺术史学家则谨慎地将透视画法的发明与近代科学所崇尚的经验主义联系起来,认为文艺复兴艺术使得科学的方法论从以前的崇尚权威转向对自然的近距离观察,这正是近代科学诞生的前提条件。

(三)科学知识社会学对科学图像客观性的消解

诞生于 20 世纪 70 年代的科学知识社会学的"相对主义知识观"把科学知

识看作是社会建构的结果,主张科学知识不是对客观事实的"发现",而是科学家在特定的认识语境中"生产"出来的,他们的研究旨趣就是展示科学知识的这种"生产"过程。图像比文字包含更多的非逻辑特质,其运用过程渗透着细致的心理活动,因而受到许多科学知识社会学学者的特别关注。

在研究方法上,科学知识社会学深受文化人类学研究方法的影响。20世纪七八十年代,塞蒂纳、拉图尔、伍尔加等一批科学知识社会学学者都进行过不同形式的中长期民族志研究,他们将民族志方法应用于科学知识生产过程的研究,并考察科学图像在这一过程中所起的作用。他们试图证明,科学图像和科学知识一样是社会建构的结果,科学图像的生产过程同样渗透着科学家的理论背景、利益需要和审美因素,从而消解了科学图像的客观性。比如,迈克尔·林奇通过对加利福尼亚的一个神经生理学实验室进行参与式观察研究,考察了实验室中图像的生产过程和作用,提出科学家利用视觉渲染、模型或者印迹的工作跟艺术家在画室中的工作没什么两样。林奇和埃杰顿合作的对两所天文学图像处理工作室的参与式观察研究,也提出科学家们所制作的数字图像并不如他们所相信的那样是对观察数据的忠实展示,尽管科学家否认美学考量和他们制作的面向专业读者的科学图像有任何牵连,但美学考量在他们工作中的确起到了不同形式的作用。

科学知识社会学学者还认为,科学图像对于科学家的重要性不在于其客观性本身,而在于其关于真实和客观性的修辞功能,以及科学图像在科学共同体内作为说服同行、进行学术争论工具的辩论功能,和在科学共同体外作为宣传争取社会支持的工具的说服功能。比如,拉图尔认为科学图像是科学家交流和争论的基础,科学图像具有强大的修辞力量,为科学家、工程师在论辩中提供了优势地位,尤其是当它们与精确性和客观性相关的时候。夏平和谢弗在研究图像在玻意耳—霍布斯之争的历史黑箱中所起的作用时,也将科学图像看作是玻意耳有效"增衍"见证者的"虚拟见证"的方式之一。

科学知识社会学特别是其强纲领把科学思想完全看成社会建构的产物,科学图像也被完全看成是社会建构的产物,其客观性完全被消解,它所描绘的"实在"在他们的研究中被战略性地抛弃,从而带来了方法论和认识论上的危机。

（四）"后建构主义"对科学图像客观性问题的史学研究

为了化解科学知识社会学带来的方法论和认识论危机，科学史界一直没有停止过对科学知识社会学的反思。到了 20 世纪 90 年代初，在历史人类学和视觉文化研究的影响下，已慢慢形成了一个注重科学的文化研究以及将科学作为一个自治领域的研究的"后建构主义"科学史研究风格。后建构主义者并不把图像完全看成是社会建构的产物，而是既承认图像的客观性，也承认图像的社会性。他们认为自然本身、社会因素、研究者的知识背景和主观因素以及表征技术在科学知识的生产过程中都起到性质不同的作用。

在视觉科学表征的客观性问题上，他们多数认为，虽然透视画法和明暗对照画法能够以其精确的单点透视和光线对比向人眼展示物体逼真的形象，但单凭这种逼真的形象本身并不能确保绘画的真实性和客观性。其主要原因在于以下几个方面。

其一，艺术上的写实并不一定恪守经验主义。

写实风格的绘画并不一定来自作者的直接观察，透视画法的创始人之一丢勒所做的犀牛木刻版画就是一个典型的例子。16 世纪，随着欧洲通过贸易和战争向东方的扩张，像犀牛这样的"东方奇迹"作为自然礼物开始流入欧洲，丢勒的木刻版画犀牛图（Smith and Findlen，2002）也应运而生，并衍生出各种各样的商品。尽管丢勒的犀牛图非常"verisimilitude"（逼真），丢勒自己也使用"abkunterfet"（从原物复制）一词来形容他的版画，但他本人并没有亲眼看到过犀牛，据说他可能是参照一篇报告和绘画（现已佚失）来描绘的。虽然丢勒的犀牛图的构造有不少失实之处，而且加入了不少想象的成分，但是却成为以后几个世纪大量作品的模仿原本，流传甚广。直到 18 世纪晚期，欧洲人仍然认为这幅画描绘了犀牛的真正模样。

同样，1544 年法国斯特拉斯堡的雅各布·弗罗利希（Jacob Fröhlich）出版的一幅女性解剖图（Baigrie，1996）[15] 采用了透视画法与明暗对照画法相结合的写实风格，但这幅画并不是对实际解剖观察结果的描绘，画中对人体的胃、肾脏、输尿管、肝、胆囊、子宫等器官的描绘都出现了错误。因此,写实风格的绘画并不能避免视觉信息的科学性错误的发生。

其二,写实绘画同样渗透理论(theory-laden)。

科学史学家还发现,科学家在绘制图像时通常不能真正做到完全依照眼睛所见进行描绘,而是或不自觉地受到其已有知识和理论体系不同形式的影响,或自觉地对视觉影像进行加工以使其符合自己的理论需要。以解剖学绘画为例,罗伯茨(K. B. Roberts)和汤姆林森(J. D. W. Tomlinson)认为,解剖学的意义在于通过对尸体的解剖让人们知道在活体中可以看到什么(Roberts and Tomlinson, 1992)[608]。由于尸体受腐败、畸形、病变、个体特征的影响,解剖学家在绘图的时候事实上不是在绘制他实际看到了什么,而往往是在绘制理论上所应该看到的。

法国国家科学研究中心生态学实验室的马修·科布(Matthew Cobb)在其关于意大利解剖学家马塞罗·马尔比基(Marcello Malpighi)和荷兰博物学家和显微镜学家简·斯瓦默丹(Jan Swammerdam)的家蚕绘画的研究(Cobb, 2002)中也指出,"马尔比基和斯瓦默丹所画的并不是他们所看到的,更准确地说,他们是以一种柏拉图式的方式来描绘的——展示镜头下所呈现的本质——而不是依葫芦画瓢。为了向读者展示事实,他们不得不突出他们所看到的特定部分而省略其余"。科布总结了马尔比基和斯瓦默丹采用的四种常见的省略方式:第一,他们并不描绘脂肪,尽管实际上脂肪总是依附在各种器官上而往往会掩盖内部结构。他们也不描绘血液以及在体内自由流动的其他液体,这些液体在解剖时总是不可避免地涌现。第二,图像中各个部件之间的放大比例并不总是一致。第三,他们在画图时会在不忽视对象本质的完整性的情况下改变整体布局,将各部件放大并隔离开。第四,当观察结果不确定或模糊时,一幅绘画往往不会模糊地来表达,而是展示出其中一种可能的解释。科布所概括的这几种省略方式,也是科学绘画对观察对象进行概念化时所采用的常用方法。

其三,科学家可能根据自己的需要选择不同的绘图成规,而不同的绘图成规可能得出不同的结论。

　　不同时期、不同学科,甚至不同的绘图师群体会形成不同的绘图成规。尽管基于不同的绘图成规的技术插图都可能是"正确"的,却可能被科学家和绘图师用于不同的理论需要,并得出不同的结论。荷兰莱顿大学考古系戴维·凡·瑞布鲁克(David van Reybrouck)在研究 19 世纪考古学家、建筑师和绘图师沃辛顿·乔治·史密斯(Worthington George Smith)利用图 5 - 4

图 5 - 4　明箱的工作原理

所示明箱(camera lucida)绘制的尼安德特人头骨化石标本的技术插图时发现,史密斯显然有目的地选择了有利于自己理论的绘图成规(Reybrouck, 1998)。作为训练有素的绘图师,史密斯知道,如果明箱离物体太近就会带来透视的变形,离明箱近的部分会被放大,离明箱远的部分会被缩小(这种透视变形在摄影中同样存在)。在绘制尼安德特人头骨化石的时候,"如果明箱放得离眼眶太近,眉骨就会被放大,而头骨的其他部分就会被缩小",代表着大脑大小的前额的大小也会因此而改变。另外,不同阴影画法的运用也会影响到头骨的成像效果,包括眉骨是否突出,前额是否后缩,颅骨的高低乃至头骨的大小等。而在考古学中,颅测量法认为较小的大脑代表着有限的智力,因而前额的高低是其原始性的重要指标。因此,通过简单地改变距离、方位以及光影效果可以随意使尼安德特人显得更为原始或者更为先进。

　　瑞布鲁克认为,技术插图在早期关于尼安德特人的争论中起到了重要作用。达尔文时代发现的古人类化石主要是欧洲的尼安德特人,受达尔文进化论的影响,赫胥黎认为它们是介于猿人和现代人之间的中间环节。瑞布鲁克认为正是得益于插图的巧妙运用,赫胥黎将尼安德特描述成介于猿人和现代人之间"最古老的人种"的说法被普遍接受,从而使其他观点静默了差不多四分之一个世纪。

　　因此,科学图像的客观性问题无法通过图像制作技术本身的发展和完善而得到保障。科学图像的客观性离不开科学家和绘图师细致的观察和精确的描绘,但这种精确描绘也不一定是对具体观察结果的直接展示,也可能渗透着不同程度的归纳和概括。归纳和概括的过程是一个主体介入的过程,是一个理论渗透的过程。在这种意义下,科学图像的客观性是有条件的,而且,科学图像客观性的保障离不开科学家和绘图师的观察技术和绘图技术,也离不开科学家和绘图师的自我约束,更离不开学科规范和道德规范的约束。

二、视觉科学史关于摄影客观性的争论

科学图像的记录功能要求图像必须具有写实性,即图像与其所表达的对象必须从视觉上保持一致。中国古代画家将这种写实性称为"应物象形",而西方学者称之为"光学一致性"。写实表征技术的发展史就是追求光学一致性的历史。从原始的勾线填色到文艺复兴艺术成熟的透视画法,再到暗箱和明箱等绘画辅助工具的使用,使得光学一致性的达成越来越容易。而 19 世纪摄影技术的发明则完全摆脱了画家的参与,使得没有艺术背景的人同样可以轻而易举地制作具有高度光学一致性的图像,因而成为人类历史上写实表征技术的革命性突破。

在科学史上,摄影技术出现之后迅速以其没有人工干预的"机械性"引起 19 世纪科学家的高度兴趣和极端崇信。但是摄影技术的"机械性"也逐渐受到人们的质疑,特别是到了 20 世纪八九十年代,建构主义学者更是对摄影技术的"机械性"进行了细致的解构,提出摄影和绘画一样渗透着摄影师或科学家的理论,而主观需要和审美兴趣对摄影同样有着重大的影响。科学史学家也发现,摄影的出现并没有完全取代绘画在科学中的运用,他们认为其根本原因在于摄影本身对于表达科学概念的功能的缺失。因此,对摄影技术出现之后的 19 世纪科学家、20 世纪的建构主义学者以及艺术史学家、科学史学家在摄影史研究中对摄影所持的不同态度及其研究进行梳理和反思,能够帮助我们更深刻地理解摄影技术运用于视觉科学表征的优势与不足。

(一) 从写实绘画到摄影技术

绘画是画家用画笔把眼睛观察到的物体的形象描绘在画纸(或者画布)

上，因此从物体本身的形象到画纸上的形象要经过画家双眼、大脑、手和画笔的一连串转换过程。经过这些过程的转换，最终的绘画结果和物体本身的形象相比难免会有不同程度的失真。高明的画家能更逼真地描绘出物体的形象，而平庸的画家则难以准确地"应物象形"。

15 世纪早期欧洲兴起的透视画法第一次为绘画的光学一致性提供了系统的理论基础和操作方法。透视画法的基本原理就是画家用一只位置固定的眼睛通过一个窗口去观察窗口后面的物体，将人眼所观察到的物体在窗口中投影的相对位置准确地复制在另一个"窗口"——画纸上，从而达到准确描绘物体的目的（Alpers, 1983）[43]。透视画法将观察者的眼睛固定下来，绘画过程中省去了大脑的转换过程，因而在写实绘画技术史上取得了重大进步。

早在公元前 400 多年，中国的墨子就观察并记载过小孔成像的现象。如果利用小孔成像的原理将物体的形象直接投射到画纸上，然后用画笔将物体在画纸上所成的像描绘下来，这样就省去了画家双眼和大脑的转换，就有可能比透视画法更准确地进行描绘了。暗箱（camera obscura）就是基于这一原理发明出来的。暗箱是一面开有一个小孔的密封箱，箱外景物透过小孔，在黑暗的箱内壁上就形成了上下颠倒且两边相反的实像。画家先用铅笔勾勒出成像的轮廓，然后再进行着色，即可得到一幅非常逼真的绘画。

在摄影技术发明之前，暗箱和明箱在科学研究中得到了广泛运用。虽然利用暗箱或明箱绘制的作品一度使真正的画家感到一丝威胁，但这种绘画方式仍然离不开绘画者的手法和笔墨，因此并不能达到完全准确描绘事物的目的。如果能有一种物质或者技术，可以直接将物体在暗箱中所成的实像记录下来（明箱在画纸上所成的像是虚像，因此无法直接记录），那么"绘画"的过程将不仅不再需要画家双眼、大脑的转换，甚至也无须画家的手法和笔墨的参与，因此就能够更为准确地描绘物体的形状。这一想法促成了摄影技术的发明，而暗箱也被公认为是照相机的前身。

对于摄影技术的发明来说，最重要的就是找到能够自动记录光学成像的物质和方法。1825 年，法国人约瑟夫·尼塞费尔·尼埃普斯（Joseph Nicephoce Niepce, 1765—1833）利用朱迪亚沥青作为感光材料，使用"日光刻蚀法"拍摄了人类历史上有确切年代可查的第一张照片《牵马的孩子》,但是他的方法要经历数小时的曝光,而且成像模糊,因此实用性较差。1837 年,法国人路易·雅克·芒代·达盖尔(Louis Jacques Mande Daguerre, 1787—1851)创立了"达盖尔摄影术"(Daguerretype,亦称银版摄影法)。达盖尔摄影术以铜板为载体,以光敏银层为感光材料,曝光时间仅需 15~30 分钟,而且成像品质优良(李文芳,2004)[8],达盖尔因此被公认为摄影技术的发明人。达盖尔摄影术的诞生,掀开了利用"自然之笔"——光线获取图像的新篇章。

(二)"自然之笔":19 世纪科学家对摄影技术的极端推崇

摄影技术以其操作过程的机械性,为科学图像的精确性和客观性带来了无限希望,更迎合了培根思想影响下的观察科学积累知识的需要。对于观察科学来说,"科学家必须杜绝将自己的愿望、预期、概括、审美,甚至日常语言强加于自然的影像。由于人类自我约束的能力在衰减,因此必须由机器来取而代之"(Daston and Galison, 1992)。摄影技术恰恰满足了这种需要。"碘化银纸照相法"的发明者威廉·亨利·福克斯·塔尔博特(William Henry Fox Talbot, 1800—1877)是世界上最早一批摄影师之一,他在 1844 年出版的《自然之笔》(*Pencil of Nature*)一书中把摄影描写成"自然物体描绘它们自己的过程,而不需要艺术家的画笔的帮助"(Rijcke, 2008)。人们都深信,由于摄影是利用物理和化学方法将物体发射或反射的自然光线通过镜头在底片上所成的像记录下来,整个过程都是通过自然过程实现的,也就摆脱了画家的技能、好恶等主观因素可能带来的偏差,因此能完全客观、真实地描绘物体。

吕克·保韦尔斯(Luc Pauwels)也指出,和手工表征方式相比,对于摄影来说,"人眼直接观察到的可见物体或现象可以被照相机这样的表征设备捕获,并产生以时间统一、空间连续为特征的详细表征,这会产生某种'中立',因为所有的元素和细节都是被平等对待的"(Pauwels, 2006)。所谓时间统一,指的是摄影是在瞬间完成的,是在某一特定时刻对对象的完备描绘,而不是将对象不同时刻的状态进行综合的结果。所谓空间连续,是指凡是对象进入镜头的发光点,都会依据既定的投影关系在底片上形成一个成像点,发光点和成像点有一一对应的关系,摄影师在按动快门的瞬间无法改变这种对应关系,摄影因而被认为是一种"机械的""中立的"乃至"客观的"表征方式。而手工表征不具有时间统一性(因为绘画过程不可能在瞬间完成),也不具有准确的空间连续性(因为绘画需要画家的参与)。因此,摄影发明以后不久,迅速得到科学家们的信赖甚至极度迷信。

德国恩斯特·海克尔博物馆馆长、生物学和哲学教授、自然科学史讲师奥拉夫·布赖德巴赫(Olaf Breidbach)详细记述了 19 世纪科学家对摄影的过度痴迷与信赖(Breidbach, 2002)。显微摄影是摄影技术在科学中的最早应用之一,第一本有显微照片插图的专著于 1845 年出版。到了 1860 年,解剖学家已经出版了大量介绍显微摄影技术的书籍。当时人们把显微摄影技术看作是不受观察者主观干扰的记录显微分析的重要方法。显微照片被一些科学家认为是对微观世界彻底的、可靠的替代,他们甚至试图利用这些显微照片代替标本本身来研究微观世界。当时显微镜的放大极限是 2 000 倍,为了获得更大的放大倍率,当时的科学家采用了这样的方法:首先制作一张某一真实标本的显微照片,然后把这张显微照片作为标本放到显微镜下再次放大,从而制作第二张放大倍率更大的照片。这样,第二张照片就可以达到 8 000 倍甚至 30 000 倍的放大率。这些科学家利用照片代替标本来实现二次放大,是因为他们的确认为这些"照片可以提供微观世界结构的精确信息",而没有认识到这种方式还将向我们提供照片成像的颗粒以及光学负片的其他物理属性的"信息"。

摄影被认为是自然事物描绘它们自身的过程,而不需要艺术家的画笔的帮助,因此可以杜绝画家将自己的愿望、预期、概括、审美甚至日常语言强加于自然的影像。但是 19 世纪的科学家对摄影技术也存在着过度迷信的现象,忽略了摄影过程和摄影设备本身的物理属性可能对摄影结果带来的影响。

(三)"人工干预":建构主义学者对摄影技术"机械性"的解构

19 世纪的人们过度沉醉于摄影带来的惊喜,片面夸大了摄影的"客观"和

"真实"。虽然摄影师对摄影的干预方式不如绘画那样自由和多样,但是摄影也无法完全摆脱摄影者的主体干预。摄影技术发明之后不久,便有学者开始反思摄影的"机械性"。在美国科学哲学家诺伍德·拉塞尔·汉森(Norwood Russell Hanson, 1924—1967)提出的"观察渗透理论"学说以及科学知识社会学的影响下,20 世纪 80 年代的学者更是热衷于揭示科学家的理论背景在摄影过程中的渗透方式和主体对摄影进行干预的途径,从而对摄影技术的"机械性"进行解构。对这些研究进行归纳,可以将摄影渗透主体理论的方式以及主体对摄影进行干预的途径分为以下几种。

1. 对象选择

对拍摄对象的选择直接渗透着科学家的理论背景和学术观念。假如一个植物学家信奉林奈分类体系,他在拍摄植物的时候就会特别关注植物的花而很可能忽略其他器官,因为林奈分类体系是以植物的性器官——花为分类依据的。一个信奉自然分类系统的植物学家必定关注植物的全部器官,因为植物全部器官都是自然分类系统的分类依据。

2. 背景选择

背景的选择也能体现出科学家的理论倾向。比如,林奈分类体系对动物的分类更强调其形态学特征,因此信奉林奈分类体系的动物学家拍摄动物时就有可能不会特别关注动物所处的环境,甚至会有意使动物脱离特定的环境。有的动物学家则强调动物的生活习性及栖息地特征也应成为动物的分类依据,他们拍摄动物时更注意将动物置于特征性的环境中。

3. 摄影器材及其设置

照相机本身以及镜头、滤镜的选择,照相机光圈、焦距、快门速度、白平衡等参数的设定以及摄影模式、对焦模式、测光模式的选择,相机底片大小及其感光度,相纸的选择以及冲印技术的运用,自然光线以及闪光灯的布设等,都为摄影师干预摄影提供了可能。

4. 视角控制

由于照相机的底片是平面的,这就决定了摄影和透视画法一样不可避免地会产生边缘拉伸形变,广角镜头产生的形变尤其明显,这种形变就是透视形变。而人眼的视网膜是球面的,不会产生这种形变,这就决定了摄影不可能完全准确地记录人眼所观察到的效果。人像摄影师使用广角镜头拍摄人物,选择合适的拍摄角度可以使人物双腿显得更为修长,就是利用了广角镜头的透视形变。在科学研究中,透视形变也很早就被科学家有意识地利用。比如沃辛顿·乔治·史密斯在利用明箱绘制尼安德特人头骨化石标本时,通过将明箱更加靠近眼眶,以使得眉骨显得更大,而代表着古人类进化程度的前额则被有意识地缩小,就是利用了透视形变的原理(Reybrouck, 1998)。

5. 主体因素

摄影师的摄影技术、摄影风格、艺术修养和审美兴趣,以及拍摄者的理论需要、对拍摄对象的认知、个人好恶以及职业教育背景等主体因素,都将对拍摄结果产生不同程度和不同方式的影响。

6. 作品解读

摄影的解读离不开主体的参与,解读过程无法避免主体的理论背景、兴趣、意愿等主观因素的干预。荷兰马斯特里赫特大学艺术与文化系伯尼克·帕斯威尔(Bernike Pasveer)曾经观察研究了临床医生制作和解读 X 射线照片的过程。他发现,对 X 射线照片中阴影的临床意义的判断是一个复杂、费时而又充满着主观解释的过程,它有赖于从他人、传统医学以及从其他诊断方式(触诊、叩诊、听诊、对尸体的解剖等)获得的知识和信息,也离不开对其他 X 射线图像的对比研究(Pasveer, 2006)。

因此,不管是科学摄影还是艺术摄影,都无法完全摆脱拍摄者的主体干预。对于科学摄影而言,科学家的理论背景更是渗透于整个摄影过程,包括摄影器材的选择及其设置,拍摄对象的选择及其背景的处理,摄影手法的运用,摄影照片的后期处理,最终照片的解读等。

(四)"功能缺失":科学史学家对摄影技术科学表征功能的反思

普林尼曾断言绘画不可能成为传递真正的普遍知识的工具,因为它们总是和有形物体的偶然特质相关(Chen-Morris, 2009)。如果普林尼能够活到今天,他会发现这种说法更适合于摄影。

摄影期许不受人为决断干扰的,以时间统一、空间连续为特征的客观图像,但这也恰恰造成了传递"真正的普遍知识"的功能缺失。摄影的时间统一性使得单张摄影作品通常无法表达事物随时间变化的关系和规律,摄影的空间连续性使得科学家无法像绘画那样对视野中的对象进行取舍、强调或重组。因此,摄影是一种包含着完备原始信息的"原始图像",是对具体的特定事物的表征结果,而不是对一类对象共同属性的抽象,因此无法传递或者表现"物理对象的本质",即科学概念和规律。绘画则可以通过选择、忽略、分离、组合、强化、淡化、色彩运用甚至加注文字等手段,抽象出同类对象的一般特征并表现出来,从而表达和传递物理对象的本质。比如在解剖学中,绘画可以通过淡化、模糊和忽略次要组织,从而突出重要的解剖学信息;可以将不同的元素综合到一幅绘画中,从而描绘更完整的解剖学概念;可以加上箭头,来表示血液流动的动态路径;可以用红色线条表示动脉、蓝色线条表示静脉、白色线条表示神经,从而更好地揭示机体的解剖学本质(Thomas, 1997)[24]。

科学史学家在研究摄影技术应用的历史时也发现,虽然摄影技术出现之初迅速引起科学家们的广泛兴趣,也出现了一些使用摄影作品的科学画册,但这种热情既没有波及所有学科,也没有持续很长时间。在短暂的热情过后,更多的科学家仍然倾向于继续采用绘画来表达他们的研究成果。比如在神经解剖学领域就从来没有出现过这种对摄影的狂热,其根本原因就在于显微摄影在表达神经解剖结构方面的功能缺失。1873 年,在摄影技术发明 30 多年后,第一本包含有照片的神经解剖学图集,朱尔斯·伯纳德·路易斯的《中枢神经摄影图集》才出版,此后摄影在神经解剖学中的应用仍然相当少见。作者在这本图集使用照片的真正目的是以"通过用光线的作用来替代我自己的行为来获得既客观又可信的解剖学细节图像"回应别人对他此前《对大脑系统结构、功能和疾病的研究》一书插图客观性的质疑。但是有趣的是,作者为了充分阐释照片不太清晰的解剖学内涵,所有的照片都在下一页配上了一幅对比的版画。

莎拉·德·瑞克(Sarah de Rijcke)还研究了显微摄影领域的领军人物圣地亚哥·拉蒙·卡哈(Santiago Ramony Cajal)作为狂热的业余摄影家,为什么更倾向于使用绘画而不是他所独创的显微照片(Rijcke，2008)。在一本关于神经组织摄影的专著中，卡哈提到只有当神经组织切片非常平整而且非常薄(1～10微米)的情况下，照片的效果才能和较好的绘图的效果相提并论。但是当组织学切片变厚的时候，神经解剖学家通过显微镜观察时就不得不频繁地变换焦距，不得不对大量的不同光平面进行整合。而照片不可能表达多个焦平面中观察到的重要细节，同时隐去那些不重要的细节。而绘画却可以"像地图一样刻意指明穿越陌生地带的道路……大脑的特征能够通过颜色或交叉影线的综合运用来得到突显，而其他无关信息则通过阴影淡化或者省略消失在背景中……这对于摄影来说是极端困难的"。

在实际的科学应用中，插图不仅是对所看到事物观察的结果，更应该是对事物共同特征的综合和解释。摄影"时间统一、空间连续"的特征决定了摄影用于科学概念和规律表达的功能缺失，这是造成19世纪摄影技术发明之后，科学家仍然倾向于继续采用绘画来表现他们研究成果的根本原因。绘画可以通过选择、忽略、分离、组合、强化、淡化、色彩运用甚至加注文字等手段，描绘出同类对象的一般特征，因而相对于摄影而言，在表达科学概念和规律方面有其独特优势。

第四节　同源与同质：视觉科学史视角下的科学与艺术的关系

英国科学家、小说家C. P. 斯诺1956年提出的"两种文化"说不仅引起了学术界关于科学与人文之间关系的广泛争论，也让科学与艺术之间关系的问题成为一个老生常谈而未有公论的话题。而视觉科学史这一研究领域似乎可以从更深层次为主张科学与艺术相通的观点做出一些颇有说服力的举证。

一、欧洲文艺复兴——科学与绘画艺术的共生

科学是反映自然、社会、思维等事物及其发展变化规律的分科知识体系。科学致力于通过以逻辑推理为特征的科学方法对客观世界进行充分的观察和研究(包括思想实验),从而验证、获得关于客观世界的普遍规律的知识,进而将这些知识纳入人类既有的科学知识体系。艺术则是凭借技巧、意愿、想象力、经验等主观因素创作隐含美学诉求的器物、环境、影像、语言、动作或声音等不同形式的表达模式。艺术作品体现并物化着艺术家的审美观念、审美趣味与审美理想,因而审美特征是艺术最本质的属性。因此人们通常认为,科学与艺术以其逻辑性和客观性与审美性和主观性的鲜明对比成为两个完全对立的学科领域。波士顿大学艺术史系从事当代艺术和理论教学以及博物馆研究的卡罗琳·琼斯(Caroline A. Jones)、哈佛大学科学史和物理学教授彼得·盖里森(Peter Galison)这样总结了人们对艺术和科学之间二元对立关系的认识:直觉—分析;归纳—演绎;视觉—逻辑;随机—系统;自主—协作;女性—男性;创造—发现(Jones and Galison, 1998)。不过,这种二元对立观在视觉科学史研究领域里遇到了一些挑战。

按照科学与艺术二元对立的观点,视觉科学史的研究对象应该是科学史中有关科学的图像,理所当然地应该将艺术绘画作品排斥于视野之外。在科学图像和艺术绘画的划界问题上,有人提出了按照创作者的职业来划分的标准。也就是说,科学图像是科学家创作的用于科学研究目的的图像,而艺术绘画是由艺术家创作的用于审美目的的作品。不过,科学史学家们发现这一标准在分析近代科学革命之前的视觉表征时遇到了困难。产生这种现象的主要原因在于,在第一次科学革命之前,并不存在科学与艺术学科建制上的明确划分。比如在欧洲文艺复兴时期,许多杰出人物既是现代意义上的科学家,也是现代意义上的艺术家。他们既从事科学研究,也从事艺术创作,他们创作的作品有时也难以断定是出于科学研究的目的还是艺术审美的目的。因此,以今天的学科结构将科学建制化之前的图像人为地划分为科学图像和艺术绘画,难免会有移时史观的倾向。即使在科学建制化之后,科学家和画

家在许多领域里仍然保持着密切的合作,区分某一幅图像到底出自科学家之手还是艺术家之手,或者用于科学目的还是审美愉悦,都需要进行深入的史学分析。

视觉科学史研究表明,在科学建制化之前的文艺复兴时期,科学与艺术是一种共生关系,许多我们现代人眼里的"艺术家"也同时在从事着我们今天所说的"科学家"的工作,而许多我们现代人眼里的"科学家"也有着很好的艺术修养,甚至有些杰出人物我们无法指定他们到底是科学家还是艺术家。因此,我们也完全没有必要惊异于达·芬奇何以能在这两个"相互对立"的领域里都取得如此杰出的成就,其实在当时看来,他所从事的完全可以看作是同一领域的工作。

另外,透视画法的发明和运用也是科学与绘画艺术共生关系的很好体现。如果没有精通数学和几何光学理论,艺术家就不可能发明这种理性的客观描绘事物的绘画技术;而透视画法的发明,也为艺术家和科学家提供了观察和记录事物的有力工具,并且促使描述性科学如解剖学、植物学以及建筑绘画技术等取得了革命性进展。

在我们今天看来,科学与艺术在文艺复兴时期都取得了辉煌的成就,正是科学与艺术共生的历史特征为这一成就提供了不可或缺的历史背景。一方面,文艺复兴时期的许多艺术家都通过从事科学观察来提高他们精确描绘事物的能力。以解剖学为例,由于文艺复兴时期第一次可以出于研究目的对人体进行解剖,因而迎来了解剖学史上第一次大规模的系统研究。美国罗文卡瓦鲁斯社区学院社会科学系的谢乐尔·吉恩(Sheryl R. Ginn)和意大利神经内科医生洛伦佐·洛鲁索(Lorenzo Lorusso)发现,文艺复兴时期的艺术家经常参与解剖,他们对解剖细节的观察也体现在他们的作品中(Ginn and Lorusso, 2008)。正如我们所熟知的那样,达·芬奇长期参与、完成了许多解剖活动,才造就了他杰出的绘画和雕塑,他的许多绘画作品中都展示了他对细节的特别关注。达·芬奇对解剖学的参与在文艺复兴时期绝非个例,当时有大批艺术家参与解剖活动,曾促使了一个新行业的诞生,就是艺术家作为雕版师为解剖学著作制作插图,从而使当时备受崇拜的艺术家—解剖学家—

雕版师三体合一的"通才"(universal man)的数量明显增加。吉恩和洛鲁索指出,"文艺复兴时期艺术和科学的'异花传粉'带来了对神经解剖学更科学的、更有创造性的分析方式。艺术和科学共同得益于这种互惠,并且共同提供了解释人类身体和思想奥秘的新方法"。

另一方面,科学家的艺术修养也为其科学研究提供了得天独厚的条件。柏林洪堡大学艺术史教授霍斯特·布雷德坎普(Horst Bredekamp)在对伽利略和哈里奥特观察月相的史料进行对比研究之后认为(Bredekamp, 2001),"当伽利略通过望远镜观察月球表面时……他能够将月球表面的光影图案理解为山脉和山谷排列的结果",正是"他的艺术经历使他能够正确地理解他所看到的景象"。伽利略不仅在他年轻的时候就希望成为一名艺术家,同时在其整个一生中都与视觉艺术领域保持着密切的联系。伽利略能够比哈里奥特更早地意识到月球表面的光影图案和它不平整的表面有关,不仅仅在于技术装备上的差别,更在于伽利略对绘画艺术中"第二光线"知识的了解。第二光线即明亮的物体所反射的光线在另一物体表面形成的浅淡的光泽,月球表面的图案可以用这一原理来解释。

文艺复兴时期艺术与科学共生的原因在于它们都体现着对理性的智识力量的追求,而理性的智识力量被认为是上帝对人类的恩赐,也是欧洲精神的体现。文艺复兴时期著名的建筑师莱昂·巴蒂斯塔·阿尔伯蒂(Leon Battista Alberti, 1404—1472)曾经说过,"人们颂扬上帝,通过自己美好的作品来让他满意,因为这些礼物来自上帝赐给人类灵魂的德能(virtù,意大利语,包含美德和能力两个意思),这种力量使人类比地球上任何其他动物都伟大和卓越"(Shirley and Hoeniger, 1985)[15]。

透视画法技术对于艺术家来说就是其智识力量的体现。牛津大学三一学院的阿利斯泰尔·克龙比(Alistair C. Crombie)认为,理性的艺术家和理性的实验科学家同样是这种智力文化的产物(Crombie, 1985)。"理性的透视画法艺术家首先通过对以几何透视关系组织起来的视觉线索进行分析,从而在他头脑中形成一个他将要展现的构想;理性的实验科学家也同样要对他的主题进行数学的和概念的分析。他们共享一个培养德能的智识承诺。"透视画法这种从视觉上精确地、可测量地描述自然世界的方式,为科学革命奠定了不可缺少的认知态度,即对经验观察的尊重。文字记录方式造就了传统权威,而图像记录方式则尊重经验观察,正是文艺复兴艺术使人们摆脱了此前赋予书写文字比感觉经验更高优先权的传统权威的束缚。科学史学家巴特菲尔德较早地认识到视觉艺术对于科学革命的意义,提出 15 世纪艺术家发明的透视画法促进了精确观察的发展,迎来了"科学革命发展的初始阶段"(Baldasso, 2006)。

因此,科学与艺术的共通性首先表现在它们的同源性。在文艺复兴时期,科学与艺术之间并不存在我们今天的建制上的明确划分,科学与艺术是一种共生关系,科学家和艺术家也有着最大限度的共同活动领域。文艺复兴时期科学与绘画艺术共生的历史现象说明了二者的同源性。

二、认知与审美——科学与绘画艺术的共同兴趣

现在人们通常认为,科学家寻求解释"为什么",他们试图依据逻辑推理,通过按照统一的自然规律和物理定律描述世界来改变我们对世界的共同认知;而艺术家则以美妙而和谐的直觉演奏着富于想象力的视觉音乐,却不必为那种需要判断孰对孰错的逻辑法则所牵累。然而,我们也不能片面地强调科学与艺术在思维方式上的差别,更不能将这一结论应用于 18 世纪之前的历史时期。近几十年的视觉科学史研究能够提供充分的证据来说明,不仅在 18 世纪之前,科学与艺术在学科目标和认知模式上存在着深刻的共通性,而且即使是在 19 世纪科学与艺术相分裂之后,审美考量仍然在科学图像中起着重要作用。

(一)观察、描述和解释是科学与绘画艺术共同的认知模式

科学与艺术不仅在文艺复兴时期有着精确观察和研究事物的共同旨趣,在整个人类历史上科学与艺术的思维方式都在一定程度上存在着共通点。在视觉科学史方面著述颇丰的牛津大学艺术史教授马丁·肯普(Martin Kemp)指出,"如果我们看一下他们的工作过程而不是最终结果,我们会发现

科学与艺术分享了许多共同的处理方式:观察、结构化的猜想、视觉化、类比和比喻的运用、实验测试以及对特定类型的重复实验的描述"(Kemp,2000)[4]。

科学与艺术在学科目的和思维模式上的这种共通性是有着深厚的宗教文化根源的。在基督教文化当中,赞美上帝是基督教徒和信众诸多行为的重要动力。和科学家通过揭示造物主作品的奇妙规律来颂扬造物主的伟大一样,艺术家通过精美而写实的描绘来赞扬造物主作品的美好。马丁·肯普和玛丽娜·华莱士(Marina Wallace)认为(Kemp and Wallace, 2000)[11],从神创论的角度揭示人体小宇宙的"神创结构"的精妙是解剖学长达数百年的学科目标,而文艺复兴之后的许多非常精细逼真的解剖学插图正是对这一目标的体现,因为这些插图的精细程度已经远远超出当时的医学技术的需要。

科学与艺术对上帝的颂扬都离不开对造物主的作品即神创世界的观察、描述和解释。人们的思想都起始于感觉,不管是艺术家在描绘事物之前,还是科学家在提出关于事物的公式化表述之前,首先都要通过感官感知它们。抽象和概括也是科学与艺术的共同属性,只不过艺术家通过运用绘画描绘出观察到的同类事物的典型特征,而科学家则试图以文字和公式的形式描述事物的本质属性。因此,不管是科学研究还是艺术创作,它们都是从对事物的观察开始的,它们都有着观察和记录事物,对事物进行抽象概括,从而理解并解释事物的愿望。

科学与艺术在 19 世纪之前表现出更为明显的同质性。特别是对于描述性科学来说,科学家并不需要提出公式化的表述,科学的图像并不像库恩所说的那样是科学活动的副产品,和艺术家的绘画一样,科学图像也是描述性科学的最终产品。而且,在 16 世纪和 17 世纪时,艺术家同样需要进行"实验",因为那时所说的"实验"并不是为了检测一个特定的理论或假说而人为设计和控制的特殊的观察行为,而是和经验(experience)差不多是同义词。实验的目标也不是理论化的表述,而是对环境和事物的精确报告(Alpers,1983)[105]。

艺术不仅和科学一样需要对事物进行直接观察和描绘,而且从艺术史上看,艺术家对事物的直接观察和描绘的历史要远远早于近代科学诞生的历史。在欧洲,中世纪时期的写实绘画技术已经发展到一定的水平,一些画家所描绘的动植物已经可以被现代博物学家辨识物种,然而这些图像往往是用于装饰目的,并不是用来进行科学观察和研究的。

科学与艺术精确观察和记录事物的共同旨趣还体现在艺术家对一些描述性科学的参与上,这种参与一直从文艺复兴持续到 19 世纪。马丁·肯普和玛丽娜·华莱士(Kemp and Wallace, 2000)也特别关注了绘画、摄影技术的发展以及艺术家和科学家之间的合作关系。他们的研究显示出,从达·芬奇时期起,艺术家和科学家就因其共同的兴趣(即关于人体的感觉知识)开始密切合作,此后艺术家在人相学、病症学、人种学以及精神错乱、犯罪行为研究等领域都有着广泛参与,艺术家对人体内部的、不可见的以及显微结构的研究同样有着浓厚的兴趣。加拿大国家美术馆的米米·卡佐特(Mimi Cazort)也认为,人体解剖插图领域出现了科学插图和美术传统最有趣的交汇,从 17 世纪直到 19 世纪,通过面容和头部的外貌对感情的表达以及对性格类型的描绘一直是艺术家和解剖学家共同关心的问题,解释姿态、手势、比例的模式和关于美的思想都在解剖学表征中得到清晰的体现(Cazort, 1997)。

因此,几乎在整个人类历史进程中,观察、描述和解释事物都一直是科学与艺术的共同兴趣,艺术创作和科学研究一样,都有着观察和记录事物,对事物进行抽象概括,从而理解并解释事物的愿望。只是随着以牛顿、拉格朗日等人为代表的机械论的经典力学体系的建立,带来了科学对世界认知方式和世界观的改变,进而随着 19 世纪摄影技术的发明,写实绘画技术失去了以往的实用意义,艺术家不得不最终放弃了以往忠实观察和描绘自然的艺术追求。至此,科学与艺术才算分道扬镳。

(二) 科学图像中的审美考量

现在人们普遍认为,评价科学图像和艺术绘画应该以完全不同的两个标准。衡量科学图像的首要标准应当是其精确性而不是其审美性,科学图像应该是像照相机那样对客观事物的精确描绘;评价艺术绘画的首要标准应当是其审美性,而不应与其精确性有关。然而,视觉科学史研究发现,科学图像的审美性在科学图像的传播过程中往往起着重要作用。即使在 19 世纪科学与艺术相互分裂以后,审美考量仍然是科学家制作科学图像时要考虑的重要因素之一。

最近的一些民族志研究也进一步证实了现代科学家在制作专业的科学图像时对审美因素的关注。比如,美国斯坦福大学伊丽莎白·凯斯勒(Elizabeth A. Kessler)曾经以参与式观察法研究了哈勃后续计划(Hubble Heritage Project)的天文学家处理 M51 号星云哈勃望远镜照片的详细过程(Kessler, 2007)。通过研究她认为,哈勃太空望远镜所拍摄的照片对于换取官方支持和公众热情有着重要的作用。这些图像并不是依赖其科学内容,而是依赖其令人惊奇和震撼的美学效果来激发公众的兴趣和热情的,因此天文学家在选择和处理照片的过程中不可避免地包含了某种程度的美学价值判断。比如,为了显示光强度的精细差别以看到对象的更多的结构和细节,天文学家们调整了数据中的测光范围,减少了图像中所包含的亮度的范围并强化在该范围内的光强度数值的差别,而在此选择范围之外的数据则被忽略或者降低饱和度。图像还被进一步修正以提高其清晰度,宇宙射线痕迹被去除,望远镜或者探测器的其他一些设备因素比如坏像素点带来的暗点以及过度曝光区域等也被去除。为了创造一幅完美的图片,尽管天文学家和图像处理者如此细致打磨,但是他们却保留了一项因设备不良因素带来的影响——衍射芒线(看上去像是从明亮星体发出的尖细的光线)。虽然衍射芒线是光线在望远镜内部形成的不理想的效果,但是因为它很符合星星"一闪一闪亮晶晶"的形象,因而成为重要的美学元素得以保留。

总之,除了科学与艺术的同源性之外,它们的共通性还表现在它们的文化同质性方面。首先,科学与艺术有着共同的学科目标和认知模式。在基督教文化里,通过揭示事物的神创奇迹来赞美上帝曾经是科学与艺术的共同目标;通过观察和描述事物,对事物进行抽象概括,从而理解并解释事物,是科学与艺术共同的认知模式。其次,科学与艺术一样有着对审美的追求,审美不仅是艺术作品的重要特征,也是科学家制作科学图像时要考虑的重要因素之一。

第五节　不仅仅证史：视觉科学表征的编史学意义

在历史人类学和视觉文化研究的双重影响下，历史学也迎来了史学界的"图像转向"。历史学家逐渐摆脱"剪刀加糨糊"式的文本考据的束缚和局限，同时开始关注图像、雕塑、器物、建筑等不同形式的史料。这些史料的运用不仅拓宽了历史研究的史料范畴，也给历史研究带来了新的研究方法和研究风格，甚至带来新的历史结论。本节拟结合视觉科学史的发展，分析视觉科学表征在科学史研究中的作用和意义，及其为科学史研究所带来的新的研究风格。

一、视觉科学表征与"图像证史"

"图像转向"对历史学产生的最初的影响，就是历史学家对绘画、摄影等艺术作品的图像证史功能的关注。英国文化史学家彼得·伯克更为系统地研究了艺术绘画、雕像、摄影照片等视觉表征在历史研究中的作用和意义，以及历史学家在利用这些视觉表征时应该注意的一些问题。伯克认为，"绘画、雕像、摄影照片等，可以让我们这些后代人共享未经用语言表达出来的过去文化的经历和知识。它们能带回给我们一些以前也许已经知道但并未认真看待的东西。简言之，图像可以让我们更加生动地'想象'过去（伯克，2008）"。

从科学史的角度看，视觉表征作为历史证据的一项特殊优势在于它们能够迅速而清晰地从细节方面展示复杂的过程、结构和场景，因而对于技术史、建筑史、生活史、城市史、地质史等科学史领域的研究尤为重要。对于科学史来说，关于科学活动的摄影作品还可以让观众看到科学家实验室中物品的摆放、活动的安排等内容，从而让读者了解一些常常为文字叙述所忽略的科学活动的细节。因此，在视觉科学史中也有一些关注艺术绘画作品中的科学意义的研究案例，如科学史学家马丁·路德维奇关于风景绘画中的地形学问题的研究（Rudwick，1976），以及谢乐尔·吉恩（Sheryl R. Ginn）和洛伦佐·洛鲁索(Lorenzo Lorusso)关于文艺复兴时期的艺术绘画和解剖学关系的研究(Ginn and Lorusso, 2008)等。

当然,在科学史中,视觉表征的"证史"功能更多地来自科学视觉表征而不是艺术绘画。由于视觉表征可以提供科学史中的人物、研究对象、工具和仪器、场景等内容的完备的视觉信息,从而让读者"直面历史"和"想象历史",因此被广泛地应用于各学科领域的插图史中(Taylor, 1955;Auer, 1976;Ronan, 1983)。

此外,视觉科学表征在科学史中的证史功能还表现在它能为语言叙述提供视觉证据以增强语言叙述的说服力,并且补充语言叙述的缺漏。视觉科学表征还能作为辅助工具帮助语言文字叙述进行推理、分析和论证等。这些"图像证史"的方法在科学史中更为常见。

然而,不管是哪种形式,"图像证史"的视角都是将视觉表征作为语言表征的辅助手段而置于次要地位。而从 20 世纪 90 年代中期以后的视觉科学史研究成果来看,视觉科学表征对于科学史的意义远比"证语言叙述之史"更为重要。

二、丰富科学史研究史料,并可能得出新的史学结论

20 世纪后半叶的历史人类学突破了历史与文字的关联,扩展了文献的范畴。吕西安·费弗尔批判了历史学早期的"史学从文本出发"的观念,强调历史研究要"接触物质事实"。马克·布洛赫也强调过历史证据的多样性,指出历史研究要重视任何形式的"过去的痕迹"(坦纳,2008)[70]。

在历史人类学影响下,视觉科学史的研究史料也日益广泛和丰富。雷纳托·马佐利尼(Renato G. Mazzolini)对科学史中的非语言传播资源的概括体现了视觉科学史中非语言史料的广泛性和多样性:"所有种类和用途的科学仪器;行星系统、地球、人体、地层、分子、机械等的不同材质的模型;植物、动物、解剖学标本、地理区域、天空、行星等的插图;诸如植物(草药)、矿石、动物活体或标本、解剖学标本、骨骼或头骨等自然物体的分类收藏品;诸如自然史博物馆、植物园、实验室、解剖室、天文台等科学传播和工作的场所;诸如分类

表、定律的图示、示意图、表格(如门捷列夫的元素周期表)的图形和符号以及在众多学科门类出现的其他种类的非语言符号的规范化表征体系。"(Mazzolini, 1993)[Ⅷ]

不同于语言史料的多种视觉科学表征的运用不仅丰富了科学史研究的对象和内容,也可能给科学史研究带来新的史学结论。比如,马普科学史研究所约亨·布特内尔等人关于15世纪到18世纪炮术师的实践知识和一些理论家关于弹道曲线的理论研究中的图像以及伽利略的学生维维安尼的手稿的研究所得出的结论就完全不同于传统物理学史关于惯性定律的史学观点。

惯性定律是牛顿第一运动定律的简称,由牛顿于1687年在其《自然哲学的数学原理》中第一次明确提出:"每个物体都保持其静止或匀速直线运动状态,除非有外力作用于它迫使它改变那个状态。"惯性定律和牛顿第二、第三运动定律一起,构成了牛顿经典力学体系的基础。

当然,物理史学家们并不完全把惯性定律看成是牛顿一个人的成就,牛顿也承认他是在前人工作的基础上得出的结论。柯依列(又译柯瓦雷)曾这样概括惯性定律在牛顿之前的发展历程:"在伽利略的有保留的和谨慎的叙述之后,在伽桑狄的含糊不清的解释之后,在托里拆利的那些令人佩服的清晰但却枯燥的完全的数学的公式之后,我们达到了笛卡尔的简明扼要的陈述。"(柯依列,2002)

然而,约亨·布特内尔(Jochen Büttner)等人在研究15世纪到18世纪视觉图像在沟通炮术师的实践知识和力学理论知识所起到的作用时,通过考察这一历史时期不同人物的弹道曲线图像,得出结论:和他的同时代人或者前人相比,伽利略的抛体运动概念和现代经典力学有着同样的偏差,他们持有同样的植根于亚里士多德冲力物理学的概念基础,伽利略也同样缺少经典力学抛体运动理论赖以产生的惯性概念(Büttner, et al, 2003)。相比之下,哈里奥特第一次将抛体运动看作是由水平方向上的匀速运动和竖直方向上的上抛运动的合成,第一次从理论层面对弹道轨迹处处是曲线的现象做出了解释,并且显示出由冲力物理学向运动物理学转变的趋势,因此在由亚里士多德冲力物理学迈向经典力学的进程中更具有转折性的意义。

另外,他们还通过考察伽利略《演讲集》第一版修订手稿中,伽利略的学生维维安尼所绘制的插图和标记的旁注得出结论,维维安尼的插图和旁注明显是关于惯性原理的陈述,正是维维安尼的这一见解开拓了一条由冲力的概念突变为经典物理学中惯性定律和瞬时速度的概念的发展路径。

三、建构"自下而上的历史学",形成注重文化分析的史学风格

和语言表征不同的是,视觉表征往往是对某一确定时刻的具体人物、事物或场景的表达,因此缺乏语言表征的"宏大叙事"功能。历史学家拉菲尔·塞缪尔(Raphael Samuel, 1934—1996)注意到,摄影照片作为 19 世纪社会史的证据所具有的价值,是帮助历史学家建构了"自下而上的历史学",开始把历史研究重点放在日常生活和普通民众的经历上。

由于视觉表征的这一特性,加上微观史学和历史人类学思想的影响,决定了 20 世纪 90 年代中期以来的视觉科学史研究大多是微观视角下的历史。这种微观视角下的视觉科学史研究可能是关于某一具体人物在科学活动中使用图像的情况的研究,如乔纳森·史密斯(Jonathan Smith)关于达尔文如何通过插图来阐释他的自然选择理论,并如何改变了博物学的视觉传统,用图像来支持他的观点的研究(Smith, 2006);也可能是对某一时期的图像制作、运用等方面的研究,如马西米亚诺·布齐(Massimiano Bucchi)关于 1850—1920 年间教室里的科学挂图的研究(Bucchi, 1998);也可能是关于某一学科领域的图像运用的研究,如伯尼克·帕斯威尔关于医学领域里 X 射线照片的研究等(Pasveer, 2006)。

可见,微观视角的视觉科学史通常不是严格意义上的断代史或者国别史,而往往是从具体的人物、事件或主题出发的历史,在时间和空间上的跨度具有更大的灵活性。当然,宏观史学和微观史学并不是完全相互对立的。澳大利亚新南威尔士大学科学技术研究学院的盖伊·弗里兰(Guy Freeland)曾经将宏观史学或"大描绘史"(big picture historiography)与微观史学或"小描绘史"(little picture historiography)之间的矛盾比作是"兄弟之争"(Tweedledum and Tweedledee battles),因为"小描绘史如果不和大描绘史结合起来,其社会文

化价值将非常有限……与此同时,真正的历史资料又不可否认地存在于小描绘史的个别场景中"(Freeland, 2000)。

另外,在科学史中,视觉表征不同于语言表征的另一个明显特征是,语言表征通常是作者自己的陈述,通过作者自己独自的工作即可完成,而视觉表征的制作则往往少不了画家、绘图师、雕版师等不同人群的合作。因此,最终的视觉表征产品既体现着作者的理论观点和需要,也渗透着画家、绘图师、雕版师的技巧、审美、教育和职业背景,同时也不可避免地铭记着政治、经济、社会、宗教、教育以及科学技术等不同历史因素的影响。因此,和语言陈述相比,科学史中的视觉表征更具有特定的社会性、历史性和文化性。20 世纪 90年代以来,在强调"历史文化分析"的历史人类学影响下,视觉科学表征的这一特征恰好为视觉科学史的历史文化分析打开了一个窗口,从而形成视觉科学史注重社会、历史和文化分析的史学风格。

罗伯茨(K. B. Roberts)和汤姆林森(J. D. W. Tomlinson)关于欧洲解剖学插图传统的专著(Roberts and Tomlinson, 1992)就是一项注重解剖学插图的社会、历史和文化分析的科学史研究项目。在这本书里,作者既关注解剖学家、他们的合作者以及他们的作品,同时也关注解剖学插图的制作和传播的背景。作者试图揭示每一幅插图背后所隐藏的有趣的复杂性。在作者看来,插图中所展示的以及插图的展示方式都有赖于解剖学家和艺术家的说教意图以及他们对解剖学的理解,而且还有赖于其他一些诸如此类的因素:他们所接受的训练;他们工作的社会和职业环境;他们所采用的绘图技术;生产和销售这些插图的经济和行政管理;解剖学家和艺术家对活的和死的人体的态度等。

沃尔夫冈·勒菲弗(Wolfgang Lefèvre)编辑出版的论文集(Lefèvre, 2004)收录了 9 篇由科学史学家、技术史学家和建筑史学家撰写的关于1400—1700 年间机械制图的语境化研究的文章。在这本书的导言里,勒菲弗概括了这本书的研究目的:"为什么制作这些绘画? 这些绘画是为谁而作的,出于什么目的? 这些绘画行为的前提条件是什么,背景是什么,后果是什么? 简而言之,绘画怎样塑造了现代早期工程师的实践和观念?"勒菲弗认为,技术制图分别与高技术领域的五个社会因素相关：与劳动分工的形式相关、与知识传播的方式相关、与学习和教育的形式相关、与实践知识整体的根本性变化相关、与技术作为公众兴趣的重要因素的建立相关。而技术制图的最显著的功能是其社会性功能，即它们作为在不同个体（更确切地说，不同种类人群中的个体）之间交流方式的功能，包括在从业者之间，缔约双方及转包方之间，从业者与对技术感兴趣的公众之间传达提案、记录约定、确定决议、提供指导，以及作为协商和沟通的基础、交流经验、实行和保证监管、宣传、读者群的教学、阐释争论等。基于此，对技术制图的研究也因此能够揭示嵌入于技术制图项目的不同个体组成的团体之间的社会关系的全貌（Lefèvre, 2004）[1-4]。

总之，视觉科学史多是自下而上的微观视角的历史，在研究风格上强调对视觉科学表征进行社会的、历史的、文化的语境分析。

四、视觉科学表征为科学史提供新的历史分析线索

白馥兰所援引的我国南宋郑樵的"经线"和"纬线"的比喻将图像看成是对科技图书进行历史分析的线索。郑樵说过，"图，经也；书，纬也。一经一纬，相错而成文"。这句话形象地表达了图书中插图和文字的关系。在科学史中，不少图书在修订、再版时，以及后来的学者对前人作品进行引用、注疏或翻译时，虽然语言陈述会一而再再而三地变换，但图书中的插图却往往会通过不同程度的修改，有时甚至原封不动地得以保留。而对这些插图与不同文本的相互配合及其修订过程进行历史考察，也会了解到不同时期的历史信息。内森·西多利（Nathan Sidoli）关于希腊文、阿拉伯文以及拉丁文手稿中阿里斯塔克《论太阳和月亮的大小和距离》中命题13的几何图的研究（Sidoli, 2007）就是希望通过考察手稿中的插图在从古代翻译和流传下来的过程中所经历的变化来揭示图表所负载的历史信息的。西多利认为，这些插图所包含的信息，不仅仅局限于古代作者提供的概念和方法的信息，它们还包含着一些关于中世纪抄写员、编纂者和翻译家的信息。

总之，对历史文本中插图的研究具有特殊的史学意义。由于插图和文字

空间上共处于媒体的一个或相邻版面，内容上可能存在着不同的说明、描述、解释、补充、见证、强化的关系，因此对插图和文字之间关系的研究是视觉科学史研究的重要内容之一，这既能帮助我们更好地理解视觉表征和语言表征之间的关系，也能让我们更好地理解插图、文字以及它们所共同构成的图书赖以产生的社会背景。插图固然可以从不同的视角进行研究，比如插图所运用的技术的发展史，但是如果只关注技术而不及其余，将插图完全看作独立的图形艺术，这就忽视了图片和文字之间的关系，以及图书所赖以生产的整个社会历史背景。正如约翰·哈森（Harthan，1981）[7] 所说的那样，"图书插图就像一面手镜，人们可以从反射中看到几个世纪伟大的历史事件、社会变革和思想运动。一位艺术家怎样为文本绘制插图能够告诉我们一些有关他和他的同时代人认识自己的方式的信息。不同时期为插图选择文字的方式本身也是有意义的，它体现着社会思潮的变迁"。

相对来说，在抄本文化时代，插图的变化更为不可控制。而在印刷文化时代，插图的修订可能更多地出于作者的需要，同时又受到经济因素的制约。因此，对印刷文化时代图书中插图的袭用和剽窃现象的研究也同样能揭示出背后所蕴含的一些历史信息。

（宋金榜撰）

第二编

科学编史学人物研究

第六章
皮克林研究

安德鲁·皮克林（Andrew Pickering）原从事理论物理学研究，于 1976 年加入爱丁堡学派"科学元勘小组"（Science Studies Unit）。师从该学派创始人之一巴里·巴恩斯（Barry Barnes），接受社会学训练，于 1984 年获社会学博士学位。其学位论文即当年出版的《建构夸克——粒子物理学的社会史》。其中提出与传统的科学史和科学哲学颇为不同的"历史解释"；从一种批判性的视角对科学知识的客观性、实在论等问题提出新的理解；提出与传统科学哲学颇为不同的科学发展模式，即"共生论""机会主义"。20 世纪 80 年代中期皮克林到美国，先后在麻省理工学院、普林斯顿大学和伊利诺伊大学香槟分校等从事研究和教学，转向科学实践过程研究，发展出独特的"实践的纠缠"解释模型。以科学实践过程中人的力量与非人力量相互构筑和缠绕，即"力量的舞蹈"解释知识的生产过程，进而对欧洲文艺复兴以来倡导的人文主义、人与自然的二分法提出激进批评；提倡一种去中心化、非二元论，实践过程中人与物、社会与自然纠缠共生的新本体论。

本章分析皮克林的批判编史学及其带来的史学、哲学、社会学影响。

第一节　高能物理学的历史解释

爱丁堡学派科学知识社会学受后期维特根斯坦哲学和托马斯·库恩的历史主义解释学影响很深。皮克林在爱丁堡时期曾尝试以库恩的科学革命论和范式理论解释 20 世纪六七十年代高能粒子物理学发展的动力机制。此时期他的哲学观属于后库恩历史主义解释学。

一、高能物理学革命

《建构夸克——粒子物理学的社会史》阐述了二战后高能粒子物理学研究活动的变迁过程,特别是从 20 世纪 60 年代中期夸克模型的提出,到 20 世纪 70 年代中期相应的理论——标准模型及量子色动力学成为正统地位的确立。皮克林将整个发展过程划分为"旧物理学"与"新物理学"两个时期,并阐明粒子物理学实践如何从"旧物理学"过渡到"新物理学",即"革命"是如何发生的。

(一)新旧高能物理学划分

皮克林的新、旧高能物理学划分以 1974 年 11 月由丁肇中领导的布鲁克海文实验小组,以及里希特领导的斯坦福直线加速器小组分别独立发现的 J/ψ 粒子事件为分野,认为"1974 年是'十一月革命'的一年,在 1974 年 11 月之前,新物理学传统无论在理论及实验方面都只是高能物理学实践的一个次要方面,旧物理学仍占主导地位。1974 年 11 月,一系列十分不平常的基本粒子的首例发现和宣布,……它导致随后五年内旧物理学跟新物理学相比显得黯然失色。因此,1974 年 11 月事件构成了粒子物理学史的分水岭"(Pickering, 1984)[231]。

新旧物理学划分有理论和实验两方面的依据。从理论方面看,直到 J/ψ 粒子发现之前,物理学界倾向于认为强子是类点结构的粒子,但对其内部结构还不十分肯定。表示强子结构的模型有盖尔曼与兹维格分别提出的夸克模型和费曼提出的部分子模型等。相应地,描述强子共振态粒子的数学理论是结构夸克模型(CQM);描述软散射现象的数学理论是雷吉(Regge)理论以及描述弱衰变的"V - A"理论。随着弱中性流及 J/ψ 粒子的发现,弱电统一理论(WS)取得正统地位;物理学界对强子的内部结构——夸克微粒的存在取得了一致意见,描述强子强相互作用的理论是量子色动力学(QCD);进一步雄心勃勃的计划是实现 WS 与 QCD 的大统一理论(GUTS)。

从实验方面看，旧物理学时期主要关注的是在较高能量条件下共振态粒子的产生以及高能条件下的软散射；而新物理学关注的是一些罕见的现象，比如弱中性流实验、新粒子产生（c、b、t 夸克，τ^- 轻子和相应的中微子 υ_τ，中间玻色子 w^+、w^-、z^0 等）、硬散射（夸克喷柱）、质子衰变等。

皮克林以 1974 年 7 月在伦敦举行的高能物理学会会议记录来说明当时物理学界关注焦点的变化。那是 11 月革命前的最后一次重要会议［是罗彻斯特（Rochester）会议系列的第 17 次会议，该会议每两年举行一次］。会议记录将会议报告内容分成五个部分（Pickering，1984）[236]：

Ⅰ．高能强相互作用（280 页）；

Ⅱ．共振态物理（199 页）；

Ⅲ．弱相互作用和统一理论（115 页）；

Ⅳ．轻子-轻子与轻子-强子相互作用（173 页）；

Ⅴ．大横动量反应（80 页）。

每一部分均由这个分支里最新的实验和理论研究进展的报告组成。按照皮克林的划分，其中的Ⅰ"高能强相互作用"和Ⅱ"共振态物理"乃属于旧物理学部分。这两个领域从 20 世纪 60 年代中期以来一直是高能物理学界的主要兴趣所在，在此次会议报告中也占了主要篇幅。高能强相互作用主要是强子软散射的数据分析，主要的理论是雷吉极；低能共振态物理则主要探测和辨别产生的共振态粒子，比如其能量、寿命、各量子数等，其主导理论是结构夸克模型（CQM）。

第Ⅲ、Ⅳ、Ⅴ部分则属于新物理学部分。其中第Ⅲ部分"弱相互作用和统一理论"还可以进一步划分，前面的"弱相互作用"是关于标准的弱衰变规范的新实验测定，基本上属于旧物理学内容，只有当它与"奇异数改变的中性流不存在"的报告联系起来时才与新物理学有关。而后一部分"统一理论"则致力于弱电统一及更广泛的规范理论，属于新物理学内容。第Ⅳ部分"轻子-轻子和轻子-强子相互作用"是探测弱中性流、深度非弹性电子、μ 子、中微子散射及电子-正电子湮灭等。虽然中性流与弱电统一理论的预测相关联，但此时仍主要以一种实验的观点来看待。这部分报告的主体是深度非弹性轻子-强子散射和正负电子对湮灭，它也是新物理学时期的主要关注点，但此时在实验的理论解释上量子色动力学（QCD）的影响很小，主要理论依据仍是部分子模型等。最后一部分"大横动量反应"是关于强子反应的数据报告，还没有公认一致的理论解释。

伦敦会议记录说明：直到 1974 年夏，旧物理学仍然是物理学家的主要研究传统；虽然新物理学实验已经占有相当的比例，但对实验数据的理论解释还未达成统一；弱电统一理论已开始得到重视，但仍未取得真正的统治地位，量子色动力学则未产生实质影响。随着 11 月革命粲素夸克的发现及引发的一系列后继发现，高能粒子物理学界的研究兴趣迅速发生转移，旧物理学很快衰落，弱电统一理论及量子色动力学取得了正统地位，对新发现粒子及其他实验现象的解释主要以这两者为依据。同样地，各主要实验室也纷纷调整实验方案，或更新设备，围绕新物理学的理论预测而展开。

皮克林以欧洲核子研究中心（CERN）所进行的实验作例，分析了整个 20 世纪 70 年代高能粒子物理学的研究兴趣转移。CERN 在整个 20 世纪 70 年代是世界上规模最大、研究成果最丰富的高能粒子物理研究中心，很有代表性。此外，20 世纪 70 年代以来的各电子对撞机及电子加速器（如 SLAC、DESY、Cornell 等）从一开始就投入新物理学实验探测，而质子加速器（PS）及质子对撞机（PP）（当时主要的有 CERN 的质子加速器 PS，SPS 及质子对撞机 ISR，费米实验室的质子加速器 PS，布鲁克海文实验室的质子加速器 AGS 及苏联 Serpuhov 的质子加速器 PS 等）原本是理想的旧物理学实验设备，但 20 世纪 70 年代以来纷纷投入新物理学实验中，因此最能反映这时期研究兴趣的转移。CERN 里的 PS、SPS、ISR 也比较集中地体现了 20 世纪 70 年代质子加速及质子对撞的各种实验。

（二）新旧物理学不可通约

在《建构夸克——粒子物理学的社会史》的最后，皮克林引用托马斯·库恩的观点，认为新、旧高能粒子物理学是"不可通约"的，因为"每种理论只有在其自身的现象范围内才是站得住脚的，之外它是无效的或无关的。不存在超越文化之外的事实领域使不同理论的经验知识足以无偏见地对照"
(Pickering，1984)[409]。不可通约性表现在从旧物理学到新物理学的变迁过程
中，物理学家的研究兴趣及相应的世界观发生了转变，两者有明显的分离，因
此，"在库恩的意义上，旧物理学与新物理学是由不同的和不相通的世界构成
的(Pickering，1984)[409]"。

皮克林将新、旧高能物理学不可通约性进一步细分，称"局部性的不可通
约"（local incommensurability）和"整体性的不可通约"（global
incommensurability）。局部性的不可通约指具体某个实验现象应用新、旧物
理学理论会得出不同的解释，两者不可通约；整体性的不可通约指新、旧物理
学研究关注的领域不同，两者没有交叉，缺乏共同言语，因此无法交流。此
外，整体性不可通约又可分观念层次和物质层次。前者指物理学家在新、旧
物理学不同时代使用不同的理论工具去分析问题，比如"A－V"理论与"WS"
模型等，从而关注的问题领域不完全一样，认识结果也不一样；物质层面的不
可通约指新、旧物理学时代使用的仪器设备不同，观察现象领域不同，从而没
有共同的语言可交流。

关于局部性的不可通约，皮克林举出的最典型例子是弱中性流发现问
题。中微子实验从 20 世纪 60 年代到 70 年代一直是高能物理学界研究的兴
趣。在 20 世纪 60 年代，即旧物理学时期，解释弱相互作用的主导理论是标准
"V－A"模型，它预测两个轻子(比如电子与中微子)的相互作用是通过交换带
电的中间玻色子(W^+、W^-)而实现，其散射过程可由如下的费曼图[6－1(a)]
表示：

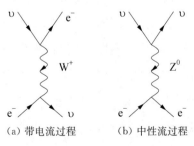

（a）带电流过程　　　（b）中性流过程

图6-1

中微子 υ 与电子 e^- 相互作用时在上下两个顶角间交换一个单位的电荷量,入射中微子释放出一个单位的正电荷转变为电子 e^-;而入射电子获得一个单位的正电荷转变为中微子 υ,其间有带电流(W^+)产生。在 20 世纪 60 年代普遍认同的观点是,所有弱相互作用均是带电流过程,只有交换带电中间玻色子的过程是真实存在的(Pickering, 1984)[182]。然而,根据 20 世纪 70 年代公认的温伯格—萨拉姆标准模型,不仅存在带电流过程,还存在交换电中性的大质量中间玻色子 Z^0,如图[6-1(b)]所示。当然,直到 20 世纪 70 年代初,无论是带电流或是中性流的中微子-电子散射现象都未能在实验中发现。但是,到了 20 世纪 70 年代,物理学界转而信奉 WS 模型,因此普遍支持中性流的存在。皮克林称:"弱相互作用的新、旧理论分别在自己的现象范围内得到证实,而在此之外得不到证实。要在两个不同时代的理论间作选择,就必须同时选择相应的中微子物理学的解释活动,它决定了中性流的存在或不存在。前一种选择是不可还原的,不能通过比较本来就是理论产物的预测和数据来做出解释。"(Pickering, 1984)[409] 皮克林还举出标度无关性的发现、裸粲 D 介子的存在等事例,以说明这些新物理学现象的存在是由于转换解释活动的结果而不是相反,即采用新的解释模型或观点从而看到了跟以往不同的现象。因此,新现象的产生是伴随新的解释语境而来的,不能脱离解释的语境,而把现象孤立出来作为理论解释的判断依据。

整体性的不可通约是高能物理学界整体行为的结果。在旧物理学时期,物理学家关注的主要兴趣是那些最平常的现象:低能共振态产生、高能软散射等;新物理学则集中在那些罕见的现象:弱中性流、硬散射等;新、旧两者不相关联。实验室硬件设备的变化反映了两个领域互不相容的情形:旧物理学实验使用的是平常的粒子束及检测器,描绘和研究强子束和标靶间高概率(大散射截面)过程的情形。因此,它掩盖了新物理学感兴趣的那些发生概率极低的现象。新物理学则相反,通过特殊的实验装置过滤掉常规的现象,专门寻找那些稀有和珍奇的现象。比如,对撞机中进行的正、负电子对湮灭;在固定标靶实验中,用的是轻子而不是强子束,甚至是不用加速器的地下实验探测(质子衰变),等等。

因此,皮克林认为,新物理学现象在主流的旧物理学实验中是不可见的;同样,旧物理学现象在建构新物理学实验中也是不可见的。新、旧物理学现象的不相关联,导致旧物理学面对新物理学的罕见现象无话可说;同样,新物理学理论面对旧物理学的常规现象也无话可说。因此,"各自的理论和相应的现象世界都是自我包容、自我关涉的理论和实验活动的整体,试图在共同的现象基础上对新、旧物理学做选择是不可能的;不同理论是不同现象世界的不可分割的部分,它们是不可通约的"(Pickering,1984)[411]。

(三)对库恩解释学的拓展

皮克林将 20 世纪六七十年代高能粒子物理学作不可通约的理解虽然有些过于激进,它容易使人想象两个时期的物理学完全隔阂和不可沟通。但他的分析确有创新之处,他不仅将不可通约划分为"整体性"与"局部性"不可通约,还进一步将整体性的不可通约细分为"观念"与"物质"两个层面。他试图将观念层次与物质层次结合起来,以消除库恩在认识论层面的反实在论与科学进步观的矛盾,挽救在科学革命中由于范式转换而导致认识论的相对性问题(在《建构夸克》中这一点还不很明显,也因此受到不少科学家及哲学家的批评,但在后期的文献里皮克林做了改进)。库恩的新、旧范式不可通约指明了相互更替的后继理论并不比其先前的理论更合理或取得进步,它只是格式塔式的心理转换,从而导致认识论的相对主义,科学也就没有进步与合理性可言。可后期的库恩又从新、旧范式的不同解题能力来判断理论的进步性,认为科学家可以从理论可解决问题的多少及问题的重要性来做出理性的选择。理论解决的问题越多、越重要则是进步的,库恩也想以此否定科学知识的相对性。劳丹也持与库恩相似的观点,以解题能力来判断科学理论的进步性与合理性。但是,若新范式在认识论上并不比旧范式更进步,其增加的解题能力从何而来?科学家面对竞争的理论应该如何选择?

皮克林认为,哲学传统并不能对此给出令人满意的逻辑说明。库恩及费耶阿本德将逻辑问题放置在不可通约的、一个大而统的实体中——库恩的

"范式"、费耶阿本德的"理论",从而将哲学未能解决的问题分裂成两部分。由此,寻找库恩和费耶阿本德所打开的"理性的裂缝"的逻辑桥梁,拯救科学的合理性和客观性成为哲学家纠缠不休的事情。波普尔、拉卡托斯、劳丹等都为此写过不少文章,尤其劳丹,从 20 世纪 70 年代末到 80 年代先后提出过科学合理性的几种解决方案,但后来都否定掉了。其做法是"将科学知识放在一个相对性的框架中,但仍指望在此框架内拯救它的客观性。这显然毫无成功的希望"(Pickering, 1990)。

皮克林的解决方法是引入物质层次。虽然新、旧理论的更替是否进步只凭理论概念本身的发展不一定能进行直接的比较,因为新现象的出现并未引起高能物理学界的危机感,新、旧理论的更替也未出现格式塔式的心理转变。但物质性仪器方面的发展及科学家实践方式的变化却是明显的,是测量仪器的发展推动了科学家研究兴趣的转移,同时导致了实践活动的社会性结构的变化。从 20 世纪 50 年代到 70 年代,随着加速器能量的不断提高,从第一代加速器到第二、第三代加速器、新型对撞机的出现,以及普通的气泡室发展到如像嘎嘎梅尔这样的巨型泡室,以及更精确的检测手段、电子技术等,使实验物理学家从传统的小作坊式的工作方式转移到大工厂式的集体合作。这反映了现代大科学时期,基础科学的发展对实验技术的极大依赖,是技术的进步推动了科学的发展。这些都大大拓展了实验物理学家的活动范围,也激发了理论家更广阔的想象空间,使他们能在新的研究领域获得更丰富而激动人心的成果,激励更多的物理学家转移到新物理学中来。正是通过仪器为中介,物理学家的思想观念与其研究的对象——自然界的互动才达到对新现象的认识,物理学家的活动也正是通过解释活动与数据的不断辩证转换而达到新的领域,从旧物理学到新物理学。

由此可见,皮克林并不是以此得出科学知识的相对性或"文化相对主义"。相反,他试图通过引入物质性的仪器来挽救范式转换或科学革命过程中科学知识的客观性。他的新、旧物理学的不可通约也并不意味着用新物理学时代的理论工具对旧物理学时代的现象完全无话可说,而只是说两个时代关注的领域已不相同,两者之间存在一定的隔阂或"断裂"。这是由于理论高能粒子物理学家在新物理学时代普遍相信标准模型,也促使实验家围绕标准模型建构他们的实验仪器,排除了旧物理学时代的常规现象,生产出跟从前不同的罕见的现象世界,从而使他们"看到了不同的东西"。

二、皮克林的历史解释

在分析了粒子物理学研究在 20 世纪 70 年代中期发生从旧物理学到新物理学转变之后,皮克林进一步探讨发生这种转变的原因。作为对照,他将过去物理学家及传统的科学哲学家对物理学的历史发展的描述(即"科学家的解释")作为镜像,提出他自己的"历史解释"模式。

(一) 批判回溯性历史观

皮克林所称的"科学家的解释"是指当代主流的物理学家所描绘的粒子物理学的形象。他们大多是朴素的实在论者,相信当今粒子物理学所认识的物质基本结构单元夸克和轻子是真实存在的;规范场论真实地反映了夸克及轻子间的相互作用。而且,这种认识的来源也是客观可靠的,即对强子谱的观察证据说明了基础概念夸克的有效性;观察到的轻子-强子散射的标度不变性先后支持了夸克-部分子模型和量子色动力学(QCD);弱中性流的发现证实了弱电规范场论物理学家的直觉,等等。自始至终,实验事实均为竞争假说的独立判决者(Pickering, 1984)[403-404]。

皮克林分别从哲学及编史学方面反对这种说明。在哲学层面上,皮克林认为,科学家的解释模糊了科学研究过程中曾经存在的"科学判断"的作用。这些判断涉及是否接受或拒绝某个特定的观察报告为科学事实;是否接受某个特定的理论作为解释给定的观察范围的候选理论,等等。

皮克林认为,科学家的解释别除掉这些判断因素,采取的是"回溯性实在论"(retrospective realism)的立场,"预先假定自然界的确如何如何,那些支持这种形象的数据就被当成自然事实的化身,构成这种预先选定的世界观的理论就表现为是内在的合理的"(Pickering, 1984)[404]。

皮克林认为,从编史学上反对这种"回溯性实在论"也是显然的:"如果人们对'科学世界观是如何建构的'这一问题感兴趣,涉及的是它的最终形式是循环地自我拆台(circularly self-defeating);在选择是如何进行的论述中,对真实的选择的解释根本看不到。"(Pickering, 1984)[404]

因此,作为对照,皮克林给自己规定的任务是要阐明"判断"在科学发展中的地位和作用,以及"判断"是如何具体进行的。即他的"历史解释"是要阐明科学家面对同一科学问题的不同经验事实或理论解释时他们是如何判断的,如何选择并最终达成一致。其中,有实验数据的影响,但"实验事实"不是理论的独立的判决者,还有其他的因素,包括理性的或非理性的因素,皮克林所提出的其他因素是指"社会利益"的影响。这里"社会"指的是从事跟高能粒子物理学研究相关的物理学工作者构成的群体,"社会利益"也即这个群体的整体或部分利益。[1] 由于科学事实不可避免地渗透着理论,甚至事实的选择和判断就是理论预期的结果,因此,它不能担当竞争着的理论选择的完全独立的判决者,科学家必定还得求助其他的判断因素;又由于不存在共同的合理性标准,不同的科学家个人或研究小组总是希望自己的理论模型或实验成果得到承认,实现个人利益或群体利益的最大化。因此,社会互动的结果是那些体现社会(或其中某个特殊群体)最普遍利益的理论模型或实验数据得到承认。其结果是,胜者往往具有这样的特征:对原有文化传统破坏最少,同时能为整体社会(至少大多数参与者)提供更多的利益和机会。

皮克林再次以中性流的发现为例,认为整个过程中都存在"判断"因素的介入。甚至当接受了某些"科学事实"的存在,仍有多种理论选择的可能做进一步发展,以对"事实"做出解释;没有哪个理论曾经准确地符合相关的事实,物理学家只得不断地选择,哪一个理论该进一步完善,哪一个理论该放弃,这些选择涉及的经验数据和理论的合理性具有不可还原的特点。

---

[1] 皮克林跟大多数 SSK 研究者一样,一般不使用"科学共同体"一词。因为默顿学派的"科学共同体"隐含研究群体的某种同一性,如共同的研究传统,共有的目标和合理性判断标准等。而"社会"则没有这层含义,它只是表示从事同一领域甚至相邻领域的工作人群,除高能物理外还包括原子物理学、光谱学、固体物理甚至宇宙学等。他们的工作内容有一定联系,但研究传统和方法可能不同,也不存在统一的判断标准。因此,"社会"比"共同体"内容更宽泛,它体现了其中的差异性。

"从历史上来看,粒子物理学家从来不是被迫做出他们的选择;从哲学上来看,这种做出选择的义务似乎从来不曾产生。这一点是很重要的,因为这些选择产生了新的物理学世界,包括它的现象和理论实体(Pickering,1984)[404]。"因此,皮克林认为,物理学家并不是被动地接受事实并据之得出结论,而是相反,科学家"既是思想家又是行动者,既是观察者又是建构者"(Pickering,1984)[405]。即科学家不是被动地受事实所左右,而是主动地参与了建构,科学家的选择判断活动直接影响了世界观的形成,这也是皮克林将他的书名取为《建构夸克——粒子物理学的社会史》的原因。理论的发展并不完全受到实验事实的限制,它呈现"半自主性"的特点,只是通过理论与实验的"共生"关系部分地受到经验事实的制约(Pickering,1984)[407]。

此外,在科学家的解释中,往往采取事后评价的手法,把曾经存在争议的实验事实看成是确定无疑的、不存在不同意见的封闭性解释;他们采取回溯性的立场,以后来被接受为正统的理论来解释当初的判断,采取辉格式的写法,这样无论做出了什么样的选择都成了合理的。皮克林提倡采取开放的态度对待争议,认为在诚实的科学史文本中,应该公平对待不同的意见,接受公众的质疑。

在皮克林所指的"科学家的解释"中还包括传统的逻辑实证(经验)主义科学哲学家对科学发展史的描述,他们包括以石里克、卡尔纳普等为代表的维也纳学派直到卡尔·波普尔等批判理性主义所描绘的科学象形。皮克林认为,逻辑实证主义科学哲学家们简单地把经验事实看成是独立于理论认识的客观事实,可以作为理论正确与否、合理与否、进步或退步等的客观判断依据;科学理论也只包括经验事实的范围,拒绝超经验的形而上学因素,因而理论是完全可由经验事实检验的,存在所谓"判决性实验"。与维也纳学派密切相关的柏林学派赖辛巴赫等还将"发现的语境"与"证实的语境"作截然两分,认为在建构科学理论的过程中,它本质上是科学家个人的行为,因此,与科学家个人的心理因素、文化背景等私人因素有关;而科学理论的证实则是非个人的行为,因此与文化历史无关,是中性的,遵循普遍的逻辑规则。由此,虽然具有不同文化背景和研究传统的科学家个人或某个小组在提出理论假设时不可避免地受到个人因素的影响,呈现私人性和地域性的特点,但理论一经证实便排除个人因素的干扰,呈客观性的特征。此外,逻辑经验主义认为科学理论可以还原为一系列可检验的经验命题,逐一接受经验事实的检验;科学理论的发展或科学发现有内在的逻辑规律性,他们的任务便是探讨其逻辑规律及方法规则等。这些都是皮克林所反对的。

皮克林与其他社会建构论者一样,否定判决性实验的存在,也反对"发现的语境"与"证实的语境"两分法。他从一个个科学争论的案例研究中得出的结论是:所谓的判决性实验实际上是不明确的,事实本身不会说话;实验是否支持某个理论并不是绝对客观的,而是依赖于科学家的态度;往往科学家预先倾向接受某个竞争的理论,再寻求支持该理论的实验方案和实验数据,做出有利于选定理论的解释,而其余的可能则根本没有机会。科学理论与经验事实是相互关联的整体,两者并不能截然分开;经验事实只有在理论预设的框架内才有意义,它对理论的"检验"并不具有客观独立性;理论也不可能完全还原为各个单一可检验的命题逐一接受检验,人们要么接受某个经验事实及相应的解释系统,要么一起放弃,它们呈现"捆绑式"的整体性特点;理论或假说的提出及其最终获得承认也无逻辑的必然性,更无方法规则可言,而是偶然性在其中起到很重要的作用。某个科学家之所以会提出与其他科学家不同的理论假说,这依赖于他享有的资源,比如文化背景、研究传统、所熟悉的模型、个人信念等;同样,某个实验家能得出某个特别的实验结果也依赖于他的理论背景、可得到的仪器设备等资源条件。因此,不存在"发现的逻辑"或"科学的方法"。

(二)历史解释案例

在皮克林的众多案例分析中,最能体现他的历史解释与科学家的解释之区别的,是关于探测分数电荷实验、中性流发现实验以及颇有争议的原子宇称破缺的 E_{122} 实验。限于篇幅,在此仅以探索分数电荷实验(Pickering,1981a)为例,以便理解他的历史解释方法。

探测分数电荷实验是高能粒子物理学中历经时间最长的一项实验。自从 1964 年盖尔曼与兹维格提出强子可由带分数电荷的更基本粒子"夸克"组成的假设以后，探测这种带分数电荷——夸克微粒的实验旋即在世界各地同时展开。实验大体分成三种类型：①粒子加速器实验，用粒子加速器加速粒子撞击标靶，以传统技术检测出射粒子是否存在分数电荷；②宇宙射线实验，用传统检测技术探测宇宙射线流；③用密立根油滴实验方法直接检测稳定物质中可能存在的自由夸克。前两种实验均无发现报告，后一种方法则分别出现过"有"与"无"的报告，从而引起争议。其中，最引人瞩目的是由莫泊哥（Giacomo Morpurgo）领导的日内瓦大学实验小组，以及由费尔班克（William M Fairbank）领导的斯坦福实验小组不同报告结果的冲突。

密立根油滴实验原理是通过带电油滴在电场力与重力作用的平衡来测定油滴的电荷。为了使实验更精确，莫泊哥的日内瓦小组设计和建造了更精致也更复杂的磁悬浮电子测量仪，用磁场代替电场，实验样品也由强抗磁性的石墨微粒代替油滴。另外，在水平方向加一平行板电容器产生电场（最初是静电场后来改用振荡电场）使石墨微粒在竖直方向上重力与电磁场力保持平衡，水平方向的位移则与石墨微粒的电荷量成正比。因此，当石墨微粒的电荷量发生变化时（通过紫外光照射或暴露于辐射源）就可以测出来。1966 年及 1970 年该小组的两次实验报告均无分数电荷发现，但随后在 20 世纪 70 年代初的实验发现石墨微粒有水平位移，似乎有分数电荷存在，但不是夸克模型预言的 $e1/3$ 或 $e2/3$，而是 $e1/9$ 等，并随着平行板电容器两平板间距的增大而减少，最终消失。日内瓦小组通过粗略的估算认为，石墨微粒的水平位移是由于平板间距太小而引起有剩余电荷的假象，通过拉开适当的距离而将之消除掉。因此，最后的报告是没有探测到分数电荷。正当日内瓦小组无分数电荷发现的报告送达《物理评论通讯》期刊（位于布鲁克海文实验室）的前 10 天（1977 年），来自斯坦福的费尔班克小组的报告却宣称有分数电荷发现。费尔班克过去从事低温物理与超导物理技术，因此，他使用的是高灵敏的超导量子干涉仪检测悬浮于磁场中的金属铌微球在振荡电场中的响应。1970 年，费尔班克在日本东京举行的低温物理会议上首次报告了他的结果。当时他只测定了一个铌微球，发现有 $-(0.37 \pm 0.30)e$ 的电荷，但他同时称，这并非意味着一定存在真实的自由夸克,也有可能是由于仪器引起的虚假的电场力。但随后几年,他们尽了一切努力消除假象,分数电荷仍然存在。他们反复测定多次之后于 1977 年报告实验结果:在所测定的 8 个铌微球中,有 6 个无分数电荷,有 1 个电荷量为+(0.327±0.010)e,另有 1 个是-(0.331±0.070)e,并以此作为发现有自由夸克存在的证据。

于是,几乎在同一时间,有来自两个实验小组相互冲突的报告,"有""无"之争旋即展开。莫泊哥在 1977 年 12 月期的《今日物理》发表了自己对费尔班克小组报告结果的看法,提出引起虚假效果的六种可能性;费尔班克也在其上做了一一回应。皮克林认为,"至少从目前(1981 年)看,要从任一点上做出一致判断都是不可能的"(Pickering, 1981a)。两者都对实验过程中的各种引起假象及对付的办法提出了各自认为是充足的理由,要单独从这两个实验来判断自由夸克的有无是很困难的。但当时的物理学界对日内瓦小组的实验结果几乎没有提出什么质疑,而对斯坦福的报告却攻击不断。尤其报告中提到其中一个铌微球在第一轮测试中有分数电荷出现,而第二轮却消失了。于是,物理学界倾向于认为,另一个微球也应该归于同样的错误。尽管费尔班克认为,通过排除技术性的错误及仪器设备因素的影响能够消除假象,但物理学同行们仍不予理会。

通过这一案例分析,可以概括出皮克林有以下几个主要观点:①物理学家接受或拒绝某个实验结果为实验事实,依赖于当时物理学家的理论预设。在 20 世纪 60 年代到 70 年代初,探测到自由夸克是物理学家普遍的期望,也是直接证实夸克模型的最重要的证据。但是,到了 20 世纪 70 年代中期,量子色动力学取得正统地位之后,物理学家普遍确信存在"夸克禁闭",从理论上已经认为任何自由夸克不可见。因此,如果有实验声称发现有自由夸克的证据,那将被认为是荒唐的,它必受到质疑;而不存在自由夸克的实验结果则不会受到怀疑。②经验事实不是理论的唯一判决者,理论发展有其自主性;经验事实对理论的建构只起到"软"作用。寻找自由夸克实验的否定结果并没有威胁夸克模型的生存,相反,到 20 世纪 60 年代末 70 年代初理论得到新的发展和进一步巩固;通过转换解释方式,自由夸克的否定结果转变成夸克禁闭的正面证据。经验事实在其中的作用便是促使"夸克禁闭"的提出并得到承认。③任何经验事实并不是确定无疑、无可争议的。因此,人们对待经验事实应该持开放的态度,接受来自不同观点的审查和批评,而不应把它当成"封闭"性的定论从而排除异己的质疑。日内瓦小组的实验中曾出现非零的结果,但通过适当拉开平行板电容器平板的距离即可消除,可对此操作并没有给出令人信服的说明;斯坦福小组的结果不断受到质疑,最后将引起假象的原因归结为仪器的影响。这些都不是唯一可能的解释,把日内瓦的结果当成定论而只质疑斯坦福的数据是不公平的。为什么出现要么是 0 要么是 $\pm 1e/3$(只有很小的误差)而不是其他数值,这显然有理论导向的因素。因为只有这两种结果才是符合理论之所需。显然,要使各自的实验结果得到承认,就要设法投合现有的理论预测,利益因素已隐含其中。

第二节　利益解释下的科学发展模式

爱丁堡时期的皮克林以该学派的"社会利益"模式解释科学发展的动力:科学家的社会呈现不同的研究传统,拥有不同的文化资源,这些不同的研究传统是如何整合起来,从旧物理学过渡到新物理学的。其中,他重点讨论了宏观上形成的理论与实验两大传统是如何相互依存的,微观上个体科学家是如何抓住情景中出现的机遇走进新领域的。

一、理论与实验的共生关系

(一) 共生关系形成的根源

高能物理学研究活动的一个独有的特征是形成两个紧密联系又相对独立的研究传统:理论传统与实验传统。由于理论计算所需要的数学工具极其繁难,需要多年的基础训练及个人的数学天赋才有机会进入前沿研究。同样,随着粒子加速器及检测器技术的复杂化,以及数据分析技术的专业化,也需要多年的专门训练及工作经验才能胜任。因此,一个物理学家要同时横跨两个领域变得越来越困难。一般认为,费米是最后一位能同时精通理论计算与实验技能的物理学家,费米之后(费米于1954年辞世)两个研究传统工作的分离就十分明显了。

但是,两个研究传统的独立性并没有引起两者的疏离,就像传统科学形象所描绘的,实验研究是对自然界的自由探索,而理论研究是从现象出发提出假设,等待着下一步的实验判决。相反,皮克林认为,实验传统与理论传统是相互依赖、相互促进的"共生"(symbiosis)关系。为探索和解释某些自然现象,处于某个研究传统中的研究者提出了他的解决方案,它成为下一代研究者需要辩护和研究的主题。对于理论传统来说,为证明他的选择,他只要从已有的但仍需要进一步解释的实验数据中引证某些数据加以解释;而从下一代实验得出的新的数据则构成了理论进一步完善的素材。反过来,对实验家来说,他选择对某个问题中的现象做进一步研究而不是其他,也同样可以由现存的理论上的兴趣来辩护;每一代的理论假说都为下一代的实验研究标明了新的问题范围。因此,"通过同一个自然现象为中介,理论和实验传统构成相互加强的情境。由此,不用对现象的实在性做任何承诺,人们便可以看到,通过现象的中介,两个传统保持了'共生'的关系"(Pickering, 1984)[10]。

理论与实验间的"共生"关系是皮克林撰写高能物理学史中反复强调的一个概念,它表示理论传统与实验传统相互依赖、一荣俱荣、一损俱损的发展格局。如果某个自然现象是理论所感兴趣的,有适当的理论假说予以说明,则会激起实验家的兴趣,新的实验结果不断涌现,理论将得到不断加强和完善;同时,理论也不断做出新的预测,需要下一步的实验证实。如此反复,便在这一现象领域持续繁荣起来,理论家与实验家都能在其中取得尽可能多的研究成果,实现其人生的理想和目标。因此,共生的形成体现了物理学家的共同利益,是皮克林的社会利益模式中的一个基本形式。共生现象能够形成的一个重要原因是物理学家共享的资源与情境。在实验方面,由于大型昂贵设备集中于少数几个实验室,它成了高能物理实验家的共同资源;同样,理论家对某一特殊现象的兴趣也构成了他们共享的情境。如果现有设备正适合于对理论家感兴趣的现象进行研究,很快有关这类现象的实验探测就迅速生长;相似地,在这同一实验传统内产生的数据构成了理论家们的共享情境。因此,共享的资源与文化传统促成了他们的双赢局面。

但是,共生论面临的一个问题是如何解决实验的易错性、理论的非确定性与科学活动的动力关系。事实上,实验结果并不总是支持理论假说,相反,有些顽固的实验家总是尽力通过实验来否定某个假说。而且,理论并不能完全决定实验的未来,当出现多个竞争的假说时,实验家怎么决定展开哪些实验、支持哪些理论? 对此,皮克林的看法是,虽然在原则上所有实验均有易错性,但实验家在报告他们的结果时,一般并不是以明显的姿态表示他们的倾向;他们仅仅报告结果,比如某个物理量的测量值是多少(通常还给出它的不确定范围),之后的事就得由同行们来决定是否接受,这时判断因素就决定了今后的实践走向。如果理论家能从他们的资源中发现这些数据有某种建设性分析,人们就不要指望他会花大量时间去质疑这一实验的方法。如果通过理论的中介发现这些数据产生出新的困难和问题,需要进一步解决,则实验家往往不会去深入探究。如此,实验的潜在易错性就变得可以控制了。

对理论的非确定性也有类似的解决方法:当对某一组数据存在多种不同的解释方案时,按照科学实践的动力,并非所有解释系统都有吸引力。理论家凭借所拥有的专业技能使得某个解释方案跟其他传统联系起来,产生出新的问题,使得实验家找到解决的方法,从而得到重视。其他假说则由于跟主流传统相疏离而变得无意义,或者导致的问题由于实验家凭现有的技术无力解决从而衰落。因此,从这种意义上来说,共生的形成依赖于科学家们的共同资源及科学家在特殊情境中的选择(Pickering, 1984)[13]。

(二) 共生关系在高能物理学中的体现

皮克林的共生论具体表现在新、旧物理学两个时期。在 1974 年 11 月以前的旧物理学时期,最显著的一个例子是兹维格结构夸克模型的成功。1964年,兹维格提出强子结构的夸克模型后不久,1965 年,贝基(Becchi)和莫泊哥循着原子物理及原子核物理学的思路,用来解释 Δ^+ 衰变:$\Delta^+ \rightarrow p\nu$,取得比较圆满的成功($\Delta^+$和 p 都是 uud 结构），物理学家纷纷投入这一领域，将解释的范围扩展到其他介子的相互作用过程。由此，强子结构夸克模型（CQM）成为解释当时已有数据的重要资源。

但是，皮克林认为，"实验与理论的关系并非是单向的，正如实验成果限定了理论家的实践资源一样，理论家的探索成果也限定了实验家的活动。以CQM 为中介，理论家与实验家保持了一种互相支持的共生关系"（Pickering，1984）[102]。共生的根源在于 20 世纪 50 年代的前 CQM 时期，当时的理论实践极大地依赖于实验：实验家报告了新强子的存在，之后理论家尽其所能地对新粒子做解释，实验家牵着理论家的鼻子走。但是，1961 年盖尔曼与尼曼的"八重法"提出后，状况有了很大的改观，两者恢复了平衡。实验家不仅仅只是给理论家提供数据，他们还从理论家那里获得回报。

典型的例子是，1962 年盖尔曼根据"八重法"预测 Ω^- 粒子的存在。盖尔曼从已有的共振态粒子的数据中推测 Ω^- 粒子的质量及衰变特征，为实验家明确了实验探测的范围，它激起实验家的兴趣并于 1964 年观察到了。此预测的成功一方面引起实验家对理论模型的关注，围绕理论预测而展开他们的工作；另一方面也使理论家更受鼓舞，很快催生了夸克模型。随着夸克概念和CQM 的出现，理论与实验的共生关系又进入一个新的更加紧密的阶段，从此，实验由低质量介子和重子多重态等"经典"强子探测走向探测高质量及高自旋的共振态粒子。CQM 对实验的影响还表现在它使得共振态物理有吸引力，值得投入大量的时间、人力与财力。因此，CQM 传统的繁荣成了新的共生关系的核心，它不断得到实验数据的支持从而加强自身，也推动了实验技术与数据分析技术的发展。

新物理学时期最典型的共生关系是统一场论的建立与中性流事件。其实，中性流事件分别在新、旧物理学两个时期构成共生的主题，两个时期分别出现理论与实验的稳定协调发展，中间出现短暂的混乱与断裂。从 20 世纪60 年代到 1971 年是一个稳定期，这一时期共同的信念是中性流不存在，而且理论与实验都为此作了合理的辩护。此时期的中微子实验（主要是 k^0 介子衰变等）报告主要涉及理论感兴趣的弹性带电流散射的数据，理论呼应也是进一步完善计算方法,并为下一代实验探测作预测。双方都对中性流现象不感兴趣:在实验方面,中性流过程的辨认和解释比带电流要困难得多(由于中子背景问题);在理论方面,物理学家在"V - A"理论传统下工作,并不需要中性流。因此,双方都没有激起质疑中性流不存在这一解释的动机。

但是,随着荷兰青年物理学家特-霍夫特('t Hooft)证明了带质量中间玻色子的规范场可重整化,在规范场方面的理论工作即刻突飞猛进,从而在规范场理论与中微子实验之间撕开了一条裂缝,共生关系暂时被破坏。理论家发现他们的简单模型出现了实验家未知的现象,这促使他们对中微子物理过程进行重新评价。果然,这一重新评价活动成功地得出了中性流发现。从1974 年以后,新的研究传统开始确立,理论家在规范场论传统下工作,为中微子实验做出新的预言,给实验家提供新的实践领域;同样,实验家围绕新的理论预测展开他们的工作,中微子实验很快在各大实验室繁荣起来,新的共生关系又建立。正如盖尔曼所说,"弱电统一场论对实验家是座富矿",不仅如此,中性流的发现对理论家来说也是一座富矿。接受中性流的发现及其新的解释系统,规范场理论家不仅为他们当今的活动获得辩护,而且也为今后的工作提供了新的课题。因此,规范场论与中性流实验两个传统实质上是互相支持、互相依赖的关系(Pickering, 1984)[194-195]。

二、情景中的机会主义

在发生科学革命的关键时期,有些科学家能抓住机遇,成功地从旧范式转换到新范式,做出积极贡献;有些科学家则不然,沉浸在旧范式中不能自拔,渐渐脱离时代潮流。那么成功转换的条件是什么? 皮克林的回答是:所处的特殊情景——他(她)所受的训练、熟悉的传统、所处的机构、周际的工作进展,等等。

(一) 机会主义的形成

皮克林以高能物理学中理论家与实验家共享的文化资源为基础,理论与实验两个研究传统形成共生关系来描述 20 世纪六七十年代粒子物理学的发展特征。但仍然存在的问题是,从微观层面上看,共享的情境如何形成? 面对相竞争的假说模型和实验结果,个体科学家判断的动力是什么? 因为只有科学家做出了判断,决定在某个传统内从事他们的研究,才使得该传统繁荣起来,成为共生的核心。皮克林将这些问题概括为"情境中的机会主义"(opportunism in context)。为什么某个特别的科学家以某种特别的方式投入特定的研究传统中? 皮克林的回答是"机会主义":每一位科学家在处理问题的方法上都有一套自己独特的资源和背景,做出创造性的探索。这些资源有可能是物质方面的——比如说,实验家可以得到的某个特殊的仪器设备;也可能是无形的资源——在职业生涯中获得的某个实验或理论分支的专业技能等。对研究传统的动力分析关键在于这些资源能否很好地与特定的情境相契合:"研究战略是根据科学家个人以享有的资源在不同的情境中做出创造性探索的机遇而定的。"(Pickering, 1984)[11] 如果某个特定的科学家凭着特有的知识背景或当前条件,能够抓住机会做出创造性的探索,比如拓宽了假说模型的说明范围,使之与其他传统联系起来;转换为同行所熟悉的方式;或者实验家凭借拥有的设备及经验,能够为某个假说提供数据支持,或为下一代实验做开路先锋等,就有可能在某一方向推动科研活动的繁荣,成为共生的核心。

"情境中的机会主义"是贯穿《建构夸克——粒子物理学的社会史》全书的一个主题,皮克林以之解释在特定情境下个体科学家研究活动的动力,以及科学发展的微观模式。但同时他也认为,它不能解释高能物理学实践中所有的微观层次的问题,当遇到已经确立起来的研究传统中的日常活动时,主要是以共享的资源与情境的宏观、总体分析为主。"机会主义"是针对微观层面、针对新传统如何生长而言的。它相当于库恩的科学革命时期,但是新范式还未确立,认为处于混乱时期的个体科学家如何发挥作用,促使某个研究传统得以发展,使之成为下一步研究的共同资源。

在皮克林的争论案例研究中,最能体现他的"情境中的机会主义"模式的,要算 1974 年 11 月新发现的 J/ψ 粒子及其所引起的对该粒子解释的"色"与"味"之争(Pickering, 1981b)。皮克林认为,"11 月革命的种子是由那些提倡粲夸克味和规范场论的物理学家播种下去的"。如前所述,在将弱电统一场论推广到夸克强相互作用时,出现了夸克味(三种夸克 u、d、s)与轻子(四种轻子 e^-、υ_e、μ^-、υ_μ)的不对称问题,似乎应该引入第四味夸克;同时,夸克自旋为 1/2,属于费米子,可结构夸克模型却不遵从费米-狄拉克统计,似乎应该引入新的量子数来解决这一矛盾,这即是夸克的"色荷"。在粲夸克发现之前,提倡粲素夸克味存在的物理学家大体分为相互联系但有明显区别的两组。一边是老派的规范场论物理学家,比如盖尔曼、温伯格和格拉肖等,他们从规范场论的角度出发支持"色"和"粲"味夸克的存在;另一边是新派的年轻物理学家,他们同样活跃地支持"粲"味夸克和规范场论,但不赞成引入"色"来说明。因此,对新发现粒子到底该用新味夸克或是以"色"的不同来解释存在争论。皮克林认为,存在这种分歧的主要原因在于他们的文化资源的差异。年轻一代物理学家于 20 世纪 60 年代进入高能物理学领域,他们一般没有经历规范场论方面的训练(因为 20 世纪 60 年代规范场由于未能重整化而处于低落),但这一派的存在对高能物理学的下一步发展形势是十分关键的。虽然 20 世纪 60 年代进入高能物理学领域的物理学家缺乏规范场论方面的背景,但在关键时机若他们能抓住机遇,与规范场阵营形成联盟,从他们的同行中获得共享的资源,则可能在下一轮竞争中争取主动(Pickering, 1984)[240]。

(二) 机会主义案例

从旧传统过渡到新传统的科学家当中,在欧洲核子研究中心工作的盖拉德(Mary Gaillard)和美国哈佛大学的卢亚拉(Alvaro De Rújula)是典型的成功转型者(Pickering, 1984)[241-247]。

盖拉德原来在美国,在粲夸克发现时他正在欧洲核子研究中心工作,同时也是在欧洲的物理学家中最热烈支持粲夸克的两位科学家之一。卢亚拉来自西班牙,当时正在哈佛大学工作,而当时的哈佛大学物理学家是美国物理学家中支持粲夸克的先锋。这两位物理学家拥有十分不同的学术经历,在11 月革命时走到了同一条战壕上;他们都经历了从一种研究传统到另一种研究传统的转换,顺利拓展自身原有的专业技能,同时把握住新的资源,成为粲夸克和规范场论的积极支持者和参与者。

卢亚拉 1969—1971 年曾在欧洲核子研究中心从事理论工作,1972 年底来到哈佛大学并获终身教授职位。在读研究生时他就在流代数传统下做研究,而流代数来源于场论,因此,他后来走到规范场论的支持者一边是很自然的。在 CERN 期间,卢亚拉专门从事量子电动力学方面的细致而复杂的计算,这使他在可重整化场的微扰方法方面有了宝贵的经验;在该中心的嘎嘎梅尔泡室从事中微子实验时,他从事中微子散射的分析工作,以及当地特别关注的深度非弹性散射和部分子模型等。因此,在他离开 CERN 前往哈佛时,他已经在流代数、场论的详细微扰计算技术、弱相互作用实验现象以及部分子模型等方面具有一定的技能。到达哈佛时,那里的弱电统一场论正如火如荼地进行,当时有粲理论的发明者格拉肖、场论工作的领袖人物科尔曼(Sidney Coleman)、附近麻省理工学院的统一场论提出者温伯格等,这使卢亚拉处于一种特殊的情境中,他感到无形的压力——"必须学会场论",而且,规范场论又是其中"最有趣的"。在这样的压力氛围下,卢亚拉很快掌握了弱电统一规范场论的基本原理。当 1973 年波利策(Politzer)发现非破缺规范场渐近自由时,卢亚拉凭着其在规范场计算方面的经历以及复杂的微扰计算技术,抓住了这一情境中的机遇,就渐近自由现象写出了两篇文章发表,并在 1974 年 7 月的伦敦会议提交了"轻子物理与规范场论"的报告。因此,当 11 月革命到来时,卢亚拉已经与哈佛的同事一起站在了规范场与粲素这一边,成为坚定的粲夸克味的支持者。而且,在从旧物理学到新物理学传统的转换中,他表现得十分自然和顺利,几乎没有出现反常或危机感。

盖拉德 1961 年毕业于哥伦比亚大学,获文学硕士学位,在与法国物理学家 J. M. 盖拉德(J-M, Gaillard)结婚后到巴黎大学从事理论高能物理学学习,于 1968 年获博士学位。随后她到 CERN 理论组工作,其间 1973—1974 年到费米实验室访问。盖拉德在 20 世纪 60 年代中期的研究生生涯主要是研究弱相互作用现象,此时规范场论还未流行;她的工作是分析 k 介子衰变中的宇称 CP 破坏现象,该现象在 1964 年首次实验发现后在高能物理学界引起很大兴趣。在 1969—1972 年 CERN 工作期间,她继续研究各种 k 介子衰变过程,属于手征对称性传统,涉及反常中性流 k 介子衰变等当时已知的弱相互作用理论都认为存在问题的模式。到 1972 年,她已成为研究弱相互作用现象方面的专家。

1973 年盖拉德离开 CERN 前往费米实验室,这是她后来卷入规范场论的一个关键转折。费米实验室理论组的领袖人物本杰明·李(Benjamin Lee)是规范场可重整化工作的重要贡献者之一,同时在致力于完善统一场论工作。盖拉德到来时,CERN 刚报告中性流现象存在,这在费米实验室的中微子实验家中引起热烈讨论。因此,她发现自己正处在一个特别的地方性情境中,新报告的现象暗示了弱电统一理论的极其重要性,而她的日常工作又与规范场论领袖人物保持接触;她在弱相互作用现象以及奇异数改变的中性流(即 k 衰变反常)方面是行家,而她的理论方法是在场论的流代数传统之上获得的,因此,在这种情境之下,她开始与本杰明·李合作研究弱电统一理论的详细现象,学习规范场论技术是最自然不过的。

1973 年的弱电规范理论迫切需要解决的问题是,奇异数改变的中性流不存在——尤其是盖拉德特别熟悉的 k 介子衰变反常过程。从规范理论来计算,盖拉德与本杰明·李推算出,若存在质量为 1 GeV 左右的粲夸克,则有关奇异数改变的中性流数据变得可以理解,因此,粲受到特别的关注。在这种情境之下,1974 年,盖拉德与本杰明·李以及另外一位强子谱研究专家罗斯纳(J. L. Rosner)联合写出了一篇重要的综述性文章《寻找粲夸克》(文章于 1975 年才发表,但在 11 月革命前已向同行广泛散发)。文章回顾了他们对粲夸克的质量和能量宽度的预测。1974 年夏,盖拉德又分别在费城举行的一次国际会议上展望了实验上探测粲夸克的前景,在伦敦会议上就规范场论与弱电统一理论作了一番评论。因此,当她 1974 年下半年回到 CERN 时,已经在粲现象及弱电规范理论方面成了专家,紧跟着 11 月新粒子发现的报告,她立刻站在粲夸克阵营这一边,积极宣传说服同行们相信粲夸克。

第三节　转向实践研究

20 世纪 80 年代后期,爱丁堡学派的社会利益解释模式受到诸多批评。

主要困难在于,单纯的社会学解释没有将丰富的实验室实践活动纳入其中,忽视了物质维度对科学知识形成过程的影响,造成了科学知识的生产仅仅是科学家之间"社会协商"的印象。皮克林到美国后,结合美国实用主义传统,将物质性的仪器操作纳入知识生产的过程,以科学活动中人的因素与物的因素的辩证互动来解释知识的生产,提出"实践的纠缠"解释模型。该模型拓展了科学知识社会学的解释边界,将非人的因素纳入社会学解释的范畴。在此基础上,皮克林提出去中心化、反二元论、人与物互动共生的"纠缠本体论"。"纠缠本体论"为科学编史学打开了一条新思路:打破传统学科界限的大综合编史学。

一、实践的纠缠

20 世纪 80 年代中后期,爱丁堡学派社会利益解释模式受到诸多批评。到美国后的皮克林思考如何将科学实践中的物质维度纳入科学知识的生产中来。此时,学术界正在新兴两个发展方向。一方面,以伊恩·哈金、彼得·伽里森(Peter Galison)、阿兰·富兰克林(Allan Franklin)等为代表的"新实验主义"强调实验的相对独立性和实验对理论发展的判决或限定作用,关注实验仪器的发展和实验室的物质操作实践过程对科学家信念的制约。他们以大量的实验案例研究,有力地反驳传统哲学的"迪昂-奎因"命题、历史主义的"观察渗透理论"和库恩的新、旧范式"不可通约论",力图恢复科学的经验基础和科学的客观性、合理性形象。另一方面,科学知识社会学的巴黎学派,以拉图尔(Bruno Latour)、卡伦(Michel Callon)等为代表的"行动者网络"理论也刚刚兴起。他们提出了对科学进行社会学解释的另一套新颖理论,颇有吸引力。拉图尔在 1987 年出版的《行动中的科学》中,提倡将科学(及技术)当作人类力量与物质世界(实验室中的仪器设备等)的力量相互交织起来的网络,其中人类力量与物质的力量是对称的,都是科学技术本身不可缺少的要素,要求对之同等看待。

在对"行动者网络理论"和"新实验主义"的案例研究作了一番研读之后,皮克林决定借鉴这些新理论的合理因素,将科学实践的物质维度与社会维度作同等看待,以两者间的辩证互动来解决科学活动中的主观与客观的对立与矛盾。在 1989 年发表的《生活在物质世界:关于实在论与实验实践》中,皮克林首次明确地阐述了物质性的力量如何限制了科学家的活动以及限制科学文化延展的任意性,从而也将科学知识的客观性带回他的相对性框架中(Pickering,1989)。该文也标志皮克林思想的一个重要转变,他逐步脱离早期爱丁堡学派等主流科学知识社会学试图以某个单一因素(比如“社会利益”)来说明科学判断问题,寻求社会的与物质的多维度的平衡。20 世纪 90 年代初,皮克林将他十余年来的科学社会研究实践做了全面的总结和阐发,尤其在 1992—1993 年休假年到剑桥大学科学史与科学哲学系做访问期间,他构思了比较完整的思路,以《实践的纠缠:时间、力量与科学》完整地提出了他的科学发展的“纠缠模式”。

实践何以产生“纠缠”(mangle)？皮克林将科学活动分为物质层面与观念层面(conceptual)两个方面。科学家有他们自己的理想和目标,这主要由原有的文化资源和传统决定,科学实践就是在原有文化基础上的类比推理。但要实现其理想和目标,他们得借助物质仪器的手段,将其思想观念内化为物质设备,两者的结合产生出所需要的科学事实。但是,思想观念与物质手段的结合并不总是产生出科学家所期望的结果,其间常不断产生“阻抗”(resistances)。皮克林意识到,在写作《建构夸克》的过程中没有充分注意这一点,没有就知识拓展的无限开放性(open-ended)展开充分讨论。实际上,科学家对原有科学文化的延展(extension)是有无限多种方式的,在无限多种可能的方式中,只有某种特别的类比推理方向正好在这种结合中脱颖而出。因此,他认为类比推理实践具有一种重要的“实时结构”(real-time structure),它勾画出文化延展如何被突然显现的“阻抗”所限制,以及对“阻抗”的“适应”(accommodations)是成功还是失败的轮廓。这种在实践活动中,由于“阻抗”与“适应”的辩证关系而出现的临时结构,皮克林将其称为“实践的纠缠”(Pickering,1995)[XI]。

“纠缠”表明了科学家的思想观念与物质实践之间的辩证关系。要实现实践的目标,必须借助物质设备的手段;而物质设备不能保证达到预期的目标,可能出现各种阻抗,科学家只得不断调整他们的思想观念和实践方式以适应阻抗。经过不断的调整与适应,最初的科学问题可能发生了转换或变迁,从而得到新的跟从前不同的认识。因此,"纠缠"本身就是科学实践的特征,是一种辩证的实践。它有些类似于"试错法",但又有所不同,其中实践的人不是被动地接受实验结果,而是不断地调整,不断修改规则、程序以及解释系统,从而达到认识的一致。

为更确切地理解他的"实践的纠缠",也即物质层面与观念层面的辩证关系,皮克林将"科学文化"作重新界定;赋予"文化"更广泛的含义,它包括科学实践中的各种活动,是科学中的"制作"(made thing),它"包括各种技艺和社会关系、机器和仪器、科学事实与理论"(Pickering, 1995)[3],并将科学活动理解为一种文化延展,而且特别关注新知识在科学实践中是如何产生的。不仅如此,他还力图超越传统的物质维度与社会维度谁处于优先地位的争论。通过扩展科学文化的概念范畴,超越哲学传统将科学仅当作一种知识体系的反映论;摆脱反映论教条的束缚,将科学理解为包括物质的、社会的、时间的维度,而不仅仅将科学家的形象描述为是处在事实与观察(以及语言)的场域中,是与外界隔绝的知识制造者与逻辑推理者;世界并非充满了事实和观察,而是各种"力量"和"行动"(agency),它迫使人们不断地行动,去调整与适应,去与外界的物质力量相协调(Pickering, 1995)[15]。因此,人的行动与物质力量之间的冲突与调整是科学活动的经常性现象。

对科学文化概念作了扩充界定之后,皮克林将科学实践过程描述为"目标模式"(Pickering, 1995)[21-22]:科学是一种实践活动,其中有人类的力量与物质的力量的参与;科学家是人类力量的代表,他们处在物质力量的场域中,通过机器(仪器)的中介力图把握物质的力量。在这种奋斗过程中人类的力量与物质的力量相互促进、相互纠缠。具体来说,作为人类力量代表的科学家,在科学实践开始时具有他们自己的目标或意图,它基于科学家的原有文化资源。为实现他们的目标,就要在原有的文化资源基础上进行延展。文化延展是一项实践活动,利用人类的力量与物质世界的力量,两者相互冲突与调整。一方面,人的力量不断改进仪器设备等物质手段;另一方面,物质的力量不断调整人的目标和意图,两者达到新的平衡,实现文化的延展。

皮克林认为,在文化的延展过程中,调整与转换是关键的,并以"力量的舞蹈"(dance of agency)来形容这一调整转换过程。首先,科学家按其意图建造某些新的仪器,这时他们处于主动的一方;之后他们采用仪器进行观察,被动地受到仪器显示的引导,此时物质的力量处于主动的角色;但通常仪器的行为并未达到人的意图,这时就需要角色的转换,人的力量再次处于主动的地位,他们调整类比推理的方向;之后科学家再次处于被动观测的地位,如此反复。因此,"力量的舞蹈"实际上是"阻抗"与"适应"的辩证关系。"阻抗"表示人的意图未能达到,未能抓住物质的力量;而"适应"则表示人主动地采取对策应对"阻抗",包括修改目标和意图、相关的物质形式——仪器设备,以及与之相关的社会关系和人们的总体观念等。

二、实践研究案例

在仪器制造的案例中,皮克林研究的是气泡室的发明者,美国密西根大学的格拉瑟(Donald Glaser)及其气泡室的发明过程。气泡室是粒子物理学实验的重要仪器,格拉瑟也因此项发明而获得1960年诺贝尔物理学奖(当然,皮克林选择气泡室作为典型代表也因为有伽里森等的详细研究作基础)。

气泡室的发明是在原有的云室原理基础上的模仿。20世纪50年代之前,云室已普遍用于粒子物理学实验。在一密闭容器中充入一定压力的蒸汽,容器同时作为标靶和检测器。当粒子束从外部注入容器并在其中发生反应时,在带电粒子轨迹后面由于压力释放而蒸汽浓缩,形成许多小液滴,从而留下粒子经过的迹径,可以拍下照片进行研究。在20世纪50年代,物理学家普遍关注的奇异粒子,是利用云室检测宇宙射线而发现的。由于奇异粒子非常稀少,其相关数据很不准确。因此,格拉瑟想到,若在容器中充入更致密的物质,则将增加反应的概率,获得更多的数据。因为在给定的粒子束条件下,反应事件的概率与标靶的质量成正比。格拉瑟开始尝试用各种液体和固体为工作物质,但都没能产生类似于云室的粒子迹径(即此阶段格拉瑟处于积极主动的一方,利用拥有的资源仿效云室的制作,尝试建造新的仪器,却未能成功,出现了"阻抗",意图未能达到)。格拉瑟应对这种"阻抗"的方法是"调整与适应":面对各种阻抗,他设计其他试探性的方法,绕开碰到的各种障碍,力图达到建造高密度检测器的目标。在他早期的试探性活动中,格拉瑟采取最简单的办法,即逐一尝试各种工作物质和技术(即"阻抗"与"适应"的辩证关系,或"实践的纠缠")。终于在 1952 年格拉瑟研制出能工作的检测器,其工作原理跟云室相似,但内充工作物质是高压过热液体(而不是气体)。当带电粒子穿过时,由于压力释放而沸腾,形成许多小气泡(而不是小液滴),留下粒子经过的迹径。此时,格拉瑟的实践达到了一个暂时性的目标。

但当 1953 年格拉瑟的工作发表后,包括格拉瑟自己以及伯克利的阿尔瓦雷斯(Luis Alvarez),还有芝加哥大学的另一个小组试图将格拉瑟的发明开发成实验室可用的仪器时,新的阻抗又产生。格拉瑟从前是宇宙射线物理学家,他探测的是自然发生的宇宙线,而不是加速器产生的粒子束。由于宇宙线十分稀少且不稳定,靠随机的观测很难得到感兴趣的反应事件。在云室实验中的解决办法是另外配上一个检测器作为触发器,当只有好的时机观测到感兴趣的现象时才触发泡室膨胀并拍下照片。但当格拉瑟将这种方法照搬到他的原始泡室时,却未能产生任何迹径。他对此的反应是:触发引导泡室膨胀的时间比迹径存留的时间还要长,因此,是触发方法的失败。根据他已有的背景知识和经验,他改变了原初的目标,放弃检测宇宙线的努力,而是用他的气泡室来检测加速器产生的粒子。由于加速器粒子束可按时到达气泡室,因此可以有规律地加热气泡室,不存在触发的困难。这一目标转换虽然取得了成功,但却背离了格拉瑟的原初意图。皮克林认为,格拉瑟转换他的目标带来了实践的社会维度(Pickering, 1995)[43]。正如格拉瑟后来所说的,他的目标转换有心理的因素,他意识到将会建造大型的加速器,会有大量的奇异粒子产生。但格拉瑟原初的理想是坚持他的小作坊式的"小科学"时代的研究方式,在一个宁静的环境里研究他的宇宙线物理,他不喜欢"大科学"时代的大机器、大工厂式的大型加速器研究方式(Pickering, 1995)[43]。格拉瑟厌恶第二次世界大战后出现的大型化、组织化合作的工厂式实验室,认为它把研究人员做严格等级划分,使其失去灵活性和自由。但他的发明却在一定程度上促进了这种研究方式的形成。

但是，实践的纠缠远还没有结束。虽然格拉瑟避开了触发机制问题，但他起初设计的气泡室是小型的线形细管。为增加工作物质的质量，格拉瑟在管内充入液态的醚作为工作物质。线形细管探测粒子迹径的发生概率就很低，加上醚的分子结构较复杂，不利于结果的分析。伯克利的阿尔瓦雷斯则倾向于使用最易于分析的液态氢，但氢的密度较小，因此相应要建造大型的气泡室（甚至达 72 英寸长）。格拉瑟为坚持他的"小科学"目标，改用液态氙为工作物质，因为氙密度比氢大，相应体积小得多，但在测试时却得不到粒子迹径。通过扩大细管直径，以及在工作物质中添加一种"淬火剂"乙烯，终于迹径出现，实验得以进行。但加入乙烯后对气泡成因的解释方案也要做调整，因此，此时的纠缠不仅在物质层面上，也体现在观念层面上。

从皮克林对格拉瑟发明气泡室的案例研究中，可以看出他的"实践的纠缠"不断表现在仪器制造的各个阶段。格拉瑟效仿云室原理制作小型气泡室，他的最初目标是增加探测到宇宙线中奇异粒子的概率。但是在实践过程中他不断遭遇阻抗，迫使他不断调整转换，最终的结果却是制作成探测加速器粒子的大型气泡室。实践的纠缠表现在以下三个方面。物质层面：由小型线形细管、使用触发机制转换到大型、不用触发机制；工作物质由醚转换为氙加上淬火剂乙烯；粒子迹径由液滴转换为气泡等。观念层面：对带电粒子迹径的解释方式发生转变。社会层面：由小作坊式的小科学到工厂式、制度化、组织化的大科学（格拉瑟从 1950 年 6 月到 1952 年 11 月发明气泡室的早期，只有一名研究生为助手，得到密西根大学的总资助经费仅 2 000 美元。但在此后的氙泡室工程中则增加了 1 名合作者、1 名秘书及 4 名助手、4 名博士后、1 名机械师等，经费也增加到 25 000 美元。阿尔瓦雷斯则更多，有 250 万美元的经费。1960 年格拉瑟也加入了伯克利的大科学工程，但他厌恶这种研究方式，不久就离开了。）因此，皮克林的实践研究涉及人（科学家）、物（仪器设备）及社会（组织结构等）三方面的关系，是人与物的纠缠从而改变了原初的实践目标，也改变了实践的社会环境和结构。最后，皮克林认为，实践中的阻抗与纠缠是偶然突发性的，是瞬时突现的阻抗与纠缠，无法预知，也无法回避。因此,只能不断调整实践的意图和文化延展的方向来适应它。

三、纠缠本体论

皮克林尤其强调科学实践中"纠缠"出现的临时性和偶然性。为什么格拉瑟起初用氚为工作物质没有探测到粒子迹径,加入乙烯之后就探测到了,这预先并不知道,也没有逻辑解释,它"仅仅如此发生""就是如此"。如此,他既坚持了他的机会主义解释传统,同时,引入物质层面对知识的建构作限制,突破过去单一因素的解释模式,走向多元主义和反对还原论。最后,皮克林以一种"后人文主义"(post-humanism)的观点来阐述科学实践中人与物的关系,超越欧洲文艺复兴以来人文主义观造成的人与物的两分与对立;提出科学文化的延伸并非仅仅是人的意志单向地去控制和把握自然,也不仅仅是自然现象完全限制了人类的认识,而是"人与物共舞",两者间相互交融、相互依托。

由此,皮克林的后期思想明显地与爱丁堡学派的强纲领区别开来,他认为爱丁堡学派的科学知识社会学,试图将物质世界的关系归结为人类社会的关系,用单一的社会利益因素解释科学知识的形成,属于一种新的还原论思想,因此仍然属于现代性范畴。早期的科学知识社会学只强调了"人的力量",忽视了"物的力量",现在他要重新回到人与物的平衡上来。物质的力量在于它限制了人的活动,当人试图凭其意志把握和控制物质的力量时,往往遭遇偶然出现的阻抗,迫使人不断做出调整——重新建构仪器设备,重新调整解释方案等。人的力量只能在物质力量的限定和挤压之下不断左冲右突、跌跌撞撞、艰难前行;人的力量在于有实践的目标和意图,当遭遇阻抗时能主动地调整与适应,从而科学文化得以不断延伸,实践活动得以继续。

皮克林的后人文主义科学实践观,在一定程度上继承了德国哲学和社会学传统,尤其是黑格尔和马克思的辩证法,但又不同于马克思的物质决定意识,物质第一性、意识第二性的观点。他强调了科学实践中物质的力量与人的力量的辩证关系,两者辩证互动、交替凸现,并不存在谁决定谁,以及谁是第一,谁是第二的问题,而是在实践的不同阶段人的因素与物质的因素交替上升、主动与被动的角色相互转换。而且,在具体的实践中,往往是科学家从原有的文化资源出发,带有某种目的和意图地对科学文化进行拓展,当遇到阻抗时才不得不做出调整与适应。因此,首先是人处于主动的地位,是人主动地想把握和控制物质世界、控制自然;其次,才是物质世界处于主动的地位,它限制了人类文化延展的任意性,使人类不得不作重新调整来适应它。皮克林的这一思想转变不仅弱化了社会维度在建构科学知识过程中的作用,而且凸显了物质维度在其中的重要性。他认为,"物质的力量是不可归约的,不可归结为人的力量;而且,物质的力量突现的轨迹是与人的力量缠绕在一起的,而不是强加于科学家之上"(Pickering, 1995)[53]。

通过强调人与物的辩证互动,皮克林试图解决哈里·科林斯与斯蒂文·耶莱(Collins and Yearley, 1992)在"认识论的鸡"中提出的一个两难困境:科林斯与耶莱认为,人们要么把物质的力量解释成是人类行动的结果,要么只得跟随科学家的解释,因为只有他们对实践操作过程最了解,他们的解释才具有权威性(因此将科学活动的分析让位给科学家和工程师)。根据皮克林的分析,物质的力量既不能归结为人的力量,也不是与人无关的独立存在,而是"通过阻抗与适应的辩证关系潜入人类的王国里"(Pickering, 1995)[54]。将物质的力量看成是瞬时凸现的因素,它既不可化约为人类行动的结果,又不在科学家(及工程师等)可预测的范围之内,从而避免了这一两难困境。物质的力量是科学家在实践过程中奋力地想去把握的因素,应该对其实践过程做实时的分析;而且,物质的力量是纠缠过程中的一部分,是阻抗与适应的产物,因此,不能离开人的力量而对之隔离分析,从而社会学家在其中有许多发挥的余地。

人的力量与物质力量的这种相互纠缠,辩证互动关系,皮克林称之为"纠缠本体论"。它是世界本身所固有的性质,是自然和社会的本性,非人力所能改变。在2002年巴西里约热内卢举行的一次以"后现代主义本体论"为议题的新千年国际会议论坛上,皮克林首次发表了其"新本体论"的基本主张(Pickering, 2002)。后来在2008年主编的《实践中的纠缠:科学、社会及其演变》(*The Mangle in Practice: Science, Society and Becoming*)的序言和导论中,又进一步将其本体论设想全面地阐述。

皮克林的纠缠本体论主要有四个基本概念:后人文主义、去中心化、瞬时突现和演化生成观。究其根本原因,皮克林认为物质力量的瞬时突现性,在于世界的不断演化生成,因此,人类无法预知和完全把握,也就不能将其放在既定的框架里。在人与自然、与物质世界相处的过程中,只能实时地不断调整自身的行为,人类的所有实践活动都是无限开放的过程。其中,人类的力量与物质的力量相互绞合,是一种力量的舞蹈,无法完全区分彼此,也不存在谁是中心,谁是主要谁是次要的问题。因此,首先必须去中心化,放弃传统的以人类为中心或以自然为中心的解释框架;其次,应该转换视角,从传统的人与自然二元分离,人类的力量试图把握、控制自然的力量的人文主义视角,转换到人与自然相互构筑、共舞共存、共同演化的视角,也就是其"后人文主义"的视角。

首先,皮克林在其《实践中的纠缠:科学、社会及其演变》的序言中阐述了他提倡新本体论的理由:"在人文与社会科学中存在着一种明显的错误支配着主流的解释框架,它掩蔽了在后人文视角下才显现的人与物之间的相互纠缠,以及无所不在的瞬时凸现和演变生成。因此,'纠缠'理论并非声称已经找到了文化和实践的基本方程式(这是所有人现在就应该用他们一生的所余时间去解决的),而是主张一种解释角度的转换,主张学者们应该关注去中心化和凸现过程,而不是重复使用那不真实的工具去遮蔽其存在。"(Pickering, 2008)[VIII-IX] 因此,他的纠缠本体论是指在整个人文与社会科学领域解释观念的格式塔式的根本转变,从过去人与物的二元分离、人类中心论、非凸现性、非时间性的解释框架转换到他的"人与物共舞"、去中心化、瞬时突现、历时性、无限开放式的解释框架。而且,他相信这种新的解释框架不仅适用于科学技术论,也普遍适用于所有其他人文与社会科学研究领域,因此可称普适性的"万有"理论。

其次,在《新本体论》一文,皮克林以一个比喻形象地阐发其本体论的基本观念(Pickering, 2008)[1-4]。他申明很赞赏怀特海的有机哲学,认为不应该将科学、技术与社会等看成一种既成的、稳定的"现象"和"存在"(being),而是实践活动中不断的"生成"和"演变"(becoming)。他引用 20 世纪荷兰两位抽象派画家芒德林(Piet Mondrin)和孔宁(Willen de Kooning)的绘画方法形象地表达他的纠缠本体论概念。前者擅长于几何图象的抽象画派(geometrical abstracts),他在白色画布中原有的横竖网格上添加构图,画纸上画上去的人物、物件明显有区分,画者与其作品界限分明。落笔前,作者预先在头脑中形成明确完整的构思,然后付诸行动。绘画一经完成,它就是一幅完整的作品,任何额外的添加均是多余的画蛇添足。后者则相反,画布上图像模糊,浓墨淡雅浑然一体,没有明确的边界,人们很难想象它想表达的意图。他要么没有预先明确的构思,随着作者思绪的不断发展随心所欲不断地添加;要么预先有些基本设想,但随着绘画的进展,新奇的想法可能突然出现,促使他不断调整,甚至是整体布局的改变,与原初的方案全然不同。绘画永远没有最终完成的日期,甚至在作品出售之时,也不能说它已经完成。画家只是在某些阶段暂时没有新的创意,暂时将其搁置,或许还会反复调整,也许某一天想到一个新的素材,又在某处添加新的元素。皮克林认为,孔宁的本体论是一种"生成本体论"(ontology of becoming)。他所提倡的"新本体论"就如孔宁的生成本体论,它是一种各种事物在其中相互构筑、难分彼此、不断演化生成、没有终结的本体论。

第四节　纠缠理论编史学方法

20 世纪后半期,科学史理论讨论最多的话题之一是内外史的分裂与融合。面对 20 世纪中期以来科学史内外史的分裂格局,学者们努力探讨重新融合的途径。其中,哲学家拉卡托斯提出内史为主、外史为辅的理性重建;同情科学知识社会学的科学史家夏平提倡社会学重建;皮克林质疑内外史区分的合理性,从纠缠本体论出发,提倡打破学科传统边界,综合运用历史学、哲学、社会学等方法对科学进行全面的研究,从而形成一种跨学科的大综合编史学。

一、打破内外史的区分

科学史学科形成明显的"内部史"与"外部史"的区分是比较晚近的事情。在 18、19 世纪的学科史时期以及 20 世纪前半期萨顿的综合史、柯瓦雷的思想史中,并不存在"内部史"与"外部史"的说法。内外史在概念上的明确区分在 20 世纪 50 年代初由科学社会学家巴伯(Bernard Barber)在他的《科学与社会秩序》中提出,"我们也许可以方便地把影响因素,……分类为大致的两类:内部因素和外部因素。内部因素包括那些发生在科学及理性内部的全部所有变化;外部因素包括一系列的社会因素"(Shapin,1982)[340]。1956 年春,由美国科学史及科学社会学研究会主持召开了一次大会,就科学史的内外史分离状况展开辩论,有著名科学史家 I. B. 柯恩、托马斯·库恩、C. C. 吉利斯皮等参加,参会者各自就内外史的目标、意义及功能等展开激烈争论(Rudwich,et al 1981)[267-275]。由此科学史的内外区分公开化,科学史家也明显分为两个阵营:一种观念认为科学是自主发展的,他们只注重知识体系的内部发展和知识概念间的相互联系,极少将它与外部环境联系起来考虑;另一种观念则要求努力探讨科学思想的社会文化根源,将科学知识当成社会文化大系统中的一个子系统来考虑。后一种观念由于 20 世纪 70 年代以来有更多的年轻一代科学史家、科学社会学家的加入而逐渐繁荣起来。他们较少关注知识体系本身,而更多地研究科学与外部世界的联系,包括科研体制、科研与教育、科研与军事、技术应用与社会反响等。这引起一些传统科学史家的担忧,C. C. 吉利斯皮称其为"失掉了科学的科学史"(Gillispie,1980)[389]。

曾担任 ISIS 主编(1987—1988)的美国科学史家查尔斯·罗森伯格(Charles Rosenberg)为这种内外史的分裂感到遗憾。罗森伯格在回顾 20 世纪 60 年代以来科学史的发展状况后认为,自 20 世纪 60 年代以来"由于少数社会学家和历史学家建构起更有自我意识和在一定程度上有明显的相对主义的'外在论纲领',它被认为是对科学知识的优越地位的挑战,是对科学认识的自主性以及与情境无关的质疑"(Rosenberg,1988)[565]。由于这些发展,使得科学史研究阵营的分化更明显。但是,"既没有人为这种分裂辩护,而且实际上,多数人为之感到惋惜,但是,人们依然按照这种方式从事他们的工作,分裂依然存在","虽然近十年来大多数科学史实践者采取稍微不同的折中态度,但总体上没有根本的改变。很少有科学史家成功地将思想与社会情境以及制度情境联系起来,许多人甚至不愿尝试。大多数作品不是落入内史就是外史的行列"(Rosenberg, 1988)[565-570]。

内外史的分裂与对立是多数科学史家不愿看到的,也因此,罗森伯格作为 ISIS 的主编,他寄希望作者们更多尝试写出综合性的科学史作品。但他也意识到其中的困难,主要原因在于传统的学科分支:科学史家来自不同的背景;具有不同的技术准备;怀着不同的成就标准进入研究领域。此外,上一代科学史家怀有明显的政治上的偏见,在科学技术的社会基础及其后果,在专家及其思想是否理所当然地在社会管理中占据主导地位等问题上存在两极分化的争论。这些情感上的及政治上的偏见已影响到相对平静的学术领域。L. 派恩森(Pyenson, L.)在这一点上也跟罗森伯格有同感,他认为当今的科学史家不像上两代科学史家那样对于科学史的研究方法和目标有一个共同的明确见解,在科学史的价值以及哪些领域值得他们全身心地投入也没有一致的认同感(Pyenson, 1989)[353-389]。面对这种困境,史学家从不同的角度进行反思。P. 福曼(Forman, P.)不仅提出历史学家要有独立的伦理判断,还要求作为历史学家,必须有自己的学科建设的明确标准,"与其他任何制度化的学术研究形式及知识产品一样,历史研究有它自己的心照不宣的学术探究的议程,那就是:保持和提炼研究和解释的标准,辨明和促进技艺、技术和鉴赏能力的卓越的技巧"(Forman, 1991)[71-86]。

职业化以来部分科学史家不仅意识到保持理智上独立的重要性,而且在技术层面上要求形成某种共同的学术标准。只有这样,来自不同背景以及从事不同研究领域的研究者之间才易于交流,达成共识,有利于促进学科的融合与繁荣。罗森伯格将当前科学史家在研究方法上存在的两种倾向归纳为"主位的"与"客位的"方法(emic and etic approach,借用人类学家的说法,类似于夏平的"成员方法"与"非成员方法")。前者要求科学史家走进他所研究的科学家的生活领域,了解他们的所思所想,他们对问题的看法及判断的依据；要求科学史家能从所研究的科学家的立场上来看待问题，重现他们的历史。后者则要求科学史家与所研究的对象保持一定的时空距离，站在一个更高的、超然的立场来审视科学家的工作。两种研究思路的结果形成两种编史倾向。但是分裂并非形成对抗，实际上它们是"树木"与"森林"的关系，两者是可以综合形成互补的，可以由具体的"木"进而扩展到"林"，也可以从更宏观的"林"具体深入到"木"。最好的科学史家总是寻求两种形式的综合，做到"见木亦见林"(Rosenberg，1988)。

皮克林的写作方法可称之为从"林"到"木"。作为社会学家，他首先考察的是 20 世纪六七十年代高能物理学界的整体状况：他们的人员构成及分布；他们所处的制度框架以及与其他社会机构的联系；财政经费的来源；物理学家社群的形成以及欧美各主要研究机构的相互联系和竞争关系。其次，他考察了物理学家社群的总体文化背景；各研究传统的形成；知识信念产生的原因。其中既体现了物理学界共同的主流文化传统，也反映了各研究机构或大学、研究小组各自形成的独特的研究传统；以他的"目标模式"及"共生论"来阐述各种研究传统的互动关系及其演化兴衰。再次，皮克林深入到具体的个别科学家的个别知识信念的形成：他（或她）处在某个特别的情境中是如何做选择判断的，如何从旧传统过渡到新传统；以"情境中的机会主义"来描述选择判断的偶然性、历史性。因此可以说，皮克林从高能物理学的外部环境深入到具体的个别科学家的知识信念的产生过程，实现了从外部史到内部史的综合。

更重要的是，他注重阐述了外部环境影响到科学概念形成的动力机制，也就是他早期的"利益模式"，以及后来精致化了的"目标模式"。这也是科学知识社会学家的一个新尝试。从前的科学史家及科学社会学家虽然也注意到社会文化背景对科学知识形成的影响，但极少尝试分析其中影响的动力机制。文化背景如何具体影响到科学知识的产生？这是以前的学者们没有明确阐述的问题。皮克林的"目标模式"则将文化背景内化为科学家研究活动的动力，存在于他们的实践活动的目标及意图中：科学文化的延展是在原有文化传统基础上的类比推理；科学家有他们实践的目标和意图；实践的过程是科学家利用仪器的中介力图把握自然的力量，是在人的力量与物质的力量的对抗与适应的辩证关系中达成的认识。因此,在他的实践研究过程的分析中,并不能作"内在"与"外在"的区分,而是两者完全融合在一起,是辩证互动的关系。

在皮克林看来,将科学史作内史与外史的划分实在是人为的因素,是在20世纪中叶人们对科学的认识产生分化以及史学研究进一步深化的阶段性表现。L. 派恩森在分析20世纪早期的综合科学史状况时,曾分别以医学史家奥斯勒(W. Osler)、社会学家马克思·韦伯以及科学史家萨顿为例指出,世纪初期的学者普遍对科学怀有相似的新人文主义的信念,他们普遍对科学持有乐观的态度;认为科学史的目的在于揭示科学对于人类进步的意义。虽然学者们来自不同的背景,具有十分不同的人生经历和遭遇,可是他们能够达成共同的认识(Pyenson, 1989)。历经两次世界大战之后,西方人文学者们开始对当代社会文化进行更深刻的反思,对那种认为某种文化具有先天的优越性的观念提出了质疑,要求更宽容地对待人类文化的多样性、异质性。这些思想也不可避免地影响到当今的科学史家和科学社会学家,人们要求更全面地理解科学,除了科学内部的发展,还要了解科学文化与其他文化的关系,科学及其技术应用所产生的社会影响,科研体制与其他制度框架的关系等。研究的深化及多层次的展开必然产生认识的多元化。但是,久分必合,20世纪五六十年代以来科学史家、科学社会学家关于内史与外史的争论就表明人们已在寻求综合的途径。20世纪70年代兴起的科学知识社会学,其主要目标之一便是打通科学知识与其他社会知识的隔阂,拆除内外史间的屏障。

当然,科学知识社会学的这一研究思路一开始就不是一帆风顺的。正如任何新兴的学科,一旦对传统信念构成挑战就必然遭到抵制一样,科学知识社会学在20世纪70年代刚诞生时,就遭到不少科学哲学家和科学史家们的反对。夏平在1982年发表的"科学史及其社会学重建"中,回顾分析了科学知识社会学在20世纪70年代以来的遭遇,指出在当时的科学哲学界和科学史界存在一股从众的理智思潮,认为"在科学史中还未曾见到案例以表明科学知识的社会学方法的适当性与价值"(Shapin, 1982)。在这股思潮中,夏平指出首当其冲的人物有科学史家霍尔(A. R. Hall)、科学哲学家本-戴维(Ben-

David)和劳丹。本-戴维在其《科学家在社会中的角色》中断言:"错误、歪曲、误入歧途的社会学分析是可接受的","虽然有科学活动进行互动的社会学研究的可能性,但是,对科学的概念和理论内容进行互动的或体制的社会学研究的可能性是极其有限的"(戴维,1988)[23]。霍尔断定"仍未见到后库恩时代科学与社会学联盟产生的成果"。劳丹也声称,科学的认知社会学"没有取得成功",历史学家应当拒绝社会学方法的引诱,应致力于"更成功的理性编史学思想"(劳丹,1999)[209]。

可是夏平认为:"不幸的是,对于持有这些观点的作者们来说,他们已经太晚了,科学知识的历史社会学已经抛开他们的训诫,取得了实质性进展。"(Shapin,1982)20世纪70年代初,拉卡托斯曾倡议要对科学史进行"理性重建",要求以科学哲学的理性逻辑来统领科学史当前的离散局面。拉卡托斯虽然承认有内外史的区分,外部因素对理解科学的历史是必要的,但他仍然认为内史是主要的,外史只是一种补充:"鉴于内部(而不是外部)历史的自主性,外部历史对于理解科学是无关的。"(Lakatos,1986)[141-142] 因此,他的做法是将外部因素归入内部因素,从而可以逻辑理性地给予说明。可是"理性重建"运动在20世纪70年代未能产生积极的效果,内外史的分离状况依旧。而另一方面,社会学家的工作却取得了越来越令人瞩目的成果。哈里·科林斯、特雷弗·平奇、皮克林、夏平、哈金、塞蒂纳等大批社会学家、历史学家和人类学家的经验研究已经从多个层面揭示科学知识的开放性,为社会学解释提供了很好的示范,因此,夏平可以乐观地提出"社会学重建"的理想[1]。

十年之后,当夏平再次以"学科与划界:从外史论与内史论之争看科学史和科学社会学"为题审视这一重建运动的效果时,他坦然地宣告:"然而如今,科学史家相互之间以及跟他们的学生间常常谈到其学科已经超越、脱离或者

---

[1]夏平在《科学史及其社会学重建》一文的附注中列出了长达149条的参考文献,在正文中分别以"偶然性与知识社会学:观察与实验""职业利益与社会学解释""科学界的利益与边界""文化资源的作用""外围环境:偶然性以及更广泛的社会利益"等几个方面阐述科学知识与其他社会文化因素的联系,以表明科学知识社会学近十年来取得的丰富成果。他以此说明"如果说过去是以缺乏科学知识与社会文化间相联系的经验研究为由拒绝社会学的话,现在这种理由已经不再成立了"。

解决了这些(内外史的)争论。'内在'与'外在'已经较少被提及,它不再是公共关注的话题,或者至少他们已经对此不那么地不自在,这是学科领域成熟的标志。"(Shapin, 1992)如此说来,至少在社会学家看来,到 20 世纪 80 年代末 90 年代初,内外史的争论已经过时了,此时还在谈论"内史""外史"之分就显得业余和外行,已经"不合时宜"。夏平还从考古学的角度对这种学科的划界提出质疑,认为划界的目的不过是为了保护一个学科免受不必要的干扰,剔除不欢迎的参与者,告诉其实践者什么是合适的行为,以及与其他通常行为的区别。因此,那些未能按照划界标准行事的行动者就很难被认可。但是,对科学史进行"内在"与"外在"的划分并没有被适当的定义和描述过,也没有合理的辩护,因此可以说,人为地设立边界以保护科学不被社会文化的污染是没有理由的。

二、大综合编史学思路

在皮克林的后期思想发展中,他并不满足于实现科学史从外史到内史的综合,而是更大的综合目标:科学史、科学哲学、科学社会学几个学科的大综合。

实现内外史的综合虽然打通了科学史与科学社会学的隔阂,可是科学哲学仍游离于其外。虽然历史上许多学者是从科学史案例研究出发,由于关注科学史学科的整体发展、编史方法,探索自然科学发展的内在逻辑规律等基本理论问题而成为科学哲学家;且科学史与科学哲学都是以科学为研究对象,只是研究的目标和方法不同而已。按理说,他们应该亲如一家。早期的实证主义科学史家,比如萨顿和柯瓦雷等,也是自觉地以当时主流的实证主义科学哲学作为他们编史的指导,哲学家们也自然很欣赏他们所书写的历史。但是,20 世纪中叶科学史的职业化与独立化,以及科学哲学的历史转向以来,两者间的亲密关系已经风光不再。以至到 20 世纪 70 年代初,拉卡托斯犹在呼吁科学史与科学哲学的融合,并借用康德的话来形容两者不可分离的关系:"没有科学史的科学哲学是空洞的,没有科学哲学的科学史是盲目的。"(拉卡托斯,1999)[141] 可是也有不少学者对这种结合的愿望表示怀疑,甚至认为两者的关系也许不过是一桩"权宜的婚姻"(Giere, 1973)[282-297]。托马斯·

库恩也明确主张科学史和科学哲学应仍然保持为两门分开的学科,"当前需要的似乎不是两者的结合,而是二者之间的活跃的对话"(库恩,2004)[19]。实际的状况是,虽然科学哲学家从当代科学史研究成果中吸取不少有用的养料,作为回报,他们不断向科学史家抛出一个又一个的理论模型,意欲为科学史家提供理论的指导。可是,多数科学史家却不愿接受这些隔墙伸出的橄榄枝,他们依旧我行我素,并不承认有科学哲学的指导意义。更有甚者,有些思想比较顽固的科学史家甚至不认为科学哲学是一门认真的学问。到 20 世纪80 年代末,劳丹仍在感慨,"现今的主流科学史与科学哲学之间的隔阂也许比从前更严重了"(Laudan,1989)[9-13]。

同样,虽然由于科学知识社会学家等的努力,科学社会学与科学史的融合已取得了明显的进展。到 20 世纪末,科学史家已不能无视"外在因素"对科学发展的影响,但是,科学社会学家与科学哲学家之间仍然缺乏对话。皮克林在分析当代科学史家、科学哲学家和科学社会学家的关系时也承认,"他们的确未能和睦相处。每当他们不是在各自分离的道路上各行其是,其结果总是边缘之战"(Pickering,1995)[214]。因此,按照传统的区分,综合的前景并不光明。各学科间的"裂缝"来自基础概念、观念和方法上的分歧。比如,哲学家通常围绕他们的认识论规则来分析科学,而社会学家则围绕社会利益(或社会结构、社会存在等)来分析,因此形成不同的学科。按传统的做法,要实现多学科的综合便是把它们结合在一起,比如,可以想象以某种"规则+利益"的思路来研究科学。但这种传统意义上的综合只是一种折中,是"拼凑组合"而非真正的融合,其间的"裂缝"仍未消除。由于不是在思想观念上达成的统一,只是不同观念的暂时整合、调和,并未真正实现融合,因此,产生的只能是"权宜的婚姻"。

皮克林倡导的是另一种综合思路,即他的"反对学科戒律的新综合"。其特点是,将科学当成一项操作性的实践活动,科学史家、科学哲学家、科学社会学家可以对之进行多方位的研究。科学史家可以研究科学活动的历史过程,研究科学概念的发展等;哲学家可以研究科学活动的方式,对阶段性的成果作静态的逻辑评价;社会学家可以研究科学活动的主体——科学家群体的组织方式及互动模式等。由此,他们的区别就只是劳动分工的区别,而无基本观念的区别,更无固定的边界隔阂。各个学科的学者就像是同一个工场中从事同一项劳动的工人,只是由于工作的需要做暂时分工,但完全可以协作,甚至互换。在实践研究中,并不存在学科边界的藩篱,来自不同领域的学者所做的实际上是同一件事情(在担任伊利诺伊大学香槟分校社会学系的"科学、技术、信息和医学的研究生跨学科研究项目"主任基础之上,皮克林 1992 年主编的《作为实践与文化的科学》中就同时收录了社会学家、哲学家及科学史家的作品,他们分别从不同的侧面来理解科学活动)。更为重要的是,它与传统的折中不同,它并不存在传统中的某个变量——认知规则或社会利益或别的什么——占据优越地位,相反,在实践的纠缠中它们被"挤压、揉碎、掺和在一起",各种因素在科学实践活动中相互纠缠,各种力量因素此消彼长,形成"力量的舞蹈",从而淡化了学科的区别,剩下的只是从不同的角度看待同一个问题而已(Pickering,1995)[216]。

由此看出,皮克林提倡的"大综合"与传统意义上的综合已明显不同。他实际上是寻求一个新的起点,涉及科学哲学的元问题,是将科学理解为操作性的实践活动而非静态的知识观,是在摒弃了传统的实证主义科学史观和对"科学文化"做了扩展界定,对科学文化作多样性、异质性理解之后的新综合。因此,他的大综合同时也是对传统科学观,尤其是对实证主义科学史观的超越。实证主义科学史观也提倡以科学文化作为沟通科学与人文的桥梁,但明显是以科学文化作为人类最高等级的知识基础上的沟通,科学知识与人文知识并不在同一个平等的层面上对话。皮克林的科学文化多样性、异质性不仅承认科学活动过程中存在的各种因素之间有平等的地位,而且他免除了科学文化优于其他文化的特权,提倡的是各个领域的平等对话,各文化要素间没有观念上的隔阂或可能的歧视,从而更易于交流与融合。

当代科学史家戈林斯基(Golinski,Jan)在就社会建构论对科学史学的影响时曾指出:"随着辉格史学与传统经验主义认识论之间的联系已经被打破,新的哲学版本与史学版本的联系以及与人文社会科学的联系已经建立起来。在此过程中,科学史不再被看成与其他人文史领域有本质的不同,虽然它仍然在与其他学科的交叉联合方面获得更多的益处,是其他类型的历史有时所缺少的。如今,这个领域的研究者们已经能够从社会学、人类学、社会史、哲学、文学批评、文化研究以及其他学科的贡献中获得营养。"(Golinski,1998)[5]这说明,将科学史看成与其他人文史领域相平等更有利于它们的沟通,同时也给科学史本身带来更多的好处,扩展了它的研究资源和研究范围。

当然,皮克林的大综合理想也是在放弃了传统的"大历史观"基础上的综合。正如戈林斯基已指出的,寻求统一、进步的科学史观是普利斯特利(Priestly)和休厄耳(Whewell)时代以来科学史家的努力,他们追寻的不仅是认识方面的进步,还包括道德上的,以及社会状况的稳定协同的进步(Golinski,1998)[187]。但是,在社会建构论者看来,这种统一、进步的"大历史观"只是一种幻想,甚至有哲学家批评"大图景编史学是哲学上的阴谋"(Christie,1993)[397]。他们追寻的是文化的多样性和异质性;更注重科学技术与社会发展的各细节和分支,以及它们的交叉与结合;认为现代性史学的"宏大叙事"模式已经不适合大科学和后工业时代的社会发展状况,应寻求超越现代性,更体现当代社会特征的叙事方式。从皮克林的大综合来看,也许这是他们在探寻的叙事方式之一,它体现了文化的多样性、异质性杂存,各领域平等互用、易于交流融合的特征。

皮克林的大综合是一个全新的尝试,如今已经得到不少社会学家、科学史家和科学哲学家响应,产生了一些积极成果。科学史家彼得·伽里森、科学哲学家伊恩·哈金、哲学家约瑟夫·劳斯(Joseph Rouse)、社会学家史蒂夫·富勒(Steve Fuller)等的研究已经体现出这种大综合的特点。从20世纪90年代中期以来,皮克林在伊利诺伊大学的弟子以及其他同情者已经做了许多尝试,将其大综合设想拓展到不同的领域,做了不少精彩的案例研究。如今有很多青年学者积极响应的"科学技术论"(S&TS)也体现出这种趋势。当然,皮克林的大综合还只处在初步的尝试,它仍需要来自各个领域的研究者不断地实践探索。

（王延峰撰）

第七章
伽里森研究

彼得·伽里森(Peter Galison)是美国当代科学史和科学哲学领域新生代的领军人物,其研究工作在国际科学史和科学哲学界具有极其广泛的影响。他对 20 世纪微观物理学史的研究工作,以实践的视角展现了"仪器"作为一种物质文化载体在科学发展过程中的特殊作用,以及在实际的科学发展过程中,实验、理论和仪器三者之间的多维非线性相互作用。在此基础上,其独创的"交易区"(trading zone)理论为现代科学提供了与以往截然不同的发展模式,成为继库恩的科学革命理论之后,关于科学发展的另一全新图景。

第一节 伽里森主要研究工作概述

伽里森 1955 年 5 月 17 日出生于美国纽约,本科毕业于哈佛大学物理系,之后相继获得哈佛大学科学史硕士学位、剑桥大学哲学硕士学位和哈佛大学科学史和物理学博士学位。博士期间,伽里森师从科学史界研究爱因斯坦的巨擘霍尔顿(Gerald Holton)[1],并成为霍尔顿最为得意的弟子之一。伽里森现为哈佛大学科学史系、物理系教授,并于 2007 年荣获哈佛大学最高荣誉教授席位——约瑟夫·佩雷戈里诺教授席位(Joseph Pellegrino University Professor)。1997 年,伽里森荣获美国文化界的最高荣誉约翰和凯瑟琳·麦

---

[1] 杰拉尔德·霍尔顿(Gerald Holton)是哈佛大学教授,美国著名科学史家、文理科学院院士,获得过密立根奖章、乔治·萨顿奖章,曾任美国科学史学会理事、主席。

克阿瑟学会颁发的天才奖,1998年因《形象与逻辑》一书获得科学技术史学会颁发的科学史界图书最高荣誉普菲策尔奖,1999年获得马克斯·普朗克科学奖,2017年获得美国物理学会的佩斯奖。最近,作为事件视界望远镜合作组织(Event Horizon Telescope Collaboration, EHT)的成员,他因捕获黑洞的第一张图像获得2020年"科学界的奥斯卡"科学突破奖基础物理奖。

一、学术成果及核心思想概述

迄今为止,伽里森共著有《实验是如何终结的?》(Galison, 1987)、《形象与逻辑》(Galison, 1997a)、《爱因斯坦的钟与庞加莱的地图》(Galison, 2003)、《客观性》(Galison, 2007)共4部学术专著,编有《大科学》(Galison, et al., 1992)、《科学的非统一性》(Galison, et al., 1996)、《绘制科学,制造艺术》(Jones, et al., 1998)、《科学的结构》(Galison, et al., 1999)、《文化中的科学》(Galison, et al., 2001)以及《21世纪与爱因斯坦》(Galison, et al., 2008)等20余部学术编著。此外,伽里森还发表学术文章百余篇,导演、制作并参与多部电影、纪录片与戏剧,是一位致力于跨领域研究与实践的、异常活跃的学者。

伽里森主要研究领域为20世纪微观物理学史、物理学,同时关注艺术史、建筑史等相关领域。伽里森具有物理学、科学史和哲学的多重教育背景,其无论是研究方法还是研究领域都颇为多元化。他的研究工作具有扎实的史学积淀、独特的史学视角、专业的物理学背景,在此基础上,兼备深刻的哲学洞见,以上几点构成了他科学史工作的重要特点。视角独特、视野开阔也成为他的学生们对他研究工作的普遍看法之一[1]。

在伽里森看来,对于科学史的相关研究不仅仅是为了回答某个特定的历史问题,而是借助于历史来思考科学甚至是人自身的本性等问题[2]。因此,伽里森始终对科学发展历程中人的实践活动异常关注,并试图通过以实践为基础的研究,揭示出人与自然、科学仪器等物质因素更为密切和多层次的互

---

[1] 笔者对伽里森学生斯特凡妮(Dick Stephanie)的访谈,2010年10月24日,波士顿;及笔者对伽里森学生杰里米(Blatter Jeremy)的访谈,2010年11月17日,波士顿。

[2] 笔者对伽里森的访谈,2010年11月6日,波士顿。

动。也正因为如此,伽里森对实验、仪器在科学发展中的作用以及理论、实验和仪器几者之间的关系进行了系统而深入的研究,并借鉴历史学、人类学、语言学等领域的相关理论,力图揭示出一部科学发展进程中人与物相互交织的动态物质文化史。

也正是基于史学与哲学兼备的研究旨趣,伽里森以对 20 世纪的微观物理学实验的案例研究为出发点,逐步拓展到对物理学中由来已久的形象和逻辑两大实验传统的历史演变进行深入探索,20 世纪以来,又将视野进一步扩展为对科学整体的客观性发展过程进行历史考察,试图通过历史的视角来重新思考客观性这一各个领域争论不休的基本哲学问题。

在具体的研究工作中,伽里森关注的焦点问题是各种来自不同文化的实践活动如何紧密地联系在一起,共同构成一个大的文化整体。在伽里森早期对物理学实验进行案例研究的过程中,便十分关注来自实验、理论和仪器这三个不同文化背景的研究者如何相互进行协商,共同促进科学发展的互动过程,其思想的核心交易区理论正是在对实验、理论和仪器三者关系进行深入探讨的基础上提出的,在接下来的研究工作中,伽里森进一步发展和完善了这一理论,建立了科学发展的分立图景——墙砖模型。墙砖模型有别于以往科学哲学中关于科学发展的众多模式,完全建立在其科学史工作的基础上,是为数不多的以科学史工作为出发点的科学发展模型。

伽里森与科学哲学和其他相关领域保持着紧密的联系。由于其对实验的关注以及对理论、实验和仪器关系的探讨,使得伽里森与哈金等人所倡导的新实验主义以及拉图尔(拉图尔,伍尔加,2004;拉图尔,2005)为代表的 SSK 的实验室研究有着相似的兴趣点和相关主张。因此,伽里森被称为新实验主义流派的代表人物之一,其工作被皮克林、古丁等社会学家和 SSK 相关学者所广泛引用,作为支持自身观点的科学史论据。此外,伽里森在科学技术与社会以及政策研究领域也颇受瞩目。

伽里森是当代杰出的科学史家,同时还是科学哲学家、物理学家以及艺术史、建筑史研究者。伽里森研究领域和关注的问题不仅与他多元化的学术教育背景相关,更与其所处的时代背景,历史、哲学等相关领域的发展趋势和关注的焦点问题有着密不可分的关联。从伽里森的工作中，不仅能够接触到科学史的前沿，还能够看到科学哲学、历史学、社会学、人类学等各个领域发展的新趋势，以及将哲学、社会学、人类学等学科的视角和方法运用到科学史的研究中所取得的新进展和带来的新启示。

二、主要研究工作

尽管伽里森研究领域广泛，研究成果异常丰富，在他的科学史工作中却存在非常明晰的两条主线。其一是其核心思想交易区理论，他的 4 部著作皆围绕着交易区理论展开，并对应着交易区理论从萌芽到内化为其史学研究的视角和方法的 4 个发展阶段。与此同时，与交易区理论的发展相对应的是伽里森对图像这一特殊视角的关注，这也是他对艺术史和建筑史等领域进行研究的重要原因。可以说，对图像研究的逐步深化和拓展与交易区理论的成熟和完善相互促进、彼此交织，共同刻画出伽里森思想发展的主要脉络。而他对图像的研究工作也可按照其 4 部著作分为 3 个阶段。

同时，他发表的论文和编著中的绝大多数皆围绕交易区理论、图像及其相关思考展开。因此，为了突出伽里森的思想发展主线，接下来的论述将主要以他的四部著作作为分期，将其他文章和编著中的重要观点穿插其中加以论述。其四部著作中的前三部主要的研究对象为 20 世纪微观物理学史，其中每一部拥有一个特定的主题，并称为伽里森物理学史研究中的物质文化三部曲。

具体来说，其第一部著作《实验是如何终结的？》(Galison, 1987)的主题是实验，关注的核心问题是实验结果的获得和确认过程中的具体实验论证过程，主要"围绕着将结果从背景噪声中分离的实验程序、仪器的修建和数据分类展开"(Galison, 1987)[XIX]。书中，伽里森选取了在物理学史中具有重要意义的三组实验，其中每组实验对应着仪器发展的一个特定时期。通过对仪器的变革给实验数据论证过程产生的影响的精微考察，伽里森得出理论、实验和仪器三者的相互作用具有多层面和非线性的结论。同时，在对实验论证过程的考察中，伽里森开始意识到粒子轨迹的图片作为一种数据的视觉化表征形式在物理学实验结果的确认过程中所起到的特殊作用,从而开始了对图像这一特殊史料的关注。

之后,伽里森在《形象与逻辑》(Galison, 1997a)中继续探讨三者的关系问题。与上本书不同,在《形象与逻辑》中,"仪器成为中心,实验论证和实验结果隐退"(Galison, 1997a)[XIX]。同时,伽里森的目光开始由实验室内部向外拓展,将物理学放入社会、政治、经济等更为广阔的背景中,以仪器为切入点,着重考察实验室外部变迁以及仪器更迭对实验室内部结构和实验者的实践活动本身产生的影响。如果说"《实验是如何终结的?》是一部动态的实验文化史,《形象与逻辑》的目标则力图展现关于物质的实验室及其周围世界的历史进程"(Galison, 1997a)[XIX]。同时,书中引入了人类学和语言学的相关研究成果,将理论、实验和仪器当作物理学文化的三个亚文化,并进一步提出交易区理论来具体诠释三个亚文化如何发生关联。在此基础上,伽里森提出科学发展的互嵌式结构——墙砖模型。《形象与逻辑》是一部史学巨著,它不仅刻画出物理学实践的物质文化史,提出了科学发展的新图景。同时,伽里森在书中还进一步深化了其对图像的研究工作,并通过粒子径迹图片在实验论证过程中发挥的不同作用将物理学实验分为形象和逻辑两大实验传统,并勾勒出物理学史中两大实验传统从竞争和分立逐步走向融合的动态演变历程。

2003 年,伽里森出版了《爱因斯坦的钟与庞加莱的地图》(Galison, 2003)一书。这一次,伽里森将目光转向了理论。通过对相对论建立过程的物质文化考察,伽里森得出在创建狭义相对论的历史进程中,爱因斯坦并非以思想演变为主要推动力,而是得益于哲学、物理学和技术三者之间的相互影响这一与传统观点相差甚远的结论,从而构建出相对论产生的另类物质文化发展史。

2007 年,伽里森与达斯顿(L. Daston)合作出版了《客观性》(Daston, et al., 2007)一书。书中,伽里森进一步将研究的视域从物理学史扩展到科学的整体历程,同时,其对图像的研究也从物理学实验中的粒子径迹图片转向科学图集。通过对图集在科学客观性发展史中所产生影响的讨论,伽里森和达斯顿揭示出客观性这一普适价值观并非天然地与科学的本质相连,而是拥有自身的历史演变过程。同时,伽里森还展现了此过程中客观性与主观性这对被视为不相容的概念之间相互界定和缠绕的微妙关联。

如果说,伽里森在《实验是如何终结的?》中还是一个站在科学神坛下的探索者,小心翼翼地追寻圣像上残留着的过往岁月中雕刻者们手握刻刀划过的痕迹,《客观性》中的伽里森则已然站在神坛之上,双手揭开圣像堂皇的衣襟,让世人直面科学这个古老身躯上斑驳的陈迹。可以说,交易区理论是他为科学精心勾勒的另一幅画像,而图像则是其手中的一支画笔,正是通过图像这一与文字相对的特殊史料的研究和运用,伽里森绘制出不同以往的科学发展历史的画卷。从下一节开始,笔者将围绕着交易区理论和图像两条主线展开对伽里森科学史思想发展历程的深入描述,在此基础上,进一步探讨其思想的独特之处、其作品中所体现的科学观和史学观以及存在的问题。

第二节　交易区理论

交易区(trading zone)理论是伽里森在其科学史的研究工作中逐步形成的理论,它主要建立在伽里森对 20 世纪微观物理学史的研究工作的基础上,是为数不多的产生于科学史工作的关于科学如何发展的理论体系。在科学史研究的基础上,伽里森吸收和借鉴了来自科学哲学、科学知识社会学、历史学甚至是人类学、语言学的最新研究工作,最终形成了交易区理论。从对伽里森交易区理论的发展脉络中,可以看到科学史与科学哲学等众多学科的相互影响和渗透的过程。

一、交易区理论概述

交易区理论在形成之初主要讨论的是现代物理学实践活动中实验、理论和仪器三者之间的多维非线性关系,这种新的关系打破了以往科学哲学和科学史中对实验和理论的二分,在将仪器作为一个独立的与实验和理论同等重要的力量引入科学发展图景的基础上,伽里森建立了一种实验、理论和仪器之间既相互独立又彼此局部协调的科学发展的新图景。

交易区理论包括三个核心概念,既"亚文化""交易区""交流语言",接下来,首先需要对这三个概念的来源和在伽里森理论中的具体含义进行分析。在此基础上,笔者将以伽里森的四本著作为线索,来探讨交易区如何从《实验是如何终结的?》中萌芽,经历了十来年的逐步发展,在《形象与逻辑》中成熟和运用,之后又如何在《爱因斯坦的钟与庞加莱的地图》中进一步完善和发展,最终内化为《客观性》中的史学方法和研究视角。其后,随着伽里森研究工作的深入和视域的拓展,交易区理论也从探讨实验、理论和仪器这些科学的内部因素扩展到科学与其外部因素的相互影响,例如科学与社会和技术之间的互动等,交易区这个概念的含义也随着视域的扩展而不断丰富和改变。21世纪以来,伽里森开始将视线转向关于科学客观性的历史实践活动,为交易区理论带来了新的发展和深化。

(一) 亚文化

"亚文化"(subculture)一词来自人类学和宗教学,它产生之初是为了与主流文化作区分。如果将包含主流文化在内的大范围定义为一个文化体系,那么其内部具有相同独特性特质的一类人群就构成了一个亚文化,他们具有不同于主流文化的基本价值取向、准则或行为(Fine, et al., 1979)。亚文化概念自产生以来,广泛地应用于人类学、社会学、心理学等领域,其含义也因应用领域的不同而有所差别。通常情况下,亚文化既可指代对不同人群的划分,也包括这类人群拥有的相关文化特质等要素。

伽里森在其工作中引入亚文化的概念主要是受到了来自微观史学家金兹伯格的代表作《奶酪与蛆虫》(Ginzburg, 1980)的启发[1],其使用亚文化的概念主要是指相对于文化整体而言的子文化,同时也不仅仅拘泥于对人群的划分。比如,如果将物理学看作一个大的文化体系,按照理论家、实验家和仪器制造者三个人群可以将物理学文化划分为理论、实验和仪器三种亚文化(Galison, 1987;1997b);如果将整个科学看作一个文化体系,又可按照物理

---

[1] 笔者对伽里森的访谈,2011年2月3日,波士顿。

学家、工程师、技术人员等分成若干个亚文化(Galison，1997a)；如果将科学放入社会中加以考量的话，则又可分为科学、社会和技术等亚文化(Galison，2003)。此外，伽里森的"亚文化"一词中包含有物质文化的因素。比如，仪器亚文化中既包含了仪器制造者，也包含了与仪器制造者相关的实践活动以及各种物质因素，例如实验仪器等，同时还包含了实验仪器本身所承载的文化，仪器对人的实践活动的反作用也被包括在仪器亚文化中。在此种意义上，伽里森的"亚文化"一词加入了物质文化的因素。

最初，伽里森(Galison，1987；1997)引入亚文化主要是为了描述其对实验、理论和仪器三者之间关系的界定，即一种既相互关联，又自我约束(self-constraint)的部分自制的关系，具体包括以下几点。第一，各个亚文化之间的关系是平等的，并没有哪个亚文化处于基础性地位。第二，分属于实验、理论和仪器亚文化的实验者、仪器制造者和理论家作为群体拥有一定程度的自制。这种自制主要体现在"关于仪器、实验和理论的实践并不同时改变，他们有自己改变的节奏和力量"(Galison，1997a)[14]。同时，正因为"理论家与实验家们所为之奋斗的目标存在差异，因此，他们必须面对相当巨大的困难，并找到彼此皆认为至关重要的特殊点，在这些点上他们能够进行交换和沟通，并试图联合起来，正是以这样的方式，这些亚文化延续着物理学的特殊历史文化"(Galison，1997a)[9]。这些可以用来交换和沟通的特殊点就存在于交易区中。

(二) 交易区

交易区(trading zone)一词来源于人类学，原来主要指各个原始部族之间进行物与物交换的场所。伽里森注意到在人类学家对海岛上的原始居民进行的研究中，"居住在岛上的居民与来自其他岛的渔民在海滩上交换捕捉到的鱼和小麦，他们之间并没有一个统一的文化来确定多少鱼交换多少小麦，甚至他们彼此交换时所持有的动机和目的也不同，但这并不妨碍他们彼此进行交易，这种交易是局域性的，并不需要他们达成整体共识[1]"。受此启发，

---

[1] 笔者对伽里森的访谈，2011 年 2 月 3 日，波士顿。

伽里森将原始部落代换成不同的亚文化,用交易区来指代各个亚文化之间进行协商的区域,从而描绘出科学实际发展中实验、理论与仪器各个不同的亚文化彼此达成局域性协调而非全局统一的历史进程。与人类学不同,这里的交易区并非仅仅局限于空间性概念,"虽然大多数时候交流发生在一个空间内,但现在,各个群体之间的交流和协商可以以各种形式发生,甚至是网络上的虚拟空间[1]"。

随着伽里森研究工作的拓展和深入,交易区的含义一直发生着变化,从最初的实验室,逐步扩展为一个超越了时间和空间的概念,凡是亚文化之间能够彼此达成局域性协调的区域都可以称之为交易区。比如在发现 W 子等新粒子的实验中,物理学家、工程师和技术人员所组成的几个亚文化通过计算机这个核心仪器联系在一起、密切协作,那么计算机在这里就成为一个交易区(Galison,1997a)[74-95]。而在另一些实验中,来自不同国家素未谋面的专家通过互联网进行交流和协商,这里互联网就成为一个交易区。因此,交易区在伽里森看来,不仅仅是一个具体的地点或区域,也可以是一个物质载体或是一个虚拟网络,重要的是通过交易区,几个分立的亚文化能够彼此联系在一起。

另外,伽里森强调"在交易区里,截然不同的活动能够达成局域性协调,而非全局性一致"(Galison et al.,1996)。在上文中提到的人类学中关于交易区的研究中,各个原始部族将捕到的鱼和其他海产品在海滩上进行交易,海滩就成为一个交易区,而在交易的过程中,各个部族并不遵守统一的交换规则,而是用多少条鱼换多少个贝壳由每个交换的个体而定,这就是交易区内的局域性协调,伽里森受到这一点的启发,进而提出关于科学发展的交易区理论[2]。在交易区理论的代表作《形象与逻辑》中,伽里森将云室刻画为一个交易区。伽里森声称,"在历史和哲学意义上,云室都处于交叉口。它产生于自然科学中两个截然不同的分支:以卡文迪什为代表的分析传统以及以地

[1] 笔者对伽里森的访谈,2011 年 2 月 3 日,波士顿。
[2] 笔者对伽里森的访谈,2011 年 2 月 3 日,波士顿。

理学和气象学为代表的形态学传统,威尔逊横跨了两个传统。"(Galison, 1997a)[135] 云室使物理学中不可见的微观世界变为可见,从而将形态学实验传统和分析实验传统这两个截然不同的亚文化联系在一起。但是,与此同时,这种联系是一种局域性协调,形态学实验传统和分析实验传统并没有就此融为一体,而是仍保持了各自的实验方法和发展方向,但经由围绕云室所展开的一系列实践活动,两种实验传统在相互作用中都发生了一些改变。伽里森的《形象与逻辑》一书,着意选取了与这两个传统密切相关的一系列仪器,从而刻画了两个相对的实验传统是如何经由大大小小的交易区的局域协调,不断相互作用,相互影响,同时又在这种看似融合的趋势中保持自身的独立性的。

(三)交流语言

在试图回答各个亚文化在交易区中如何发生相互作用的过程中,伽里森借用了语言学家的相关研究工作。其在语言人类学的相关阅读和讨论中发现:"通过以交易为目的的活动,来自不同文化的群体之间逐渐形成行话、皮钦语和克里奥耳语,从而能够逐步在交易地带形成一个成熟的中介语言系统来彼此沟通。[1]"伽里森受到启发,将交易区内发生的语言演变过程分为行话(jargons),皮钦语(pidgins)[2]与克里奥耳语(creoles)[3]。其中,行话为各亚文化内部交流的专业术语,同一个词可能因其所属的不同亚文化而拥有不同的含义,在各亚文化间同外部交流和协商的过程中,行话逐步演化为二级的皮钦语。皮钦语是工作语言,很有限,但是允许它们的使用者们横跨亚文化间的语言障碍来交易和工作。之后,经过长期的融合,最终在亚文化与亚

---

[1] 笔者对伽里森的访谈,2011年2月3日,波士顿。

[2] 皮钦语(pidgin),又称作"洋泾浜语"或"比京语"。洋泾浜语是指两种或多种不同语言频繁接触的地区,由这些语言杂糅而成的语言。皮钦语在一个社会中通行的范围是有限的,大致只使用于不同语言的人有必要相互交际的场合,而不用于同属一种语言的社团内部。大多数情况下,皮钦语是一种口头语言,文法和词汇都十分有限。

[3] 克里奥耳语(creoles),是由皮钦语发展而来的一种有声交际工具,是一种建立在两种或两种以上语言系统基础上形成的并被特定的言语社团作为母语学习使用的一种语言。皮钦语的特点之一在于它是一定场合下使用的特殊语言,没有人把它当作母语来学习使用。但是在一定条件下,它也可能被社会采用为主要的交际工具,由孩子们作为母语来学习。在这种情况下,皮钦语就变成了克里奥耳语。

文化的接壤处形成更为成熟、丰富的人工辅助语言,即克里奥耳语。和交易区的概念类似,交流语言也在伽里森的研究工作中,逐渐被赋予了更为丰富的含义。首先,交流语言具有物质文化的属性。对仪器等物质文化的重视是伽里森科学史研究工作中贯穿始终的一个特点,从云室、气泡室等科学实验仪器一直到计算机和科学图集,交易区这个概念被赋予了强烈的物质文化属性。同样,交流语言在伽里森的科学史工作中,也不仅仅是一种语言,而可以是充当了亚文化之间能够进行交流的任何媒介。更为确切地说,交流语言是更为广泛的,包括语言、文字、图像等众多物质载体。例如,在上文中提及的云室这个交易区中,随着威尔逊云室在发现粒子方面的巨大成功和广泛应用,一种视觉语言开始在图像的分析中得到应用,这就是云室图集(Galison,1997a)[120][1]。其是一种实验共同体共识的可视化载体,充当着实验者、实验仪器和实验传统之间的纽带。同时,"交际语言并非一种统一的全局性的交流语言,同样也是局域性的[2]"。

(四)墙砖模型——科学发展的新图景

伽里森提出墙砖模型是基于其科学史研究的哲学思考。在进行《实验是如何终结的?》的写作过程中,他发现在实验中存在各种不同的争论,实验不仅仅是理论的手工制作,而是基于论证的一种认知方式,这是因为在做实验的实践活动中,存在一种实验所特有的而非理论上的推理方式,例如视觉和逻辑的不同推理方式以及实验中噪音的排除等。1988 年,他将这些想法写下来,这就是《历史、哲学和中心隐喻》(Galison,1988b)一文,其中,他开始发展一种新的模型——墙砖模型,其在访谈中提道:"其中新旧仪器和实验的更迭与新旧理论的更迭交叉进行,而非像库恩所展现的那样是忽然的断裂。接下来的问题就是理论、实验和仪器几者之间如何是一种分立的关系,那么它们如何进行对话,因此,在接下来的一年中,我开始阅读并和很多人讨论一些关

---

[1] 云室图集是在围绕着云室展开的一系列实验活动中逐步形成的,它汇集了实验中通过云室拍摄到的最为典型的粒子运动轨迹的图片,并配有相关的说明,目的是形成一种观察的规范,让新手对实验现象有一个系统和直观的认识,以便其尽快胜任实验工作。
[2] 笔者对伽里森的访谈,2011 年 2 月 3 日,波士顿。

于语言人类学的问题,由此产生了皮钦语、克里奥耳语等方面的想法。[1]"

伽里森提出交易理论最初的目的是进一步阐述其微观物理学史的相关研究中所揭示的理论、实验和仪器三者的多维关系,以及由此引发的对科学发展模型的全新思考。科学如何发展一直以来都是科学史和科学哲学领域关注和争论的焦点问题,在众多流派中,历史主义所主张的科学发展模型通常被认为是与逻辑实证主义截然相反的。但在伽里森看来,无论是主张经验事实为基础的实证主义,还是力主理论优位的历史主义,他们都拥有共同的理论预设——理论与实验的二分,这种二分使得在他们的科学发展模型中皆存在一条主线优先于与认识论和历史相关的其他元素,对实证主义者来说是观察,对反实证主义者来说是理论(Galison, 1988a)。伽里森称之为"框架相对主义"(framework relativism)(Galison, 1996)。

具体如下图所示。在以卡尔纳普为代表的逻辑实证主义者看来,建立在经验事实基础上的观察和实验是科学发展的持续基础,理论建立在观察的基础之上,随着以经验事实的积累发生变迁(图 7-1)。而在与逻辑实证主义相对的历史主义者看来,科学的发展过程是范式与范式之间的格式塔转换,相继范式之间的差异是必然的和不可调和的(科恩,1998)[94],但始终处于科学发展的基础地位,观察随着理论范式的变迁而改变(图 7-2),即"理论是基础,

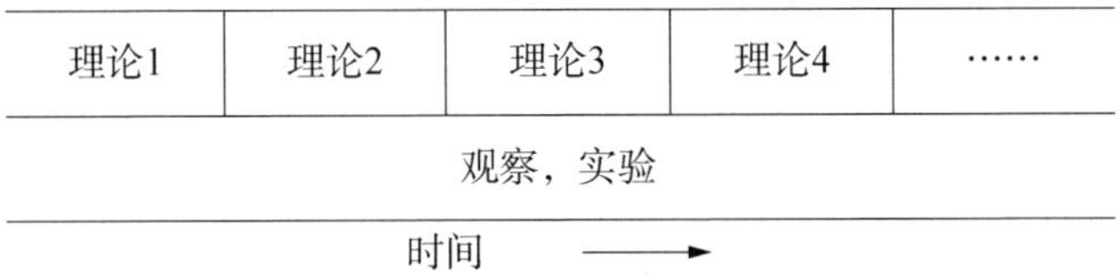

理论1	理论2	理论3	理论4	……
观察,实验					

时间 ⟶

图 7-1 逻辑实证主义的科学发展模型(Galison, 1997a)[785]

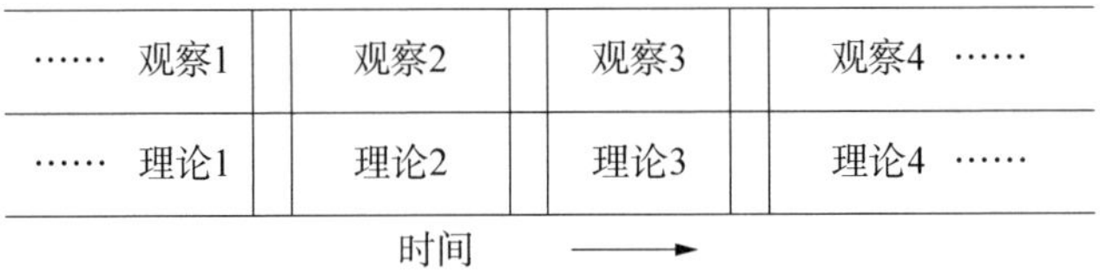

…… 观察1	观察2	观察3	观察4 ……
…… 理论1	理论2	理论3	理论4 ……

时间 ⟶

图 7-2 历史主义的科学发展模型(Galison, 1997a)[794]

---

[1] 笔者对伽里森的访谈,2011 年 2 月 3 日,波士顿。

观察是上层建筑。理论的变迁决定观察的变迁"(Galison，1988a)。进一步讲，理论在库恩的科学发展模型中的地位与经验事实在逻辑实证主义的科学发展模型中的地位相同，二者的变化引起和决定着其他因素的变化。与此相反，伽里森认为不存在这样一条始终处于基础地位的贯穿于科学发展始终的主线。在他看来，现代科学的实际发展过程中允许理论、仪器和实验亚文化在发展线索上的断裂，并没有哪个因素始终处于基础地位。

具体如图 7-3 所示，理论、实验和仪器三个亚文化中每一个都不连续，分别分割成断裂的部分，同时三个亚文化的各个部分断裂的位置都不相同，也就是说并没有哪一个亚文化的断裂必然决定着其他亚文化的断裂。各个亚文化的子部分如同墙砖一般，互相交错延伸，共同构成了科学的发展模型，正因为如此，伽里森形象地称其为墙砖模型(Galison，1988b)。同时，这种断裂位置的交错还进一步表明，实验、理论和仪器三个亚文化具有相对独立性。即在科学发展过程中没有哪个亚文化始终占据基础地位，它的变迁必然地决定了其余亚文化的变迁，而是有时理论起到了决定作用，有时是仪器或实验发挥更为重要的作用。

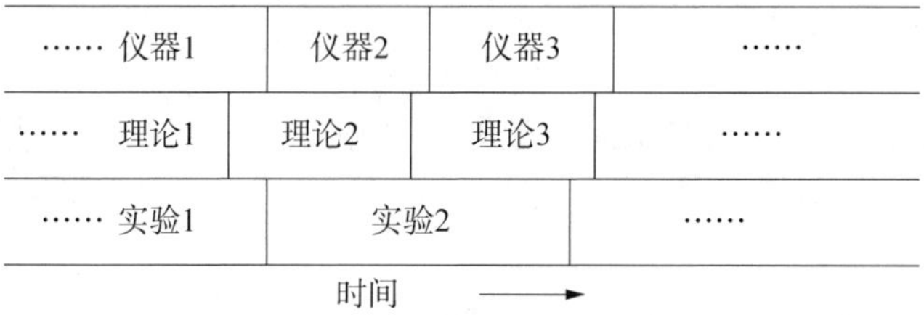

…… 仪器1	仪器2	仪器3	……
…… 理论1	理论2	理论3	……
…… 实验1	实验2	……	

时间 →

图 7-3　交易区理论的科学发展模型(Galison，1997a)[799]

正是出于对亚文化之间分立性的考虑，伽里森从这种墙砖模型得出科学的非统一发展模式。在这种新型图景中，伽里森将科学看作由多个亚文化结成的一股绳子，绳子的强度不在于一根纤维穿过整个绳子，而在于众多纤维重叠在一起。伽里森认为，正是由于理论、实验和仪器等亚文化的分立性保持了科学整体的稳定性。其中，每一个亚文化在科学发展的过程中都可以发生断裂，而不对其他亚文化和科学的整体稳定性产生影响。

由此,伽里森的交易区理论赋予了仪器和实验等物质因素与理论相等的地位,这无疑对于库恩以来以理论为科学发展的主要推动力的科学史观形成挑战。同时,理论、实验和仪器各个亚文化的地位相同,如此,科学的发展便不再由出于基础地位的单一线索的变迁决定,而是不同亚文化之间的交易区中的局部性协调对于亚文化的演进和整个科学的结构起着关键性的作用(洪进等,2006)。这又从一个全新的视角阐释了科学发展的模式,在此种模式中,科学不再以库恩的科学革命中间断的格式塔式的转化发展,而是以一种局部的断裂和局域性协商的形式维持着科学发展的整体连续性(董丽丽,刘兵等,2013)。

综上所述,伽里森的交易区理论相比于之前的逻辑经验主义和历史主义有以下三点最为本质的区别。①伽里森的交易区理论中引入了仪器这一新的维度。②伽里森赋予了理论、实验和仪器相同的地位,即否定了在科学的发展过程中始终有一个元素处于主导地位,从而用科学的异质性代替了其称之为"框架主义"的实验与理论的二元分立图景。③伽里森的交易区理论刻画了理论、实验和仪器三者之间的局域性协调的多维非线性关联,并认为正是这种局域性的协调保持了科学自身的稳定性,这就使得科学的发展图景从库恩的以"革命"为主转为交易区理论的"协商"式,从而以一种动态、多元的稳定性代替了科学革命的间断性,使其更为贴近科学实际发展过程中所展现的复杂性和异质性。

二、交易区理论的产生与演变

早在伽里森初期的科学史工作中,交易区理论就已经萌芽,其1987年出版的《实验是如何终结的?》中可以清楚地看到交易区的雏形。与科学哲学研究不同,伽里森的注意力主要集中于对科学史实践的发掘和整理。以《实验是如何终结的?》为例,书中引用的文献中的绝大多数来源于史料和其他科学史家的研究工作,只有极少数引自卡尔纳普、哈金等科学哲学家的工作,所采用的方法也是典型的科学史案例研究。伽里森与其他科学史家的一个不同之处就是在科学史工作的基础上进一步做哲学分析和思考,这与其科学史和哲学的双重教育背景不无关联。交易区理论的核心部分——实验、理论与仪器亚文化群相互协商以达成局部协调的关系——正是其在对科学史案例研究进行的相关分析和思考过程中逐步形成的,但此书中并未提及交易区一词以及任何明确的理论框架,"亚文化"也只在 255 页出现一次,含义与之后也有所不同。

1988 年,伽里森在"历史、哲学与中心隐喻"(Galison, 1988b)一文中,开始用实验、理论与仪器亚文化群的相互作用来解释科学的发展,但这只是进一步明确了交易区理论的框架,交易区一词仍未涉及。在同年发表的《实验室中的哲学》(Galison, 1988a)中,伽里森通过与哈金、希伦的"实体实在论"与"科学现象实在论"做对比来进一步说明由交易区理论得到的科学发展的非统一图景,并申明科学的稳定性恰恰来源于科学的非统一性。在 1996 年发表的《计算机模拟与交易区》中,伽里森开始尝试采用交易区理论来进行具体的科学史研究(Galison, 1996),1997 年出版的著作《形象与逻辑》则是这种尝试的集中体现(Galison, 1997a)。具体来说,交易区理论的产生和发展可分为四个时期。

第一,萌芽期——以《实验是如何终结的?》为代表。《实验是如何终结的?》是伽里森的第一部著作,在书中,伽里森并没有刻意强调实验在科学发展中的重大意义,而是着重探讨工作中的科学家如何设计和运用 20 世纪物理学实验的复杂技术,并对实验者用来获得可靠和可信结果的各种复杂策略,进行了详尽的叙述(董丽丽,刘兵,2009)。其立足于 19 至 20 世纪高能物理学中的三次重要实验:旋磁率的测量、μ 子的发现和弱中性流的发现,对实验结果如何被实验者和同行认可的过程进行了精致入微的研究,并得出与以往科学史工作截然不同的结论,即实验者从众多的实验数据中得到其认为正确的实验结果到这一结果得到了同行和理论家的检验和认可的过程,是来自实验(比如实验程序的精细程度、不同的实验传统等),理论(包括理论对实验结果的预测和验证、实验者自身的理论预设和理论背景等),仪器等几方面因素共同协商以达到局部协调的结果。即理论、实验和仪器之间具有多维非线性关系,三者之间并没有哪个因素优于其他因素,对科学的发展具有决定性作用。其交易区理论的墙砖模型正是基于这种多维非线性关系提出的。接下来,伽里森沿着这一主线更为系统、深入地对三者的关系进行历史考察,这一次,伽里森的目光从实验转向了另一个亚文化——仪器。

第二,成熟期——以《形象与逻辑》为代表。《形象与逻辑》是伽里森的第二部著作,也是其代表作,书中伽里森明确地提出交易区、亚文化以及交际语言等核心概念,同时提出了墙砖模型。《形象与逻辑》主要围绕形象与逻辑两大实验传统中的各个仪器的发展历程展开,而书中所展现的交易区也从实验室转向仪器,比如形象传统中的云室、气泡室以及逻辑传统中的盖格计数器、火花室等,伽里森详尽地描述了科学家、技术人员、工程师等围绕这些仪器所进行的实践活动中的合作、竞争、相同点和分歧等,刻画了以仪器为中心的若干个交易区,在这些交易区中,伽里森不仅关注科学实践活动所带来的仪器的演变,同时还关注仪器的演变给人类的实践活动所带来的影响,也就是说,仪器本身也负载了文化的属性。同时,伽里森引入亚文化的概念来定义不同群体间既相互独立又具有局域性协调的关系。此外,伽里森从语言人类学的研究工作中引入交流语言来具体阐述各个亚文化之间如何发生相互作用的微观机制。

第三,拓展期——以《爱因斯坦的钟与庞加莱的地图》为代表。在这一时期,伽里森几乎不再提及交易区,但这种看待、解释历史的进路却延续下来,在其著作中一以贯之。《爱因斯坦的钟和庞加莱的地图》是典型代表,此书中中心议题是狭义相对论,主要讨论的是狭义相对论如何提出的历史。伽里森并没有像大多数的传统科学史教科书一样,从爱因斯坦发现狭义相对论的精神历程出发,也非从探究创造性思维迸发条件的认知心理学角度出发(Miller,1986;1989),而是将狭义相对论的发现首先收敛在爱因斯坦对于"同时性的相对性"这一关键思考之上,围绕着与"同时性"这一概念紧密联系着的当时的世纪转折点,一场声势浩大的时钟同步化的运动中的爱因斯坦以及同时代另一位伟大科学家——庞加莱的社会角色展开,试图从历史的角度给出为什么爱因斯坦发现了相对论,而同时代更具声望的庞加莱却与相对论擦肩而过的另一种可能的解释。在此书中,伽里森将交易区理论当作一种方法论和历史研究的视角,隐性地运用到其对相对论这段历史的研究工作中。书中,亚文化、交易区与交流语言的范围都得到进一步扩展,爱因斯坦和庞加莱所处的社会背景、技术需求以及工作角色等社会因素及其与技术因素的互动被引入研究视野。

第四,淡化期——以《客观性》为代表。在《客观性》一书中,交易区的三个核心概念得到进一步拓展,同时,交易区理论则被进一步淡化,成为伽里森史学研究工作的一种特定视角和方法。此书主要描写了三种认识论美德,包括自然真相、客观性和专家判断,是如何贯穿于 19 世纪前期至 20 世纪中期的欧洲和南美洲的科学图集的图像制作中,并最终构建起科学客观性的历史进程。通过对围绕科学图集展开的实践的考察,伽里森逐层剖析了客观性的历史演变,从而揭示出当今我们所提及的科学客观性的多重复杂含义。在尝试勾勒出客观性多重含义的同时,伽里森也赋予了交易区以更加丰富、灵活而富于变化的内涵。"交易区"一词在《客观性》一书中并未出现,其已内化为一种史学的视角和研究方法,融入作者的史学研究中。《形象与逻辑》一书属于采用案例研究的方法来建立交易区的理论模型,《客观性》一书则是真正地运用交易区理论来进行科学史的研究工作,其代表了伽里森研究工作的一个新阶段,即交易区理论的内化与图像研究的凸显,而这一过程也与其与达斯顿的合作密切相关[1]。

如果说,《实验是如何终结的?》是交易区尚未成型、粗略几笔勾勒而成的草稿,《形象与逻辑》则是交易区一板一眼、精雕细琢的工笔画,至《爱因斯坦的钟与庞加莱的地图》交易区成为巨龙的点睛之笔,而到了《客观性》中的交易区,则是隐匿于群山之间的写意。交易区从形似到神似的转变,也是其从科学史的研究工作中萌芽,不断成熟和发展,之后内化为伽里森特有的一种研究视角和史学方法,渗透到其科学史研究工作始终的历程[2]。

---

[1] 笔者对伽里森的访谈,2010 年 11 月 6 日,波士顿。
[2] 笔者对伽里森的访谈,2010 年 11 月 6 日,波士顿。

三、交易区理论的意义

从对交易区理论发展历程的分析中可以看出,交易区并非一个有着固定意义的理论概念,而是一个多义的隐喻。伽里森采用交易区是为了说明科学发展的历史中,并非像之前的人们所通常认为的那样,或者是理论,或者是实验具有基础性的地位,一方的变革带来另一方的变革,而是各种要素之间相互缠绕在一起,其中某一个要素的变革并不必然带来全局性的改变,就像墙面之间的墙砖,互相咬合在一起。

因此,交易区在伽里森的工作中具有非常广泛的含义,凡是来自不同的亚文化的因素之间能够发生相互作用和协调的就是交易区,即"交易区不仅局限于空间概念,虽然多数情况下其依托于空间"[1],而是可以为时间概念、空间概念(实验室)、物质载体(仪器)、非物质因素(理论),也可以是具体的一个人(处于技术和理论十字路口的爱因斯坦),一个过程(科学图集的制作过程),以上这些能够将不同的实践活动联系在一起的元素都可以看作交易区。

通过交易区,伽里森不仅向我们展现了历史实践中的科学究竟是如何发展的,打破了理论和实验二分的桎梏,同时,也为我们带来了科学发展的新图景——墙砖模型,从而建立了科学发展的分立图景。伽里森运用互嵌、交易、联络语言等范畴更为真实地再现了现代物理学的丰富内涵和复杂构成。其对科学图景的全新描绘,无论在科学界还是在哲学界都具有重要的理论意义,同时也产生了深远的影响。

特别是在《形象与逻辑》一书中,描述了实验室中的巨人们如何为了金钱和地盘而斗争,这直接决定谁的机器被批准建造,谁的探测器被使用,谁的理论被检验。这种争斗最终导致实验的结果取决于其采用的工具质量,而非实验者的意识形态。这种对物质因素的强调,使得戴森将伽里森的学说与库恩的学说并列起来,称为"两种科学革命"。其中,"对于伽里森来说,科学发现的过程是由新工具驱动的,对于库恩来说,则是由新概念驱动的"

---

[1] 笔者对伽里森的访谈,2011 年 2 月 3 日,波士顿。

（戴森，2000）[26]。

实际上，戴森"两种科学革命"的说法有合理之处，也存在一些对伽里森的误解。诚然，在《形象与逻辑》一书中，伽里森全书以仪器为中心展开，不仅关注仪器的发展对科学的发展所起到的作用，更为重要的是伽里森力图在仪器与围绕其展开的科学实践活动的考察中，追寻仪器与人的实践活动之间的作用与反作用，一种相互咬合的关联。虽然如此，伽里森并不认为仪器能够代替库恩范式中的理论的地位，成为科学发展的主要驱动力。正如他一直以来所强调的，科学发展的过程中，并不存在贯穿始终的唯一主线，科学是由既相互独立又相互作用的亚文化组成的非统一图景，而恰恰是这种非统一性，确保了科学的稳定性（董丽丽，刘兵等，2013）。

除了戴森的"两种科学革命"一说之外，伽里森与库恩一样，也是一位颇受争议的科学史家。科学哲学中的一些新兴学派，例如科学知识社会学的相关学者，一方面对伽里森的工作推崇有加，另一方面又批评其保留了过多内史学者特有的谨慎和过于保守的科学观（Bloor，1991；Collins，1989）。与此同时，主流科学史界对伽里森的态度也不尽相同。伽里森的科学史工作既得到了业内的广泛认可，也引起了很大的争议，许多科学史家认为伽里森将仪器和实验因素与理论相提并论过于激进，同时，对其所建立的科学非统一图景也不甚赞同。

与此同时，伽里森的交易区理论在科学史以及认知科学、心理学等众多领域都得到了广泛的应用。特别是以戈尔曼为代表的一些学者一直致力于用交易区理论进行研究，并力图"将伽里森的交易区理论与柯林斯的交互性专家知识联合起来，形成一个新研究纲领，用以研究多学科间的协作"（Gorman，2002）。在此基础上，戈尔曼、柯林斯等人对交易区理论和交互性专家知识之间的内在关联和联合的可能性进行了深入的探讨（Gorman, et al., 2010b）（Collins, 2010），同时，来自各个领域的相关学者也尝试性地将二者联合起来应用于社会技术系统管理（Gorman, et al., 2010c）、地球系统工程（Allenby, 2010）、科学与公众（Jenkins, 2010）、商业战略（Oetinger, 2010）等方面的研究，伽里森本人也进行了相关的尝试（Galison, 2010）。

第三节　图　像

除了交易区之外,伽里森另外一条贯穿于其思想始终的主线是对图像的关注。伽里森对于图像的研究工作与交易区理论的提出和完善是紧密咬合在一起的,二者互相缠绕,共同构成了伽里森科学史工作发展的两条主线。其中交易区理论为明线,其对图像的研究工作为暗线。与交易区理论相似,伽里森对图像的关注也并非凭空而来,而是与科学史本身以及其他相关学科的发展有着极为密切的关联。

一、图像内涵概述

图像,英文为 Image,这一单词在伽里森的研究工作中具有多重含义。Image 本身在英文中就具有多种含义,即可以指具体的图像,也可以指头脑中的意象[1]。相应地,在伽里森的研究工作中,Image 也主要具有以下两层含义。

第一层含义是图像,主要指伽里森对科学史中图像的关注和研究工作。在伽里森的前 3 部著作中,其将目光逐步聚焦于 20 世纪的微观物理学实验中所拍摄到的粒子运动径迹照片,这些照片在发现和判定粒子性质的过程中起到了决定性的作用,这一类图片可归结为作为实验数据的表征形式的图像。之后,伽里森进一步将目光拓展到 16、17 世纪在科学共同体内部广泛使用的科学图集,并且深入到图集的制作过程中去探寻科学客观性如何随着科学图

---

[1] 具体的含义包含以下几点:一,映像或翻版、复制、相似的形象。二,塑像、肖像、圣像,也包含有图形程式的意义,这一含义与 icon 相同。三,在心里对形象的描绘。四,心象、印象,用来指代图形在观看者心中构成形象认知的心理过程。与 Image 相对的另外一个词是上文中提到的 icon,icon 是早期用来指代“图像”的常用词,其衍生词 iconography 为图像志,iconology 为图像学。视觉文化研究逐渐兴起之后,Image 代替 icon,成为视觉文化的核心词汇。icon 的原意为希腊正教的圣像,其作为“图像”用的主体含义为图形程式,因此现在多将 icon 翻译为“谱像”,将 iconology 译为“谱像学”。

集的发展而逐步演变为现在的客观性的历史,这一类科学图集中的图片属于另外一种表现形式,即对自然的可视化表征。

第二层含义是形象,主要指代以图像为主要依据的形象思维。在《形象与逻辑》一书中,伽里森对实验结果得出的论证过程中图像所起到的特殊作用展开了详尽的论述。其中,以图像作为主要判据的实验论证过程属于形象思维的范畴,而以统计学和数理模型为基础的实验论证过程属于与形象思维相对的逻辑思维的范畴。形象思维又对应着以形象思维和视觉化的数据论证过程为主导的形象实验传统。伽里森按照实验仪器和论证形式的不同,将20世纪的物理学实验分为形象和逻辑两大实验传统,对应着两种相对的实验形式。"一种是视觉探测器,比如云室和气泡室,他们将单个事件的细节呈现于底片上。另一种传统基于电子探测器,例如与电子逻辑线路相连的计数器和与逻辑线路相连的火花室。"(Galison,1987)[248] 与这两种传统相联系的是信念和对待证明的态度。依赖图像一方的形象传统的实验者怀疑逻辑传统的实验者背后隐藏着机械论,与此同时,逻辑传统的人则信奉"任何事都只能发生一次",因而能够提供大量的数据统计的计数器相比于拍摄单个粒子事件的视觉探测器更为可靠。这两种实验传统在以往的研究中经常被当作相互竞争和对立面出现,与此不同,伽里森则表明,在实际的物理实验中,形象与逻辑两大实验传统历经了从最初的分立到逐渐走向融合的历史进程。

可以看出,伽里森的研究工作中 Image 的两重含义是层层递进,逐步深化的关系。首先由其对科学实践活动中图像这一视觉表现形式在实验的论证过程中所起到的特殊作用的关注为基础,进而阐释了以图像为主要依据的形象思维与以统计和数理模型为基础的逻辑思维之间的竞争与互动,在此基础上,进一步对以视觉仪器和形象思维为主导的形象实验传统与以计数器和逻辑思维为主导的逻辑实验传统之间从分立逐步走向融合的演变过程。伽里森在访谈中提道:"图像作为一种论证形式在科学发展中的作用,它与文字不同,但也是知识的一种表征方式,我开始关注图像作为一种特殊的材料是在其完成《实验是如何终结的?》一书,我试图让人们可以通过从一张图像到下一张图像的方式来跟随历史的发展线索,即构造一部全书的视觉历史,《形象与逻辑》则更是如此。[1]"

二、伽里森对图像的研究工作

上文已经提到,伽里森对图像相关问题的关注由来已久,早在 1984 年他就曾对图像在狄拉克几何学研究中起到的作用进行过研究。此后,在第一部著作《实验是如何终结的?》中,伽里森开始对粒子物理实验室中云室等仪器拍摄的粒子轨迹的图像,在实验数据的分析和论证的过程中所起到的特殊作用进行了分析和讨论。在伽里森看来,从另一个角度来看,"《实验是如何终结的?》中所展现的粒子物理实验的事例,还可以通过一个一个的粒子轨迹的图像串联在一起[2]"。自此,他对图像产生了更为浓厚的兴趣,1989 年,其开始关注科学图集,并先后发表了一系列的文章,2007 年出版的《客观性》一书就是这种持续研究的结晶。其间,在其第二部著作《形象与逻辑》中,伽里森将图像作为两大核心之一,深入到图像的制造过程中,试图从图像制造的实践活动本身,考察作为图像的数据与仪器、实验论证与结果之间的关联,以及作为图像的数据与作为文字的数据之间的关系。之后,伽里森与达斯顿合作出版了《客观性》一书,书中进一步扩展了对图像的研究范围,将考察的重心放在科学图集在科学客观性的发展过程中所起到的特殊作用之上。

与交易区的发展脉络类似,伽里森对图像的关注也可以按照其著作划分为初期、发展期和成熟期。同时,这三个时期也与交易区三个时期的发展紧密地联系在一起,二者互相影响和促进。随着研究的不断深入和拓展,伽里森的这两条主线之间的关系也发生着演变。

第一,初期——《实验是如何终结的?》中作为科学数据表现形式的图像。这一时期,伽里森集中于对 20 世纪微观物理学中作为实验数据的视觉表现形式的图像的研究工作,主要关注的是图像作为科学数据的一种视觉化表征形式,在实验数据的分析和论证过程中所起到的特殊作用。其关注的是非统一

---

[1] 笔者对伽里森的访谈,2010 年 11 月 6 日,波士顿。
[2] 笔者对伽里森进行的访谈,2010 年 11 月 6 日,波士顿。

的,各自为政的图像的运用方式,例如云室、核乳胶室和气泡室等,它们被不同的人群所使用,使用的方式也有所不同,伽里森关注的是使用的过程中,图像如何与人的实践活动产生互动,甚至,图像本身的运用如何反作用于人的实践活动,从而重新塑造了人的实践活动。伽里森在《实验是如何终结的?》中,力图通过实验图片的制造和使用过程的历史描述展现理论、实验和仪器三者之间的多维非线性关系。图像是一种工具,或者是一种武器,用来反对以文字史料为中心的史学研究中理论与实验二分所带来的"框架主义"[1]。图像作为一种不同于文字的科学知识表征形式,以更为直观的形式与现象进行更为直接的关联。它使得实验者的思维跨越数理模型和统计计算,直面自然现象本身,从而建立了与自然更为直接的关联。同时,这种更为直接的关联也使得以图像为研究对象的史学工作得以脱离理论的框架,而从现象、仪器与实践活动中追寻科学研究与自然的内在关联,从而建立一种科学的物质文化史。

第二,发展期——《形象与逻辑》中作为仪器与实践、形象与逻辑交点的图像。《形象与逻辑》整本书以仪器为主题展开,云室、核乳胶室、气泡室是形象实验传统的代表仪器,计数器、火花室和丝室是逻辑实验传统的代表,对撞机则是两种传统相结合的产物。其中,形象实验传统的每种仪器对应着其特有的图片表现形式,从图片不同的表现形式以及围绕着图片展开的实验实践活动的具体考察,伽里森展示了仪器的变革所带来的实验结果获得过程中论证方式、物理学家与其他群体的合作关系等物理学文化的变革,从中可以看到物理学实验在发展过程中经历了规模扩大化、数据论证形式复杂化和合作群体多样化的趋势,特别是大科学时代的来临,更使得围绕着科学仪器所进行的实验活动日趋复杂,而传统的逻辑实证主义和历史主义所倡导的理论和实验二分的科学发展模型已经过于简化,远远不能描述现代科学的实际发展过程,也正因为如此,伽里森以其具体的科学史研究工作为出发点,提出了交易区理论,来对现在科学实际发展的历史过程进行描述和诠释。

---

[1] 笔者对伽里森的访谈,2011 年 2 月 3 日,波士顿。

第三,成熟期——《客观性》中作为客观性与主观性竞争与协作产物的图集。在《客观性》一书中,伽里森对图像的关注点进一步扩展为包括物理学、植物学、生理学、解剖学等众多学科在内的科学图集,时间也从 20 世纪延伸至 16、17 世纪。通过围绕着科学图集所展开的实践活动的研究,伽里森试图探索和展现客观性这一被看作科学的本质性质之一的概念如何产生和逐步发展到现在的历史。通过对图像的研究,伽里森与达斯顿开始思考关于科学的认识论和美德等问题。二者对科学图集的研究中主要刻画了两个问题,其一是从科学图集的制作过程中分析和讨论科学的客观性发展的三个阶段,其二是科学图集本身就是一个交易区,不同背景的人,不同学科和文化之下的实践活动通过图集联系在一起。伽里森虽然在这一阶段对交易区这一概念很少提及,但从内容上来看,交易区理论已经内化为其这一阶段研究工作的一个视角和方法。

三、分析与总结

综上所述,伽里森对图像的研究工作与以往科学史和其他领域的相关学者对图像进行的研究密切相关,同时又有很大的不同之处。伽里森对图像的研究始于其对科学中理论、实验与仪器之间的关系,以及科学的客观性等问题的思考,同时,以图像为对象的研究工作也带来了新的发现,这也使得伽里森在不同时期对于图像研究的关注点一直在变化之中。伽里森对图像的关注有以下几个特点。

第一,伽里森早期关注的是作为实验数据的视觉化表征的物理学实验图像,其关注点主要是图像的制造和使用过程,力图从围绕图像的制造和使用展开的实验实践活动的历史考察中,寻求理论、实验和仪器的多维非线性关联,以及仪器与人的实践活动之间的互动,同时,也开始关注物理学的两大实验传统——以视觉仪器为基础的形象传统与以电子仪器为基础的逻辑传统——之间从分立逐渐走向融合的动态历史进程。在伽里森之前,科学史领域中对图像的关注主要集中于对科学插图等通俗化图像中所体现出的科学与社会的互动关系,或是科学数据图像所带来的科学实验中的新发现,本质上是将图像作为一种证据而非对象。视觉文化和艺术史等领域也对科学中的图像做了一些研究,主要集中于对植物图集、地理图集等作为图像的一种表征形式的历史发展过程,以及"图像转向"之后所带来的图像霸权等问题。

与此同时,与伽里森同一时期兴起的科学知识社会学的相关学者,例如拉图尔、皮克林、赛蒂纳等人也对科学中的图像予以高度的关注。他们同样关注科学实验中作为实验数据的表征形式的图像,但有几点与伽里森有着本质的不同。他们虽然也关注图像的制造和使用过程,但是其关注的焦点问题是图像作为科学知识的一种与文字相对的表征形式,其制造和使用过程中掺杂着社会因素的建构,从而使得图像作为文字的一种补充形式和延伸为科学知识的社会建构这一中心议题提供案例支撑。因此,在科学知识社会学家看来,图像只是作为科学知识的另一种表征形式,与文字并无本质区别。但伽里森眼中的图像是作为物理学实验中一种与文字所代表的逻辑传统相对的另一大实验传统——形象传统的代表,这就赋予了图像以不同于文字的特殊含义,从而打破了以往文字资料为主,图像资料作为文字资料的补充说明的研究传统,还图像以更为丰富的意义。同时,伽里森关注图像的制造和使用过程中,仪器与人的实践活动之间的相互影响,这使得伽里森对于图像的研究具有了物质文化的色彩。

第二,经过了初期的尝试,伽里森在《形象与逻辑》一书中,将图像作为一个核心要素加以考量,这标志着其对于图像研究的成熟期,同时,伽里森也赋予了图像研究以认识论和哲学意义。在《实验是如何终结的?》中,伽里森便有意识地将图像与逻辑方法对立、突出,《形象与逻辑》一书中,伽里森进一步强化了这种图像与文字的分界,试图从形象与逻辑两大传统的冲突、碰撞与融合中追索科学是什么、科学究竟如何发展的哲学议题。这就使得图像开始承载了认识论和哲学的双重含义。同时,伽里森开始将视野从物理学实验中单独的珍稀事件扩展为云室图集等科学图集,其发现云室图集充当了亚文化之间相互协商的媒介,是视觉化的物质交际语言。这弥补了传统的以文字材料为主的研究的不足,同时也表明,传统的研究以文字史料为主,文字史料的价值往往大于图像价值的编史学方法随着研究对象的改变而发生了重大的变化,图像的重要性开始日益显现。

第三,《客观性》中与达斯顿的合作使得伽里森从其对物理学中的图像转向了包括解剖学、生理学、植物学、古生物学、天文学、X射线等在内的自16世纪以来的科学图集,视野进一步拓展,关注的焦点问题也转向科学客观性的发展。《客观性》一书,伽里森借助于科学图集所展示的客观性与以往研究大相径庭。其认为"客观性的每一个成分都与主观性中的某个独特形式相对立;每一个成分都是由对私人的某些方面(绝不是全部)的排斥来加以界定"(Daston, et al., 1992)[82]。换句话说,客观性的发展史其实就是人们在实践的过程中将何者定义为主观从而加以拒斥的历史,被看作是主观性的、需要加以避免的各种形式从反面规定了客观性的各种形式。这种如何、为何和何时避免主观性的行为通常发生在人们思考怎样才能正确认识自然的过程中,也就是何种认识论在认识自然的过程中更为适用的问题。因此,作者用认识论美德一词来对应人们对主观性的定义和抗争过程,亦即客观性的发展过程。相对于长久以来无论是科学家、哲学家还是史学家一直认为的客观性是抽象的、与时间无关的、牢不可破的观念,伽里森则认为如果仅仅只是一个纯粹的概念,"与其说客观性是一个模具造就的青铜像,不如说是一些即兴拼凑起来的自行车、闹钟和水管的零部件"(Daston, et al., 2007)[16]。

综上所述,在伽里森的早期工作《实验是如何终结的?》中,其关注的焦点问题是理论、实验与仪器三者之间的内在关联,图像的相关研究只是作为其中的一个侧面。之后伽里森逐步意识到图像作为一种与文字相对的科学知识的视觉化表征形式,在科学的发展过程中起到了重要作用,图像成为伽里森史学工作的一个特殊视角。至《形象与逻辑》一书,伽里森对于图像的研究已经与交易区理论的发展紧密地缠绕在一起,成为伽里森研究工作中不分伯仲的两大主线。至《客观性》一书,图像已经成为伽里森研究工作的核心进一步得到彰显,而交易区理论则作为他的视角和方法退隐至幕后,从而完成了图像由暗到明、交易区理论由明至暗的转换。

正是通过图像,伽里森体现了仪器在实验论证过程中所扮演的特殊作用,同时,通过图像,伽里森将围绕着仪器理论和实验、科学技术与社会等不同群体的实践活动联系在一起,也正是通过图像,伽里森建立了形象与逻辑、仪器与实践这两组通常被认为对立方的内在关联,实现了理论与实验、物理学与工程技术、科学内部与科学外部的对话和协商,这也正是交易区理论的要义所在。与此同时,伽里森对于图像的研究工作不仅在科学史领域引起广泛的兴趣和讨论,伽里森和达斯顿也做了相应的回应(Galison, 1999)(Daston, et al., 2008),还得到了来自艺术史等领域的相关学者的关注与肯定,例如艺术史家埃尔金斯(James Elkins)就认为"不仅科学史家要读《形象与逻辑》,每一位史学家都应该读这本书"(Elkins, 1999),同时,埃尔金斯还探讨了伽里森对于图像的相关研究对于艺术史领域的借鉴意义。

第四节　伽里森学术思想的重要意义

伽里森以史料考证的传统科学史方法为基础,同时引入人类学、语言学、历史学、艺术史学等相关领域的理论成果,分别以实验、仪器和理论为叙事主线,对历史中围绕这三条主线展开的具体科学实践活动进行主题式的微观考察(董丽丽,2014)。其关注的焦点问题是日常科学活动中,各种不同文化背景下的实践活动是如何跨越文化的边界,互相作用和影响,最终形成科学的整体文化。正是基于对这一点的考量,伽里森提出交易区理论用以解释具有不同文化背景的群体间如何相互协商最终达成局域性协调的过程[1]。在运用交易区进行具体考察的过程中,伽里森的视角从科学内部的实验、理论和仪器三种文化之间的相互作用逐步扩展到科学外部,最终着眼于科学、技术与社会等文化之间的互动。从此种意义上来说,伽里森的科学史工作兼顾科学哲学、科学社会学、科学技术与社会学等相关领域的视角。

在具体的研究中,伽里森以仪器和图像这两个通常被传统科学史家所忽略的方面为考察的重心,通过对图像在物理学实验不同阶段的表现形式以及

---

[1] 笔者对伽里森的访谈,2010 年 11 月 6 日,波士顿。

在实验结果的论证过程中所起作用的不同,揭示出科学仪器的发展给实验实践活动带来的深刻变革,以及由科学仪器的类型划分的物理学实验中形象与逻辑两大实验传统之间由分立逐步趋向融合的历史演变历程,呈现出一幅关于科学如何发展的动态物质文化史画卷。从而以图像这一特殊的史料为切入点,展现了仪器与人的实践活动之间的互动关联,赋予仪器这一物质载体以文化属性。因此,伽里森对图像和仪器的研究也可算作视觉文化和物质文化领域的工作。

在其之后的工作中,伽里森将其对图像的关注进一步延伸,从实验室中作为一种实验数据的视觉化表征形态的图像拓展为 16、17 世纪在科学家内部被广泛使用的科学图集。通过对科学图集的制作和使用过程的历史考察,伽里森揭示出作为科学基本属性之一的科学客观性如何一步步发展和成熟的鲜为人知的历史,以历史的视角回应了关于科学客观性的哲学争论。

从上面的论述中可以看出,一方面,伽里森在研究工作中借鉴了人类学、语言学等相关学科的研究方法和理论成果,综合了实践、实验室研究、图像等科学哲学、科学社会学和视觉文化研究等众多领域关注的中心议题,属于汇聚型学者;另一方面,他的交易区理论不仅被科学史领域作为科学发展的新模型,而且被用于研究工程技术、心理学、教育学等众多领域中极为广泛的话题,同时,其科学史工作从历史的视角探讨了实验理论与仪器、形象与逻辑、物质与实践、主观性与客观性等基本哲学问题,从此种意义上讲,伽里森又是一位颇具代表性的发散型学者。可以说,是伽里森所处的时代背景造就了他多元化的研究风格,同时,其独特的视角和隐藏在历史叙述中的哲学洞见又使得他立于众多学科的前沿和交汇点,引领着自身风格独特的科学史学研究进路。从对伽里森的研究过程中,具体可得到以下几点重要启示。

一、交易区理论为科学发展提供了新的图景和解释框架

交易区理论是伽里森科学史思想的核心和贯穿于其科学史工作始终的一条主线,主要基于其实际的科学史案例研究工作提炼和升华而成,提出之初的目的是解释当代物理学实验中来自不同亚文化中的实践活动是如何彼

此协调,共同构成物理学整体文化的过程。之后,伽里森继续运用交易区理论来进行其科学史研究工作,并随着其视角的拓展和深入,引入交流语言等概念,进一步完善和发展了交易区理论,并最终内化为其史学研究特有的视角和方法。

墙砖模型是交易区理论的具体表现形式,伽里森以各个亚文化群之间交错的互嵌式结构表明了其不同于以往的科学发展观,即科学的分立图景。其中,分立主要针对的是之前逻辑经验主义以及之后的历史主义所倡导的科学发展观。伽里森认为,无论是逻辑经验主义所认为的观察的积累导致理论变迁,还是之后历史主义者所宣称的理论更迭带来科学的格式塔转换,实际上都没有脱离一个要素——对于逻辑经验主义者来说是观察,对历史主义者来说则是理论——始终处于科学发展的基础地位,其变迁决定着其他因素的变迁。对此,伽里森认为不存在这样一条贯穿科学发展始终的主线,在实际的科学活动中,理论、实验和仪器等因素的变革并不同时发生,即其中的一个因素的变化并不必然导致其他因素的变化,各个要素的断裂是交错发生的,具有不确定性。换句话说,各个要素之间达成的是局域性的协调,而非全局性的统一。

同时,伽里森基于 20 世纪物理学实验的案例研究,发掘出仪器在实际的实验实践活动中所扮演的重要角色,以及其与理论和实验的多维非线性关联,这就将仪器作为与理论和实验等要素地位相同的第三个维度引入科学发展的图景,从而构建了科学发展的多元性和异质性特征。

总之,伽里森基于具体的科学史研究工作提出的交易区理论,通过围绕着仪器展开的实践活动的研究,赋予了仪器与理论和实验同等重要的地位,同时,为了表现理论、实验和仪器三个物理学文化中的亚文化之间多维非线性关联的墙砖模型,打破了以往科学图景中基于理论和实验的对立以及相互作用的二元简化模型,对科学发展给出了更为精致和符合实际的动态的多元化解释模型。

二、伽里森的研究工作赋予图像、仪器和实验新内涵与独特地位

伽里森以图像、仪器与实验的关注,展现出三者在科学发展中的独特作

用与丰富内涵,将图像提升到与文字地位相等的科学视觉表征形式的地位,仪器与实验成为与理论同等重要的亚文化,从而拓展了科学史研究的对象和视野,增进了科学史与其他学科在方法和观念上的交叉性。

(一) 图像

科学史领域对于图像的研究由来已久,以默顿为代表的科学社会学将科学中的插图等作为科学与社会互动的史料,之后,以拉图尔、皮克林等为代表的科学知识社会学同样也关注实验室中作为实验数据表征形式的图像,从图像的制造和使用过程中追索社会因素对科学知识建构的足迹。因此,无论是科学社会学还是科学知识社会学都将图像作为与文字相对的一种史料来加以运用。在伽里森的研究工作中,图像被赋予了更为丰富的含义。

伽里森对图像的关注主要集中于两个方面,一方面是粒子物理学实验室中的粒子径迹照片,这一类属于实验数据的视觉化表征形式,其功能与符号形式的数据有着很大的不同。它们分别代表了以图像为主要论据的形象传统以及以数学和统计模型为主要论证模式的逻辑传统。伽里森正是注意到现代物理学实验中,图像所代表的形象思维与符号所代表的逻辑思维的冲撞与融合,勾勒出 20 世纪物理学发展中形象与逻辑两大实验传统从分立逐渐走向融合的动态过程。由此,伽里森注意到图像作为一种视觉表征与符号系统不同的属性和思维模式,从而赋予了以往仅作为文字补充材料的图像以与文字同等重要的意义。

伽里森对图像关注的另一方面是其对 16、17 世纪科学图集的研究,其中包括生理学、植物学等众多领域的上千册图集,然而,伽里森发现这些装帧精美、造价昂贵的图集并不在公众中流通,而是仅仅在科学家内部流传和使用,正是这一点激发了伽里森的研究兴趣[1]。通过对这一类图集的制作和使用过程的研究,伽里森揭示了图集作为一种视觉化知识形式在科学客观性形成和建立过程中所起到的特殊作用,从而从另外一个方面探讨了科学知识的视觉化表征相对于文字等符号表征的又一重要差别。伽里森通过图集对科学

---

[1] 笔者对伽里森的访谈,2010 年 11 月 6 日,波士顿。

家理解中的客观性的开创性研究,也是其图像研究新意义的体现。

(二) 仪器

之前,在科学史领域中也有对云室、气泡室等科学仪器的研究工作[1],但绝大多数的研究者关注的是科学仪器技术上的革新以及由此带来的新发现,而伽里森关注的是科学实验论证过程中仪器所起到的特殊作用。通过围绕着仪器展开的科学实践活动的考察,伽里森得出以下与传统科学史研究中不同的几点关于仪器的含义。

第一,仪器也是一种物质文化的载体。从在实验论证过程中,仪器所起到作用的研究,伽里森展现了仪器作为一种物质形式对围绕其展开的科学实践活动的反作用,同时也在此过程中形塑了科学实践活动,从而使仪器成为一种负载着文化的物质形式。第二,仪器作为与理论、实验地位相同的科学发展的第三个维度,展现了理论、实验和仪器三者之间的多维非线性关联,从而在强调仪器在科学发展过程中所起到的重要作用的同时,打破了以往以理论和实验二分为基础的理论优位的科学观。第三,通过仪器的发展对实验论证过程的影响,伽里森还呈现出一部科学、社会、政治等因素的互动史。

(三) 实验

交易区理论的一个创见是其将实验、仪器作为与理论平权的因素引入科学发展,出于这种对仪器、实验等物质因素在科学发展中所起作用的前所未有的重视,哈金称其为"技术实在论"(董丽丽,刘兵,2009)。与哈金等科学哲学家的进路不同,伽里森主要从科学史的角度对实验内部过程进行深入的描述,其研究进路不仅是对传统科学史家只注重实验结果的研究进路的突破,同时,将科学家的活动与科学实验紧密相连、还实验以全景式的本来面貌的微观史学研究视角,也使我们对科学史和科学本身有了全新的认识。

实验在近代科学的建立和兴起中无疑有着非常重要的地位,历来的科学史家和科学哲学家都非常重视科学实验。然而,在以往主流的科学史文献中,实验只是被当作科学发展的坐标,科学史家往往只看重实验的结果是否

---

[1] 笔者对伽里森的访谈,2011年2月3日,波士顿。

推动了科学的发展,是否有利于科学的进步。在科学哲学中,实验的某些方面也依然被忽视。它有时仅仅等同于观察或者经验命题。逻辑实证主义虽然经验被赋予了核心和独立的地位,但逻辑实证主义者并不注重经验的来源,仅仅把实验的功能限制在对理论的认识论建构和检验的范围内。不难看出,在传统的科学史和科学哲学中,对实验的研究仅限于物质层面,或是抽象的语义学层面,而恰恰忽略了其中至关重要的元素——即实验是人类(科学家)的实践活动。在20世纪的下半叶,科学史和科学哲学界不约而同地将目光投向了实验过程本身和实验中科学家的实践活动,伽里森的工作基于其科学史研究,同时结合了科学哲学等多学科视角,在此次实验与实践转向中具有重要作用。

总之,伽里森研究工作中的图像不再仅仅是文字材料的一种补充形式,而是上升为与文字等符号形式相对应的另一个史学研究中新的极具启发性的独特视角[1]。与此同时,仪器也不再作为发现新现象的器物存在,而是成为与理论和实验同等重要的科学发展进程中的第三个维度。仪器作为连接物质世界与实践、科学与社会等外部因素的桥梁,被赋予了特殊的物质文化含义。实验也不仅仅是证实理论的工具,而是与理论相互影响的另一个亚文化。正是通过对图像、仪器与实验的深入研究,伽里森将科学史研究与视觉文化、科学哲学、科学社会学等众多学科紧密地结合,拓展了科学史的研究领域与视野,并勾勒出关于科学发展的另一副面孔。

三、交易区理论提出了新的科学观与历史观

从以上的结论中能够看到伽里森研究工作的独创性和特殊性,而之所以其科学史研究工作具有不同于传统科学史家的视域和观点,是由于其在科学史工作背后所持有与传统科学史家相对不同的科学观、历史观。从其核心思想交易区理论中能够清晰地看到这一点。

(一)科学观——异质性与稳定性并存、建构性与定向性同在

交易区的具体体现形式墙砖模型将仪器作为继理论和实验之后的第三

---

[1] 笔者对伽里森的访谈,2011年2月3日,波士顿。

个维度引入科学发展的图景,并用一种互嵌式的交错相邻的微观结构描述了几者之间既相互影响,同时又彼此独立的非线性关联,从而展现了一种多元的、破碎的、动态的科学分立图景。

同时,几个元素之间的互嵌式结构从一个侧面带来了科学的稳定性。相比于库恩的科学革命所展现的理论的改变带来了整个范式更迭,从而导致科学格式塔式的转换,伽里森则赋予三个亚文化之间平等的地位,强调理论、实验和仪器之间的变迁并不同时发生,也没有哪一个的变化必然导致其他另外两个的断裂。如此,科学的发展便不再由处于基础地位的单一线索的变迁决定,而是不同亚文化之间的交易区中的局部性协调对于亚文化的演进和整个科学的结构起着关键性的作用。正是在这种科学的非统一发展模式中,科学更像由多个亚文化结成的一股绳子,绳子的强度不在于一根纤维穿过整个绳子,而在于众多纤维重叠在一起。因此,每一个亚文化在科学发展的过程中都可以发生断裂,而不对其他亚文化和科学的整体稳定性产生影响,即恰恰是科学的异质性带来了其发展的稳定性。

除此之外,交易区所展示的各亚文化之间的彼此协商和局域性协调之中暗含着几者关系的多元性和不确定性。比如,在其对实验结果的获得过程的研究中,伽里森就声称"规程、设计、解释和接收数据共同铸就了实验的结束,认为实验只要遵循了固定的实验程序就能够得到确定的实验结果,而实验结果不依赖之前的理论和实验的想法是荒谬的"(Galison, 1987)[258]。这就将人为的不确定因素引入实验论证过程,从而带来了某种程度的建构[1]色彩。与此同时,伽里森又认为实验自身具有可靠性,实验过程并非由利益等人为因素决定,据此将其与皮克林等社会建构论者区分开来。

其中,伽里森试图用坐标来描述实验的这种可靠性的增强,横坐标和纵坐标分别为测量直接性的增加和结果稳定性的增强。"直接性主要指实验室

---

[1] 对于建构论的理解和定义种类繁多,这里笔者倾向于按照 SSK 的代表人物之一赛蒂纳的说法来定义建构论"建构论从未主张说,科学活动中不存在任何物质实在;它仅仅是认为,'实在'或'自然'应该被看作是这样一种实体:它们通过科学活动和其他活动不断地被改写。建构论的兴趣所在正是这种改写的过程。(赛蒂纳,2004)"

的活动使得实验推理向着因果性的阶梯前行"(Galison，1987)[259]，"稳定性试图表达的是那些改变了实验条件的某些特征的程序：在实验对象、仪器、秩序或者数据分析方面的改变使得结果能够基本上不改变。这些改变中的每一个使得我们很难去假设一个替代的因果说明能够满足所有的观察"(Galison，1987)[260]。由此，伽里森通过稳定性赋予了科学以朝向因果链条高阶的整体趋势，从而将科学的图景从库恩的格式塔式转换的非定向性的混乱中"拯救"出来。

（二）历史观——实践视角下的宏大叙事与微观深描之间的平衡

伽里森对实践的关注使得他的历史观也有着与众不同之处。从维也纳学派到 20 世纪 70 年代，整个科学哲学领域中，主张存在着科学和科学方法的真实本质，在整个科学史领域中，科学家们则相信存在一种科学积累的普适化模式。伽里森在他的编史理论和实践中都对这种刻板单调的历史观给予了最严厉地批判。不同的科学领域有着不同的研究方法和研究目标，比如说理论物理学家会讲理论预测精确到小数点后数十位，而地理学家或形态生物学家则可能更重视说明而非预测。

伽里森注意到近些年来科学哲学中对语境、地方性知识的关注，同时也将这些思想应用到他的科学史观上。与走在最前沿的科学哲学家们相契合，伽里森不再预设那些科学先验的美德，诸如客观性，定量化，实验法等，而是通过历史的叙述来寻求这些目标和规则的结构是如何被辨识到的，不再寻找一种普适性地管辖着整个科学工作的社会基础的模式，而是转向探索整合知识生产的环境说明和那种知识的本质了。从现代实验的源头，由 19 世纪皇家提供资产和场所，到 20 世纪被伽里森称之为"巨兽"的大规模合作性实验，再到人类基因计划，伽里森认为不同的历史阶段，人们对实验有着完全不同的理解和观念，因为每一次科学家的实践都嵌入了不同的社会建制中，而随着科学和技术的新发展，也促进了社会建制的变更。

但伽里森本人并不承认他的历史著作属于微观史的范畴。在这一点上，他有自己独到而深刻的看法。实践视角下的微观史与传统编史不同的一点便是,不再具有贴着标签的普适性和典型性的科学家、实验家、工程师。他们自身是某个阶层利益诉求的代表,不是出于他们知识分子的地位,而是出于他们参与科学实践比如某个项目的直接经历。在这一点上伽里森与微观史有着类似的旨趣。然而,伽里森并没有拘泥于微观史的视角,他从福柯关于奥本海默特征描述出发,将福柯的这种史观类比到科学史研究,并针对科学史编史提出了一种新的理论:专门理论。

人文学科中,大部分学者都会让自己的研究对象进入一种有效的,单一的,界定良好,举足轻重的解释框架中,所以,对于历史编写,大多数史学家要么采取一种宏大叙事的大科学观念,要么采取另一种琐碎细小的无政府主义,学者挖掘古董般地展示历史。但在伽里森看来,这二者并不在编史中矛盾冲突,而是可以很好地结合的。而且,诸多案例研究也不再是通向普遍理论的归纳式阶梯,并不是一成不变,一劳永逸的。伽里森对此主张是,辨析清楚理论预设与系统哲学。任何特定的案例背后一定联系着理论,但这些理论并构不成某一系统哲学。历史案例与理论的联系并不是类似自然科学的建模一样,将某一模型或公理用到一个特例上,而是以一种更为零碎、逐渐的方式,将观念作为工具来浸入文本、图像和经验中,而后将其投入到历史或者文学实践中。这样的历史其实是被建构起来的,用以展示历史连续性和贯穿始终的因果阐述。但实际发生的事情,远不是如此。在伽里森看来,一个成功的历史案例研究,某些显性或者隐性的理论形式一定会在其中特定的情况,不仅仅对案例本身发挥重要作用。但不同的相似的一系列案例总有一些核心的同质的层级结构,或者相似的轴线。

如何在不极端地普适性和概括性的历史以及太过琐碎的微观历史之间寻找一条弥合之路,伽里森在他的著作中给出了出色的解答。

四、伽里森的研究工作体现出科学史与科学哲学等多学科融合

在伽里森的具体史学研究工作以及交易区的建立和发展过程中,可以看出,伽里森是一位具有很强科学哲学取向、兼备多学科视野、富于理论创新的科学史家。伽里森是一位科学史家,与此同时,其科学史研究工作中又蕴含

了其对科学哲学等领域问题的相关思考,这种思考潜在地影响了其研究的兴趣点、主题以及所采用的研究视角和方法,进而,也促使他通过具体的史学研究工作抽象和升华出交易区这一科学发展的新模型。其科学史、科学哲学和研究方法的此种互动关联可以通过以下三个方面进行具体阐释。

第一,交易区理论——基于科学史的科学哲学思考与人类学等理论相结合的产物。交易区理论是在伽里森对 20 世纪的微观物理学实验的案例研究中,对理论、实验和仪器三者微观互动关系的哲学思考之上逐步提炼和抽象出来的初级解释模型。之后,伽里森又将其应用到以仪器为主线的物理学实验发展的历史考察工作,同时引入人类学和语言学的理论成果,提出交易区、亚文化和交流语言这三个核心概念,使之成为日益丰满的科学发展解释模型。这实际上经历了一个从科学史到科学哲学的抽象和升华,继而又应用到科学史中进一步丰富和完善,最终形成一个基于科学史的科学哲学解释框架的互动过程。同时,在这一过程中,伽里森还借鉴了人类学等相关学科的理论成果,将其运用到交易区这一解释框架中。因此,交易区实际上是基于科学史的科学哲学思考与人类学理论相结合的产物。

第二,实践视角下对实验室、仪器、图像以及客观性的关注——对科学哲学、视觉文化等热点问题的科学史学考察。"实践"是伽里森科学史工作的一个基本视角和出发点,其主要的研究工作皆回归到历史中具体的科学实践活动层面进行微观考察。例如,在其早期对 20 世纪粒子物理学史的考察中,伽里森并非只关注论文、发表物等文字史料中所展现的理论与实验结果的互动,而是更为关注实验过程中,实验数据如何得出、实验结果如何确定的论证和争论过程,以及其中仪器、理论和实验等元素间多维度、多角度的交互作用。

科学实践是伽里森所有工作的起点,理论与实践并非敌人,而是理论、实验和仪器甚至图像等都有其自身的实践[1]。其感兴趣的问题是"以实践的视角得以呈现的理论、实验与仪器,形象传统和逻辑传统之间是如何相互关联在一起。而交易区理论就是用来解释这些分立的实践活动是如何发生相互

---

[1] 笔者对伽里森的访谈,2011 年 2 月 3 日,波士顿。

关联,结合在一起的。[1]"也正因为"实践"这一基本研究视角,决定了他将目光聚焦于实验室、仪器和图像的研究,而这一研究旨趣恰好与科学哲学等学科的实践转向相应和,同时,其对图像作为与文字相对的视觉表征形式的研究,也与视觉文化的相关研究有着密切的关联。而其对以上相关学科热点问题的科学史工作并非偶然,其背后是出于几者对于以理论和实验二分下的众多科学模型所面临的争论和困境、理论与实验关系的过度简化等哲学问题的共同思考和回应。他以历史学家对实践的突出关注,突破了过去科学哲学中诸如逻辑实证主义、历史主义、批判理性主义等他称之为"框架主义"研究传统的约束。

第三,研究方法——传统史料考证方法与人类学、文化研究、语言学等理论相结合。不仅在研究成果和关注问题上能够体现伽里森科学史工作的科学哲学意味和所学学科的视域,在具体的研究方法中,伽里森同样体现了这一特质。其主要以传统的史料考证和分析为基础,进一步运用人类学、语言学、年鉴学派、文化研究、艺术史等诸多领域的理论成果,同时,引入微观史学、视觉文化研究的视角。

从以上的论述中,可以看到伽里森无论是其思想的核心,还是关注的焦点问题,乃至研究方法都表明其是一位勇于进行哲学思考、善于吸收和借鉴各领域最新研究成果的科学史家,这也成为其科学史工作区别于以往科学史家的一个典型特征。

五、交易区理论为科学史的研究工作提供了新的编史学纲领

交易区理论是在伽里森对 20 世纪微观物理学史进行史学研究的基础上提出的科学发展图景,属于立足于科学发展的新形势下的新模型,之后,伽里森进一步发展了交易区理论,使之逐步淡化转而内化为其史学研究中的特有方法和视角,即遵循两条原则:①具有不同文化背景的各个群体的实践活动通过交易区连接为一个整体;②各个群体的实践活动在交易区内达成局域性

---

[1] 笔者对伽里森的访谈,2011 年 2 月 3 日,波士顿。

而非全局性协调。在这一大前提下,交易区和亚文化的形式、含义都具有极为灵活的多样性。也正因为如此,交易区现在逐渐被各个领域的学科所关注和采纳,成为一个具有广泛普适性的研究方法。

对于交易区等相关理论与观念的运用,贯穿于伽里森科学史研究工作的始终,并使之得出很有新意的结论和成果,这本身标志着一种新的研究方法和视角在科学史实际研究工作中的成功应用。同时,也为其他科学史家提供了一种可供借鉴和使用的新的编史学纲领。

六、伽里森的交易区理论在诸多领域产生了广泛而深远的影响

交易区理论一经提出,便引起了各个领域广泛的关注,特别是伽里森通过交易区理论的进一步发展和拓展,使得其上升为一种研究的视角和方法,被广泛地应用于认知科学(Thagard, 2005)、技术研究(Baird, et al., 2004)(Jenkins, et al., 2010)(Wardak, et al., 2006)、管理学(Kellogg, et al., 2006)、教育学(Mills, et al., 2005)、科学传播(Huang, 2005)、环境政策(Fuller, 2006)等领域,用来解决各个领域中所面临的问题。仅从 GBP 和 World Cat 等主要图书出版信息数据库中可查的涉及"trading zone"的书籍就有两百余本,文章三百余篇,从中不难看出伽里森研究工作所产生的影响的广泛性。

在 2006 年召开的以"交易区理论与交互性专家知识"(Trading Zones and Interactional Expertise)为主要论题的研讨会中,探讨了伽里森的交易区理论与柯林斯的交互性专家知识之间进行联合,共同形成一个关于科学与其他领域的实践活动如何关联的新的研究纲领的可能性,并于 2010 年出版了合集《交易区理论与交互性专家知识》(Gorman, 2010a)一书。这代表了国际上对伽里森交易区理论的充分关注和认可,同时也代表了伽里森交易区理论的进一步成熟。与此同时,在国内的相关研究工作中,也有学者开始将目光投向伽里森的交易区理论,并关注其应用于实际案例研究的可能性。

(董丽丽撰)

第八章
阿伽西研究

约瑟夫·阿伽西于 20 世纪 60 年代初出版了第一部科学编史学的著作——《论科学编史学》,此书在 2008 年再版。至今已有 60 多年,阿伽西一直从事编史学研究,学界少有对阿伽西的系统研究。本章尝试对阿伽西的编史理论与实践的发展和意义进行整理、分析,并给出对相关研究的对比分析。

第一节　阿伽西科学史研究概述

阿伽西科学编史学理论是什么? 这一理论基础包含了哪些关键点? 具体体现如何? 这是本章要讨论的问题。

一、阿伽西生平及工作简介

约瑟夫·阿伽西 1927 年 5 月 7 日出生于耶路撒冷,1949 年,他与朱迪思·布贝尔结婚,朱迪思·布贝尔是著名的奥地利裔犹太学者布贝尔·马丁的孙女。婚后育有一子亚伦和一女德撒,德撒孩提时,常被波普尔在其格言中提及,"写给德撒",波普尔解释道:每个人都有义务用清楚、易懂的语言来写作,2008 年 3 月德撒因为癌症去世。他们全家目前居住在以色列赫兹利亚市。

阿伽西的经历异常丰富。1944 年毕业于犹太神学院;1946—1951 年在耶路撒冷德希伯来大学学习,主修物理,同时学习数学、哲学,其间,1948 年以色列国防军成立时,出任以色列国防军的跳伞教练,1951 年在以色列研究物理,获得物理学的理科硕士学位,后移居伦敦,1952年在英国伦敦大学学习,成为卡尔·波普尔的研究生,并在1953—1960年担任他的助手,1956年获得博士学位.1957—1960年加入伦敦经济学学院,任逻辑学和科学方法论讲师;1960—1963年在香港大学任教,并担任过香港大学哲学院院长;1963—1965年转任美国伊利诺伊大学,任哲学副教授;1965—1983年之间一直工作在波士顿大学,任哲学教授,在这期间还兼任加拿大第三著名大学多伦多约克大学和以色列特拉维夫大学哲学教授;1983年起回到故乡以色列,工作在世界著名的以色列规模最大的特拉维夫大学,直至晚年退休.阿伽西被选为美国科学促进协会院士、加拿大皇家学会院士、世界艺术与科学学院院士,历任英国科学哲学学会、美国哲学学会、加拿大哲学学会、以色列哲学学会、科学史学会、科学哲学学会、技术哲学学会、AFOS、4S会员,担任哲学论坛的编辑.

阿伽西著作颇丰,迄今为止,以英文出版的著作有《论科学编史学》(1963)、《科学的变迁》(1975)、《走向理性的哲学人类学》(1976)、《科学与社会》(1981)、《技术、哲学和社会》(1985)、《哲学辩论法的温柔艺术》(1988)、《从哲学和社会层面看技术》(1995)、《科学与文化》(2003)、《哲人学徒:在波普尔的实验室》(2008)、《科学及其历史:对科学编史学的再认识》等20多部著作;以希伯来文出版的著作有《技术哲学》《现代哲学史:从培根到康德(1600—1800)》《阿尔伯特·爱因斯坦:统一性与多样性》等12部;意大利文的著作三部.并且他的著作被译成意大利文、希伯来文、希腊文、日文、中文等多种文字发行.阿伽西还有许多论文发表于世界知名的学术期刊之上,如《科学与艺术》发表于《科学》(1979);《既是科学又是艺术的技术》发表于《哲学与技术研究》(1983);《科学的慰藉》发表于《美国哲学季刊》(1986).阿伽西在哲学、技术哲学、科学与文化等方面都有广泛、深入的研究.

二、证伪主义理论

阿伽西编史学研究的兴起与发展反映了西方科学史研究的发展趋向,同证伪主义学术思潮的发展紧密相关,对它进行编史学考察,需要把握西方科学史研究发展的脉络,以及具有对证伪主义理论的基本认识.

波普尔的证伪主义学说影响颇大,可以说是继逻辑经验主义哲学之后最有力的替代者之一。阿伽西是波普尔的学生,受其思想影响最大。波普尔认为科学是要不断地增长知识,在寻求这样一个目标中,首先对逻辑实证主义的归纳法和证实原则进行了批判,基于"证伪"这一基本概念,波普尔试图制订出科学家在其科学研究或发现过程中应该遵循的规律,提出了证伪主义思想,包括"证伪原则""试错法"和"科学发展动态模式"的主要内容,认为只有符合这样一些规范的科学行为才是合理的。

这里,整理出波普尔的可证伪主义的几个要点。

1. 将可证伪度作为衡量科学理论进步的标志

波普尔认为,科学理论毫无疑问必须是可证伪的,但理论可证伪性的程度是有差别的,这样为了说明不同的理论假说的可证伪性程度的不同,他就提出了"可证伪度"的概念。按照证伪主义一个理论的可证伪度越高,该理论就更为优越、进步。波普尔认为衡量理论之间的可证伪度有两个标准,第一个标准是理论内容的普遍性和精确性,理论所提供的信息普遍性和精确性程度越高,就更容易被证伪,也即是说它的可证伪度也就越高。第二个标准是潜在证伪者类的大小,潜在证伪者类指与该理论不一致,被理论排除在外的、被理论规定所禁止的基础陈述。一个理论的潜在证伪者类越大,表明被证伪的可能性就越多,这个理论就具有更高的可证伪度。

2. 经验"证实"为证伪提供科学基础和发展前提

波普尔证伪主义思想主要强调的是证伪的概念,并且可证伪度把理论所包含的内容和理论的进步性统一起来,站在肯定理论及其发展的立场上认为证伪是逻辑与实践的双重必然。可证伪只是一个理论为科学理论的首要条件,但光依靠可证伪度的标准无法判定一个理论是否进步,为此,波普尔提出经验确认,认为理论需要接受经验世界的观察、接受实验的双重检验。证伪在科学发展中起着主导作用,在肯定这一先决条件下,也要认识到"证实"的作用。波普尔认为证伪和证实两者要统一,缺一不可,都对科学的发展起重要作用:缺乏可证伪性、批判或反驳,缺乏对理论包含的新内容的经验确认,科学都将停滞不前。

3. 科学知识增长是通过不断地证伪,不断地排错获得改进

在科学知识增长问题上,波普尔将证伪主义思想运用其中,认为其增长过程是动态的。科学开始于问题,继而提出大胆的猜想和假设,然后结合经验观察、实验不断地反驳、批判,比较并改进进而得出证伪度较高的新理论,最后新理论又进行下一轮的证伪过程,接受科学技术和新经验事实的进一步证伪检验(证伪),又出现新的问题,循环往复地进行着这个证伪过程,科学知识在这个过程中获得新的增长。他在说明科学知识的增长时用:P1→TS→EE→P2 的形式来表述他的"试错法"(the method of trial and error),其中核心是第二步和第三步,即科学家提出猜想和假设后遭到批判性的反驳,被排除错误。其实质是按可证伪性的要求出发,科学家提出大胆的猜测和假说,然后经受经验的严格检验,比较并改进进而得出证伪度较高的新理论,最后新理论又进行下一轮的证伪过程,接受新经验事实的进一步证伪检验(证伪),再提出新的问题,如此反复获得科学知识的增长。通过观察积累是不能获得科学知识的增长,只有对科学假说的不断证伪,继而提出更符合实际的更好的理论"取而代之"(波普尔,1987)[175] 才可以获得知识的增长。

证伪主义提出科学的精神重在批评,科学的任务是为了获得知识的增长,不断走向真理,但由于人的理性的局限、人的认识的局限、人的认识能力的局限,也就没有任何绝对的真理,证伪方法隐含的意思也是科学永远达不到的真理。我们可以总结如下。①波普尔提出的证伪主义思想,是一次认识论和方法论的变革。波普尔通过提出证伪这个新概念提出了一种新的思维方式,从传统实证的方式向证伪的方式的转变,这中间包含着强烈的否定或批判意识,这种否证的思维方式引导人们敢于去怀疑和批判已有的科学理论,这种证伪的思维方式有利于人们辩证思维方式的培养。②波普尔反对归纳法,指出了归纳法的逻辑问题,他意识到了归纳主义的缺陷。③波普尔看到了"否定的判决性"事件在科学发展中的作用,注意到科学理论的相对性。只有不断地对前面理论进行否定,通过证伪、批判地追求真理,才会获得科学知识的增长,才会有科学发展。

但是,波普尔过分突出证实与证伪的差异和作用,为了强调科学是不断

革命发展,却忽视了科学知识的积累,现实情况中更为复杂,证伪和证实存在互补性。一味地否认证伪和证实在逻辑上的不对称,注意不到科学发展包含量变的过程,在否定纯粹的观察时,也同时否认了观察实验的客观性和可靠性;在强调演绎法、反对归纳法时,没有重视归纳法的作用。

三、阿伽西的科学编史学理论

证伪主义科学史研究,大致上可看成是以证伪主义哲学思想为指导下的学术思潮和科学批判思潮的一部分,它以科学的发现为研究主题和关注焦点,并把理论的进步性和理论所包含的内容统一起来,以此为基本的分析视角,对科学史进行彻底的批判和全新的思考。证伪主义科学史研究贯穿整个证伪主义科学发现逻辑的各个方面。具体而言,阿伽西在《论科学编史学》(Agassi, 1963)一书中,通过批判归纳主义和约定主义的科学史研究方法,从而明确提出他的科学编史学理论。阿伽西认为,归纳主义科学史严格遵循黑白分明的科学史观,而对于黑白的评价标准又遵循的是当代科学的文本标准,这种归纳主义科学史的功能、作用最大程度上也只是一种仪式,类似于对祖先的崇拜。归纳主义历史学家只关心是谁应该崇拜以及为什么要崇拜,却分不清历史是什么和应该是什么。

阿伽西科学编史学研究内容大致可归纳为以下几个方面。①批判归纳主义和约定主义,提出"证伪",将容纳更多的假说和对新历史事实的发现作为科学史重建的标准,并反对所采取的按照当下的观点来写作历史。②"可证伪性理论"作为对内部历史和外部历史划分的标准,可证伪的理论和否定的判决性实验构成证伪主义重构科学史的主要骨架。假说要成为科学的首先必须是可证伪的,"错误科学"为证伪提供科学基础和发展前提,承认"错误科学"的意义。寻找被以往科学史研究忽略的判决性实验,承认他们对科学发展做出的贡献。③科学是人类对自然界和人类社会的认识过程,是变化发展的。科学史也应该如此,要遵从批判、反驳与检验的逻辑过程,才更接近科学接近历史的情况,才可以增加对历史的理解。科学史的写作应该接受适当的科学哲学指导。

　　阿伽西在《论科学编史学》一书中花了大量的篇幅批判归纳主义和约定主义,可以说阿伽西的编史理论是通过诉诸对归纳主义和约定主义的批判来提出这些原则的。归纳主义经典科学哲学几乎都接受培根的科学哲学,把科学史事件进行绝对的二分,非黑即白,而分类的标准就是简单地参照当下的科学史。当下怎么变化,科学史就随之变化。而且,归纳主义往往会忽略存在的科学学派的思想、智力条件、发展趋势等。归纳起来,科学史的大致轮廓,是历史选择的核心问题,并且一定受学派思想的影响,科学史需要去尝试回答这些问题。

　　归纳主义告诉我们,科学不是开始于问题的选择,而是开始于观察。归纳主义的科学观强调:科学是已经证明的知识,是通过观察和实验得来的经验事实归纳出来的。归纳主义科学编史学研究纲领指导下的科学史家认可的科学发现的方式只有两种:"确凿的事实命题和归纳概括"(拉卡托斯,1986)[143]。构成归纳主义内部历史的支柱有且只有这两种方式。写历史时,归纳主义的作者们就寻找这类事实命题和归纳概括,但要找到这些条件相当困难,只有找到了这些,他们才能开始构建他们认可的历史骨架。将(非理性的)谬误从科学史中排除出去,保留确凿的证据,归纳主义认为在任何情况下,真正的科学进步是开始于相近的科学革命。归纳主义科学编史学对科学史上的事件具有高度的选择性,其编史典范的科学史事件是开普勒对第谷·布拉赫的周密观察所做的概括;牛顿万有引力定律的发现,是通过归纳概括开普勒的行星运动"现象"得出;安培电动力学定律的发现,是通过归纳概括对电流的观察。在科学编史学方法方式上,归纳主义科学史家认为应该遵循科学发现的方法,科学史的研究同自然科学的研究一样,科学由观察开始,那么科学史始于对史实的收集,通过史料收集,继而归纳推理得出科学发展的客观、真实的描述。

　　用这种方式,人们很容易理解,为什么归纳主义科学史必须不断地重写。但实际上,大多数的这类科学史坚持相同的范式,在很大程度上彼此相似。那么,越来越多相似的科学史作品不断涌入市场的是什么? 在阿伽西看来,主要是历史的仪式功能。归纳主义不能把智力兴趣归因于自由选择,这是基于先入为主的想法，从一开始就寓含一个假设，然后迫使事实适应事先假定的框架，所以看到的世界是扭曲的。詹姆斯·吉恩斯(James Jeans)曾经隐含地说道"历史的功能是为了强调这个领域的重要，给出一些重要的事件，或者至少对过去的科学家表示一些感谢"（Agassi，1963）[4]。而归纳主义的科学家，简单地说，采取一种非批判的、非经确认而从同行那里改编过来的伪科学的幌子下进行所谓的科学崇拜。归纳主义者所采用的计算公式是：X年科学家Y发现Z。因此，他们包含三部分问题：①按时间顺序问题；②优先解决的问题；③著作权的问题。编史问题是按时间顺序；优先权问题是给做出发现或者属于白的一方。著作权问题关心的是这些白的问题的原因。通常归纳主义要处理的问题就是：编史、优先权和归属权。培根看来，真实的历史和预设的历史是一样的，在真实历史中也不断猜测，假设，通过归纳把握历史。归纳主义在处理科学史时的方法是抄写和复述。

与归纳法紧密联系的是科学与伪科学的分界问题，这个问题也是逻辑实证主义与证伪主义的争论的焦点问题。逻辑实证主义主张"经验证实原则"，逻辑实证主义认为科学与伪科学的划分关键是寻找到科学知识的确实性以及这种确实性的合理性标准，这个标准就是"经验证实原则"。而证伪主义批判经验证实原则，反而提倡"经验证伪原则"。

这里，整理一下阿伽西对对归纳主义科学史家的态度。对于归纳法最为重要的史料基础，阿伽西是认可的，认为一个历史学家既不能抄写，也不能忽视了历史的证据。但是，他批评了归纳所认为的错误与邪恶、教条主义、神话和迷信。在阿伽西看来，历史证据不能通过价值来判断选择。他举安培的例子，安培发现奥斯特的错误，提出新的理论。在安培理论提出11年后，法拉第对他提出了反驳。14年后，韦伯提出安培的错误是源于他的推测错误，即他没有遵循正确的科学方法。安培发现了问题，之后又被反驳，这种黑白之间的关系纯粹是偶然而非必定的，不能适用于一开始就作出价值判断。再者，归纳法是盲目的科学史家的主要方法，归纳科学史家往往会忽略掉存在的科学学派的思想、智力条件、发展趋势等。科学和学派是南辕北辙，科学是基于事实和归纳原理。因此，归纳历史学学家被迫站立于一种学派，科学的一方，实际上这种假装其他学派永远不可能存在的是不科学的。归纳主义者因为某些原因主动地忽略这样的争议，这些原因显然是科学之外的。对这种做法的一种解释，可以认为这是归纳主义科学史家的一个政治传统，假装在科学上只有一个发展路线。另一种解释是科学史家，他们在写特定的科学家时会不自觉地采用这个科学家的科学观。

一些归纳的历史学家同意用科学和其他人类活动的互动来解释科学史的大致轮廓。因为，从归纳的角度来看，一个额外的科学知识影响是坏的，他们往往只限于讨论科学之外的非智力影响。但是马克思的理论却解释了植根于社会，经济，技术条件和需求对科学的兴趣，而不是先入为主的意见，它就成了归纳历史学家需要的最好的答案。比如根据马克思主义，中世纪科学优于古老的科学，因为中世纪的封建系统相比古代奴隶经济系统是一个较高的历史阶段。蒸汽机的发展是资本主义兴起的结果。虽然社会、经济确实会影响科学的选择兴趣，但马克思主义把社会和经济利益看作永远是对科学兴趣的最终决定因素，则是证伪主义所不认同的。证伪主义批判归纳主义的依据是，它的两个基本假定，即可由事实推导出的事实命题假定和可以有正确的归纳（无限增加内容的）推理的假定，本身就没有得到证明，甚至很容易就证明是谬误。阿伽西批判约定主义的主要理由是，约定主义作出比较选择的标准只是简单直觉性的，这个标准没有任何根基，只能认为是主观的，并且比较也是相对含糊的，甚至于无法作为根据做出任何严厉的批评。

归纳主义科学编史学的困境在于：第一，选择哪个方向、选择哪些事实、使用何种方法是任何科学史家在开始研究时都会面对的问题，但归纳主义科学编史学提供不了一个合理的内部说明，来解释为什么会在诸多的事例中选择了某些事实而不选择其他的那些事实；第二，对于一些问题归纳主义无法回答，归纳主义者将其归为经验的、外部的、非理性的因素，选择说是"非理性"的原因，但这些因素是如何发挥作用，如何对那些问题产生影响，归纳主义并没能给出有效的回答。在阿伽西看来，归纳主义把历史分为非黑即白，而这种分类的标准却是参照当今的科学，历史就是一种祖先崇拜，至于选择谁去崇拜和为什么要崇拜，即科学史要区分实际是什么和应该是什么，归纳主义在这个问题上概念模糊。

继而,阿伽西又对约定论进行了分析、批判,指出约定论对于简单的追求,对于先验的追求,对于连续性的重视的问题。对迪昂派约定论批判的主要依据是约定论就直觉简单性进行比较只是算作一件主观选择的事情,而且这种比较又过于含糊以至于无法以此为根据做出任何严厉的批评。

约定主义科学史家放弃了经验证实的科学观,证实是归纳主义的核心。约定主义的中心思想是科学的理论是既不真也不假,他们总的框架是用数学的方法去填补经验信息的鸽笼体系[1](不足)。采用哪个鸽笼体系(填补范式)是个人选择的问题。约定主义更倾向于越来越简单的理论,并非一个真的理论替代错误的理论。我们可以重新排列和改变一个鸽笼体系,从而不需要证明它错误的或不好的或不科学的特征。理论符合事实,只是在程度上或大或小地简化。因此,简单只是相对的优点,不是绝对的标准,但它是一个可替代归纳法优点的绝对标准。迪昂在他工作中表明简单性是被证明非常有用的工具。这样做的原因是,在阿伽西看来,不是承认简单的重要性,而是引入一个新的评价标准以取代旧的归纳标准关于好坏划分的理论。

约定主义者提出建议,把事实组织成具有某种连贯性整体的鸽笼体系,认为科学是一种对自然界的解释(说明)体系,这种说明体系应该愈来愈倾向于简单、实用,所以科学革命就是要追求更为简单、实用,用简单、实用的体系取代复杂的说明体系。科学进步是积累的,是在已经证明的事实基础上积累起来的,而科学理论的进步是理论更为简洁、方便,起着类似工具的作用。哥白尼革命在约定主义科学史家眼中是典型的科学革命例子。当然,像拉瓦锡革命、爱因斯坦革命,约定主义科学史家也曾试图努力证明是用更为简洁的理论取代烦琐的理论。拉卡托斯认为,约定主义编史学的困难在于,它"不能合理地说明"(拉卡托斯,1986)[148] 在各个鸽笼体系比较尚不明确,优劣尚不清楚的时候,人们会主动选择某些事实,为什么在这个阶段会倾向于某些特定

---

[1] 源自组合数学中的一种推理模型。指一个既定的理论模式"鸽笼"集,其中所蕴含的所有模式之间是相互排斥并彼此独立的。

的鸽笼体系,而不是另外其他的鸽笼体系。因此,约定主义跟归纳主义没有太大的区别,习惯于把自己无法解决的问题交给外部主义去解决,而约定主义科学史家的重建历史的方式实际与科学家的方式不一致,被约定主义称之为外部的因素愈多,科学史的视野愈狭隘。有观点认为有必要描述科学内部的有机增长,西方文化作为科学的一个组成部分的有机增长。约定论认为这种哲学观是不合理的,进而导致不加批判各种方法和形而上学的影响。

约定主义科学史家构建的重构历史的方式偏离了科学史实际情况,与现实中的科学活动有着很大的出入。但是,约定主义者考虑的不是科学方法论应该从实际的科学活动中吸取些什么,反倒认为科学家的实际科学活动往往是不合理的,科学家的活动应该遵循科学方法论的规则,从这样一种"削足适履"的准则出发,势必对科学理论做出严重错误的评价。因而,这种过分理想化简单化的模型受到越来越多的批判,特别是来自历史主义学派的批评。

阿伽西是从对归纳主义持有的对错误理论的观念、态度的反驳出发进而提出自己的观点。归纳主义声明错误的理论显然是不科学的,证伪主义认为正是这些理论是最明显的科学。阿伽西认可"错误科学"为证伪提供科学基础和发展前提,承认"错误科学"的意义。并去寻找被以往科学史研究忽略的判决性实验,承认他们对科学发展做出的贡献。把证伪主义的"可证伪性原则"应用于科学史,作为划分内部历史和外部历史的标准,这样,可证伪的理论和否定的判决性实验就构成证伪主义重构科学史的主要骨架。

波普尔学说的错误指的是值得骄傲的和伟大的错误,这些错误对人类做出更大的成就、做出伟大的发现有重大贡献。根据这一学说,毫无价值的错误是那些谁拥有它们的人可以很容易地批评,而有价值的错误,经常产生经过几代人的共同努力,经历过许多有能力的人的批评。

在现代欧美语言体系里,"错误"一词根据被使用场合的不同,而出现不同的含义,在法律话语体系里,合法的、负责任的错误与因疏忽导致的错误之间的差异是被公认的,在法律上往往将它们视为不同程度上的错误,因而适用于不同的法律条文。但是,普通语言的作用是如此强大(尤其是现在,当话语分析兴起,语言已经成为哲学上的一种偶像崇拜),它混淆了不同类型的错误，使用时将"犯错"和"错误"视为同义词。我们经常用"错误"一词谴责别人，意味着一个人应该避免所有的错误而成功（Agassi，1963）[54]。

牛顿万有引力的提出，麦克斯韦的理论，瑞利、金斯和维恩的辐射公式，爱因斯坦革命都是证伪主义科学编史学赖以存在的有力根基。"他们喜爱的判决性实验的典范是迈克尔逊—莫雷实验、爱丁顿的日食观测[1]，以及卢默和普林西姆的实验[2]。"（拉卡托斯，1986）[150] 阿伽西在把这种朴素的证伪主义变成系统的科学编史学研究纲领，"他预测（或者说'逆测'）道，每一重大实验发现的背后都有一个与该发现相矛盾的理论；一个事实发现的重要性要由该发现所反驳的那个理论的重要性来衡量。科学团体对事实发现的重要性所作的价值判定，例如对伽伐尼、奥斯忒、普里斯特利、伦琴和赫兹等人的发现所作的价值判定"（拉卡托斯，1986）[150]。阿伽西得出了一个大胆的预言："所有这五项实验都是对他所要揭示的（甚至在许多场合实际上他认为是已经揭示的）理论的成功反驳，有几项甚至是有计划的反驳。"（拉卡托斯，1986）[150]

如果我们允许错误的存在，就能避免事后诸葛亮，在人们推测发现之前，通过发现很容易赞同，却很难去批评并驳斥错误。同时，这一发现是有意义的，阿伽西采用了这个建议，首先发现理论，再发现事实。假说要成为科学首先必须是可证伪的，"错误科学"为证伪提供科学基础和发展前提，"错误科学"存在是有意义的。通过寻找被以往科学史研究忽略的判决性实验和"错误的"科学，承认他们对科学发展做出的贡献，以此构成证伪主义科学史重构的骨架。

对于科学史的描述来源于对科学的理解，科学是人类对自然界和人类社会的认识过程，是不断发展变化的。科学史也应该如此，遵从批判、反驳与检

---

[1] 波普尔在《猜想与反驳》中，将爱丁顿观测日食验证爱因斯坦广义相对论的预言作为科学理论预言新的事实并得到证实的典型范例。爱丁顿观察了 1919 年的全日食并提交了一份报告，报告说，爱因斯坦在广义相对论中所作的一项极为精确的出人意料的预言被成功地观察到了，这就是光线在通过恒星（即太阳）的引力场时产生的轻微弯曲。1924 年，爱因斯坦的理论得到了进一步支持。他说此事"给人以深刻印象"，使他"在 1919—1920 年冬天"形成了著名的关于"证伪"的理论。
[2] 卢默-普林希姆的实验"反驳"了维恩、瑞利和金斯的辐射定律。

验的逻辑过程,而不是朝着唯一进步的积累的发展过程,才更接近科学、接近历史的情况,才可以增加对历史的理解。

波普尔在《研究的逻辑》一书中提出一种新的"证伪主义"方法论,这一方法论允许约定接受的是事实的,时—空上简称的"基本陈述",而不是时-空上普遍的理论。在逻辑上一个基本陈述可以反驳一个理论,也就是说该理论与一个基本陈述不符合,该理论才可能是科学的;如果该理论与一个已广泛接受的基本陈述相冲突,该理论是科学的,是证伪主义的科学观。因为科学是要能解释或说明更多的问题,作出预见,所以一个假说成为科学的理论,需要有以下条件:①假说首先必须是可证伪的(可被证伪);②该假说能够作出新的预测。以此作为科学编史学纲领,证伪主义科学史学家寻求'大胆的'的假设、可证伪的理论、否定的判决性实验。

对于科学史到底应该怎么写,阿伽西提出一条箴言,给出了两个原则性的建议,认为科学史所应该展示的是思路开阔的编史理念,而这样的编史学仅仅应该是:"任何有趣的或者激动人心的历史都是好的"。当然,如果作者在满足以下两个前提条件下写出的历史:①"不违反作者很容易得到的事实信息"(Agassi, 1963)。也就是说,要基本符合历史学写作的规范,历史学家们研究的基点和出发点是原始史料,所以科学史的写作也应该遵守这一规范,从来自过去的史料证据中来寻找证据,这是保证科学史合理性的基本前提。②"如果只是一些事实证据,不会据此随意做出历史猜想"(Agassi, 1963)。这里依然跟史料、证据相关。因而,阿伽西想表达的是在史料证据不充分的前提下,不要做出随意的推论。许多哲学家,从培根到拉德克利夫·布朗(Radcliffe Brown),都反对臆断的历史;归纳主义者更倾向于要么历史学家记录的必须只是事实,要么历史学家应该验证他们的猜测。而更高的要求是,历史学家应试着去验证他自己给出的猜测。针对这个更高的要求,阿伽西是持反对态度的,他同意由其他的历史学家来验证和驳斥一位历史学家提出的一个猜想,但要求提出假设的科学史家自身来验证和驳斥的要求似乎并不合理。历史学家只要提出(可信的)可验证的猜测就可以,这在阿伽西看来是一个更为合理的要求。阿伽西不同意那些过于苛刻的要求,特别是当一个作者提出一个猜想,就一定要求有另外的其他人来验证,尽管实际中仍然还可能有其他人来对猜想进行验证。道理很简单,能够提出猜测或假说总是好的,总比没有提出猜测或假说的好,而一个可验证的猜测比一个无法验证的猜想更好,当然验证宜早不宜迟。验证一个故事,去寻找更多的历史材料,或对现有的历史资料做出新的发现。历史的任何一个进步都是一些作者不断地创作、重写,试图批判其他人的观点并且提供可替代的理论,我认为实际是这样的。以这种方式,发展了更为连贯的解释,使得历史人物形象更为生动,作为那些人物的目标、环境的相关解释也更为有趣。

虽然历史解释的规则通常是很简单的,但就科学史而言,情况比较复杂,这些简单的规则是非常有问题的。阿伽西给出了解释。

首先,阿伽西简要地重申波普尔关于解释的演绎模型,并指出其适应于历史。如果 a(词语或语句)能够解释 b(语句),据此判定 a 来源于 b,基于多数哲学家认可的这一观点,波普尔大胆地认为,任何来源于 b 的语句都是对 b 的解释。如果前提是可检验的,解释就是不科学的。波普尔声称在物理学上,这是一个熟知的演绎模式。

现在,有一个还不是非常紧迫的问题:波普尔的学说涉及说明诠释的充分性,而通常的诠释不是充分说明,只是勾勒。如果一个人想批评波普尔的演绎模式,在这个层面上,我们可以看到,它几乎是无从做起,因为我们几乎从来没有明确状态的前提。即使在数学,唯一不受经验检验的领域,也通常没有充分说明。这是非常明显的事实,但是很多人似乎不相信这点,如果阿伽西不提及数学诠释也没有给出充分的说明的话,很多人不会意识到这是事实。实际情况似乎很清楚,在任何演示文稿中的数学诠释也不是充分说明。

在物理学、社会学,或在历史写作中作者假设读者已经知道了部分诠释,他们忽略掉一些简单的基本的前提条件,以避免重复提及一些琐碎的或老生常谈的问题。但什么是个老生常谈的问题,或者说什么是普遍接受的、司空见惯的问题,当然,取决于作者和他们的目标受众。实际上已经给定了一些假设(不论正确与否),一些语句看似微不足道的,便不会给予过多的说明,但是,在大多数情况下,是有隐含着一定意思的。因此,几乎只有明确的解释逻辑和数学文本才包含这些微不足道的语句,而写这些书的作者是为了什么,他们有什么样的问题需要解决,谁也不知道,去找到这些完全公理化的或正式的系统的书更是视为非常无聊的事情。

波普尔强调的是,因为大多数历史学家所遵循的前提、规则是微不足道的,他们不需要明确的声明。这并不是说,物理学家们从他们自己的解释里提到了一些琐碎的普遍规律,也不是说历史学家有时忽略掉琐碎的初始条件,而没有陈述过一些重要的普遍规律。尽管一般情况下确实如此,并且都是可以很容易解释的。历史研究的主要特征,是它对一个明确的陈述感兴趣。当然,如果通过使用一些声明,并包含奇特的历史事件和一些重要的话题的解释,可能会自然而然地转向于对语句普遍规律的研究,而不是周围的初始条件。比如,弗洛伊德的心理学应用到历史的解释,竟然是更多的心理理论的批判性的讨论,而不是包括在诠释在内的历史推断。

第二节 案例分析——迈克尔·法拉第（Michael Faraday）研究

一、证伪主义的法拉第研究案例

阿伽西著有科学史的著作,《作为自然哲学家的法拉第》一书就是阿伽西对法拉第的研究,这是证伪主义的法拉第研究的典型案例。这个研究通过批判以往那些对法拉第的普通传记写法,来提出证伪主义的法拉第,其主要目的是用法拉第的科学史案例来对波普尔方法论证伪主义进行更为具体、更为深入的论证,试图表明方法论的证伪主义非常确切地表明了科学发展的方式、方法。本书分为 10 个章节,阿伽西一方面对法拉第的个人思想、精神方面进行了描述,包括法拉第的世界观、方法论、个性风格;另一方面对法拉第的科学工作进行了叙述,特别注重法拉第在电学、磁学和相关领域的成绩和失败。当然,我们会注意到,这本书并不是标准意义上的科学家传记,也不是传统中那种偶像崇拜式的传记，更不是对法拉第做了一个全面的传记，阿伽西的哲学立场就赋予了他写作的方法，并且阿伽西只在考虑"为了补偿"该书"缺少连贯性并且很难从这些研究中摘录出法拉第的传记"这个情况下，他才增加了"简要的传记"(阿盖西，2002)[8][1]一章作为全书提要，以提供背景式的知识。所以我们完全可以不把这本书看作传记，阿伽西也在该书的序言中提出，"希望你们把此书视为一部微不足道的作品，并把它当作一部新式的历史小说来读，它类似于今天的半纪实性的影片"(阿盖西，2002)[6]。

　　阿伽西对法拉第的研究中，"可证伪性理论"被重新划入了法拉第的科学史中，可证伪的理论与否定的判决性实验构成了阿伽西科学历史重建的骨架，并且法拉第的科学发现是一个从提出假说、批判、反驳与检验到再提出假说不断接受检验被证伪的动态过程。阿伽西认为这样的一些可证伪的理论，才是科学的理论，也就是说，已经被证伪的理论同样可能是科学理论，因此他在书中写道了许多可证伪的理论，这些可证伪的理论中，甚至有些曾经都没有被当作科学理论提出来过，有些被以往的科学史提及但没有被当作可证伪的理论。

　　例如，关于电磁感应定律的发现过程，阿伽西认为电磁感应定律是典型的可证伪的理论，并把这段提出、发现的过程描述成是可证伪的动态过程，是"根据内容总是不断增加的改进"的过程。所找到的历史材料是三卷本《电学实验研究》，这份史料被以往的科学史家所忽视，在有关法拉第传记的著作中还没有出现过。按照这卷书的记载，法拉第提出理论的过程是一个非常持久又非常符合可证伪的过程，他不仅在提出理论假设、猜想，同时也做实验进行批判、证伪，进而又不断地提出新的理论假设。书中对法拉第关于电磁感应定律的发现过程更像是一个团队在工作，而不是通常意义上所理解的由一个人、单个科学家完成的，因为我们看到的这段工作是一个非常复杂的，包含着许多环节，有着不断进行论证的过程，而不是一个非常顺利的，一开始就注定知道能完成的天才发现。对于理论和假设的提出、证明过程，会观察法拉第

---

[1] 此处英文为 Joseph agassi，中文译本为阿盖西。

一会用实验去辩护这个理论,一会又对其证伪,而用另外的实验为其他的理论辩护。整个材料显示的是一个非常丰富、饱满的可证伪过程,提出猜想、假说,批判论证,尝试性地提出新的猜想、假说,体现了不断动态变化的过程。

另一个例子是电的同一性(这个理论是说所有电的本质是同一的)。人们在接受这个理论时往往接受的观点是电都是一样的。阿伽西指出,法拉第在研究这一命题半年后就提出了一些电是不一致的看法。从法拉第的第四组论文开始可以看到,法拉第宣称,他已经解释了各种电之间在表面上的不一致,特别是普通电(摩擦电)与伏打电之间的不一致⋯⋯简而言之,法拉第的研究是把表面的差异或者归因于电压强度的不同,或者归因于电流量的不同。

还有许多法拉第作出的猜测或是提出的假说被阿伽西在书中写道了。法拉第试图寻找一种实体并不存在的相互作用。法拉第猜测电和光之间存在相互作用,(当时法拉第试图去找到这种作用但是失败了,后来,约翰·克尔在其影响下,在法拉第去世十年后发现了电和光的相互作用);法拉第猜测磁和光之间存在相互作用(法拉第验证了这种相互作用,即法拉第效应);法拉第猜测可以从火焰的色彩上发现磁效应(我们知道火焰具有很强的抗磁性,但法拉第并没有作出这个发现,在他去世三十年后皮特尔·塞曼成功地从火焰上发现了磁效应);法拉第预测电和引力之间存在相互作用(爱因斯坦和爱丁顿在 1917 年到 1919 年期间发现了这种作用)(Agassi,1971)等。

关于判决性实验,电磁感应实验是一个实例。电和磁之间的关系自从被奥斯特提出,就激发了很多研究者的兴趣。法拉第引入了电场和磁场的概念,仔细分析了电和磁可能作用的几个方面,设想磁能产生电。法拉第提出了磁力线的概念,强调磁铁之间的"场",指出电和磁的周围都有场的存在,这打破了牛顿力学"超距作用"的传统观念。法拉第认为,电流的产生与金属线切割的磁力线的数量成正比。如果铁屑在磁体周围散开,那么就可以看到磁力线,而且可以想象到,在铁屑密集的地方磁力线是稠密的。然而,即使在铁屑被移动时,也没有人假设过磁力线在实际中的存在。法拉第认为磁力线是真实存在的,可以通过切割这些磁力线并且获得一种实实在在的力,因此磁力线是真实存在的,法拉第把磁力线和电力线的重要概念引入物理学,强调不是磁铁本身而是它们之间的"场"。切割磁力线运动的导体就能产生电,并且实验出了可以产生感应电流的几种情形。现在,各种力之间的转化已经比较清楚了,我们也相信磁力线的存在,属于不同物质的力可以同其他的力发生转化。

　　阿伽西在书中第六章用了大量的篇幅考察了德拉里夫、廷德尔、本·琼斯、格莱斯顿对法拉第的研究。阿伽西说"如果本·琼斯的法拉第传记是最忠实的、最详尽的;……格莱斯顿的传记是一位可敬的老教授的画像;……廷德尔的著作是……为法拉第这位发现的科学工作者为法拉第的天才竖立的纪念碑。"(阿盖西,2002)[254] 从廷德尔的著作里,我们看到的是廷德尔努力刻画法拉第的伟大形象,而不是历史的法拉第,"一个归纳式的形象,传统的培根主义风格的形象"(阿盖西,2002)[255]。德拉里夫是法拉第为数不多的好友,在描写法拉第科学之外,更多地对其生活进行了描述,比如提到法拉第的家庭生活"一个人越是献身于科学,他所能花在家庭时间就越少",实际上,德拉里夫是要表达法拉第几乎把所有的时间和精力都放在了科学研究上,阿伽西认为很多地方描写"有如归纳的废话"(阿盖西,2002)[248]。法拉第作为对新科学理论的发现者,之所以能够做出发现要归结为很多因素,比如法拉第的思想假设和批判性的研究,精神上的坚持和大胆,同时还有运气的成分,当然,法拉第在科学上持续的努力付出是非常重要的方面。

　　阿伽西是反对这种参照今天标准的归纳主义科学史,也就是编史学里边谈及的辉格史。阿伽西强调,"史学纪录的标准不能仅仅依赖于他是对的还是错的,而这种对错的标准又是参照今天的标准"(Agassi, 1971)。很明显,"我们应该对科学家怎么表达他的科学,而不是科学家怎么被证明是对的更感兴趣;我们应该对导致科学家失败而不是成功的想象力和勇气更加感兴趣。"(Agassi, 1971)科学史家的研究不是对今天现实的一个论证过程,尽管现实中没有纯粹客观的认识,认识结果与立场、兴趣相关,但阿伽西认为研究者至少可以脱离自身时代的理论负载和已有的局限、偏见。阿伽西自己是如何实践的,在序言中,可以看到他的思想,"在我的写作中我试图遵循的主要准则是,一个枯燥真相,还不如一个也许会被读到并被纠正的有趣的错误"(阿盖西,2002)[7]。所以,书中有大量的"错误"科学,这些被以往的科学史家所忽视,甚至并不被归纳主义科学史家看作其内史部分,实际上是对可证伪理论的描述,阿伽西通过对法拉第提出的猜想、假设的重视,通过表现法拉第在重复地尝试和运用他的推测过程,提出假设,遭到批判,法拉第并不惧怕失败,尝试性地作出新发现。这些作为假设、可证伪的理论、判决性实验的选取是独特的,对于我们更加了解法拉第是有益的。

证伪主义科学史重建的骨架就是为了突出大胆的猜测和根据内容不断批判、改进的可证伪过程。除了对法拉第在电学、磁学等科学领域的描述,阿伽西还写到了关于法拉第个人、心理的较为隐蔽的部分,这在以归纳主义科学史为主流的作品中往往不被提及,并且阿伽西尽可能地将法拉第的这两部分形象,即个人的与公开的、科学的形象结合在一起描写。法拉第提出的猜想和推论并不符合当时主流的科学观,也就是说是非主流、非正统的,所以就面临着与他不同观点的同行之间的打压,特别是当这些不同观点的同行还把持着主流科学观时,他要面对巨大的压力。主流守旧派往往墨守成规,固守陈旧科学教条,对法拉第尖酸刻薄、冷嘲热讽,法拉第需要与这些来自科学以外的因素相抗衡,甚至有些比纯科学发现还难以对付,为此,法拉第付出了很大的努力。阿伽西对这样的一些因素进行了描写,他认为:"他留给我的深刻的印象并不是他所取得的成就,而是他为了进步所进行的奋斗,这种奋斗包含了令人钦佩的人文精神。"(Agassi,1971)

我们注意到,阿伽西更关心的是那些猜测、假说,可证伪的理论和判决性实验,他的笔下把法拉第是如何作出发现描写成了一个可证伪的过程,是一部证伪主义的科学史。阿伽西是追随波普尔证伪主义的,所以他写科学史就受到这个哲学观、方法论的影响。证伪主义如何描述科学进步的方式,阿伽西采用同样的模式写科学史发展的过程。提出假说,进行检验,证伪,再提出新的假说,这是证伪主义科学发展的过程。阿伽西看到法拉提出各种假设的情形,接着是自我反驳与检验的漫长过程,在这个过程中,会出现判决性的科学史事件,导致了对理论假设的否定,继而科学家提出新的猜想和假设。阿伽西认可这个过程,以及过程中各个环节的作用,并把他们都纳入科学史的内史。他认为科学家提出了一个假设,即使这个假设将来可能被证伪、被抛弃,但提出了就是好的;而判决性事件是科学史中非常重要的一部分,是构成整个证伪过程非常重要的环节和史料来源。对这样一些史料的重新关注可以让我们获得更多对科学家如何进行研究,对科学如何发展的了解,对于更加丰富法拉第的科学史认识是有益的。站在这个立场来看阿伽西的作品,是可以接受的。

　　如果按传记的一般写作标准和要求来看待这本书,该书并不可当作传统意义上的传记。传统法拉第传记虽然在写作形式上迥异,但大都遵循着从法拉第思想起源、发展、繁荣,如何成长成为一位伟大科学家的写法,显然,这本书并不遵循这样一种科学史观。尽管作者特别增加了传记一章,书中也有很多有趣的主题,但这些只是为了让读者更好地理解法拉第,而不是为了突出其他。抛开传记的标准,阿伽西写作的一些方法也不全是原创的,而他写作的最大问题就在于他的描写完全是波普尔式的,这种强烈的理论负载导致了他只看到科学发展中可证伪的过程。但实际上,有很多因素,也不是可以用可证伪来解读的,比如,心理的等。除去观念上的影响,从方法论来看,如果按科学史的写作标准和要求,该作品就存在很多问题。首先,法拉第科学贡献的最核心、最重要的部分没有给予应有的重要的位置。阿伽西花了很大篇幅去论述科学假说、被证伪的理论和判决性实验,却对法拉第自然观、科学观的部分不够重视,法拉第的自然观如何发生了变化,这种观点与他最重要的发现——电磁理论之间的影响、关系如何,都没有重点说明。其次,史料和文献引用不符合严格的科学史家的规范。科学史家威廉姆斯(1975)在对阿伽西著作的评论文中,花了大篇幅重点指出了阿伽西的文献引用错误。比如,引用《实验研究》中的许多引用错误,威廉姆斯注意到,在 62、103、104、107、109、123、132、133 页里,这些错误的情形包括:关于斜体字的转录,原文是斜体字,阿伽西引用之后却没有了斜体字,阿伽西有时会备注说原文是斜体,但有时却没有说明。如果原文用了斜体字,在科学史家看来是要重点强调,突出所要表达的一些含义,而阿伽西却在引用后丢失了原文的斜体,所以威廉姆斯据此认为不清楚阿伽西要说的、强调的是什么,哪些是重要的含糊不清。更有甚者,引用和原文含义截然不同,威廉姆斯指出关于力电曲线(electric curves of force)的描述,原文是"它们不存在于电流中吗?",而阿伽西的文中成了"它们存在于电流中吗?",丢掉了"不"这个否定词。这在科学史家眼中是不可饶恕的错误,威廉姆斯认为引用错误会引起严重的语义错误,他继而又指出了法拉第最著名的发现电磁感应(1831 年)这个例子。阿伽西在写法拉第实验的负面效应时,就没有体现出法拉第是一位实验家,如何看待实验的错误,而把法拉第描述成一位理论家、思想家,拒绝接受失败的结果进而得出了一些有意义的结果。实际上,阿伽西把法拉第看作理论家而非实验家并不是什么特别新的观点。但是,阿伽西要用历史的叙述来阐释他的哲学理论就导致了对于证据的粗心大意。

二、与其他相关研究的对比

法拉第与近代科学的诞生紧密相关,像他这样一位重要的科学家一直是科学史家们反复、重点研究的对象。国际科学史研究的领域中有关法拉第的传记和研究专著大量存在,这里筛选比较典型的几部做下分析。琼斯的《法拉第的生活和信件》(Jones, 1870),该书是早期关于法拉第的传记,采取的是一种在 19 世纪典型的科学史写作进路。廷德尔的《发现者法拉第》(Tyndall, 1870)突出了科学进步的方式。格莱斯顿的《迈克尔·法拉第》(Gladstone, 1874)笔下的法拉第凸显出个性,散漫随意。克劳瑟的《迈克尔·法拉第: 1791—1867》(Crowther, 1945)体现了科学的社会环境,表达了克劳瑟自己的社会解释。威廉姆斯所著的《迈克尔·法拉第传》(Williams, 1965)对于法拉第原稿的发掘做出了巨大的努力,至少对科学史的文献是一个重要的补充。除了皮尔斯·威廉姆斯所著的《迈克尔·法拉第传》外,之前大量的关于法拉第的著作,都在仿效法拉第的早期传记《发现者法拉第》。《发现者法拉第》的作者约翰·廷德尔是法拉第为数不多的私人朋友,并且曾经是唯一最有资格成为法拉第的学生和继承者的人。廷德尔笔下的法拉第是伟大的,他从一个微不足道的小人物一举成名,成为自然界重要事实的发现者。这个时期的多数科学史家都把法拉第看作是科学界的灰姑娘,身为伦敦贫民区一个穷铁匠的儿子,却成长为一个著名的人物——那个时代最伟大的实验物理学家、皇家研究院受欢迎的院长。这些论点在廷德尔的书中是非常确定、无可争议的。以上提到诸多著作各有所侧重,但如果从科学哲学的视角来看,大都属于典型的归纳主义科学史,是要用确凿的事实命题和归纳概括。归纳主义者把这二者作为构架科学内部历史的支柱,并由此在科学史上来寻找这类命题或概括。20 世纪 90 年代关于法拉第的科学史作品发生了转向,出现了科学与社会、科学与宗教的新视角,杰弗里·坎托所著的《迈克尔·法拉第》(Cantor, 1991)旨在对一个科学家进行更为详尽的描述,他把法拉第放在 19 世纪的科学和宗教中讨论,法拉第的生活在一个特定的宗教环境下,而他的科学生涯也正好处于一个戏剧性的改革时期,当时英国的政治、科学和宗教等社会各方面都在发生着改革。托马斯所著的皇家研究院《法拉第和皇家研究院》(Thomas, 1991)讨论了法拉第与英国皇家研究院的关系,英国皇家研究院如何有影响力,法拉第的思想如何在英国皇家研究院得以发展等,总体来看该书内容较少,谈得比较泛泛。

接下来,我们重点分析威廉姆斯所著的《迈克尔·法拉第传》,不仅因为威廉姆斯是科学史家,这部传记是典型的由科学史家写出的作品,而且威廉姆斯本人曾针对阿伽西的作品写了一篇非常有影响力的书评,对阿伽西的作品提出了严厉批评。威廉姆斯对法拉第有着深入的研究,他的史料引用都是非常规范的,《法拉第传》是基于已有的法拉第的实验研究和日记来说明其实验和思想的发展过程,但不同于以往的科学史传记,威廉姆斯有了一些新的思想、新的发现。关于电磁研究,一般科学史记载的观点是由于法拉第反对传统的原子论而做出的发现,也是因为这种反对思想,许多传说把法拉第被当作一个严格的经验主义者。威廉姆斯从材料中发现法拉第的原子论有更为特别的传统,认为法拉第受到 18 世纪意大利自然哲学家鲁杰罗·博斯科维奇理论的影响,并在传记中阐述了法拉第是如何在他的实验研究中运用这个理论。书中论述到法拉第对博斯科维奇的观点产生了兴趣,并且真正接触过博斯科维奇的研究,威廉姆斯用史料加以佐证。博斯科维奇的观点是,所有原子都由力场包围,力场能够把影响从一处传播到另一处。当时,戴维和法拉第意识到,可以借鉴博斯科维奇的这个思路来理解原子和分子之间的相互作用。法拉第猜想,围绕线圈运动的磁场可能就是博斯科维奇所说的力场之一,便着手研究磁场的特性。法拉第顺着博斯科维奇的思路解释了电磁的秘密。对于法拉第电磁理论这一伟大发现,威廉姆斯更倾向于认为是基于博斯科维奇的理论,这一理论让法拉第有了新的思路,从而做出更好的发现。而威廉姆斯之所以坚信这一点,只是因为在他看来,史证才是科学史的精髓,而已有的史料中没有其他更为可信的证据支撑其他论点。威廉姆斯的哲学观,决定了他相信并且坚持所采信的证据一定是要诉诸已有的材料,这是典型的历史学家的范式。

威廉姆斯书中颇为成功的是对于法拉第科学实验工作的描述,他强调突出了法拉第工作的连续性。威廉姆斯力图贯穿本文的一个思想是法拉第从一开始,并且一直在思考的是原子之间的空间,而不是原子本身。法拉第寻求自然力统一的实验可以说与偏振光学后期发展史是交织在一起的。法拉第在坚信各种自然力统一的信念驱动之下,寻求光电联系,关于电的状态,连续的力,力线的想法。经过 23 年的不懈探索,反复实验,法拉第终于揭开了"光""磁"联系的秘密,找到了使"光"和"磁"(虽然他一直在寻求的是"光"和"电"的联系)两种自然力发生作用的密码。成就了其后来关于磁致旋光现象的发现。威廉姆斯的理论也是有吸引力的,因为他提供了一个新的出发点,关于法拉第科学实验工作连续性的观点及描述,在廷德尔那类传记里是没有的。

我们可以总结威廉姆斯关于法拉第研究的特点。第一,完全遵循历史学的规范。威廉姆斯选择大量的相对多元的一手材料,包括发表和未发表的笔记,信件,日记和期刊,以及法拉第的日记,发表的论文等。在传记中有效地从一手文献中举了大量的引用。第二,威廉姆斯追求对法拉第研究的完整性。威廉姆斯试图从根本上考察法拉第科学研究的全部,并把这些放到他的科学文本中。第三,威廉姆斯选材用料非常得当,他很自如地做到了简洁而清晰地呈现出较为复杂的局面。无论是描述法拉第的个人生活还是他的实验工作,威廉姆斯通过巧妙地选择有代表性的方面来实现。第四,威廉姆斯很好地传递了他希望表达的法拉第"力可转换"的思想。总之,在这些例子中,威廉姆斯已经描写了一部非常好的历史。

但是,威廉姆斯没有对法拉第的思想进行更为深入的挖掘。在描述法拉第的社会性方面,威廉姆斯没有做好。而在他之后就出现了这方面的专著。这些哲学能够弥补历史的依据是,关于人性或社会方面的因素是不可避免、不可或缺的。在这个问题上,哲学能帮助历史学家解释他的故事为什么如此发生。相比威廉姆斯的研究,阿伽西的研究虽然表面上缺乏完整性和历史的规范性,但在逻辑上显得更为顺畅,立场明确。

我们也注意到,威廉姆斯对法拉第和科学界依然采取美化的态度,对法拉第以及他所处的环境的描述,没有表达任何异议和遗憾,反而让人觉得太缺乏真实感而显得有些平淡无味。实际上,虽然威廉姆斯严格按照历史学的规范撰写科学史,但更深层的,是否受到其内在观念的影响,他采取的是一种归纳主义的哲学观。归纳主义科学编史学把历史按当代的标准写成"黑白分明"的历史,把对科学的发展做出贡献的部分看成是某种有积极意义的确定的东西——某项发现,某种得到验证的理论,通常只引用他的所有推测中那些已得到证实的部分,并且依旧遵循着古典的倾向,用确凿的事实命题和归纳概括进行历史重构。这样的写作存在着明显的问题,即忽视了法拉第的失败,忽视了对科学发展起到作用的其他方面,而强调他在发现已得到普遍认可的观点方面的成功。如果要真诚地按照我们的标准接受今天的理论,那么至少我们必须要把成功与失败作一个对比,当然这种标准也有缺陷,也是极其不稳定的。比如,光的微粒,牛顿认为光是一种微粒,这种观点盛极一时。当我们接受此学说时,也不能对牛顿作出过高的评价,毕竟还有皮埃尔·伽森荻(Pierre Gassendi)的贡献和其他的一些因素使得此学说被接受;而光的波动说,接受它时,也不能因法拉第的贡献不够大而给予过低的评价。总之,这种在公认的理论体系中,对法拉第的陈述观点进行大加赞扬的评价时,其标准和方法要谨慎对待。

第三节　阿伽西科学编史学纲领的独特性与影响

使用科学编史学纲领一词,在此更多表达的是某种具体的科学史研究进路及其框架结构。在这一框架结构中包含了编史目标与立场、研究内容与主题、研究取向与分析视角、科学观与科学史观等基本要素,正是这些不同的要素构成形成了各种科学编史学纲领的独特性和学术意义。

一、编史目标与编史立场

与证伪主义学术思潮的整体目标一致,证伪主义科学史研究的编史目标也大致可以划分为三个方面:一是寻找和恢复科学历史上忽视的"错误"理论和被遗忘和判决性实验,承认他们对科学发展做出的贡献,从根本上恢复和确定他们在科学史上的地位和作用;二是以批评、分析的视角反思科学及其规范;三是运用证伪主义科学史研究的结果给出证伪主义理论的历史依据,反过来支撑证伪主义理论,并在实践中进一步证明和发展现有的研究。虽然第一个方面是证伪主义科学史研究的目标之一,但却不构成证伪主义科学史研究本质特征。从学术研究角度而言,证伪主义科学史的真正意义和价值主要体现在第二个方面。证伪主义科学史研究基本的编史立场是,力图表明科学史是历史的发展过程,提出假说、批判证伪,再提出新的假说的这样一个过程。

这一编史目标同传统编史学纲领以及后现代主义编史学纲领相比,其独特性在于它专门以被忽视的"错误的"理论和被遗忘的判决性实验作为关注焦点,围绕科学中的"失败"和随处可见的辉格史情形展开。它关心的是不仅仅是确定事实,还要解释"我们了解和认识的是怎样的,我们是怎样认识了解的,这种认识遗漏了哪些,提出一种变化发展的认识方式"。可以说,在实证主义编史学纲领和观念论编史学纲领那里,编史的目标是为了说明科学发展不断趋向于真理和进步的历史过程。阐述的是"通过归纳,弄清历史事件是怎样发生的"。后现代主义编史纲领转向关心"我们讲述了什么以及我们是怎样讲述的",大致可分为解构型后现代科学观指导下的编史纲领和建构型后现代科学观指导下的编史纲领。解构型后现代科学观告别科学的客观性,通过消解科学的经验基础,解构宏大叙事;建构型后现代科学观注重科学的客观性,通过拓展内涵以重构理性与科学的文化典范。总的来说,后现代主义编史纲领因主张否认理性和进步,挑战了传统科学认识论对于科学本质的基本看法,它关心的是对现代性的批判。分析历史哲学家们忽视对历史著述的语言结构和历史叙述的史学修辞特征的研究。

首先,关于"错误的"理论和判决性实验等其他相关主题方面的研究的独特性,并非说传统科学编史学研究完全不包含"可证伪的"科学史,也并非说所有研究"错误的"理论和判决性实验主题有关的科学史就是证伪主义科学史。一方面,在很多时候,"错误的"理论和判决性实验在科学史上的重要作用还是被忽视了,尤其是那些以辉格史认为对当今科学发展没有直接贡献的科学发现和实验,往往很难进入传统编史学的视野。但问题的关键还并非在于是否研究了"错误的"理论和判决性实验,而恰恰在于是以什么样的基本立场和学术目标来研究可证伪性的科学史,在于是否对科学中的正确科学偏见和传统科学史研究中的实证主义倾向提出质疑和挑战。可以说,就围绕"错误的"理论和判决性实验展开的科学史而言,这一点构成了证伪主义科学史和传统归纳主义科学史研究的主要差异。我们知道,即使是在传统科学编史学纲领下进行的、以"错误的"理论或者判决性实验为主题的科学史研究,其编史目的也大多旨在凸显当今科学的真实性和准确性,从反面对于传统科学史图景起到强化作用。也正因如此,本文没有将科学史中"错误"科学的"反向式"研究,作为证伪主义科学史研究的主要内容来考察。

其次,关于围绕科学中随处可见的归纳科学史所展开的批判性科学史研究,则更为彻底地体现了证伪主义科学史研究在编史目标与立场上的独特性。在萨顿的实证主义编史学纲领中,古代科学史更多的是把史料考证当作历史研究的首要任务,更多地从"事实"的角度去看待科学知识体系。在柯瓦雷的观念论编史纲领下撰写的"科学革命",至今仍在某种程度上发挥着主流的影响。柯瓦雷本人的研究集中考察从哥白尼到牛顿的物理学史,从科学理论和概念的角度理解科学知识体系,书写的是科学思想的发展史(袁江洋,2003)[40]。随后,佩格尔(W. Pagel)、弗朗西斯·耶兹(Frances A. Yates)和夏平等对围绕科学革命的各种争论以及神秘主义思想进一步展开了深入研究。他们重视社会因素,尤其是被传统认为与科学无关甚至有害于科学发展的那些社会因素,对科学发展的深刻影响。可见,这些研究已逐渐超越了柯瓦雷的研究纲领,体现出对科学进行社会史研究的取向。证伪主义编史学的独特之处在于认识并描绘了这些争论所具有的重要而不可消除的可证伪的维度,这一维度对于任何想要获得对"科学"进行合理一致和充分理解的研究而言,都是不容忽视的。在证伪主义的这些研究中,"科学发展"既非科学事实的累积发展,也非科学概念与科学理论的变革,而是一部科学不断变革、交缠互动的动态变化史。在此历史过程中,实证中心主义科学传统掠夺和压制了"错误的"理论或者判决性实验的知识传统以及非主流的、宗教的等其他的自然观,使其在主流社会实证意识形态和科学观念中完全丧失了应有的价值。

可以说,无论关于可证伪的科学史研究,还是关于科学中随处可见的归纳主义倾向的科学史研究,证伪主义基于其独特的编史目标和编史立场,均为我们提供了关于错误科学史和科学划界史的新解释。尽管我们的研究并非必须具有类似的目标或采取类似的立场,但或者说由此目标和立场所引发的或者说与此目标紧密相关的编史框架和分析视角,对后来的科学史研究来说无疑都具有重要的启发和开拓意义。

二、编史框架与分析视角

编史框架主要指研究者的研究思路及理论基础,是对科学史进行逻辑和理性重组的理论框架(李醒民,2002)。从上文可知,西方证伪主义学派通过对各个领域的"反向式"研究,对近代西方科学的客观性、中立性进行了批判,揭示了科学的实证及其建构过程,形成了一种批判理性主义的科学观。后殖民主义关于科学的宽泛定义中,所有的科学知识都是"地方性知识"或者"本土知识体系"。不能因为与现代科学理论相异,就将早期欧洲和非欧洲文化中的秘术、巫术、地方性信仰体系中的"民间解释"、技艺成就等,一律斥为迷信而遭完全抛弃。与此同时,证伪主义对科学史研究产生的更为直接的影响,还在于其揭示并批判了近代西方科学的实证主义,将科学与"错误的"理论或者判决性实验的关系作为研究的焦点。科学的历史不再是与证伪的科学史毫不相干的历史,"错误的"理论或者判决性实验在科学史上的地位、历史上的科学话语背后隐藏的权力关系等,也成为证伪主义科学史研究的主要内容。

我们可以说,对近代西方科学客观性、正确性、唯一性的消解所带来的科学的批判理性主义及科学与证伪的科学理论与实验之间的紧密联系,构成了证伪主义科学史研究的基本框架。这一基本框架,同传统萨顿、柯瓦雷科学编史学纲领相比,不再延续归纳主义的道路,而是通过对科学客观性和价值中立性的消解,体现出批判性史学的独特性;对于后现代主义等进路的编史学纲领的意义,其独特性在于开启了这样一种分析批判的视角。

在此,我们发现在证伪主义编史框架下从事的科学史研究与传统科学史研究存在巨大差异。第一,阿伽西基于证伪主义科学观,对于可证伪的各种理论、实践作了进一步的分析和评价,为其提供了在科学发展中的合法地位。第二,基于可证伪视角的引入,阿伽西对背后隐含的绝对真理、科学进步进行了批判性分析。

通过对案例的综合考察、比较分析,科学的批判理性主义已向我们展现了它们在科学史研究上的巨大魅力。对我们而言,结合具体情境进行批判的分析,借鉴和运用这一新的编史框架与分析视角,能在很多方面促进中国科技史研究的发展和革新。

三、科学观与科学史观

科学史观是人们关于自然科学历史发展过程的特点与规律以及人们对它的认识方法和研究方法的理论体系。我们在分析证伪主义科学史研究的理论基础和证伪主义科学编史学框架、分析视角时,都或多或少地涉及证伪主义的科学观和科学史观问题,这是因为科学观和科学史观是科学编史学纲领的根基。正因为其重要性,对各种科学史研究进路进行编史学研究时都离不开对其科学观和科学史观的深入分析。也因如此,我们仍有必要对证伪主义科学观和科学史观作专门的分析。

科学观主要指对科学性质的基本看法,包括对科学的理性、客观性和合理性等问题所持的基本看法。正如前文所述,证伪主义科学元勘是对传统实证主义科学观的反思,对其所持的关于科学客观性和价值中立性的看法进行批判。这一点也是其之后后现代科学批判思潮主要观点所在。

实证主义科学观预设了一个完全客观的世界,并将科学知识看成是关于客观世界本身的表征和反映,是脱离了人类社会主观因素的方式获得的一种知识。这一客观性需要价值中立性作为基础,它意味着科学与主观性、情感和非理性等毫不相干,是对客观实在的真理表达。自20世纪60年代以来,这一科学观尤其受到以库恩、费耶阿本德和罗蒂为代表的科学哲学家,以及以布鲁尔(D. Bloor)、夏平等科学知识社会学学者的批判。在此大的背景下,科学知识不再被看成是真理的表征,而只不过是一种社会建构的叙事和神话。任何的科学研究都是在特定的历史情境中进行的,任何的科学解释和科学理论都是在一定的语境中形成的,科学认知的过程无法摆脱认知者主观情感。然而,需要引起注意的是,最先对这一传统科学观进行批判的是证伪主义的提出者波普尔。证伪主义学者是最先反思科学传统形象的群体,遗憾的是没有历史认识论更认真深入地探讨。可以说,现代科学批判的认识论传统,已将主体性和价值问题引入知识理论的核心,证伪主义科学批判则开启了这样一个传统。尽管他们不赞同传统科学观对科学的定义,认为科学是系统的、实证的知识,但无论是波普尔、拉卡托斯还是阿伽西,他们仍然持有对唯一真理、客观存在的科学认识,科学的定理,虽然不是通过实证的知识的获得和系统化,不管是波普尔的经验批判,还是拉卡托斯的理论之间的相互批评,他们仍立足于唯一真理、唯一科学的立场,他们潜在的观念认为科学是人类唯一的、进步的活动。这种一元论的科学观拥有三个假定,一是真理的唯一性;二是认识唯一真理的可能性;三是在西方近代科学传统中,观察实验作为基础的重要性。

哲学批判的科学史观在一定程度上是对理性科学史观和实证自律科学史观的扬弃和综合。既需要研究者对科学发展的史实进行发掘、整理、考证和描述，更需要在此基础上进行理论的探讨和反思。这样，才能再现出科学发展的具体历程，揭示出科学演化的内在机制。这就要求研究者把自然科学的实证精神同哲学的批判概括功能结合起来，建立起史论结合的编史学方法体系。

科学史观与科学观是一致的。如前所言，传统实证主义科学观，表达了人们对于科学所持有的乐观主义态度，科学被看成是不断获取真理和实践真理的进步事业。不仅如此，史学研究也进入了科学时代。历史学被看成是对历史真实发展规律的再现和表达。正如张广智教授所言："在实证主义史学的确立时期，科学一词的观念在本体上意味着客观，在认识上意味着规律，在心理上意味着确定，在价值上意味着进步。实证主义史学得以确立并非由于它与自然科学的同构性，而是借助于人们普遍对科学本身认识的肤浅，以及洋溢于社会中对科学成就的盲目乐观。"（张广智，2010）[228] 实证主义科学史则更因其研究的是科学的历史，而被赋予了理所当然的客观性和进步性。在实证主义科学观的框架下，科学史具有自身的内在发展逻辑、自治性和客观性，被看成是科学知识或者科学思想不断发展和进步的历史。

关于这一点，萨顿有过明确的表达。"定义：科学是系统的、实证的知识，或在不同时代、不同地方所得到的、被认为是这样的东西。定理：这些实证知识的获得和系统化，是人类唯一真正具有积累性和进步性的活动。推论：科学史是唯一能体现人类进步的历史。事实上，这种进步在其他任何领域都不如在科学领域那么确切、那么无可怀疑。"（Sarton，1936）柯瓦雷与萨顿的观点不同，他强调科学史重在思索与重演过去，而不是分析史实。尽管萨顿和柯瓦雷在具体编史方案上很不相同，但他们的共同点是都试图通过其科学史来揭示科学之进步（袁江洋，2003）[40]。只不过，柯瓦雷是通过对比不同时空条件下的科学概念，并探讨它们内涵、外延的变化（袁江洋，2003）[83]。不但如此，默顿的研究尽管关注社会历史因素对科学发展的影响，但仍然把科学看作是一种客观合理的知识体系。在此科学观下，科学的历史仍是科学不断追求真理的过程,是不断进步的历史。正如克里斯蒂所言,"尽管以往以各种不同哲学(无论是实证主义、康德哲学、黑格尔哲学还是马克思主义哲学)为基础的科学编史学在很多方面存在差异,但他们都将科学描述成为线性的、统一的发展过程,并具有其内在逻辑,朝着现今的方向连续不断地发展"(John R. R, 1993)[391-405]。

证伪主义的编史学纲领开始走出并挑战这种客观主义和进步主义的科学史观,在它看来,科学观是对唯一进步科学认识的消解,在此科学史观下,科学知识内容本身的建构性意味着对传统科学历史的某种重新认识和改写,科学史不再是客观的、单线性的进步过程,而是具有相对性和情境性。这样的历史写作引入了一种批判视角。后现代主义也是反对传统的编史学纲领,科学是作为一种社会活动和社会现象存在的,必须接受社会学的考察,证伪主义的科学史观和批判性的编史视角在后现代主义编史学纲领中有深刻体现,正是证伪主义编史学纲领开启了分析批判编史学纲领的传统。证伪主义对传统科学观和科学史观的解构,的确为科学史研究提供了新的诠释路径,即使这一诠释路径有时依然归属于传统的二元对立框架和叙事结构。

然而,证伪主义科学编史学纲领仍然在某种程度上动摇了传统的进步主义科学史观,并对传统科学史研究的视角、方法和内容等产生了重要影响,而更重要的是对支撑在其背后的科学史观进行了反思和批判。随着证伪主义科学编史学传统的引入,这种新科学史观将会在科学史研究领域产生一定影响。尤其对于仍然以实证主义科学哲学和科学编史学方法为主导的中国科技史研究来说,这一新的科学史观将为我们的古代科技史研究提供新的理论资源。正如吴国盛教授所言,"'中国科学史'这个学科在创建的时候,秉承的就是一套实证主义科学哲学和编史方法论,因为只有实证主义才能提供一种普遍主义、进步主义的科学观,而正是这个科学观支持了'中国有科学'、'中国的科学能够纳入人类的科学发展史之中'等观念,才使得'中国科学史'作为一个学科成为可能,赋予这个学科以合法性"(吴国盛,2003)。我们认为,证伪主义在挑战了这一传统普遍主义、进步主义科学观的同时,其所侧重和强调的可证伪的知识概念将为中国古代科学史研究带来新的研究内容。

第四节　阿伽西科学编史纲领的学术困境与理论发展

不存在一个科学哲学能将所有科学史合理重建,这种企图是不可能的。"科学的合理重建……不能够面面俱到,因为人不是完全理性的动物;即使当他们合理地行动时,他们也可能对自己的合理行为抱有错误的理论"(拉卡托斯,1986)[158]。拉卡托斯对于科学史的"内部历史"和"外部历史"区分是这样的:"内部历史"就是科学哲学理论合理重建的部分,能够被合理重建就是"内史",不能被合理重建,在这个范围之外的就是"外史"。实际情况是,内史无法解释一切历史问题,无论是通过怎样的方法论重建,所以外史是非常必需的,对内史无法重建的部分加以补充说明,比如一些社会的、心理的条件等,都是科学进步所必需的,补充解释剩下的非合理的因素。科学解释追求的是尽可能多地给出理性解释,因此"合理重建内部历史是首要的,外部历史是次要的,因为外部历史的最重要问题是由内部历史限定的"(拉卡托斯,1986)[163]。需要说明的是,不同的科学哲学理论指导下会出现不同的重建方式,这些不同的合理重建的科学史并不等价,也就是说存在好坏之分。

从逻辑严密性上来看,对比归纳主义科学史家的叙述,证伪主义科学史家在叙述时显得更为严密。证伪主义的逻辑演变过程就像演绎推理过程那样,让人明了并且确信无疑。然而,证伪主义科学史的局限性也十分明显,例如逻辑情境有疑难、与科学史的发展历程不符合、对科学的划界标准不适当。事实上,历史主义者对波普尔的朴素证伪主义的主要批判是,波普尔式的证伪的科学发展历程在科学史上从来就没有发生过。逻辑主义的科学图像过于简单,与实际的科学实践不相关。

首先是逻辑情境的疑难,主要包括观察本身的可错性和实际检验情况的复杂性。证伪的过程产生于当观察和实验所提供的单一命题证据与某个理论的陈述相冲突时,我们很容易用单一命题的真实性去确定这个理论的陈述为假。可是,单靠逻辑并不可能告诉我们何者为假,因为某一定律或理论的预见与观察和实验提供的证据相冲突时,也许错的是证据,不是定律或理论,不应该总是摈弃定律或理论。然而,事实往往没有这么简单。仔细研究科学的发展史,许多时候理论的陈述往往没有错,而是我们用之证伪理论的那个观察或实验的证据错了。当然,我们在遇到一些简单的命题时不会出现这样的情况。比如要证伪"凡天鹅皆白"的命题,只要发现有一只天鹅是非白的就行了。而且一只天鹅是否是白色的,我们只要用肉眼观察都会取得一致意见而没有异议。我们说的只是一般,仅此而已。但要从理论上讲,我们依然有追问的理由。比如说这只天鹅也许是道具而被认为涂成非白颜色,或者是因为恰巧所有的观察者都是不能辨别白色的色盲。当然,这还不能造成对证伪主义致命的冲击。对证伪主义更大的冲击来自理论的复杂性和实际检验情况的复杂性,对证伪最重要的批判是"迪昂—蒯因问题"。"迪昂—蒯因问题"表述为当一个科学假设面临一个负面的观察结果时,何时应当被保留、何时应当被摈弃,其根据何在? 这是关于科学检验的,涉及科学哲学的基本问题,使得科学哲学的各大理论派别卷入争论。反应最强烈的是证伪主义,这是因为,如果通过调整理论整体而使任何命题免于被反驳,那么任何理论在任何时候都不能被证伪,这样,证伪主义的研究纲领注定是失败的。

科学关注的理论往往是由一组全称命题组成的,而不是"凡天鹅皆白"这样的简单命题。也就是说,现实的科学理论由复合的普遍陈述组成,而不是由一个绝对化概括的陈述组成。证伪逻辑这样简单化的例证,掩盖了现实检验境况的复杂性,而在对理论进行实际检验和论证时,又往往需要一些辅助性的假设。这些假设可能是我们推出理论时暗含的,而在观察的个别结果与理论相矛盾时,出错的可能就是这些辅助性的假设悄悄地发生了改变。举一个例子来说明。初期用牛顿理论来解释天文学现象时,受到了天王星轨道的反驳。因为用牛顿理论计算出的天王星运动轨迹与实际观察的结果出现了偏差。而这个矛盾最终并没有证伪牛顿理论,因为在后来发现了海王星并用海王星的运动轨迹解释了这个偏差。此时,反例不但没有推翻或证伪牛顿理论反而进一步证实了牛顿理论的正确。

其次是证伪主义理论并不符合科学史的发展历程。如果科学史的发展严格按照证伪主义的方法论,那么许多后来普遍认为是正确的科学理论在早期就可能被拒绝了。因为任何理论在早期都不可避免地会碰到与人们当时普遍认可的可观察论断不相一致的尴尬,而最终理论还是没有被拒绝。多数重要的科学理论生来就是遭受反驳的,只是在以后的发展过程中才得到进一步说明。如果理论一碰到被证伪的可观察事实就马上被证伪,人们因此就会很快地把这个理论抛弃,进而很快地就推出另一个与原来理论不同的理论,然后这个与原来的理论不同的理论又会很快地遭到与它不一致的可观察证据的证伪,继而人们又很快地提出新的理论,等等。这样,科学就在针对问题提出理论与证伪理论的走马灯式的循环交替中不断消耗下去,科学也因此缺乏内涵而根本无益于人类智慧的展现,科学也将成为一条逐渐干涸的河流。以牛顿研究纲领为例,这个理论在诞生之初,许多反常(或"反例")向它涌来,但经过许多科学家的长期努力,牛顿研究纲领终于取得了一系列重大胜利,甚至把一些反例转化为证实事例,确立了其主导地位。

我们很幸运地看到,科学并没有陷入这个怪圈。当一个理论遭遇到证伪的危机时,科学家将会为了捍卫自己的理论而进行复杂的论证和思考,重新审视建构理论的各种条件和辅助性假设。这方面最典型的例子是哥白尼体系的最初威胁以及之后的捍卫。当时,哥白尼体系最严重的威胁来自所谓塔的论据。我们说,哥白尼体系与托勒密体系的最大不同是主张地球围绕自己的轴心自转,那么,地球表面的任一点在任何一段时间哪怕是一秒钟都会运动相对一段距离。也就是说,在这个高速运转的地球上,如果人在一座高塔上向下投掷一个物体,在物体向下运动的过程中塔会随着地球的自转而明显偏离原来的位置。这样分析,原先自由落下的物体的着落点肯定偏离塔的底部。然而,事实上并没有出现我们所想象的现象。人们因此认为哥白尼的理论是错误的。但是哥白尼理论并没有因此就被抛弃。许多年后,伽利略的新力学找到了捍卫哥白尼理论又能正确解释上述现象的方法。一个放在高塔上的物体和塔一起在围绕地心做圆周运动,当物体下落时它仍然会和高塔一起继续做这样的运动。因此,与经验一致,最终它还会落在塔基的地面上。

再次,证伪主义划界标准具有不适当性。按照证伪主义的观点,科学理论在逻辑上可以被证伪,也就是说在逻辑上一定可以找到一些可观察的实验或事实用来检验理论的正确性。事实上,这种标准太容易满足,以至于许多在科学界约定俗成的非科学或伪科学都可以划到科学的范围之内。占星学家的确提出了许多可证伪的主张。基督教的许多教义也是可以证伪的。例如基督教说是上帝创造了海并且使鱼在海里繁殖,这句话在理论上是可以找到可观察的事实来进行检验的。

因此,它具备了证伪主义的划界标准。作为基督教的教义它又是否可以认为是一种科学呢?又如弗洛伊德学说把梦解释为人的愿望的满足,但是这个观点似乎可以被人有时会做噩梦的事实所证伪。因此,它也与证伪主义的划界标准吻合,但这种论述是不是一种科学的表达还有待澄清。

证伪主义者为了把占星学排除在科学之外,进一步强调一个科学的理论不但要是可以证伪的,而且还必须是事实上未被证伪的。占星学提出的许多对自然和人的发展变化状况的预测最终都被发生的事实轻易地证伪了。然而,证伪主义者此举也只能是顾此失彼。刚才说的基督教关于"上帝创造了海并且使鱼在海里繁殖"之类的论述,就具有理论上可证伪而且事实上没有证伪的特征。

最后,波普尔强烈地抨击教条主义,阿伽西强烈地批评归纳主义和约定主义科学史,而他们自身却陷入了教条主义。精致证伪主义当面临显然的证伪时会修改理论,甚至置证伪于不顾而坚持理论。波普尔承认,置明显的证伪于不顾而保留理论往往是必要的,这导致了批判态度和教条态度并存。过分强调了证伪原则而否定了证实原则。波普尔彻底否定归纳法,声称他已经解决了归纳问题,证伪主义者则认为"科学不涉及归纳",他们将归纳主义看成是无用的,完全错误的。其实证实与证伪都是取得科学知识理论的可用的重要方法,证伪主义的这种观念不无偏颇。

综上所述,证伪主义作为对归纳主义的批判和为科学哲学开辟了一个全新理论视角来说,它无疑为科学哲学作出了巨大的贡献。它避免了归纳主义逻辑上的漏洞,维护了科学逻辑上的严谨性,它的试错法对科学的检验具有广泛的实用性和针对性。然而,证伪主义理论对科学的说明与归纳主义一样都过于零碎和简单化。证伪主义因其所主张和坚持的特殊科学观与科学史观，以及在编史目标与编史立场等方面体现出的独特性，为科学史研究提供了新颖的分析视角与分析维度，以及特殊的研究主题和广阔的问题领域，并促进了科学史理论研究的发展。然而，也正是在构成该纲领的两个主要方面（科学与可证伪），证伪主义所持有的主要立场和观点，遭遇到了来自科学家、传统科学哲学家与科学史家，以及证伪主义内部学者的广泛批评。这些批评并非完全合理，但也确实表明证伪主义科学编史理论与实践中存在一些问题。按照证伪主义的逻辑，借助于确凿事实的帮助，不断地推翻理论，这便是科学的增长(拉卡托斯，1986)。它们都把理论的立脚点仅仅建立在理论与某个个别或成组的观察命题的关系上，用简单的试错作为科学的检验标准。事实上，重要的科学理论的发展模式是非常复杂的，其影响因素也是多元的。要避免证伪主义对科学简单片面的理解，就必须站在人类科学发展史的整个过程的高度来分析和理解科学哲学。库恩就是从这方面进行尝试的早期代表，他因此开创了又一个科学哲学的新方向，这样，历史主义学派就开始登上了科学哲学的舞台。

（王晶金撰）

第三编

科学编史学问题研究

第九章
理性重建：科学史中的爱因斯坦研究

著名的数学哲学家和科学哲学家伊姆雷·拉卡托斯（Imre Lakatos）于1971年发表了著名论文《科学史及其合理重建》，论述了科学哲学与科学史的关系，提出了独特的科学编史学思想，引起了广泛的注意与争论。在拉卡托斯的思想中，他主要是认为科学史要受科学哲学的指导并为其服务，也就是用科学史来证明科学哲学的合理性。反过来，我们也可以通过批评科学哲学指导下的科学史研究来批评科学哲学，因为历史可被看成是对其合理重建的一种检验（拉卡托斯，1986）[141-190]。实际上，科学史研究远比拉卡托斯描述的理想状况复杂得多。本章试图以爱因斯坦（Albert Einstein）研究为例，论证科学史理性重建的基础、灵魂、互补性以及差异性等问题。本章所探讨的理性重建的相关问题，对于一般意义的科学史研究均有着积极的启发意义。

第一节　重建的基础：史料的重要性

科学史建立在史料的基础上，这一点是不言而喻的，爱因斯坦研究也向我们清楚地展现出这一点。比如，霍尔顿（Gerald Holton）发现爱因斯坦给兰佐斯（Cornelius Lanczos）的信以及相关的史料，促使他超越逻辑实证主义对爱因斯坦科学哲学思想进行解读，更全面地认识到爱因斯坦思想中的理性论成分。1968年，霍尔顿在《代达罗斯》（*Daedalus*）上发表题为《马赫、爱因斯坦和对实在的探索》的文章，讨论了爱因斯坦的科学哲学思想的发展历程。霍尔顿认为，爱因斯坦经历了一段"从以感觉论和经验论为中心的科学哲学，到以理性论的实在论为基础的哲学的历程"(霍尔顿,1990)[38-83]。

关于爱因斯坦本人对自己哲学立场转变的认识,霍尔顿引用一封爱因斯坦从未发表过的信说明他的哲学立场的转变过程。1938 年 1 月 24 日,爱因斯坦在给兰佐斯的信中写道:"从有点类似马赫(Ernst Mach)的那种怀疑的经验论出发,经过引力问题,我转变成为一个有信仰的理性主义者,也就是说,成为一个到数学的简洁性中去寻求真理的唯一可靠源泉的人。逻辑上简单的东西当然并不一定就是物理上真实的东西;但是物理上真实的必定是逻辑上简单的,也就是说,它们在基础上具有统一性。"显然,这封信是霍尔顿论证爱因斯坦哲学思想转变过程的一个关键性证据。当然,霍尔顿在论文中还使用了爱因斯坦许多其他未发表的科学通信,使得他的论证相当有说服力。

又如,法因(Arthur Fine)发现了爱因斯坦与薛定谔(Erwin Schroedinger)的通信,找到了爱因斯坦本人的 EPR 论证,从而将爱因斯坦与玻尔(Niels Bohr)之争的研究推向深入(Fine,1986)。1935 年,爱因斯坦与玻多尔斯基(Boris Podolsky)、罗森(Nathan Rosen)合作发表了《能认为量子力学对实在的描述是完备的吗?》,即著名的 EPR 论证,试图表明量子力学对物理实在的描述是不完备的(Einstein et al.,1935)。许多论述爱因斯坦与玻尔之争的学者几乎一致地认为,爱因斯坦早期试图提出一些理想实验,以论证量子力学逻辑的不一贯性(inconsistency),而在第六届索尔维会议之后,他转而论证量子力学是不完备的,他们认为爱因斯坦的思想发生转向的主要依据正是 1935 年的EPR 论证。

比如,克莱因(Martin Klein)认为,从 1927 年的索尔维会议开始,爱因斯坦从未停止过对量子力学的质疑。最初,他试图提出一些理想实验,以证明量子力学逻辑的不一贯性,但他所有的论证都被玻尔成功地驳倒了。1935年,爱因斯坦开始强调对量子力学的另一个反对理由,即认为量子力学对物理实在的描述本质上是不完备的,存在一些在理论中没有对应物的物理学的实在元素。而玻尔认为爱因斯坦对物理学实在的判据是模糊的,从玻尔本人的互补性观点来看,理论满足任何合理的完备性标准(Gillispie,1971)[312-319]。雅默(Max Jammer)也认为,第六届索尔维会议是爱因斯坦对待量子力学的态度的一个转折点。由于玻尔采用了广义相对论来反驳自己,所以爱因斯坦只好接受了玻尔的论证。由此,爱因斯坦放弃了在内部不一贯性的基础上驳倒量子理论的任何希望,反之,在1930年索尔维会议之后,爱因斯坦全力以赴从事于证明量子力学的不完备性,而不是它的不一贯性。在雅默看来,虽然我们并不精确地知道EPR论文的哪个部分是三位作者的哪一位写的,但主要观念是来自爱因斯坦的。三位作者自己还一直认为他们的论证是对物理实在的量子力学描述的不完备性的结论性的证据(雅默,1989)[158-217]。

但是,法因发现,爱因斯坦并未写过这篇文章。EPR论文发表于1935年5月15日,玻尔的回应文章发表于1935年10月15日(《物理学评论》于1935年7月13日收到玻尔的来稿),而爱因斯坦在6月19日给薛定谔的信件中这样写道:"由于语言的原因,这篇论文是我们多次讨论之后由玻多尔斯基写的。不过,它并没有像我最初期望的那样写出来;而且,可以说,关键的东西被形式主义给埋葬了。"(Fine, 1986)[35] 法因发现,在爱因斯坦的论文中,没有这篇文章早期的草稿,也没有任何通信或其他证据表明爱因斯坦在文章发表之前看过文章的草稿。这篇文章很可能是由爱因斯坦授权,玻多尔斯基自己撰写的。

在6月19日的信中,爱因斯坦简述了EPR论证中模糊不清的思想,并提出了分离原理(the principle of separation):"第二个盒子里的事件独立于第一个盒子中发生的事件。"(Fine, 1986)[36] 在法因看来,爱因斯坦的EPR论证涉及的是单个变量的测量(而不是两个不相容的变量)。它引入了一个控制测量干扰的合理的原理,即分离原理,然后表明它与态函数的一个特解不相容。EPR的目的不是挑战量子力学本身,而是哥本哈根诠释的一个特定版本。它认为,采用测量干扰学说足以确切地阐述物理学原理。所以,EPR佯谬是哥本哈根学派对量子理论的立场的一种佯谬,它表明量子理论的两个关键成分(即干扰学说和态函数的"完备"解释)是不相容的。人们经常讨论的EPR文本的一个显著特点是,它是半途而废的,即众所周知的"实在判据"。我们应该注意到,虽然爱因斯坦后来发表了几种EPR版本,但均未提及或使用实在判据(Fine, 1986)[4-5]。

在法因看来,把爱因斯坦对量子力学的态度解读为,从寻求量子理论内部的不一贯性到证明其不完备性,这种观点是错误的。完备性问题是爱因斯坦从一开始就关心的问题,而且爱因斯坦并没有在任何地方努力表明量子理论的不一贯性(Fine, 1986)[30]。法因首次认识到了爱因斯坦对量子力学的一贯性立场,并认为爱因斯坦对量子力学一直保持积极的态度,并不是人们通常想象的那样保守和僵化,这是法因的重要贡献。他的观点也得到不少学者的认可,比如休斯(R. I. G. Hughes)认为这是精彩的历史重建(Hughes, 1991)。

总的来说,很多关于爱因斯坦研究的新进展、新突破,都跟新史料的发现紧密相关。霍尔顿之所以能够在爱因斯坦研究方面取得重要成果,跟他首次大量使用爱因斯坦档案材料不无关联。1955年,爱因斯坦去世后不久,弗兰克(Philipp Frank)建议霍尔顿对将在一个纪念仪式上使用的爱因斯坦的著作准备一些历史方面的说明。令霍尔顿感到吃惊的是,尽管有许多爱因斯坦的传记,但几乎没有科学史家对他的重要贡献进行过专门的研究。为了掌握更多的一手材料,霍尔顿专门去了普林斯顿高等研究院和爱因斯坦的故居,并在那里发现了大量爱因斯坦的手稿和书信。为便于使用,霍尔顿还在一个基金会的资助下,雇用爱因斯坦的秘书海伦·杜卡斯(Helen Dukas)和普林斯顿大学的物理学研究生对大量的材料进行了整理,并收集其他人所持的文件的复本。正是在阅读大量一手材料的基础上,霍尔顿在爱因斯坦研究方面做出了许多重要贡献。

对于史料的重要性,学者们也有着清醒的认识。霍华德(Don Howard)在评论法因的著作《不可靠的游戏》时说:"由于法因大量使用爱因斯坦的档案材料,使得他研究爱因斯坦的论文与其他相似的研究文献区别开来;在这一点上,对于那些为哲学问题的答案寻找'杰作'的科学哲学家来说,它们应该是典型代表"(Howard, 1987)。理查德·米勒(Richard Miller)也指出,法因著作中特别的史料就是大量爱因斯坦未发表的通信和手稿(Miller, 1989)。

但是,不同的研究者得出不同的结论,在一定程度上跟史料的不同选择相关。任何历史主体的思想认识都有一个发展变化的过程,而各种不同时期的史料可能会反映出不同的思想内容。因此，对于史料的选择与使用就应该有所区分与评价。在爱因斯坦研究中最典型的例子，就是不同学者在讨论迈克尔逊（Albert Abraham Michelson）实验与狭义相对论的创立之关系时，对于爱因斯坦的京都演讲的不同态度。

1922 年 12 月 14 日，爱因斯坦在日本京都大学做了一次题为"我是如何创立相对论的"演讲。不过，爱因斯坦并没有书面的讲稿，他是用德语演讲的，由日本人石原纯（Jun Ishiwara）翻译。石原纯是日本东北大学物理学教授，1912 年至 1914 年在索菲末（Arnold Sommerfeld）和爱因斯坦指导下从事研究。1923 年 2 月，石原纯用日文在日本的《改造》（Kaizo）杂志上发表了爱因斯坦的演讲笔记，而且他的笔记是仅存的关于爱因斯坦京都演讲的笔记。1979 年，绪川（Tsuyoshi Ogawa）在《日本科学史研究》（Japanese Studies in the History of Science）上发表了对石原纯笔记的一部分的英文翻译。但是，绪川的译本和石原纯的笔记其他国家的学者并不容易获得，而爱因斯坦本人对他的思想起源的解释显然是很有意义的历史问题。鉴于此，小野（Y. A. Ono）对石原纯的笔记进行了完整的翻译，发表在《今日物理学》上（Einstein, 1982）。

爱因斯坦在京都演讲中说："当我还是一名学生时，我就在思考这个问题了。我得知了迈克尔逊实验的奇怪结果，认识到，如果我们认为实验结果是正确的，那么认为地球相对于以太运动就可能是错的。这是引导我走向现在我称之为狭义相对论的理论的第一步。之后，我开始认识到，虽然地球在围绕着太阳运动，但这种运动不可能由光学实验检测出来。[1]"可见，爱因斯坦在这里明确承认狭义相对论与迈克尔逊实验的密切关系，更关键的是爱因斯坦这样的论述是非常少见的。因此，强调迈克尔逊实验与狭义相对论有直接或者密切关系的学者，都把爱因斯坦的京都演讲作为一个重要的证据加以采用，而不去论证这个证据的可靠性；相反，否认迈克尔逊实验与狭义相对论有

---

[1] 此部分翻译自斯塔赫尔（Stachel 1982）的论文。斯塔赫尔的英译本引自日本学者宇川彰（Akira Ukawa）未发表的译文，并做了修改。

直接的、重要的联系的学者,都倾向于否定京都演讲的真实性与可靠性。

比如,斯塔赫尔(John Stachel)认为,迈克尔逊实验对爱因斯坦建立相对论起了一定的作用。而且,他在《爱因斯坦与迈克尔逊:发现的语境与证明的语境》一文中大量引用了爱因斯坦的京都演讲,在这篇篇幅不大的文章中,他几乎把爱因斯坦的京都演讲中关于狭义相对论的所有论述全都引用了,可见这是斯塔赫尔所有参考文献中最为重要的一个(Stachel,1982)。派斯(Abraham Pais)在其著作中引用了京都演讲,他注意到,演讲是用德语进行的,由石原纯译成日文。不过,他引用的是绪川的版本,即不完整的版本。他认为,迈克尔逊实验"不能解释的结果"确实影响了爱因斯坦的思想(派斯,2004)[168-169]。克拉夫(Helge Kragh)认为,"我们有理由相信,爱因斯坦宣称他在 1905 年以前不知道迈克尔逊的实验,这是错的"。他紧接着就以爱因斯坦的京都演讲为证据进行论证[1](克拉夫,2005)[168]。

但是,霍尔顿认为,这个广为流传的爱因斯坦的京都演讲是伪造的[2]。1969 年,霍尔顿在《爱西斯》(ISIS)发表《爱因斯坦、迈克尔逊和"判决性"实验》一文,利用详尽的史料,对比了大量学者的观点,全面、细致地研究了迈克尔逊实验对狭义相对论的影响。他认为,迈克尔逊实验在狭义相对论起源中几乎没起什么作用,甚至于如果根本就没有这一实验,爱因斯坦仍然会创立狭义相对论(Holton,1969)。

米勒(Arthur Miller)进一步分析了爱因斯坦的京都演讲,他指出,爱因斯坦本人并没有写这篇文章,石原纯笔记的英译本是可疑的,可能是对石原纯已丢失的笔记原稿的重构。另外,石原纯在发表他的笔记之前,也没有将笔记寄给爱因斯坦并征得其同意。不过,石原纯在《改造》上发表他的笔记时,

---

[1] 不过,克拉夫后来也指出,虽然爱因斯坦在写狭义相对论的论文时知道迈克尔逊实验,但该实验对他不具有特别的重要意义。爱因斯坦发展他的理论不只是为了说明一个实验困惑,而是更多地从普遍性的角度出发的对简单性和对称性的思考。在爱因斯坦通往相对论的道路上,思想实验比实际实验更重要(克劳〈即克拉夫〉,2009,第 105 页)。

[2] 李醒民指出:"前些年广为流传的爱因斯坦 1922 年 12 月 14 日在京都大学的即席讲演,据霍尔顿教授 1985 年 4 月 15 日至 5 月 15 日在中国做学术访问时讲,有确凿的证据表明该文是伪造的。"(李醒民,1994,第 59 页)

他写了一个附加说明："这不是爱因斯坦教授本人所写。去年 12 月 14 日，爱因斯坦教授在京都大学举行的欢迎宴会之后，为学生做了一次演讲，我所写的就是对他的演讲要点的翻译。如果我的记录和理解中有误，我对此负责，并向爱因斯坦教授和读者致歉。但是，由于这个演讲是爱因斯坦教授本人所讲，在现有著作中也找不到，因而是宝贵的，值得注意，所以我才寻求发表它，希望爱因斯坦教授和读者能够谅解。"但是，这个附加说明却在后来的译本中被略去了，甚至于在石原纯本人编写的一本爱因斯坦的演讲集中也遗漏掉了。米勒认为，在小野的版本中，爱因斯坦只提到了迈克尔逊实验，没有提菲索实验，以及光行差和追光的理想实验，是令人吃惊的。而且，这个版本中还存在实际上的翻译错误。那么，为何小野要夸大石原纯的笔记呢？米勒认为，可能是因为香克兰(Robert S. Shankland)的原因。小野是根据香克兰的建议翻译石原纯的笔记的，他当时大部分时间都待在凯斯西储大学，而香克兰本人当时也在这所学校里。香克兰晚年坚定不移地努力证明迈克尔逊-莫雷实验是爱因斯坦 1905 年思想的直接的、关键性的环节(Miller, 1987)。

板垣良一(Ryoichi Itagaki)发现，绪川和小野对石原纯的原文翻译有误。他本人重新进行了翻译，并将他的翻译与绪川和小野的翻译对比如下：(Itagaki, 1999)

绪川的翻译：When I had these thoughts in my mind, still as a student, I got acquainted with the unaccountable result of the Michelson experiment, and then realized intuitively that it might be our incorrect thinking to take account of the motion of the earth relative to the aether, if we recognize the experimental result as a fact.(当我还是一名学生时，在我的脑海中就有了这些思想，我得知了迈克尔逊实验的奇怪结果，直觉地认识到，如果我们承认实验结果是正确的，那么认为地球相对于以太运动就可能是错的。)

小野的翻译：While I was thinking of this problem in my student days, I came to know the strange result of Michelson's experiment. Soon I came to the conclusion that our idea about the motion of the Earth with respect to the ether is incorrect, if we admit Michelson's null result as a fact.(在我的

学生时代,我就在思考这个问题,我了解到了迈克尔逊实验的奇怪结果。很快我就得到这样的结论,如果承认迈克尔逊实验的零结果是正确的,那么我们认为地球相对于以太运动的想法就是错误的[1]。)

板垣良一的翻译:But when, still as a student, I had these thoughts in my mind, if I had known the strange result of this Michelson's experiment and I had acknowledged it as a fact, I probably would have come to realize it intuitively as our mistake to think of the motion of the Earth against the ether. (但是,当我还是一名学生时,我的脑海里就有这些想法了,如果我知道了迈克尔逊实验的奇怪的结果,并且把它视为一个事实的话,我可能会直觉地认识到,我们认为地球相对于以太运动是错误的。)

也就是说,如果石原纯的笔记是正确的,板垣良一的翻译又更忠于原文,那么爱因斯坦在学生时代可能根本就不知道迈克尔逊实验。从常理上推断,爱因斯坦本人没有留下关于京都演讲的手稿与文章,现存的文稿是日本学者根据爱因斯坦的德文演讲所做的笔记的英文译本,其可靠性的确是存疑的。不同的学者对爱因斯坦京都演讲的不同态度,非常明显地反映出他们对史料的高度选择性。对于科学史研究来说,应该尽可能地阅读爱因斯坦的一手资料,也要尽可能地将不同译本进行必要的对比研究,切不可掉以轻心,自以为是。

第二节　重建的灵魂:对爱因斯坦科学哲学思想的理解

爱因斯坦是一位杰出的科学家,同时,他对许多哲学问题也进行了深入的思考,提出了一些独特的见解,许多学者也认为他是一位杰出的哲学家。比如希尔普(Paul Arthur Schilpp)为庆祝爱因斯坦 70 岁生日而主编的一本

---

[1] 日本学者安孙子诚也(Seiya Abiko)的译文与绪川和小野的类似,他认为爱因斯坦在创立狭义相对论时已经知道了迈克尔逊实验(Abiko, 2000)。

著作,就明确地以《阿尔伯特·爱因斯坦:哲学家—科学家》为题,这本著作产生了很大的影响,得到广泛的引用(Schilpp, 1949)。不过,不同科学哲学流派、不同学者对爱因斯坦科学哲学思想的解读却是大相径庭。

逻辑实证主义者大多认为爱因斯坦的科学哲学思想是与逻辑实证主义一致的。虽然弗兰克也认识到爱因斯坦的思想并不简单的是实证主义(Frank, 1972)[214],但他仍然认为爱因斯坦的科学哲学思想与逻辑实证主义是一致的。在《爱因斯坦、马赫与逻辑实证主义》一文中,弗兰克详细考察了爱因斯坦与马赫科学哲学思想的异同,试图说明爱因斯坦的科学哲学与逻辑实证主义的一致性(Schilpp, 1949)[270-286]。在他看来,爱因斯坦的进路与逻辑实证主义的进路之间的差别,只是语言方面的,并没有实质性的不同。其他的逻辑实证主义者也持类似的观点,比如,赖兴巴赫(Hans Reichenbach)认为,爱因斯坦的相对论属于经验主义的哲学(Schilpp, 1949)[309]。卡尔纳普(Rudolf Carnap)也认为,他的哲学观点原则上与爱因斯坦的观点没有根本的分歧(卡尔纳普,1985)[59-60]。当然,对爱因斯坦理论的哲学解释,维也纳学派内部也存在一定的分歧,特别是左翼、右翼的不同成员,而且分歧还相当大。不过,从整体上看,爱因斯坦被维也纳学派(以及后来的逻辑实证主义)误读,并用于证明其哲学立场的合理性(Howard, 2014)。尽管如此,基于逻辑实证主义对爱因斯坦科学哲学思想的解读,我们就能更好地理解逻辑实证主义代表人物关于爱因斯坦的研究论著。

霍尔顿的研究推翻了对爱因斯坦的逻辑实证主义解释,说明了爱因斯坦在20世纪20年代已经明显地脱离了逻辑实证主义,而此时维也纳学派正在鼓吹爱因斯坦的理论支持了他们的哲学运动。霍尔顿的研究产生了广泛的影响,打破了对爱因斯坦科学哲学思想的逻辑实证主义一统天下的解读,客观上鼓励了后来的学者从其他角度分析爱因斯坦的科学哲学思想,这是霍尔顿的重要贡献。也正是基于对爱因斯坦"理性论的实在论"的科学哲学思想的认识,结合其他相关证据,霍尔顿在关于狭义相对论的起源研究中,强调迈克尔逊实验与狭义相对论并不存在密切联系。但是,斯塔赫尔为何会倾向于强调迈克尔逊实验的作用呢? 是否与他对爱因斯坦的科学哲学思想的观点有联系呢? 笔者没有发现斯塔赫尔专门论述爱因斯坦的科学哲学思想的论著,不过,斯塔赫尔发表《爱因斯坦与迈克尔逊:发现的语境与证明的语境》是在 1982 年,发表《爱因斯坦与以太漂移实验》是在 1987 年[1](Stachel,1987),而我们有间接的证据表明,斯塔赫尔在 20 世纪 80 年代认为,爱因斯坦的哲学思想倾向于马赫的经验论[2]。那么,斯塔赫尔强调迈克尔逊实验对爱因斯坦的影响就不足为怪了。也就是说,一些科学史家关于爱因斯坦的研究,与他们对爱因斯坦的科学哲学思想的理解存在密切关联。我们甚至可以说,科学史家对爱因斯坦的科学哲学思想的解读,是理解他们科学史研究的一把钥匙。

值得注意的是,很多科学史家对爱因斯坦的科学哲学思想的解读,在很大程度上受到了他们本人的经历、哲学立场与时代背景的影响。霍尔顿论证爱因斯坦的理性论的实在论思想,就可能与当时的哲学背景以及霍尔顿本人的哲学倾向有关。20 世纪 60 年代,作为逻辑经验主义的对立面,以及在对库恩(Thomas Kuhn)、法伊尔阿本德(Paul Feyerabend)等人的哲学思想的批判中,科学实在论逐渐发展起来并产生了重大的影响。作为一名杰出的科学史家,虽然霍尔顿本人早期的教育主要是实证主义的(比如对他产生重要影响的博士导师布里奇曼(Percy Bridgman)是操作主义的创始人;霍尔顿曾参加过弗兰克的哲学课程,后来做了弗兰克的助教,两人还成为好朋友和同事),但是,霍尔顿通过科学史研究,看到了逻辑实证主义的不足,他试图超越逻辑实证主义的科学哲学(Holton,2005)[135-136]。

同时,他对库恩的科学哲学也持反对态度。库恩强调科学革命在科学发展过程中的重要作用,科学革命的后果就是导致新旧范式的转换,由此使得科学家的世界观发生变化;新旧范式是根本不相容的,不可通约的。霍尔顿认为,重大的科学进步一般都可以被理解为某些反复出现的基旨的斗争(对"基旨"概念的讨论见第四节)。在他看来,科学中的创新总是与科学的进步

---

[1] 斯塔赫尔在该文中试图根据新发现的爱因斯坦早期的通信,揭示爱因斯坦创立狭义相对论之前对以太漂移实验的关注。

[2] 1983 年 11 月 29 日,许良英在美国波士顿大学举办的"科学哲学讨论会"上宣读关于爱因斯坦科学哲学思想的研究论文,斯塔赫尔作为论文的评论人之一,不同意许良英的观点,他认为爱因斯坦的哲学思想倾向于马赫的经验论(许良英,1984)。

相一致的，是一个进化的过程，而且爱因斯坦本人非常明确地坚持这种观点。霍尔顿试图超越逻辑实证主义的科学观，又不赞成库恩革命式的科学观，因此，支持科学实在论似乎是一种必然的选择。这很可能就是他对爱因斯坦的科学哲学进行实在论解读的深层动因。

虽然霍尔顿认为爱因斯坦的科学哲学思想是实在论，但是法因在《爱因斯坦的实在论》一文中详细讨论了爱因斯坦的实在论思想特点之后，称其为"动机实在论"，实际上消解了对爱因斯坦的实在论解读(Fine, 1986)[86-111]。他把爱因斯坦的科学哲学思想归结为范·弗拉森(Bas van Fraassen)的"构建经验论"，而范·弗拉森是一位反实在论的著名代表人物。那么，法因为什么要从反实在论的角度解读爱因斯坦的科学哲学思想呢？这可能与他本人的哲学立场相关。在《不可靠的游戏》的第七章《自然的本体论态度》和第八章《亦非反实在论》中(Fine, 1986)[112-150]，法因坚持一种既非实在论，也非反实在论的立场，即所谓的"自然的本体论"态度。在他看来，实在论已经消亡，反实在论也不可能取代实在论，我们应该坚持一种自然的本体论态度，即按科学本身的主张对待科学，而不把某些理论硬塞进对科学的理解之中。这种态度要抛弃所有关于真理的解释、理论和说明等，因为真理的概念是变化的，会随着科学的发展而发展。

虽然法因认为反实在论也有缺陷，但他的思想的确带有明显的反实在论特征，以至于里普林(Jarrett Leplin)认为法因和范·弗拉森、劳丹(Larry Laudan)一样，是反实在论者(Leplin, 1984)[6]。我们注意到，正是在20世纪80年代，也就是在法因的《爱因斯坦的实在论》一文的写作时代，科学实在论与反科学实在论开始了激烈的争论(张之沧，2001)[242]。作为著名的哲学家，法因本人也参与了这场争论。因此，法因从非实在论的立场解读爱因斯坦的科学哲学思想，就不足为怪了。不过，法因看到了爱因斯坦实在论思想中深层的动机，并全面地分析了爱因斯坦实在概念的特点，是他对爱因斯坦科学哲学研究的重要贡献。

总的来看，除了对爱因斯坦的科学哲学思想的研究之外，研究者的目的并不是像拉卡托斯所说的那样，简单地用科学史研究来论证某种科学哲学的合理性,他们更多的是以对爱因斯坦的科学哲学思想的理解为基础,来进行深入细致的科学史研究。爱因斯坦研究的例子表明,虽然科学史并不简单是为科学哲学服务的,但科学史家本人的哲学倾向以及他们对研究对象的科学哲学思想的认识,会影响他们的科学史研究。这充分说明了科学史与科学哲学两门学科的紧密关系,科学史家应该更多地关注科学哲学研究,这与拉卡托斯的思想是一致的。

库恩承认科学史与科学哲学两门学科的差异性,他认为,"现在需要的似乎不是两者的结合,而是二者之间的活跃的对话"(库恩,2004)[19]。但是,现实的情况是,科学史家对有关的科学哲学大多不屑一顾,有时甚至可以用"反感"一词来表征他们的态度(刘兵,2009)[60]。也有科学史家明确指出,科学史与科学哲学两门学科处于分离的状态。比如,克拉夫指出,科学史与科学哲学两个学术领域已经分离开来,而且,即使没有彻底分离的话,近来的合作关系也已经减弱了。现在,许多哲学家发现科学史是不相关的,也只有少数的历史学家对科学哲学的进展给予认真的关注(Kragh,2007)。不过,近些年来,国际学术界相继召开"整合科学史与科学哲学"(Integrate history and philosophy of science)的学术会议,充分说明这两个学科的关系问题已经得到了高度重视。也有学者认为,科学哲学家与科学史家逐渐意识到了两个学科的密切关联,因此有望产生富有成效的相互作用(Friedman,2008)。"没有科学史的科学哲学是空洞的;没有科学哲学的科学史是盲目的"(拉卡托斯,1986)[141],的确有深刻的道理。

不过,与关于爱因斯坦的科学哲学思想研究和狭义相对论研究不一样的是,在广义相对论的研究中,我们很难看到研究者的科学哲学倾向对爱因斯坦研究的直接影响,这可以说是爱因斯坦研究走向成熟的标志。与狭义相对论形成鲜明对比的是,广义相对论的历史研究很晚才得到较多的关注。直到20世纪70年代后期,才开始有科学史家研究广义相对论,比如斯塔赫尔在1979年发表的文章(Stachel,2002)[225-244]。可能正是斯塔赫尔在20世纪70年代末的相关研究,引起了人们对广义相对论历史研究的关注和兴趣。20世纪80年代以来,广义相对论的历史逐渐成为爱因斯坦研究的一个重要课题,也召开了多次相关的国际学术会议，出版了一批论文集。此时，科学史与科学哲学两个学科已经发展得相当成熟了。但是，这并不是说，现在的科学史家在从事科学史研究就不再受本人的科学哲学倾向的影响，相反，每个科学史家都有自己的科学观与科学史观，有自己的"缺省配置"，即使他们对此没有自觉的认识。科学史家思想的成熟，并不是说不受本人科学哲学倾向的影响，而是对自己的倾向有清楚的认识，并且在研究中自觉加以克服，尽量避免可能产生的负面影响。

第三节　重建的优劣：对史料的解释力

拉卡托斯认为，如果一种科学方法论把其他科学方法论指导下的编史学理论认为是外部的许多问题解释为内部问题，那么它就更为优越。他说："当出现了一个更好的合理性理论时，内部历史就可能扩大，并从外部历史中开拓新地"（拉卡托斯，1986）[186]。我们在前面已指出，实际的科学史研究比拉卡托斯所论述的要复杂得多。而且，拉卡托斯所说的理性重建，主要是带有强烈的哲学倾向的哲学家做出的，在这些哲学家眼里，科学史是为哲学服务的。正如拉卡托斯所说的那样，"这些论证主要是讲给科学哲学家听的，目的在于说明他如何能够而且应该向科学史学习"（拉卡托斯，1986）[190]。

实际上，许多科学史家对科学史的重建并不仅仅是为某种科学哲学思想服务；另一方面，拉卡托斯的思想是建立在科学史的内、外史的区分的基础上的，对于这种区分的合理性已经受到了质疑。科学知识社会学认为，科学知识的内容本身都是社会建构的产物，独立于社会因素之外的、那种纯粹的所谓科学"内史"不复存在，原来被认为是"内史"的内容实际上也受到了社会因素无孔不入的影响。因此，"内史"与"外史"的界限也相应地被消解了（刘兵等，2006）。也就是说，拉卡托斯评价科学史理性重建的标准实际上是不可行的。其实，我们可以直接地以某种重建对史料的解释能力为标准，来评价重建的优与劣。比如，霍尔顿对迈克尔逊实验的分析，包括他提出的私人科学与公共科学的划分思想(见下一节),把更多的史料解释为合理的,他的重建就比之前学者的重建更好一些。霍华德对爱因斯坦与玻尔之争的重建,把关于这场争论的更多的史料解释为合理的,所以他的重建也就更为优越,以下对霍华德的研究作一简要介绍。

众所周知,爱因斯坦对量子理论的发展做出了重要贡献,但是,爱因斯坦更是以量子力学的批评者的身份为科学史与科学哲学家所津津乐道。爱因斯坦与哥本哈根学派进行了长时间的争论,集中地表现在他与玻尔之间进行的争论上。虽然有人认为爱因斯坦与玻尔之争没有在任何方面影响物理学的进步,但更多的学者都认为这是一场伟大的论战。例如,雅默认为,"它是物理学史上的伟大科学论战之一,也许只有 18 世纪初的牛顿(Isaac Newton)—莱布尼兹(Gottfried Leibniz)论战才能与之比拟。在这两种场合下都是关于物理学中的基本问题的针锋相对的哲学观点的冲突;在两种场合下都是他们时代的两个最伟大的心灵之间的冲突……"(雅默,1989)[139],克拉夫也有类似的表述(克劳,2009)[243-244]。对于这场争论的过程,国内外许多著作都有较为详细的介绍,但是,对于这场争论的实质,却一直是一个悬而未决的问题。

前面提到,许多论述爱因斯坦与玻尔之争的学者认为这场争论的实质是不一贯性与不完备性之争。法因认为这种观点是错误的,完备性问题是爱因斯坦从一开始就关心的问题,而且爱因斯坦并没有在任何地方努力表明量子理论的不一贯性。霍华德在完成于 1979 年的博士学位论文中,其观点与雅默等人也基本上是一致的(Howard,1981)。但是,霍华德在后来的研究中认为,爱因斯坦和玻尔之争的实质与根本原因在于他坚持分离原理,反对量子纠缠。

对于爱因斯坦与玻尔之争,标准的解释是,爱因斯坦最初怀疑其正确性,特别是他试图寻找一系列违背海森堡测不准原理的思想实验。人们经常以两次索尔维会议为例,说明爱因斯坦如何挑战玻尔,又如何被玻尔一一驳回。后来,爱因斯坦转向批评量子理论的不完备性,特别以 1935 年的 EPR 论文为主要依据。在霍华德看来,这种标准的历史是有些道理,爱因斯坦确实怀疑过测不准原理。但是，这远不是事情的全貌，而且在关键之处是完全错误的。标准的历史忽略了，从很早的时候起，使爱因斯坦对量子力学持保守态度的主要原因是，量子力学对相互作用的解释的非分离性（non-separability），这对爱因斯坦来说是最不可接受的，因为它与描述相互作用的场论方式不一致。说明这个问题对爱因斯坦的重要性，不但对于形成正确的历史记录是重要的，而且也使得爱因斯坦对量子力学的批评更加有趣得多。

早在 1985 年，霍华德就全面论述了爱因斯坦关于定域性和分离性的思想（Howard, 1985）。爱因斯坦认为，量子力学的非完备性是根据两个假设得出的，霍华德称之为"分离原理"（separability principle）和"定域原理"（locality principle）。分离原理指的是，任意两个空间上相互分离的系统，拥有各自独立的实在状态。定域原理指的是，所有的物理效应都通过有限的、小于光速的速度传播，以至于没有任何效应可以在以类空间隔（space-like interval）的方式分离开来的系统之间传播。霍华德强调，我们应该把分离原理和定域原理明确地区分开来。虽然它们经常被表述成似乎是一个原理似的，但这两个原理之间没有任何必然的联系。实际上，分离原理在一个更基本的层面上起作用，它是把物理学系统个体化的原理，根据它，我们可以在一定条件下决定我们所拥有的是一个还是两个系统。

在发表于 1990 年的一篇文章中，霍华德详细考察了爱因斯坦在 1909 年到 1935 年间对复合系统的量子力学的思想，试图说明，从一开始爱因斯坦的主要目标就是证明，当非分离的量子力学应用于假定是分离的系统时，它必定是不完备的（Howard, 1990）。

霍华德利用分离原理来重构 1927 年和 1930 年的索尔维会议所发生的爱因斯坦与玻尔之争。霍华德认为，关于索尔维会议，玻尔的记录是正确的（玻尔，2009）[137-179]，也得到其他相关材料的印证。但是，从玻尔的报道中，我们却不可能认识到非分离性是他们之间争论的主要问题。众所周知，爱因斯坦与玻尔之间的争论是在正式的会议议程之外进行的，比如在早餐或者在宾馆与会场之间的步行时进行的，所以他们之间究竟讨论了哪些问题，我们并不清楚。虽然大家都认为在第五届索尔维会议上，他们讨论了单缝衍射实验，但具体的细节大家并不清楚。从表面上看,爱因斯坦是在怀疑测不准原理,而且,爱因斯坦确实也怀疑测不准原理,他坚持希望有一种更完备的基本理论。但霍华德认为,这不是爱因斯坦与玻尔之争的实质。事实上,在索尔维会议半年前,也就是 4 月 13 日,玻尔在给爱因斯坦的信中应用了测不准原理,但爱因斯坦在索尔维会议公开发表的评论中,以及在他会后数月内的信件和出版物中,他并没有突出强调测不准原理。所以,对测不准原理的有效性的怀疑,相比于爱因斯坦对量子力学描述复合系统方式的更深层的忧虑来说,是次要的。

在霍华德看来,爱因斯坦不但期望一种独立控制的(independently controlled)本体论,而且期望系统要满足严格的能量—动量守恒。但是,爱因斯坦不能同时获得定域性(localizability)和能量—动量守恒,这是由量子力学中的相互作用系统的非分离性造成的。非分离性是把量子物理学与经典物理学区分开来的基本现象;测不准原理只是一个表现而已。也就是说,即使看起来所争论的问题是测不准原理的地方,量子非分离性才是问题真正的核心所在。

关于 1930 年的索尔维会议,其细节我们可以在玻尔的回忆文章里找到。从表面上看,爱因斯坦似乎又是在挑战测不准原理。但是,有证据表明,爱因斯坦的真正目的是想说明量子力学对相互作用的解释的特点。这个证据就是埃伦菲斯特(Paul Ehrenfest)1931 年 7 月 9 日给玻尔的信,这封信写于他在柏林拜访过爱因斯坦之后不久。埃伦菲斯特写道:"他对我说,很长时间以来,他完全不再怀疑测不准原理,因此,他绝不是想发明'可称重的闪光箱(weighable light-flash box)''来反对测不准关系',而是为了完全不同的目的。"(Miller, 1990)[98] 可是,这封信却被雅默误读了,雅默写道:"埃伦菲斯特在给玻尔的信中继续说道,爱因斯坦不再打算用箱子实验作为'反对测不准关系'的一个论据了,而是想用于一个完全不同的目的:建造一架发射弹丸的'机器'。"(雅默,1989)[198] 也就是说,在雅默看来,爱因斯坦光子箱原来的目的,就是为了反对测不准关系。

霍华德认为,1935 年之后,爱因斯坦认为量子力学是不完备的原因,跟他

对分离原理的坚定信念密切相连。爱因斯坦本人对他跟玻尔之间的分歧的
原因有着清醒的认识，他在 1935 年夏给薛定谔的信中说："如果不使用一个附
加原理——'分离原理'——人们就不能理解塔木德主义者（talmudist）[玻
尔]。"（Miller，1990）[105] 在霍华德看来，爱因斯坦对测不准原理以及量子力学
中严格因果律的崩溃的关注，相较于他对量子力学相互作用解释的关注来
说，是次要的。

2007 年，霍华德发表了《爱因斯坦—玻尔对话再探》一文，从量子纠缠的
角度重新分析了爱因斯坦与玻尔之争（Howard，2007）。与 1990 年的论文相
似，霍华德认为把哥本哈根学派描述为胜利者的那种标准历史需要进行修
正，因为这种历史几乎完全没有看到爱因斯坦与玻尔之争的真正原因。其
实，简单地说，爱因斯坦与玻尔很早就很清楚地认识到，量子理论最主要的新
奇之处，就是我们现在称之为"纠缠"的东西，即有过相互作用的量子系统的
联合态（joint state）的不可分性（non-factorizability）。玻尔接受纠缠，视之为
互补性的根源。爱因斯坦拒绝量子纠缠，因为它与系统空间上的分离原理不
相容。在爱因斯坦看来，分离原理不仅对于像广义相对论这样的场论是必需
的，而且对于科学的可理解性来说也是必要条件。其他的任何东西都是派生
物，包括玻尔对互补性的辩护，爱因斯坦对量子力学不完备性的批评，如果没
有爱因斯坦称之为"分离原理"的假设，这种批评是不成立的。

总之，霍华德认为，爱因斯坦坚定不移地保卫分离原理，他视之为场论比
如广义相对论的必要条件，而且对于我们拥有一个一贯的物理学本体论基础
也是必要的。玻尔则坚定地保卫量子理论的整体性，不把纠缠视为不一贯性
的来源，而是暗示着互补性深层的哲学意义。这不是一个固执的学霸与一个
年迈的老人之间的冲突，而是两个坚定的真理寻求者之间的冲突。他们都知
道，深层的真理会在分离与纠缠冲撞之处得以发现。

可见，霍华德认同法因的观点，认为爱因斯坦反对量子力学的原因，自始
至终都是相似的。他根据分离原理来解读爱因斯坦与玻尔之争，是颇为独特
而深刻的见解。霍华德还把爱因斯坦对量子力学的态度往前一直延伸到
1909 年，不仅解释了已有的史料，而且利用并解释了更多的以前人们没有利

用过的爱因斯坦档案馆中的资料,把对爱因斯坦的态度的分析在时间的维度上向前和向后都拓展了很长时间,使得他的论证更为充分,也更有说服力。

当然,任何一种重建都不可能解释所有的史料,这是由科学研究本身具有复杂性和史料的不确定性所决定的。其间的某些反常现象,将使我们承认重建的互补性,或者用其他的理论来说明。

第四节　重建的互补性：人性化与个性化的科学史

对于不同研究者对爱因斯坦的不同观点,我们不能简单地以对或错给予评价。的确,爱因斯坦的思想十分庞杂,他还经常改变自己的思想,他自己也承认他经常撤回自己写过的东西(Schulmann, 1998)[167]。从某种意义上说,对爱因斯坦的各种重建均有其合理性,虽然我们不能认为这些重建都是优秀的。

在评价各种各样的爱因斯坦传记时,霍尔顿指出,"用不同的观点进行传记研究所得到的史料,不能限于用一种单一的图像去理解,而必须看作是互补的,那就是认为,只有各种图像的全体才能穷尽关于这一题材可能得到的信息"。他还认为,"学者同他研究的题材一起形成一个体系,在这里要把一部分同另一部分完全分开来,是没有多大意义的。正是由于这种精神,我们必须把由一个革命家所画的爱因斯坦图像当作一个革命家来理解和使用,把由一个实证论者所描述的爱因斯坦图像当作一个实证论者来理解和使用"(霍尔顿,1990)[27]。所以,对爱因斯坦的各种重建,我们在一定程度上都可以看作是互补的,可以帮助我们全面地理解爱因斯坦的思想和行为。

各种各样对爱因斯坦的重建,可以帮助我们看到爱因斯坦的不同方面,更清楚地看到一种鲜活的、变化的爱因斯坦,一个人性化、个性化的爱因斯坦,而不是只会制造科学理论的思维机器。正如有的学者所指出的那样,我们应该"在科学史研究过程中树立以科学家为中心的观念,更多地引入人文关怀,使我们能够把科学活动的客观性和科学家的主观性联系起来,并把科学活动与社会历史背景联系起来,全面把握科学活动的复杂过程,还原一个个活生生的科学家形象、生动的科学活动场景和科学发展过程"（邢润川等，2005）。

通过对爱因斯坦的研究，霍尔顿引入了"基旨"概念，可以使我们更好地认识爱因斯坦建构科学理论的思想特点与主观性。霍尔顿认为，爱因斯坦科学研究的主要动力跟他持有的一些预设紧密相关，比如统一性、逻辑简单性、因果性、连续性等。这些预设在爱因斯坦建构理论的初期清晰可见，也可以在他后来发表的论文中辨识出来，而且这些预设可以解释许多事件与现象。为了分析这些预设及其作用，霍尔顿引入了一个新的概念，即基旨（thema，复数为 themata）[1]。

为了更好地说明科学思想的发展过程，霍尔顿将科学分为两种，把科学家公开发表的研究成果称为公共科学（public science），把科学家研究工作的早期阶段以及在此阶段科学家的个人行动称为私人科学（private science）。他认为，这种区分有助于科学史家更好地理解科学家从事研究工作的动机，他们对概念工具以及数据的处理方式的最初选择等方面。在很多情况下，人们可以发现，科学家在工作的初期，也就是在私人科学的时期，总是自觉不自觉地使用一些普遍性的基旨预设。但是，当他们的工作进入公共阶段时，基旨似乎就从人们的视野中消失了。而且，虽然基旨的作用很大，但它们并没有被明确地在课堂上进行教授，在学术期刊和教材中也不会被提及。这样做的好处在于，可以使科学家避免许多深层次的、无法解决的争论。而且，不考虑基旨成分，科学家们也更易于达成一致。

霍尔顿把经验主义和实证主义的科学观称为二维的科学观，这种科学观认为，只有具有现象、分析内容的科学陈述才是有意义的。科学话语典型地处理这两类有意义的陈述，即一类是有关经验的命题，最终可以归结为仪表读数和其他的普遍现象；另一类是有关逻辑和数学的命题，它最终可以化归为各种重言式。霍尔顿将之分别称为现象命题和分析命题。为了便于记忆，

----

[1] "thema"的本义为主题、主旋律、乐旨、词干等。但根据霍尔顿的著作中该词的意义，在现成的汉语词汇中找不到一个可以同它相对应的。许良英将其译为"基旨"。"基"含有基本、基元的意思；"旨"含有意旨和信念的意思（霍尔顿，1990，编者前言）。

可以将它们想象成两条垂直轴(即 X 轴和 Y 轴)上的投影,这两条垂直轴定义了一个平面的两个维度。这样,一个科学命题可以比作平面上的某一部分,这两条垂直轴所对应的也就是科学陈述的两个方面,可以分别划归为观察方案和计算方案。

霍尔顿强调,这种科学观有这样的一个优点:从这种观点出发,许多问题(例如关于科学知识的实在性问题)是不能问的。但是,这类问题的存在是不可否认的,它们不能进入科学讨论,因为所有的答案都是不能证实或证伪的,也没有任何能够投影到两条垂直轴上的分量。不过,这种态度促进了 17 世纪以来科学的快速发展。因为传统的科学观把对科学的讨论保持在二维平面,也就是保持在公共科学的舞台上,而在这个舞台上,陈述能够共享,并且人人都可以加以证实或者证伪。这样可以减少争议,消除科学中的个人色彩,有利于清除形而上学命题,从而使科学变得强大而又成功。

这种二维的科学观尽管有其优越性,但也付出了相当的代价。首先,它不能说明科学发展方向的多样性。如果合理的科学话语都是由逻辑和经验的发现来引导,那么,似乎科学家应该倾向于采用同样的方法,走向同样的目标。然而,现实中我们却可以发现,科学家在面对他们认为相同的问题时,会有各种各样的不同的研究风格。其次,它不能解释科学家个人在从事科学研究中的行为与经验,也不能解释在既定时间内,科学家个人或观点相似的科学家群体之间在面对同样的数据时,他们为何会做出完全不同的选择。比如,为什么许多科学家,特别是在其研究工作的初始阶段,总是坚定地甚至是相当顽固地搁置对否证可能性的怀疑呢?而且,在研究的早期阶段,有时他们并没有任何有利的经验证据,甚至还面对着相反的证据,可他们为什么还是会那样做呢?

为了克服二维分析的缺陷,霍尔顿把基旨维引入二维科学观,从而形成一种三维的科学观。基旨维垂直于现象轴和分析轴,但不可化归于它们。按照这种观点——再次仅仅作为一种记忆方法——一条科学陈述,不再是二维平面中的一种面积元素,而是一个立体元素、一个三维空间中的实体,其构成要素分布在三条垂直轴上。不同科学家的表述也就像两个立体元素,它们在投影上都会有一些差别而不会完全重合(Holton, 1973)[11-43]。霍尔顿认为,科学家在同时代个人的与社会的思想的影响下,形成自己的基旨思想和研究风格,反过来也会影响别人与社会(Holton, 1973)[91-114]。虽然这个问题很复杂,不可能给予非常全面和准确的说明,但是,霍尔顿通过一些案例研究表明了基旨的来源与产生在一定程度上是可以认识的。

比如,影响爱因斯坦科学研究的一个重要的基旨是对科学统一性的追求。虽然对科学统一性的追求由来已久,但霍尔顿发现,爱因斯坦的成长环境对他形成这样的基旨起到了至关重要的作用。19世纪末期,也就是在爱因斯坦青年时期的德国,科学家将追求统一性的世界图景作为自己的最高使命,几乎成了一项宗教狂热式的活动。爱因斯坦小时候怀着强烈的兴趣阅读了一本名为《能量与物质》的著作,而该著作的作者旗帜鲜明而又充满热情地支持能量与物质的统一。不过,对青年爱因斯坦产生最大影响的是马赫的《热学理论》和《力学》,在这两本著作中,马赫也表现出了对统一性的热情。又如,霍尔顿对玻尔的互补性思想产生原因的深入分析,为我们提供了一个极好的研究案例。在《互补性的根源》一文中,霍尔顿介绍了互补性思想的发展历程,玻尔的成长、学习经历以及个性特点对他产生互补性思想的影响,从而充分说明了哲学、心理学、文学等其他学科可能对物理学等自然科学产生重要影响,甚至形成互补原理这样重要的基旨思想(Holton, 1973)[115-161]。

科学史的重建在帮助我们看到人性化、个性化的科学家同时,也反映出科学史研究者的不同个性与偏好。就像钟情于中国科学史研究的李约瑟(Joseph Needham)有浓厚的"道教情结"一样(江晓原,2001),论述爱因斯坦的科学史与科学哲学家也有着各自不同的"情结"。比如,强调彭加勒(Henri Poincaré)与洛伦兹(Hendrik Lorentz)对狭义相对论的贡献的惠特克(Edmund Whittaker)有很深的"以太情结";持类似思想的吉迪敏(Jerzy Giedymin)是一位彭加勒研究专家,他研究爱因斯坦时带着一种明显的"彭加勒情结"。诸如此类,不一而足。正因为科学史研究者们都有着不同的科学史观,他们自然而然地会选择不同的原始材料,突出强调不同的因素,从而得出可能完全不同的结论。从史学理论的角度看,重建的个性特征是不可避免的。比如,何兆武认为,"历史研究的工作,最后就归结为历史学家根据数据来建构一幅历史图画。每一个个人、学派、时代都是以自己的知识凭借和思想方式来构思的,因而其所构造出来的画卷必然各不相同。他或他们不可能超越自己知识和思想的能力之外和水平之上去理解历史"(何兆武,1996)。

当然,人性化与个性化的科学史并不必然导致科学史的主观性。那么,我们如何在人性化与个性化的重建中,尽可能地做到全面与客观呢?除了史料的因素之外,至少可以从以下两个方面入手。首先,"听其言",还是"观其行"?爱因斯坦就迈克尔逊实验对他的影响,说过一些前后矛盾的话,而彭加勒对于以太概念以及科学研究方法等,也说过完全对立的话。彭加勒说过"除了电子和以太,别无他物"(彭加勒,2006a)[160] 这样的话,但他也说过,"以太是否真正存在,并没有什么关系;这是形而上学家的事情。对我们来说,主要的事情是,一切都像以太存在那样发生着,这个假设对于解释现象是方便的。归根结底,我们有任何其他理由相信物质客体的存在吗?那也仅仅是一种方便的假设;只是这个假设永远是方便的,而以太在某一天却要被作为无用的东西被抛弃"(彭加勒,2006b)[167]。同样,彭加勒既认为"物理科学的方法建立在归纳的基础上"(彭加勒,2006b)[4],他也说过,"在力学里,我们会得出类似的结论,我们能够看到,这门科学的原理尽管比较直接地以实验为基础,可是依然带有几何学公设的约定特征"(彭加勒,2006b)[4]。

科学家在不同的时期会产生不同的思想,这完全是自然的现象。正如霍尔顿说的那样:"爱因斯坦作为一个具有单一的、不变的个性的人,实际上从来就没有存在过,正像从来也没有存在过一个叫作伽利略或牛顿或道尔顿的不变的单一实体一样"(霍尔顿,1990)[24]。特别是像爱因斯坦和彭加勒这样对科学做出巨大贡献的人,他们的思想更会有某些激烈的斗争过程,导致他们在不同的时期有不同的说法。所以,科学史研究者似乎总能从他们的研究对象的言论中找到他们想要的东西,为自己的观点进行立论。那么,我们如何处理这个矛盾呢?除了前面提到的史料的选择与甄别之外,我们应该在关注科学家的言论的同时,更多地关注他们的行动,特别是科学研究具体贡献与成果。正如爱因斯坦本人所说的那样:"如果你们想要从理论物理学家那里发现有关他们所用方法的任何东西，我劝你们就得严格遵守这样一条原则——不要听其言，而要观其行"（爱因斯坦，1976）[312]。

其次，更重要的是，我们必须把史料与史料背后的时代背景、概念框架、人物思想与动机等结合起来分析，才能更有说服力。正如霍尔顿所言："……我们必须识别出隐藏在正被断言为证据的一种陈述背后的概念框架、动机或社会使命。物理学中历史性的陈述，只有和一个特定的框架联系起来才有意义。有时，背景的发现和把能够安装到背景上去的一个'相对的'部分运用于背景，是同样有趣的；因此，搞清楚一个特殊的问题或许有助于阐明思想史中的一个章节。"（霍尔顿，1990）[86] 虽然霍尔顿的论述主要是针对迈克尔逊实验与狭义相对论的，但对于其他科学史问题同样适用。

第五节　重建的差异性：综合性科学史的虚幻与可能

虽然我们可以认为重建是互补的，但这种互补显然意味着差异性，我们似乎很难用一种统一的纲领去统而概之。关于科学史研究中的综合性趋势，也是一个颇有争议的问题。袁江洋认为："科学史，正面临着一场新的综合；而且，科学史家只有通过新的综合，才能为科学史拓展出更宽阔的生存与发展空间，才能以更有力的方式维护科学史这门学科的整体性，才能更充分地实现科学史家自身的价值。"（袁江洋，2003）[170] 相反，刘兵认为，与综合性的科学史趋势相反，越来越少有科学史家（当然不是指中国的科学史家）写出辉煌的通史或者说"综合性科学史"的巨著，相反，科学史家们开始注意的，是那些更为具体、更为不同、更有独特性的课题。至少，到目前为止，这样的趋势还没有逆转的迹象（刘兵，2010）。许多西方学者也持类似的观点。比如，虽然海克夫特（C. Hakfoort）大力倡导一种综合性的科学编史学，但他也承认这种综合有着不少的困难（Hakfoort, 1991）。2008 年，伽里森（Peter Galison）提出了科学史与科学哲学研究中的十个重要问题，其中一个就是微观史（Microhistory）的问题（Galison, 2008）。夏平（Steven Shapin）更是旗帜鲜明地提出:"我的目的不是要模糊科学史、科学社会学和科学哲学的风格,而是要重构所谓历史实践,从理论上促进对历史叙事的细化。"(夏平,2002)[8]

从爱因斯坦研究我们可以看到,科学史家所做的,并不是试图形成一个"综合的""整体的"爱因斯坦图像,而是在前人基础上进行理性的重建。而且,正是由于重建的差异性,才显示出研究者的价值与贡献;也正是因为科学史研究的多元化走向,使得我们可以从更多的角度来重建爱因斯坦。虽然有人认为,由于爱因斯坦的主要指导观念是统一性与对称性,他的概念资源非常有限,使得他可能在 2050 年不再是物理学和物理学前沿上的超级英雄(Cao,2007)。但是,随着更多新史料的发现,爱因斯坦将在很长时间内仍然是科学史研究的一个焦点人物。也就是说,我们还会发现更多的对爱因斯坦的理性重建。伽里森等人认为,许多领域的学者,包括科学家、哲学家、神学家、作家与艺术家等,至今仍在应用爱因斯坦留给我们的遗产;无论是老百姓,还是政治家,所有人都被爱因斯坦在社会与政治方面的信念与行动所感动。可以说,爱因斯坦对我们的文化的持续影响,无论是在质的方面,还是在量的方面,都比爱因斯坦自己所使用的文化要多得多(Galison et al.,2008)[X]。确实,爱因斯坦对 20 世纪文化的影响,包括科学哲学、宗教、文学、艺术等方面,仍然有很大的研究空间。

当然,作为科学家的爱因斯坦已经得到了科学史家们的足够关注,近些年来,学者们逐渐将目光转向爱因斯坦的其他方面。比如,爱因斯坦一生中兴趣广泛,他不仅热衷于理论物理学,而且对动手实验、技术发明也兴趣颇浓。在大学期间,爱因斯坦对物理实验很着迷,他自己回忆说:"照理说,我应该在数学方面得到深造。可是我大部分时间却是在物理实验室里工作,迷恋于同经验直接接触。"(爱因斯坦,1976)[7] 大学毕业后,爱因斯坦并没有很快找到工作。后来在朋友的帮助下,在伯尔尼专利局找到一份"三级技术员"的职位。爱因斯坦在伯尔尼的工作是很舒适的,他在这里创造了 1905 年的"物理学奇迹年",而且他曾说过:"当我在专利局工作的时候,是我一生中最美好的时光。"(Weart et al.,1978)[12] 七年的专利局工作经历使爱因斯坦成为一位专利方面的专家,甚至于在 1915 年,他还为一场专利争议出具过专家意见,为此获得了 1000 马克的报酬(Trainer，2008)。伊利(Jozsef Illy)比较全面地考察了爱因斯坦在欧洲和美国从事过的技术发明，为我们呈现了一位作为发明家的爱因斯坦(Illy，2012)。

　　爱因斯坦的技术发明包括飞机机翼、冰箱、录音设备与计时器等，他与西拉德(Leo Szilard)等人合作，共获得过 20 余项专利。我们应该注意到，尽管爱因斯坦的发明兴趣是真实而浓厚的，但远不能跟他对理论物理学的兴趣相提并论。他对技术发明的兴趣，特别是真正进入专利申请阶段的发明，都是由合作者激发起来的。而且，爱因斯坦的技术发明与他的理论物理学研究内容没有直接的关联。也就是说，爱因斯坦的发明并不是建立在他的物理学研究基础之上的。事实上，虽然我们可以称爱因斯坦为"发明家"，但他的发明对现代社会几乎没有产生重大影响，这与他的理论物理学研究形成鲜明对比。不过，爱因斯坦积极发挥他的聪明才智，根据社会需要努力做一些力所能及的技术发明，也充分反映出一位科学家尽其所能推进技术发展与进步的良好愿望。

　　另外，爱因斯坦还是一位有着极强的社会责任感和正义感的科学家。他对包括宗教、教育、民族、战争与和平等许多社会问题都有不少论述，并参与了较多的社会活动，产生了很大的影响，有的甚至影响至今。因此，近些年来，不少学者对与此相关的话题给予了较多的关注，并出版了一批论著。比如，杰罗姆(Fred Jerome)根据解密的 FBI 档案，揭示了 FBI 对爱因斯坦长期的调查与监控，同时也为我们描绘了作为和平主义者、反种族主义者的爱因斯坦形象(杰罗姆，2011)。罗森克兰茨(Ze'ev Rosenkranz)细致讲述了从 1919 年至 1933 年间，爱因斯坦与犹太复国主义之间的复杂联系(Rosenkranz，2011)。同时，一系列爱因斯坦的相关言论及历史背景的文集相继出版，如《爱因斯坦论和平》(内森等，1992)、《爱因斯坦论政治》(Rowe et al.，2007)、《爱因斯坦论种族与种族主义》(Jerome et al.，2005)、《爱因斯坦论以色列与犹太复国主义》(Jerome，2009)，等等，这些资料为我们深入研究爱因斯坦的社会哲学思想及其影响提供了极大的便利。当然，对于爱因斯坦社会哲学思想的研究，需要在总结爱因斯坦本人的思想与言论的基础上，结合当时的时代背景进行细致分析,才能对其做出较为客观的评价。

各种各样不同的爱因斯坦形象,也许会让人发问,哪一个是真实的爱因斯坦? 有没有一个真实的爱因斯坦? 这个问题如同"有没有真实的历史"一样,答案是否定的。方在庆主编的《一个真实的爱因斯坦》(方在庆,2006),展示了很多爱因斯坦相关的照片,使得这本画传比纯粹的爱因斯坦传记看起来更为"真实",显然这里的"真实"并不是编史学意义上的"真实"。毋庸置疑,随着"形形色色"的爱因斯坦出现在我们面前,有助于我们更加全面、客观地认识这位科学伟人。

第六节　重建的将来：爱因斯坦研究需要新的视角

通常人们认为科学史应该研究科学发展的具体过程,为科学辩护则是科学哲学家的任务。但是,一些科学史家的研究却在自觉不自觉地为科学辩护。比如,在萨顿(George Sarton)看来,科学的发展是人类经验中唯一的一种积累性的和进步性的发展(萨顿,2007)[27],他的科学史研究显然是为科学在人类文明中的重要性进行辩护。已有的爱因斯坦研究的主要成果大多属于柯瓦雷(Alexandre Koyré)的研究传统,注重科学发展过程中的概念框架、思想理论的阐述,关心科学事实在历史中的发展变化,这当然是属于"发现的史境"。但是,"辩护"也是研究者的一个重要目标,比如霍尔顿的迈克尔逊实验研究是在为爱因斯坦的理论创新辩护,法因和霍华德对爱因斯坦与玻尔之争的研究是在为爱因斯坦立场的合理性进行辩护,等等。

同时,我们在已有的爱因斯坦研究论著中发现了一些新的取向。早在1971 年,加拿大的社会学家福伊尔(Lewis Feuer)就发表了一篇从社会学的角度解读狭义相对论的论文,他认为当时的社会环境为爱因斯坦创立狭义相对论提供了有利条件(Feuer, 1971)。1991 年,霍尔顿发表了一篇从修辞学的角度解读狭义相对论的文章(Holton, 1991)。其实,到科学文本中去挖掘各种修辞学的方法与技巧,是社会建构主义的科学史研究的一个重要研究取向。比如，夏平和谢佛(Simon Schaffer)的《利维坦与空气泵》中所谓的"文学技术(literary technology)"，其分析方法就是根据修辞学传统中的关键思想来构架的(Golinski, 1998)[108]。

不少研究者努力把爱因斯坦的研究成果及其接受问题与文化、社会背景联系起来。比如，沃里克(Andrew Warwick)认为，剑桥大学的学者对爱因斯坦的狭义相对论的不同解读，与物理学研究中理论与实验研究的不同学派有关(Warwick, 1992)。在伽里森的著作《爱因斯坦的钟，彭加勒的地图》中，他试图把狭义相对论放到更广阔的社会语境中，用科学、技术与哲学等诸多因素的相互作用去解释(Galison, 2003)。哥德伯格(Stanley Goldberg)在分析了狭义相对论的创立之后，考察了1905年至1911年间狭义相对论在德、法、英、美等四国的影响。他认为，不同国家的科学家对相对论的不同态度，与他们理解科学理论的民族风格(national styles)有关，这种风格可以通过在不同文化中从事科学实践的传统方式得以理解(Goldberg, 1984)。格利克(Thomas Glick)主编的论文集分别由不同的作者考察了美国、英国、德国、法国、意大利、日本等不同国家对相对论的接受情况(Glick, 1987)。

与伽里森等人的思想类似，雷恩(Jürgen Renn)明确强调了科学史的"文化史的视角"。他指出："科学史亦试图对相对论起源条件的问题做出回答，强调文化、技术或社会环境起到中心的作用"(雷恩,2009)[17]。他还说："几乎不可避免的是，传统的科学史必须容忍过去对世界的概念和现在的概念两者之间的不相容性。完成这一任务是轻而易举的，因为事实上它的真正方法总是聚焦于一些个别人物，他们的偶然失误只是使他们看来更加值得尊敬。与此相反，新近的科学史则强调这些个人以及他们的成就依赖于其语境，亦找出和详细描述了作为引起这种依赖的媒介的社会构造。这就打开了一扇理解知识产生的大门，这种理解认为科学知识不仅仅是一个个的成就的总和，而是把知识作为一种集体过程的产物而共享的结果。"(雷恩,2009)[18-19]雷恩还突出了"地方化知识"的取向，而这个概念来自人类学。他说，"与近代早期相比，重要的不再是关于把我们现在知道的局部知识最大限度普遍化推广的问题，而是设想为普遍适用的知识地方化和语境化的问题"(雷恩,2009)[294]。

我们发现,在广义相对论研究的论著中,"重建"一词频繁出现,似乎彰显着科学史家们对编史学思想的自觉。

也就是说,现在科学史家们所注重的角度,不再是单纯地突出科学家本人的贡献及其思想的合理性,也不是用科学家来论证某种科学哲学的合理性(虽然我们不能说以前的科学史家的研究都服务于这两个目的,但至少在一些科学史研究中明显地体现出了这两种倾向),而是从更广阔的视野来看待科学家的工作,突出科学家个人之外的因素的重要作用,这可能是科学史发展的一种新趋势。我们相信,随着新的研究进路引入进来,我们很可能在爱因斯坦研究方面取得新的突破。

人们普遍认为跨学科研究比较容易取得新颖的成果,已有学者做出了尝试。比如,米勒把爱因斯坦与艺术家毕加索(Pablo Picasso)进行了比较,试图找到他们在个人生活、工作经历和创造性中的相似性。爱因斯坦与毕加索在他们最具创造力的时期,他们的相似性并不只是他们的思考方式的共同点。在他们之间进行比较,可以"让我们窥见艺术的创造性和科学的创造性的本质,以及艺术和科学中共同前沿领域里的研究是如何进行的"(米勒,2003)[1]。米勒认为,"创造力发生在意识思维、潜意识思维、启发和确认这样一个循环过程中"(米勒,2003)[264],我们可以用这种方式来理解爱因斯坦和毕加索的创造力。虽然米勒的具体观点受到一些学者的质疑,但大家普遍对他的这种研究思路与方法表示肯定与赞同。就像刘兵指出的那样:"像这样对于不同学科的大师的探究方法的推测,也许总会存在不同的说法。但在科学和艺术这两个领域里,人们探索世界的过程中表现出来的认识和发现的平行性,却是一个不可忽视的事实。"(刘兵,2004)

通过从理性重建的角度对爱因斯坦研究的分析,我们可以看到,现实的科学史研究比拉卡托斯所论述的要复杂得多。几乎每一位科学史与科学哲学家都有自己对爱因斯坦的理解,在他们的心里,都有一位自己的"爱因斯坦"。在这个意义上,我们可以说,所有的科学史研究,都是在前人研究基础上的一种理性重建。

余论：中外爱因斯坦研究简要比较

我国学者也非常重视爱因斯坦研究，许多学者就相关的问题发表了大量的论著。笔者对我国学者从 1977 年至 2016 年在 CNKI 收录的期刊中发表的题名含有"爱因斯坦"的期刊文章数量做了一个简单的统计，结果如图 9-1 所示。

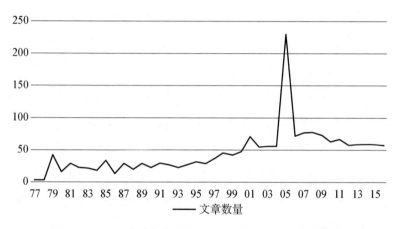

图 9-1 CNKI 中题名含有"爱因斯坦"的期刊文章数据统计

从上图可以清楚地看出，我国学者对爱因斯坦研究呈现出越来越高的研究热情。其中 1979 年(42 篇)与 2005 年(230 篇)发表的论文数量比邻近年份要多出不少，主要是因为 1979 年是爱因斯坦 100 周年诞辰，2005 年是狭义相对论创立 100 周年，也是爱因斯坦奇迹年 100 周年，激起了学术界对爱因斯坦研究的极大热情。

胡大年全面分析了 1917 至 1979 年间中国接纳爱因斯坦及其相对论的情况，从胡大年的分析我们可以看出，这段时间内我国学者对于爱因斯坦的理论还处于接受、消化阶段，甚至还将爱因斯坦研究作为政治斗争的工具(胡大年，2006)。因此，这段时间内从科学史和科学哲学的角度研究爱因斯坦的成果并不多见,大多数研究成果是1979年之后出现的。以下主要以爱因斯坦的科学哲学研究为例,对中外爱因斯坦研究作一简要对比。

许良英是我国早期系统地研究爱因斯坦的少数学者之一。他在1965年发表的《试论爱因斯坦的哲学思想》一文中认为,"爱因斯坦虽曾受过马赫的深刻影响,但他始终不是一个马赫主义者",该文还分析了爱因斯坦的唯理论思想,爱因斯坦与斯宾诺莎(Baruch de Spinoza)的关系,认为爱因斯坦的许多思想都可以追溯到斯宾诺莎(李宝恒等,1965)[1]。对比相关学者对爱因斯坦哲学思想的研究情况,我们可以看出,许良英的思想是颇为准确的,可以说是我国学者对爱因斯坦的科学哲学思想研究的重要贡献。当然,文章注重从唯物主义与唯心主义角度来分析爱因斯坦的哲学思想,有比较明显的时代烙印。后来,许良英进一步阐述了爱因斯坦的唯理论思想,认为唯理论在爱因斯坦的思想中一直占主导地位,即使在早期也是如此,只不过不及后期那样明显罢了。而且,爱因斯坦的唯理论思想不仅强烈地反映在他一生的科学研究中,也明显地贯穿在他的人生观、社会观、道德观、教育观和宗教观中,也就是说,在爱因斯坦的整个世界观中,唯理论思想是最本质的内核(许良英,1984)。我们也注意到,在这篇文章中,许良英不再用唯物主义与唯心主义来分析爱因斯坦的哲学思想了[2]。

李醒民发表了大量的爱因斯坦哲学思想研究的论文,比如《论爱因斯坦的经验约定论思想》(1987)、《论爱因斯坦的综合实在论思想》(1992)、《走向科学理性论——也论爱因斯坦的哲学历程》(1993)、《论爱因斯坦的纲领实在论》(1998)、《爱因斯坦的意义整体论》(1999),等等。李醒民认为爱因斯坦的科学哲学思想包括温和经验论思想、基础约定论思想、意义整体论思想、科学

---

[1] 该文实际上主要是由许良英完成的,林因是许良英的笔名(许良英,2007)。

[2] 当然,许良英先生在爱因斯坦研究方面最重要的贡献应该是三卷本《爱因斯坦文集》的编译出版。《爱因斯坦文集》的编译出版过程充满艰辛,但令人欣慰的是,它产生了重要影响,其影响范围不仅限于爱因斯坦研究领域(许良英,2007;刘兵,2005)。许良英先生也赢得了国内外知识界的广泛敬重。2008年,美国物理学会授予他"萨哈罗夫奖"。2010年,在庆祝许良英90寿辰之际,霍尔顿教授对许良英给予高度评价(王作跃、胡大年,2014)。笔者2008年在美国圣母大学访学时,霍华德教授也曾向笔者询问起许良英先生的情况。

理性论思想和纲领实在论思想等五种构成要素，并称其为"多元张力哲学"
（2000）。

对于爱因斯坦的科学哲学思想研究，我国学者的研究明显受到了国外学者的影响，并在国外学者的基础上有所发展与创新。比如，许良英 1984 年的《爱因斯坦的唯理性思想和现代科学》是在霍尔顿研究的基础上展开的。李醒民 1987 年的《论爱因斯坦的经验约定论思想》引用了霍华德 1984 年的论文，不过，与霍华德后来强调迪昂对爱因斯坦的影响所不同的是，李醒民强调分析了彭加勒对爱因斯坦的影响。从总体上看，李醒民的研究是非常全面和深入的。

从西方学者关于爱因斯坦的科学哲学研究历程来看，霍尔顿批判了逻辑实证主义对爱因斯坦的解读，而法因又推翻了霍尔顿对爱因斯坦的实在论解读，霍华德认识到了爱因斯坦科学哲学思想中的整体论的约定论成分，也批判了对爱因斯坦的实在论解读，他们之间有着明显的批判与对立。但是，在我国学者关于爱因斯坦的科学哲学思想的研究中，包括对狭义相对论等方面的研究，都较少出现这种针锋相对的观点。由于条件的限制，我国学者很难直接利用爱因斯坦档案馆的原始资料进行研究，使相关研究受到很大限制。另外，近 30 年来，西方学者普遍关注广义相对论的历史研究，并出版了一批研究论著，而我国这方面的研究还颇为欠缺。关于广义相对论的重要史料是爱因斯坦的苏黎世笔记，我国学者还没有这方面研究成果。不过，雷恩主编的《广义相对论的起源》第一卷最后一部分是爱因斯坦苏黎世笔记的手稿及整理结果（Renn, 2007）[313-487]，为我国学者在此方面进行深入研究提供了可能。

总的来说，虽然我国学者就爱因斯坦研究发表了为数不少的论著，但研究的深度还不够，原创性的贡献并不多，与国外的研究存在一定的差距，也没有围绕一些关键性的问题形成激烈的争论。其中的一个主要原因可能是由于史料的欠缺以及缺乏对史料的深入研读，因为爱因斯坦的原始文献都是用德文写的，语言上的障碍使得很多研究者不能直接阅读第一手资料。不过，随着《爱因斯坦全集》及其英译本、中译本的出版，为我们研读爱因斯坦的原始文献提供了便利,也使得我国学者在爱因斯坦研究方面做出更多的贡献成为可能。而且,越来越多的爱因斯坦研究著作被翻译成中文,使得我国学者可以更好地把握国际学术界最新的研究成果与进展,有利于我们更好地寻找差距,发现不足,从而迎头赶上,在国际爱因斯坦研究领域越来越多地出现中国学者的声音。

(杜严勇撰)

第十章
科学史与科学传播

　　21世纪以来,科学传播备受关注,其理论研究和社会实践都呈现出蓬勃发展的态势。但是作为一个年轻的交叉研究领域,科学传播研究的理论基础还较为薄弱,需要从其他传统学科、成熟学科及跨学科研究领域获得支撑,汲取营养。从传播学的角度来看,科学传播作为传播学的一个分支,有着不同于其他分支的特殊性,即科学传播面对的是科学这一高度专业化、精深、庞大、复杂的系统。科学作为一种知识体系,其制造、应用、扩散、转移、传播等各个环节的过程和性质;科学作为一种文化,其历史、本质以及与人类其他文化传统之间的关系;科学作为一种社会建制,其运行以及与其他社会建制之间的相互影响;处于科学这一特殊系统两端的科学家、公众,以及两者之间的关系……科学传播的发展,不能脱离对上述问题的理解和观照,仅仅依靠传播学理论显然是远远不够的,需要从科学史、科学哲学、科学社会学、科学文化研究等相关学科和领域中获得支撑和借鉴,这也是国内外学术界都不约而同地把科学传播纳入STS领域中的重要原因。实际上,在科学传播理论与实践发展的过程中,来自STS领域的影响从未间断。

　　作为STS领域的重要基石,科学史以其史学的研究视角,可以对科学传播的理论和实践活动产生独特的影响。首先,随着科学史自身的发展,科学与公众的议题及科学面向社会的传播问题进入科学史的研究视野,科学史的研究成果能够直接为前者提供借鉴;其次,科学史本身就是科学传播恰当、优质的传播素材,其史学材料和研究成果可以大大丰富和提升科学传播的内容;再者,科学史蕴含的科学观、历史观以及科学文化理念,可以为科学传播提供理论上的借鉴、支撑和指导。

第一节　科学史研究开启对科学传播问题的关注

一、外史研究的兴盛使科学传播问题成为科学史的研究对象

科学史学科的创始人萨顿(G. Sarton)在早期的实证主义科学史研究中，就已经注意到科学的社会文化背景，而外史研究真正作为一种研究传统开始引起科学史界的关注是基于在 20 世纪 30 年代社会学思潮的影响下，赫森(B. Hessen)、贝尔纳(J. D. Bernal)和默顿(R. K. Merton)等人的开创性工作。20 世纪 50 年代，随着美国科学史的职业化运动，科学的外史研究蓬勃发展起来。20 世纪六七十年代，受到科学哲学中历史主义学派以及科学史中反辉格主义、与境主义的影响，外史研究终于打破了由柯瓦雷(A. koyré)奠定的思想史研究纲领在科学史界占主导地位的局面，表现出更加强劲的发展趋势(刘兵，1996)[22-27]（袁江洋，1997）。20 世纪 80 年代，随着科学知识社会学(Sociology of Scientific Knowledge, SSK)、社会建构主义的兴起，对科学最坚硬的"内核"即科学知识本身进行社会史考察日益成为科学史研究的一个趋势。在科学知识社会学看来，不仅科学的方向、速度、规模等外在因素受到社会环境和文化背景的影响，科学知识的内容本身也是社会建构的产物。科学既是一种智识现象，更是一种社会和文化现象。这在一定意义上使得科学史传统的"内史"与"外史"被重新界定，既然不受社会因素影响的、绝对纯粹的科学"内史"不复存在，那么原来被认为是"内史"的内容就会被重新纳入"外史"的研究，更进一步说，传统的"内史"与"外史"的界限在一定程度上被消解了。在这一背景下，传统的"外史"研究逐渐在新的意义上得到进一步的深化和发展，开始成为西方科学史研究的主流(刘兵等，2006)。

科学传播的兴起与科学史研究的这一趋势相契合。从研究视野来看，外史研究把科学置于更复杂的社会背景中，将科学理解为社会的一个子文化建制，将科学知识视为这一建制在社会中运作时输出的产品，将科学家群体视

为一个更大文化范围中的社会集团,关注社会、文化、政治、经济、宗教、意识形态等外部因素对科学的影响。在这个视野下,科学在社会中的运行与传播,科学、科学家集团与公众的关系问题,无疑直接成为科学史的重要关注对象。从科学观来看,外史研究对科学知识内容的社会史考察,开始关注科学及科学知识的社会建构性和地方性。例如在建构主义科学史研究中,夏平等人通过"利维坦与空气泵"的历史案例分析(夏平等,2008)挑战了科学知识的客观性和普遍性,对以实证主义科学观为根基的传统科学史研究形成了冲击,科学知识的社会建构性和地方性在科学史研究中日益获得了合法性地位。在这一背景下,传统科技决策机制中专家主导权的建立,公众以地方性知识对专业知识和专家集团形成的冲击,公众参与科技决策的可能性与必要性等问题,也成为科学史研究关注乃至直接考察的对象。科学史以史学视角对上述问题进行考察,能够提供历史维度的广阔空间和纵深时间的追溯和剖析,这对年轻的科学传播研究而言,无疑具有不可替代的价值。

二、综合史研究的发展使公众被纳入研究范围

除了"内史"和"外史","专业史"和"综合史"的划分也是科学史重要的编史学主题。传统的专业史研究以一个学科的专业化程度来判定其发展的成熟度,研究内容大多集中在以科学共同体、研究机构、专业刊物为标志的学科发展上(章梅芳,2006)。

专业史研究以专业化程度的不断提高作为基本编史线索,自然就会将公众在科学发展中的作用和影响排除在考察对象之外,自然科学各个门类、分支专业化程度的提高过程,恰恰也是公众逐渐在科学领域被边缘化的过程。如法国化学史家本苏德·文森特(B. Vincent)所指出的,在古希腊,公众的意见和科学知识具有同等的价值;直到18世纪,"公众意见"仍然与科学传统保持平等的关系;19世纪科学专业化和职业化程度的提高,大众科普的发展,加剧了科学从公众中的分离;而真正将公众视为无知者从而贬低公众意见,则是20世纪中叶以后的事(Vincent, 2001)。

综合史的科学史研究恰恰从科学专业化程度发展最快的19世纪开始。

1837年,英国科学史家休厄耳(W. Whewell)完成了第一部标准意义上的科学综合史《归纳科学的历史》。这部著作如它的名字一样,受到了来自培根的哲学观的直接影响,"一种历史探究的方法,就是把现有的每一种哲学都作为一个整体,通过它的发展以及产生它的那个时代的联系来进行描述"(刘兵,1996)[15-18]。另一位为综合史的科学史研究做出重要贡献的是法国科学史家坦纳里(P. Tannety),他受到孔德(A. Comte)的实证主义思想影响,提出科学是一般人类历史的一个内在组成部分,而不仅仅是从属于特殊科学的一系列科学学科,科学通史并不仅是许多专科史的一种汇总和精炼,科学通史将涉及的问题是——科学的社会环境、各学科之间的关系、科学家传记、科学的交流和科学的教育等(Hall,1969)。

20世纪80年代以来,受到一般社会史和文化史研究观念的影响,综合史研究越来越成为科学史研究的重要发展趋势。综合史研究将科学作为整体置于人类社会中考察,强调科学与其所处的社会背景之间的相互影响,这样一来,科学共同体之外的其他社会主体特别是公众便重新进入了科学史研究的视野。与此同时,女性主义科学史、建构主义科学史、人类学进路的科学史、修辞学进路的科学史等新的编史学纲领下的科学史研究对非西方主流的科学传统、地方性知识、日常生活技术等内容的关注,也使得作为外行的公众越来越成为科学史的关注对象。换言之,综合史的研究趋势使得科学共同体以外的公众直接成为科学史的研究对象,这为科学传播研究中的公众议题提供了理论来源。

第二节 科学史新的研究对象为科学传播提供内容资源

科学史历来是科学传播恰当、优质的内容素材。科学史通过考察科学的历史演变,能够揭示科学的整体面貌,以及科学作为一种文化传统、一种社会建制和一套价值体系建制在人类社会中的运行。在科学史的视角下,科学不再是一系列冰冷、刻板、僵硬的既成知识的集合,而是不同的时代中有血有肉、有思想有情感的人的活动,是在内部和外部诸多因素的共同作用下孕育、诞生、发展、变化的过程……总的来说,科学史能够促进对科学的本质以及科学人性化的理解。科学史研究在微观、具体的科学事件和科学人物方向上的聚焦,以及对日常技术、物质文化的特别关注,更是为科学传播带来更加直接、丰富的内容资源。

一、微观化的科学史研究为科学传播带来更直接的资源

当代科学史研究的一个趋势是从追求宏大叙事转变为注重微观、具体的事件和人物的考察。"伟大的作者、伟大的著作、伟大的发现这种模型已经逐渐式微",研究的重点从"关注作者、作品和学说这些在我们当前科学观之下最重要的内容,转移到对构成过去科学之行为的全景式理解"(Jardine, 2004)。在这种转变当中,科学事件及其过程,科学家及相关人物的活动,以及这些事件、过程、人物中的特殊性和个体性等内容开始受到更多的关注。

从寻求科学在全部历史时间上的普遍规律,转向关注具体历史事件和人物的特殊性、个体性,这在一定程度上是科学史研究哲学导向的自我反思,是对史学研究的一种回归。"历史研究是具体的、描述性的。它钻研细节,试图理解复杂的特殊性以及复杂相关的个人与事件的特殊性……历史学家始于面对在科学传统、社会与智力背景、人际冲突、宗教和神学等的考虑中实际上缠绕无隙的网络。"(Burian, 1977)

20世纪六七十年代以来,科学史突破了过去的"以现代科学价值体系为主价值系统,并在此背景下展开科学史研究"的局面,"不再只以揭示科学技术知识的链条式进步以及这种进步与社会多元文化之间的关系为基本目标。它具有广阔的社会——文化价值取向背景,可以有着多元的价值取向。它可以是零知识增长情形下的科学史,是关于形形色色的人类科学技术活动的发生学、传播学、社会学与文化分析。它的受众并不只是科学家以及由科学史家、科学哲学家、科学社会学家等所组成的学者群体,从终极意义上讲,它的受众可以延伸到社会大众"(袁江洋,2007)。"科学史研究应该抓住科学的

'特殊性'和'个性',应首先指向种种特定历史时空下、与特定历史人物联系在一起的充盈着种种特殊性的种种科学及其运作过程","科学的最基本、最丰富的特性正是体现于生活中的每一位科学家的科学活动乃至于社会活动之中。只有当我们深入个别科学家的整体行为之中的时候……才有可能将它们之间的内在连续性揭示出来"(袁江洋,1996)。科学史研究者认识到,科学史的价值不仅仅在于揭示知识的成长历程,还在于对科学的主体即科学家及其活动的研究和刻画(袁江洋,1997)。

在这一趋势下,科学家人物传记研究开始重新成为科学史研究中的一个热点。比起传统的"礼赞"式的科学家传记,科学家传记研究在以下两个方面有所改变和突破。

第一,对建功卓著的经典科学家的传记研究,突破了以往"高""大""全"的英雄人物的神话,开始关注他们人性化、非理性、非科学的一面,渗透了人文主义关怀;更进一步地,以历史学家的视角,站在STS前沿研究成果的基础上,对历史上伟大的科学人物进行批判式的解读,从而带来对科学观的反思和对科学本质的思考。对爱因斯坦、居里夫人等经典科学家形象的再研究,就体现了这种突破。

第二,由以往集中关注伟大人物,转向对普通科学家的关注。普通科学家在科学研究中表现出来的理性、逻辑与非理性、非逻辑,他们对客观性和确定性的孜孜追求,他们的信仰、情感和心理因素对其研究的影响,他们的争论、协商、妥协及达成共识的过程,这些内容比起伟大科学家的英雄事迹,更能展现出科学在社会中运作的实情,更贴近科学的本来面貌,更利于帮助公众理解科学活动和科学的本质。

从宏大叙事转向关注具体事件、具体人物,科学史研究变得更加微观、细致、人性化。这种范式下的研究成果,刻画出了更加生动立体的科学和科学家形象。同时与一般的科普读物相比,这类科学史研究成果因其学术性和专业性,也更加严谨且含有更丰富的营养,能够为公众心目中科学及科学家形象的形成和重建提供优质的资源。

二、科学史对日常技术和物质文化的关注丰富了科学传播的内容

当代科学史研究关注热点的另一个突出变化是对日常科学技术和物质文化的研究。"以往的技术史研究主要关注技术史上的重大发明创造，而较少注意那些不起眼却发挥着重要作用的日常生活中的技术。21世纪以来，技术史家越来越多地探讨处于边缘位置的日常技术，并从社会、文化视角对其加以考察，引入了人类学和社会学的方法。"(张柏春，2005)

在人类学和社会学视角和方法的影响下，科学技术史的研究主题已经渗透到社会生活的方方面面。除了涉及政治、经济利益的争议性前沿技术问题，与文化、健康、饮食、休闲、娱乐等丰富多彩的个人生活有关的日常技术，也得到越来越多的关注。这种趋势在科学传播领域同样有所体现。科学传播对日常技术和物质文化的关注，典型的体现是20世纪末以来在许多国家流行的"科学咖啡馆"。

咖啡馆成为一种重要的对话场所和形式，最早起源于法国哲学界。1992年，法国哲学家苏特(M. Sautet)提出"让哲学从大学走到公众中"的理念，发起了"哲学咖啡馆"运动。英国人达拉斯(D. Dallas)将这一概念移植到科学领域，提出"科学咖啡馆"的概念，并于1998年在英国利兹首次发起了"科学咖啡馆"活动，其目的是营造一种讨论科学的文化氛围。当时的欧洲正有这样一种趋势：通过对话和讨论，在科学与社会之间建立纽带。于是，这种新的对话交流形式很快发展起来。在英国，继利兹之后，诺丁顿、牛津、纽卡斯尔等城市纷纷办起了"科学咖啡馆"。同一时期，法国也开始举办"科学咖啡馆"活动(中村征樹，2008)。

"科学咖啡馆"就是在咖啡馆、酒吧等场所所营造的那种轻松惬意的气氛中，一边喝着咖啡或啤酒，一边就某个科学技术话题，由相关的专家和对这个话题感兴趣的普通公众，在平等的关系下，近距离、面对面地直接对话、讨论、交换意见。它区别于以往传统的一对多的演讲式活动，是一种按照外行公众的意愿、思路和线索进行的专家和公众之间互动交流的形式。

"科学咖啡馆"的议题大多是与日常生活密切相关的科学技术问题,例如气候问题,饮食健康问题等。如果说"共识会议"主要与政治、民主、权益联系在一起,那么"科学咖啡馆"则更多地与日常生活、消费者、产品用户联系在一起。与此类似的,科学传播研究中逐渐兴起的"公众科学"和"生活科学",都注重科学的文化性、"地方性"和"亲和性"。这也是科学传播在新时代的一个重要的发展趋势。

值得注意的是,21世纪以来国内陆续翻译出版了一系列带有文化研究意味的、与日常生活相关的技术史研究和普及读物,例如《马桶的历史:管子工如何拯救文明》(卡特,2009),《有趣的制造:从口红到汽车》(罗斯等,2008)等。另外,国内发展起来的一个科学传播公益团体"科学松鼠会",也体现出了这样一种趋势。"科学松鼠会"的宗旨是:"剥开科学的坚果,帮助人们领略科学之美妙"。它针对社会热点问题和公众关心的问题,提供专业知识的传播和普及服务,正如其宗旨所声称的那样,力求科学传播的通俗、亲民、轻松、时尚。

在这种趋势下,科学史对日常技术、物质文化的关注所带来的研究成果,能够为科学传播提供丰富的内容来源。

第三节 科学史研究立场的转变对科学传播的影响

科学史研究立场的转变带来新的科学观和科学传播观,也带来新的研究视角和分析方法,这不仅为科学传播理论的突破和发展提供了支撑,也间接促进了科学传播中公众的角色及科学与公众的关系发生深刻变革。

一、科学史编史纲领的多元发展对科学传播的影响

20世纪70年代以来,随着后库恩时代的学术思潮逐渐对科学史研究领域产生深刻影响,传统科学史中的实证主义科学观、进步主义科学史观、西方中心主义等叙述框架受到强烈冲击,科学知识社会学、社会建构论、人类学、

修辞学、女性主义、后殖民主义等学术思想和方法纷纷进入科学史视野,导致科学史研究立场发生转变,并尝试建立起新的编史纲领。

例如,人类学进路的科学史研究"用文化相对主义的视角看待科学,把科学看作地方性知识,……体现了对'他者'的关怀,突破了一元的、普适的科学概念,使科学史研究呈现出一种丰富且更加接近真实的图景"(卢卫红,2007);修辞学进路的科学史"着重于探讨从文本中体现出来的一种科学观点在研究、交流、发表、传播等一系列过程中为了得到受众的认同而进行的修辞行为,……增加了对于科学从修辞中体现出来的各种社会因素对于科学建制、科学文本书写方式、科学知识等方面的塑形作用,使科学史更加贴近科学实践"(谭笑,2009);女性主义科学史"以恢复被传统科学史研究所忽略的女性'他者'在科学历史上的地位为目标和己任,……批判和反思科学及其相关规范、制度等对妇女的限制和歧视……以社会性别作为基本的分析视角和分析维度……批判理性主义、科学主义的科学观"(章梅芳,2006)。

这些编史纲领下的科学史研究首先为科学传播带来科学观和科学传播观的突破和变革,同时也为科学传播研究带来了新的分析视角和分析方法。人类学进路的科学史对地方性知识的强调为科学家和公众关系的重构提供了理论来源;修辞学进路的科学史为科学传播中的文本分析特别是隐喻研究提供了理论借鉴;女性主义科学史将性别的社会建构因素带入科学传播领域,直接影响了科学传播与性别的研究。

科学史编史纲领的多元发展带来新的观念、视角与方法,能够为科学传播研究突破原有的理论模型,在更加开放、平等、互动的意义上进行科学传播实践,提供有力的理论支持和有效的实践手段。

二、科学史研究立场的转变对公众角色的影响

公众角色即公众与科学、科学家的关系,以及公众在科学传播活动中的地位与作用,这是科学传播理论中的核心问题。在早期的科学传播研究中,关于"公众"有两个共同的基本假设:一是公众对科学一无所知;二是公众有

了解科学的愿望。即公众是蒙昧无知的,并具有"天然的好奇心"(迪尔克斯,2006)[9]。大量的科普读物、科学博物馆、展览会、科学秀、科学电视节目、科学戏剧,都将公众看作天真的旁观者,传达、强化公众对科学的着迷、震撼和赞美,公众被明确地看作科学的崇拜者和消费者。基于这两个假设的公众与科学的关系被称为"线性模型"。即科学家被视为真正科学知识的生产者,媒体担当译码者的角色,把知识"解码"成通俗易懂的语言,以便向更多的公众传播。而公众只是被动的接受者,是几乎没有权力、整齐划一的群体。科学家、媒体、公众构成固定单一的线性关系——传播者、媒介、接受者。杜兰特(J. R. Durant)等人对"线性模型"进行了这样的概括:在严格按照"线性模型"进行的科学传播中,科学家是信息来源,媒体是输送通道,公众是最终目的地。其目标在于减少媒体的干扰,以最大的保真度传输尽可能多的信息(Durant, 1989)。

"线性模型"内含一种强烈的等级差异。它预先设定科学知识与日常知识有明显区别,科学知识由于其特有的理性而优越于普通的日常知识,并成为复杂的代名词,而公众所拥有的日常知识由于所谓的简单和感性而被忽视。在这一模型中,信息单向流动,即从知识的生产者流向知识的接受者。科学为公众设定了所要追求的基本标准,科学家作为公共领域的专家具有垄断地位。因而,科学、科学家与公众的关系不可避免地是不平衡、不平等的。在"线性模型"下,科学传播被降格为"解码"的过程,大量理论方面的思考集中于:传播媒介及其在结构上的局限,以及语言对于科学知识的影响与制约(迪尔克斯,2006)[7-8]。

与"线性模型"类似,另一个曾经在科学传播领域产生过重要影响的著名理论模型是"缺失模型"。"缺失模型"在继续"线性模型"关于"公众是对科学无知的"假设基础上,还特别强调了一个关于科学的假设:科学知识是正确无误没有异议的知识体系,科学在本质上是客观、理性、崇高的事业。所以在"缺失模型"看来,应该而且必须让公众学习、理解科学知识,并由此产生对科学的积极支持态度。

"缺失模型"在始于1985年的英国"公众理解科学"活动中发展到顶峰,当时人们将科学在面向社会时遇到的所有问题都归结于公众对科学知识的缺失，并认为只要提高公众的科学素养，便会获得公众对科学的支持，从而公众和科学之间的一切问题都会迎刃而解。

从 20 世纪 80 年代开始，在科学传播领域乃至包括科学社会学、科技政策、科技伦理在内的整个 STS 学界，"线性模型"和"缺失模型"受到持续地、激烈地批判和反省，诸多学者从不同的背景、视角、观点出发，尝试建立新的理论模型来修正和改进。如"与境模型""内省模型""对话模型""公众参与模型"等，都是基于对两种传统理论模型预设前提的质疑和否定，试图重构公众和科学、科学家的关系，以及公众在科学传播中的地位与作用。

就公众角色而言，在早期的科学传播活动中，公众主要扮演着无知、对科学盲目崇拜的被动接受者角色；随着 20 世纪 70 年代以来环境问题、核安全问题日益凸显，公众开始对科学技术所带来的影响产生了质疑和批判，并要求以评估者的身份参与到相关事务的决策中去；20 世纪 80 年代中期英国"公众理解科学"运动，以获得公众对科学事业的支持为诉求，这个时期公众开始扮演科学的"理解者"的角色；进入 20 世纪 90 年代，英国"疯牛病"事件、全球转基因食品的安全问题等一系列由科学技术引发的公共问题大大动摇了公众对科学特别是来自政府的科学建议的信心，公众对以生物技术和信息技术为代表的前沿科技的发展所带来的风险和不确定性深感不安。这一时期，科学传播面对的首要任务是重建公众对科学的信任，具有开放性和互动性的协商、合作、对话成为重要的渠道，公众开始成为科学技术公共事务的参与者。

从接受者到评估者，从评估者到理解者，从理解者到参与者，公众角色的每一次转换，都反映出科学传播的理论和实践的变化。在此过程中，科学史的研究成果日益进入科学传播领域和公众的视线，公众对科学、科学的历史和科学的本质的看法发生了一系列变化。与此同时，科学史联合科学哲学、科学社会学、科学文化研究等其他学科和领域对科学的批判性研究，也促进了科学与公众的关系发生深刻的变革。

第四节　科学史对科普作品的影响

　　除了上述当代意义的科学传播理论与实践活动,在广泛的意义上,有着更加悠久的历史和传统的科学普及也应被纳入科学传播的讨论范畴。科学普及是正规化学校科学教育的延伸,超越了受众的年龄、身份和所在场景的限制,其空间更为广阔,形式也更为灵活。直至今日,科普在我国的科学传播活动中仍然占据主流。研究科学史与科学传播的关系,就不能不涉及对科普的讨论。科学史对科普的影响主要体现在科普作品(包括图书、漫画、电影等)上,因而本节选取几部代表性的科普作品作为案例,探讨科学史对科普作品的影响。

一、从纯粹科学知识的传播到科学史内容的引入

(一) 纯粹传播科学知识的科普作品——《趣味物理学》

　　早期的科普作品,主要以知识普及类读物为主。这些作品大多以单纯普及科学知识为目的,有时也介绍一些科学方法,但较少涉及科学观念、科学思想和科学精神,更极少涉及科学史有关内容。《趣味物理学》是这类作品的一个典型代表。

　　《趣味物理学》创作于 1913 至 1916 年,内容以基础物理学为主,涉及力学、热学、电磁学、光学、声学等的各种现象和基本理论。该书的第 13 版著者序言摘要里介绍道:"在这部书里,著者所努力希望做到的,不是告诉读者多少新的知识,而是要帮助读者'认识他所知道的事物',也就是说,帮助读者对他在物理学方面已有的基本知识能够更深入了解,并且能够活用,教会他自觉地掌握这些知识,激发他把这些知识应用到各方面去。为了达到这个目的,书里讨论了五光十色的各种伤脑筋的题目,煞费思考的问题,引人入胜的故事,有趣的难题,各种奇谈怪论,以及从各种日常生活现象或者科学幻想小

说里找到的各种出人意料的对比。"(别莱利曼,1999)

《趣味物理学》作者别莱利曼(1882—1942),是苏联职业科普作家,一生致力于科普事业。别莱利曼作品的特点在于比较强调趣味性。读者阅读他的科普作品,先是被有意思的话题所吸引,然后通过作者易懂、朴素的语言以及其"小中见大"的叙述方式领悟其中的科学知识。别莱利曼一生创作了105部作品,大部分是趣味科普读物,如《趣味代数学》《趣味几何学》《趣味力学》《乘着导弹去月球》《趣味天文学》《行星物理》《飞向月球》《几何与三角》《遥远的世界》等。《趣味物理学》是别莱利曼的第一部著作,在别莱利曼的作品中占有相当重要的位置。它是入门级科学知识普及领域的佳作,为读者搭建了日常生活与科学之间的桥梁。该书已经再版几十次,被翻译成18国语言,至今依然在全球范围发行,深受全世界读者的喜爱。

(二) 开始引入历史内容的科普作品——《物理世界奇遇记》

别莱利曼曾在《趣味物理学》的前言里写道:"我又时常听到一些责难,说《趣味物理学》没有花一些篇幅讨论像无线电最新成就、原子核分裂、现代物理学理论等的题材。这种责难完全是误会的结果。《趣味物理学》有它一定的目的,至于上面所说这些问题的研讨,却是另外一些著作的任务"(别莱利曼,1999)[3]。而《物理世界奇遇记》就是这样一本著作。和《趣味物理学》类似,《物理世界奇遇记》也是一本科学知识普及类读物。不同的是,它普及的知识不是基础物理,而是量子物理和相对论。

《物理世界奇遇记》(*The New World of Mr Tompkins*)作者乔治·伽莫夫(G. Gamov,1904—1968),是俄裔美籍物理学家和天文学家。伽莫夫1934年移居美国以后,发现公众对20世纪初的科学成就,如相对论、量子论和原子结构理论等都一无所知。因此,他决定在从事教学和研究工作之余,动笔向普通读者介绍这些新理论。他试图对宇宙空间的弯曲和膨胀效应进行通俗的描述,使任何人都能很容易地明白弯曲的膨胀空间等复杂概念。为此,他创造了汤普金斯先生这样一个普通的银行职员形象作为故事的主角,他的英文名字简写是 C. G. H,分别代表光速(c),重力常数(g)及量子常数(h)。由于这些物理常数有的极大，有的极小，在日常的世界中，人们很难观察到它们的效应，就此，伽莫夫创造出新的物理世界，想象当这些常数变成与我们日常生活的世界相当时所能产生的特殊现象。这种夸大的比喻，虽然大大有助于读者体会，但有时也容易造成误解。为解决这个困难，伽莫夫又将标准的解释及说明，以演讲方式在不同的章节间相互穿插，使读者能更清楚地理解和领会这些复杂的物理概念。

（三）科学史内容引入的原因及其影响

《趣味物理学》和《物理世界奇遇记》都是知识普及型读物，它们有很多相似之处，也有一些不同的特点。分析两者之间的异同，有助于理解为何一些知识普及类的科普读物也要引入科学史的内容。

《趣味物理学》中，作者重点着眼于解释可以感知的日常物理现象，而在《物理世界奇遇记》中，作者试图用最通俗的方式说明最高深的理论，为此不得不借助主人公充满了幻想的梦境。

两书更大的不同在于介绍科学知识的方法不同。《物理世界奇遇记》更多地引入了人的因素，并开始引入少量的科学史内容。

首先是人物和故事的出现。为了增强作品的可读性，两书都引入了一些具体的人物形象，并有故事情节。但《趣味物理学》的故事是零散而不连贯的，没有中心人物，在叙述上完全以知识内在的逻辑为序；而《物理世界奇遇记》有主人公，在叙述上靠主人公的活动把知识体系串联起来。

其次是科学家形象的出现。《趣味物理学》中的很多概念是日常生活中可以感知的，因此阐述这些概念时可以完全抛开科学家。但随着科学的发展和日益专业化，许多新的科学概念和科学理论都和具体的科学家相联系。《物理世界奇遇记》在这样的背景下，在介绍科学理论时就必须引入科学家的名字及其贡献，甚至要描述出科学家的形象，以增加读者的兴趣，促进读者的理解。

再次是科学史的出现。《趣味物理学》中的科学理论还在日常生活能感知的范围之内。但随着科学的发展，科学理论日益抽象化，逐渐超出了日常生活能感知的范围。于是,《趣味物理学》可以大量描述日常场景的假设,但在《物理世界奇遇记》中就变成了主人公梦境的假想。当日常生活经验不能直接说明科学现象,甚至和科学现象正好可能相反时,就只能依靠逻辑和历史的力量来解释科学。借助科学本身发展的史实,沿着科学家历史的足迹,引领读者了解并理解科学知识,就成了科普作品的最好选择。

最后带来了科学观念的变化。当科学颠覆了人们原有的知识体系,突破了原有的理解范围后,科学知识就超越了本身原有的内涵,必然会带来人们观念的变化。在《趣味物理学》中,读者很少会有情绪的波动,而《物理世界奇遇记》的读者则会跟随主人公汤普金斯不断有各种情绪的变化,时而惊讶,时而兴奋,时而沮丧。读者会和汤普金斯一样,不但对科学知识增加了解,而且对科学的兴趣大增,对科学方法也有新认识。

从两书的简单对比中可以看到,随着科学的发展,普及科学知识的难度提高了,科普作品必须摆脱过于抽象的阐述。而科学史则从无到有,适时加入科普作品中,它带来的科学家形象和科学发展历史脉络,增加了科普作品的可读性,加强了科普作品的说服力,丰富了科普作品的内涵。

二、从简单地引入历史材料到在历史的脉络中叙述科学

(一) 从《物理世界奇遇记》到《物理学发展史》

如果说《物理世界奇遇记》是乔治·伽莫夫的第一部科普作品的话,那么《物理学发展史》(*Biography of Physics*)就是伽莫夫晚期的代表作。该书首次出版于1962年,距离《物理世界奇遇记》的前身——《汤普金斯先生身历奇境》一书的出版22年。

关于该书的写作初衷,伽莫夫写道:"物理学方面的书有两种。一种是教科书,目的是要教给读者种种物理事实和理论。这种书往往略去科学发展的整个历史面貌,有关古往今来的伟大科学家的唯一资料,仅限于在他们的名字后画上一个括号,标明其生卒年代(如仍在世,就以"——"来表示)。另一种基本上就是历史书,专写传记性材料和科学大师的个性分析,而仅简单地

列出他们的各种发现,认为读者在研究某门科学的历史时,对这门科学本身已经谙熟了。本书试图采取一种折中的办法,试图在公正的立场上讨论伽利略的受审和他所发现的基本物理学定律,或在详细讨论玻尔的原子模型的同时,谈谈我个人对他的一些回忆。……这本书的目的,是要读者弄清楚什么是物理学,物理学家是一些什么样的人,从而激起读者充分的学习兴趣,去寻找更系统的有关这门学科的书籍来学习。"(伽莫夫,1981)[1]

和《物理世界奇遇记》相比,伽莫夫的《物理学发展史》是一部更加严肃和有深度的科普作品。相对而言,《物理世界奇遇记》结构比较松散,内容仅局限于介绍量子物理和相对论的基本概念。而《物理学发展史》则完全进入了历史的视角,不仅介绍物理理论本身,还介绍了它们的来龙去脉;不仅介绍纯粹的物理学知识,还介绍物理学知识的创造者——物理学家。《物理学发展史》比《物理世界奇遇记》增加了历史的维度,并添加了很多人文因素,因而显得更加厚重。当然,伽莫夫不是哲学家,也不是历史学家,他给《物理学发展史》一书添加的人文历史因素是有限的,主观上只是要揭示物理学的源流并增加作品的趣味性,他并没有给自己提出诸如探寻科学发展的动力、追寻科学的社会功能等课题。

需要注意的是,《物理学发展史》虽然翻译后的名字叫"史",但并不是典型的科学史类的科普作品。它虽然引入了历史视角,有大量的历史内容,但认真分析后可以看到它的重点仍在介绍物理学知识,属于知识普及型的科普作品。

(二) 从《物理学发展史》到《量子物理史话:上帝掷骰子吗》

《物理学发展史》中只是引入了大量科学史内容,《量子物理史话:上帝掷骰子吗》则是一部主要以科学史为题材的科普作品。该书所涉及的题材其实和《物理世界奇遇记》类似,都以现代物理中的量子力学和相对论为科学背景;该书叙述的内容又和《物理学发展史》有重合之处。但该书的独特的叙事方式和历史视角不同于以往的科普作品。该书所涉及的量子物理,本身就是一个复杂的理论领域,从历史上看,其发展过程中有颇多曲折和论战。《量子物理史话:上帝掷骰子吗》取材于这段历史:该书以赫兹实验证实电磁波为开端;以波动说和粒子说之争为全书的主线;以围绕不确定原理的讨论为核心;以玻尔、爱因斯坦之争为高潮;以近几十年来多世界理论、超弦理论等新理论的相互竞争为后续;以对新的统一理论的期盼为尾声,把整个故事叙述得波澜起伏、绘声绘色。

《量子物理史话:上帝掷骰子吗》作为科普作品,具有以下特点。

首先,介绍科学史更重于介绍科学知识本身,属于科学文化类科普作品。

作者承认:"这并非一篇专业的科普文章,事实上,我的本意是更注重历史,而不是科学方面。不过如果你读完了全文,我也希望它可以带给你一些最基本的量子论的科学概念"(曹天元,2006)[350]。于彤认为:"虽然这本书写的是量子力学史,并且清晰勾勒出这门物理学中让专业人士都觉得最难懂的学科的脉络,但书的主要内容其实却不是科学,而是学术江湖。'有人就有江湖',他在讲人与人之间的关系,在讲科学家和科学家之间的关系。中国人更关心江湖,这本书的作者就是用了这个特别符合中国人思维习惯的方式来叙述科学。"(施剑松,2006)

其次,采用了文学化的语言并在内容上对历史细节进行了虚构和加工,在严谨性、准确性、真实性方面引起了争议。

这本书用了很多网络语言和武侠作品式的语言,并大量掺杂了小说化的情节,一些科学家之间的对话、场景都是被虚拟出来的,使得科学史的"真实性"受到损失,也因此引发了一些争议。对此,作者曹天元这样解释:"我觉得科普写作绝不能有'硬伤'。情节明显不符合历史,叙述明显不符合理论,计算错误、常识错误,这些都是'硬伤'。比如,如果写'牛顿推了推眼镜',这个我看来就是硬伤,因为牛顿的时代是没有眼镜的,我是不会容忍的。如果写成'牛顿发现了自然的奥秘,心里大喜过望',虽然他是不是真的大喜过望了没有文献佐证,但是这也算是合理的推测,属于'软伤',我觉得这是完全可以接受的,甚至有时候为了阅读上的流畅,是必需的。所以我基本上只会造一些软伤出来。"(姜妍,2006)一些科学史界的专家支持科普写作可以适当虚拟情节。例如,刘兵认为,只有科学家用行话交流,才能是准确的,所以任何科普作品都不能是严格的准确科学。过去的科普作品,过多地在准确性上纠缠。他进一步指出,公众不需要最准确的科学知识,首先还是要让读者觉得好玩、有趣、有意思,这才是真正尊重读者的表现(施剑松,2006)。江晓原认为,科普著作的目的并不是让读者变成科学家,而是让读者体验阅读的愉悦,感受科学的魅力。他提出,科普作品过于重视知识的普及有其历史原因。但在今天,中等教育水平已经普及,大部分人并不需要靠科普来学习科学知识,那就应该开发科学的娱乐功能,让读者感受智力的愉悦。虽然科普作品有可能不准确,但并不妨碍阅读,如果要获得精确的科学知识,本来就应该求之于专业书籍(施剑松,2006)。

但也有一些科学史家认为,对那些科学史上非常重要的场景进行虚拟可能误导读者。例如,卞毓麟认为,虽然不反对科普应讲求趣味,但是,科学的准确性在任何科普作品中都要讲究,"科学的灵魂还是'真',即使有一千条一万条理由,把'真'丢掉了,这样的科普也是不成功的"(施剑松,2006)。

虽然该书的严谨性受到质疑,但它的科普意义仍受到广泛肯定。在这本相对高端的科普作品中,作者把量子力学发展史写得十分形象、生动,降低了读者接触此类艰深话题的门槛,又因为作者是华人,用中文写作,比较适应中国读者的阅读心理和阅读习惯。

再次,在创作方式上,以网络发帖方式创作,作者与读者之间存在交流互动的情形,在某种程度上突破了科普作品在科学传播形式上的单向传播模式。

许多读者最初读到《量子物理史话:上帝掷骰子吗》,是网络论坛里的连载文章。田松认为,作者不是科学家,他完全是和所有的读者站在一起的。事实上,在这本书的写作过程中,读者也一直和作者站在一起(施剑松,2006)。曹天元2003年开始在新浪论坛发帖连载,几乎一开始就吸引了众多的网民跟帖。这些跟帖除了表示对作品的肯定外,还有相当一部分提出了各种意见和建议,一些具备物理学专业知识的网民还纷纷将在连载中发现的错误指出。曹天元在网络回帖中曾表示,正是这些来自网民的指正,促使自己查阅更多的资料,阅读更多的物理学书籍,不断进行修改。在一定程度上,这本书是众多网民和作者曹天元一起创作出来的。

三、历史视角对科普作品的影响

上述几个案例中,《物理世界奇遇记》和《物理学发展史》都是知识普及型的科普作品,但后者引入了历史视角,使得它比前者更全面地解释了物理学知识的来龙去脉。《量子物理史话:上帝掷骰子吗》是一本科学文化型的科普作品,在历史中去追溯和普及科学。

通过表 10-1 中各项指标的对比,随着历史内容的逐渐增多,科学家形象的逐渐丰满,科普作品从简单的知识普及,发展到以历史为视角进行知识普及,再到以历史本身作为主题和重点,科学史的影响不断加深。《物理学发展史》中,科学史本身成为科普作品的题材和内容之一,历史视角使得作品显得更加丰满和厚重。但由于该书的重点还是在普及物理知识,科学史在书中仍处于辅助地位。在《量子物理史话:上帝掷骰子吗》中,科学史成为叙述的主题。尽管它采用的文学性语言和对历史细节的虚构引发了一些争议,但它直接选取科学史本身作为题材,以史话的形式,介绍了科学理论的发展脉络,梳理了科学家的思想和贡献,更难得的是,探讨了量子物理史上新概念的出现、新理论的发展所带来的科学观和哲学观的深刻变革。

表 10-1 三本书的异同

书名	《量子物理史话:上帝掷骰子吗》	《物理学发展史》	《物理世界奇遇记》
作者	曹天元,中国业余网络作家	伽莫夫,俄裔物理学家、兼职作家	伽莫夫,俄裔物理学家、兼职作家
写作年代	2003—2005	约在 1962 年出版	1938—1944 年
介绍的科学知识	量子物理	基础物理、相对论和量子物理	相对论和量子物理
写作初衷	在写作和与读者互动的过程中体验和分享量子物理发展所带来的震撼、改变与思考	介绍物理学和物理学家,引起读者对物理科学的兴趣	解释外行不易理解的物理学概念,将深奥艰涩的物理学知识深入浅出地讲解给读者

(续表)

侧重点	更侧重科学发展的历史演进	在历史的发展中讲述科学知识	以介绍科学理论和科学概念为重点
作品类型	科学文化型	知识普及型	知识普及型
叙述顺序	历史的叙述逻辑	历史的发展顺序	按照知识的内在联系,以主人公的行为为线索
主要素材	科学史,科学知识	科学知识,科学史	科学知识
表现方式	文学化、戏剧化的历史故事	严谨、通俗的语言,并配以手绘插图	教授的演讲和主人公的梦境
科学家形象	有生动立体的科学家形象,刻画了科学家人性的一面以及科学家之间的争论和成败	有比较丰满具体的科学家形象	科学家只是作为抽象化的科学知识的生产者被简单提及

四、科学史视野下拓展型科普作品的科学观

关于科普作品的类型,除最为传统和常见的科普图书以外,还包括大量不直接以科普为目的但涉及科学题材的大众读物,诸如科幻小说、科学漫画、科学散文、科学游记,也包括涉及科学内容的非严格科普指向的科学戏剧、科学电影和一些电视节目等。本文将这些泛科普作品称为拓展型科普作品,即指涉及科学题材或包含一定的科学内容,但不直接以传播科学知识、科学思想和科学观念为目的的作品。在拓展型科普作品中,科学知识和科学史本身已经不再是科普作品所要直接反映的内容,它和科学的联系实际上成为一种间接的精神联系。这种联系的纽带就是体现科学文化因素的科学观。讨论科学史对科普作品的影响,其关键是科学观。这种影响的传递链条可以表述为:科学史直接或间接地影响和塑造着科普作品作者的科学观,从而再影响科普作品的主题和构思,进而反映到作品人物艺术形象的塑造和故事情节的创作之中,最后影响到科普作品的艺术性、思想性和生命力。

从基于前沿STS理论研究成果的科学传播理论与实践观念来看,"科学漫画"作为拓展型的科普作品,是一种独特而优质的科学传播手段。通过"科

学漫画",可以影响社会中的科学观和科学文化的塑成。反之,特定社会历史中的科学观和科学文化也在影响着"科学漫画"的内容和形式。鉴于日本的动漫文化最为发达和典型,本文就以日本手冢治虫和宫崎骏的代表性作品《阿童木》和《风之谷》为例,来分析拓展型科普作品中动漫作品与科学史的精神联系,探讨历史上科普作品内容的变化以及由此体现出的科学观及科学家形象的变迁。

(一)日本战后的动漫作品——《阿童木》

科学漫画人物形象——"阿童木",出自日本第一代漫画家手冢治虫(Tezuka Osamu)之手。

故事中的"阿童木"被手冢治虫设计为 21 世纪日本科学省制造的机器人。在科学省任职的天马博士因儿子在车祸中丧生而悲痛欲绝,他尝试按照儿子生前的模样制造出了一个机器人——"阿童木"。然而,机器人终究无法与自己的儿子一样,天马博士在伤心愤懑之下,将阿童木卖给了马戏团。后来,同在科学省任职的茶水博士收留了遭遗弃的阿童木,并赋予它超常本领。手冢笔下的阿童木有以下几个特点。

第一,具有超人的能力。阿童木的超人能力常被称为"七大能力",例如:具有最大输出功力为 10 万马力的动力;脚底安装有飞翔用的引擎;手臂能发射激光;具有超强的视力和听力;具有强大的计算能力和语言能力等。

第二,在某些方面具有人类的特征。阿童木具有与人类的孩子同样的外观,像人类的孩子一样必须学习很多东西。阿童木被塑造为与人类具有很多相似的特征,有着同人类一样的烦恼和感情,是人类的朋友。

第三,与公平正义价值观联系在一起。《阿童木大使》和《铁臂阿童木》中的阿童木不仅被塑造成科学的孩子,也是维护人权、反对偏见等价值观的拥护者和代言人。

第四,强调科学技术。在《阿童木》中,科学是一种强大的力量,这种力量并非暴力,而是惩罚罪恶,恢复和平的正义力量。仅从字面来看,"阿童木",即日语的"アトム",这个词源自英语的"Atom"。"阿童木"不仅仅是原子,也代表着原子能。在"阿童木"的世界里,包括"阿童木"在内的所有高等机器人原则上都是善的,作恶多端的只有被人类恶意改装了线路的低等机器人。故事反复强调着这样一个主题:机器人本身是善的,只有被恶人利用才会变恶,而这种恶最终会被真正的机器人善的力量所消灭(伊藤宪二,2003)。

《阿童木》中出现的两个代表性的科学家形象是天马博士和茶水博士。天马博士是一个反面人物,制造出阿童木后遗弃了他,并且运用自己的科学知识和技能做恶事。另一个更为中心的人物是茶水博士,他与天马博士形成鲜明对照,善良温厚,富有人情味,如同亲人般地教育阿童木。作为天马博士在科学省的继任者,他不仅领导着日本科学技术的发展,也是"机器人人权"的倡导者,是一个民主主义者。茶水博士的形象,随着《阿童木》的普及,对日本科学家形象的形成具有很大的影响。

(二)《阿童木》与日本战后的科学观

《阿童木》的一系列特点与日本战后的时代背景密切相关。《阿童木》是乐观主义的科学技术观和价值观的典型体现,科学技术不仅仅是一种有效的工具,也是构成价值观和理想社会的基础。但是《阿童木》所代表的这种科学技术观并不是日本文化固有的本质,而是与当时特定的时代背景联系在一起的。战后的日本,有一种对精神至上论及非理性主义的反思和批判。

颇有意味的是,在《阿童木》中,所谓"科学技术",在相当程度上与原子能相关。这一点从阿童木的名字中便可以看出。作为刚刚受到原子弹轰炸的国家,对原子能如此肯定的态度看上去不可思议。而事实确实如此,在这一时期,对原子弹深恶痛绝的情绪并没有在日本民众中散播开来。在占领期的日本,原子弹被看作带来和平,推翻日本军事政权的正义武器(伊藤宪二,2003)。

另外,《阿童木》中表现的科学技术也是与美国联系在一起的。故事中描绘的由科学技术带来的丰富的物质生活,某种意义上是占领期日本人心目中的美国生活的投影(伊藤宪二,2005)。

战败后,处于占领期的日本,科学技术被描绘成一种玫瑰般的色彩。科学技术被看作未来繁荣的基础,为日本人带来幸福生活的远景,得到广泛普遍的支持。尽管不同党派和政治派别之间存在着微妙复杂的立场差异,但是在认为日本必须大力发展科学技术的这一认识上,出现了空前的一致。这种科学技术立国论的思想,实际上是一种国家主义的立场,更进一步地说,是一种科技民族主义(technonationalism)的立场。另外,从商业主义的角度出发,战后的日本更将科学技术看作能够带来丰富的物质生活的手段。有代表性的是日本的电器产业。借由科学技术的发展,生产出大量便宜又好用的家用电器,这一想法对日本人的生活乃至日本产业的发展方向产生了重要而持久的影响(伊藤宪二,2003)。

整体来说,日本战后非常推崇科学技术,不仅将其视为一种工具,而且将其拟人化地看作是人类的朋友,科学技术象征着和平、进步和正义,是国家发展的基础。

(三)日本新时期科学观下的动漫作品——《风之谷》

《风之谷》的作者是日本新一代动漫大师宫崎骏(Miyazaki Hayao),他的作品主题涉及人与自然、环境保护、生态伦理、理想社会、生存意义、生命价值等诸多方面,充满了对工业文明和现代性的严肃思考和反思,不仅在日本和亚洲产生了重要影响,更是受到了全世界的极大关注,在全球动画界具有无可替代的地位,是当今动画电影艺术价值和商业价值的巅峰。

1982 年,《风之谷》开始在德间书店的《动画月刊》(Animage)杂志上连载,到 1994 年完结,连载为时 12 年,长达 7 卷。这部漫画包含着史诗般壮丽宏大的篇章,讽喻了人类破坏自然、自相残杀的愚蠢行为。其中有对残酷现实的揭露,有对人类战争的思考,有对产业文明的反省,有对人与自然关系的探索,有对生命价值与生存意义的追问,是体现着宫崎骏生态伦理思想和人文主义精神的集大成之作。

《风之谷》的故事发生在未来世界。人类社会的工业文明达到巅峰之后,经历了一场被称为"七日之火"的战争而毁于一旦。世界被一种叫作"腐海"的新生态系统所覆盖。"腐海"主要由森林、菌类和被称为"荷母"的巨型昆虫所组成。仅存的人类生活在很小面积的陆地上,在释放着有毒瘴气的腐海森林、菌类和巨大"荷母"的威胁下艰难地生存。风之谷是一个海边的小国,因为有海风的庇护,不会被腐海森林的孢子散发出的有毒瘴气侵入而得以幸存。风之谷的公主娜乌西卡是一个美丽善良、聪明勇敢、坚强仁爱的16岁少女,懂得御风,能够驾驭滑翔翼像鸟儿一样飞行,并且具有同"荷母"沟通的能力。野心勃勃的多鲁美奇亚人想征服世界,为了消灭腐海,他们攻占了培吉特,挖掘出了"七日之火"中毁灭一切的生化武器"巨神兵",风之谷和娜乌西卡也卷入了人类争夺"巨神兵"的战争中。在随后发生的一系列战斗中,娜乌西卡偶然发现了腐海的秘密。腐海中的森林一直在净化着被污染的大地,在净化中才产生了有毒的瘴气,而"荷母"是为了守护森林才与人类对抗。培吉特人为了抢夺"巨神兵",用一只幼小的"荷母"诱使"荷母"群攻击被多鲁美奇亚人占据的风之谷,此时,娜乌西卡用自己的身体做盾牌,解救了小"荷母",并化解了"荷母"群的愤怒进攻。"荷母"群被娜乌西卡所感动,用特殊的能力救活了娜乌西卡。故事的结局是在朝阳中,娜乌西卡站在由"荷母"群的触须所构成的金色草原上快乐起舞,印证了一个蓝衣人在金色的草原上给人类带来了新的希望的古老传说(宫崎骏,1987)。

《风之谷》中的娜乌西卡有这样几个特点。

第一,具有超凡的能力。娜乌西卡作为"风之谷"的公主,具有超出常人的能力。她懂得御风,是一个游走在人类、动物、植物与自然之间的大使。

第二,是人与自然沟通的媒介。在《风之谷》中,娜乌西卡一直充当着人类与自然之间沟通的媒介。她选取一些植物种在地下室的花园,用没有受到污染的水和土壤培育,证实了植物本身的纯净。她建造的那个纯净绚烂的花园,是她同自然自由对话的圣地。

第三,孤独与救赎。在《风之谷》中,娜乌西卡始终是孤独的,因为她是唯一清醒的人,她不被理解,却在每次危险来临时一个人挺身而出去化解。

(四)"娜乌西卡"与日本 20 世纪 70 年代以来的科学观

《风之谷》中表现的主题和"娜乌西卡"的一系列特点,与日本 20 世纪

70年代的"反公害""反核""反科学"运动的社会背景密切相关。1970年，日本陆续发生公害事件，濑户内海污染、田子浦污染、光化学烟雾事件，加上20世纪60年代起发生的由于工业水污染引起的水俣病等严重影响公共健康的公害病问题，"公害问题"引起社会广泛关注。另外，以1973年的石油危机为发端，能源、环境问题也开始成为日本公众关注的话题（藤垣裕子，2008）。

《风之谷》中，腐海的形成正是人类自己造成的恶果，"七日之火"烧毁了现代工业文明，人类对自然的污染已经渗入土地，高度发达的科学技术不仅没有为人类带来福音，反而破坏了生存环境，毁灭了赖以生存的家园。当风之谷的风停止的时候，灾难就要来了，愤怒占据了天空，人们无助而绝望。宫崎骏用这种象征性的寓言直接表达了当时日本社会中对科学技术的怀疑和不安，以及对生存环境的关注和忧虑。在《风之谷》中，科学技术是危险的，具有高度的破坏性，借由科学技术迅猛发展起来的工业文明，也将被科学技术引向万劫不复的深渊，最终彻底毁灭。而能拯救世界的，是人类对自然的尊重与保护，人类与自然的沟通和交流，是人类放下武器，结束杀戮，面向自然的"心灵回归"。在科学技术悲观论的底色上，《风之谷》充满了生态伦理的价值观和人文主义精神。

（五）科学观的变迁——从"阿童木"到"娜乌西卡"

1. 机械主义自然观与生态主义自然观

手冢治虫笔下的"阿童木"是一个典型的男性孩童的形象，机智，活泼，顽皮，富于力量。作为一种拟人化的表现手法，"阿童木"这个形象与他所代表的尖端科技特别是原子能技术的特征是吻合的，先进、优越、精密、高深莫测。可以说，阿童木是原子能技术的恰当代言人。而宫崎骏笔下的"娜乌西卡"是一个典型的少女形象，清纯、美丽、善良、仁爱、宽厚，对生命和自然充满了女性的柔情。"娜乌西卡"以一个善良仁爱、充满母性情怀的少女形象，代替了机械、逻辑、力量性的男性形象，日本科学漫画中主人公性别形象的转变，与机械论自然观向女性生态主义自然观的转变形成了某种暗合。

在"阿童木"的世界里,充满了机械与逻辑,也充满了对男性力量的推崇,而《风之谷》中的"娜乌西卡",以女性的视角去看待被人类的工业文明毁灭后的自然,试图以女性特有的温柔、细腻和母性之爱,平等地对待自然及其他生命,并用理解、关爱甚至自我牺牲去修复自然的创伤。日本两代动漫大师的代表性作品中主人公形象的转变,在某种角度上也反映了20世纪70年代以来日本社会科学观的变化。

2. 技术乐观主义与技术悲观主义

《阿童木》作为一部科学漫画,着力于展示科学技术的先进成果和给人类带来的福祉,高等机器人阿童木作为幻想中的日本21世纪科学技术发展的结晶,几乎是彻底的技术乐观主义的代言人。在《阿童木》中,对以原子能技术为代表的现代科学技术的颂扬,体现出一种技术乐观主义的态度。科学技术本质上是善的,它不仅是工具,也是人类的朋友,象征着和平、进步和正义,是可以造福人类的"神话",人类受到科学技术的恩惠,生活得以美好。

在《风之谷》中,科学技术变成了危险的、具有高度的破坏性的,是人类文明走向毁灭的元凶。被人的欲望所利用的科学技术是可怕的,它往往从诞生之初便按照自身的逻辑发展,对自然进行无尽掠夺,而当自然系统被彻底破坏时,受到惩罚的人类便感到所谓的科学技术在自然的威力下多么的渺小和微不足道。

从《阿童木》到《风之谷》,日本社会经历了从20世纪60年代经济高速增长到20世纪70年代发生公害等一系列社会问题,高速增长时期背后的隐忧纷纷暴露出来的转变,相应地,日本社会对科学技术的态度,也发生了从技术乐观主义占绝对主流地位,到持忧虑态度的技术悲观主义日渐凸显的转变。

《阿童木》之后,关于科学技术与人类社会之关系的思考,在日本动漫中已发展成为一个颇具规模的体系,特别是在宫崎骏的作品中,有关科学技术的发展与人类前景的关系,大多是带有悲剧色彩的表现和思考。对于现代科技,目前在日本已经少有动漫家对之持积极肯定的态度,日本动漫中热衷表现的各种末世景象,也是对现代科技发展悲观意识的一种体现。

3. 科学主义与人文主义

科学技术与人类价值的关系,向来是日本科学漫画中一个重要的表现内容。在《阿童木》中,已经对此有所关注,并表现出较明显的科学主义倾向。《风之谷》里,在腐海和"荷母"所统治的新生态中,人类表现得软弱无助,科学技术只会使人类的仇恨与厮杀继续升级。娜乌西卡如何才能救赎人类? 宫崎骏给出的答案是,放下武器,停止杀戮,依凭"心"的力量,尊重生命,顺应自然,向"心灵"回归。作者的人文主义情怀在作品中展现得淋漓尽致。

《阿童木》和《风之谷》是拓展型科普作品的代表。这类科普作品和科学知识本身较少直接的联系,它们没有关于科学知识的呆板说教,而是靠塑造具体的、有个性的艺术形象和曲折的故事情节来展示科学的主题和反映科学的观念。科学观成为连接拓展型科普作品和科学史的精神纽带。科学史通过影响科普作家的科学观,从而影响到拓展型科普作品的主题和构思,进而反映到艺术形象和故事情节的创作之中。从"阿童木"到"娜乌西卡"的形象变化,是日本战后科学观变迁的体现,也是科学史间接影响科普作品的体现。

上述科学观的变迁,反映在科学漫画作品的主题中,又通过科学漫画的传播和普及,给日本公众带来广泛而深刻的影响。考察科学观变迁的源头,则不难看到科学史发展的背景和科学史理论演变的轨迹。

五、小结——科学史对各类科普作品的影响

本章选取了三类共 6 部科普作品进行案例分析和比较研究,其中《趣味物理学》《物理世界奇遇记》和《物理学发展史》这 3 部作品是知识普及型科普作品的代表;《量子物理史话:上帝掷骰子吗》是科学文化型科普作品的代表;《阿童木》和《风之谷》是拓展型科普作品的代表。在具体分析了科学史对不同类型的科普作品的各种影响后,可以得出以下结论:

(1) 科学史史料的运用可以增加科普作品的形象性和趣味性,增进读者的学习兴趣,促进科普效果的提高。

（2）科普作品引入科学史视角或科学史叙述逻辑，可以丰富科普作品的内涵，提高科普作品的可读性。

（3）科学史本身可以成为科普作品的主题，这样的作品不但可以普及科学知识，还可以更有效地普及科学方法、科学思想和科学精神。

（4）科学史影响着科学观的变迁，而科学观对各种科普作品都有不同程度的影响，科学观包藏着科学方法、科学思想和科学精神的大量因素，直接影响着科普作品的思想深度和生命力；

（5）科学观是科学史联系科普作品的精神纽带。科学史通过影响科普作家的科学观，从而影响到科普作品的主题和构思，进而可以影响其艺术形象和故事情节的创作，提高作品的思想性和艺术性；

（6）科学史对科普作品的影响，既有直接的影响，也有间接的影响。这种影响可能是具体的，也可能是抽象的。要提高科学传播的效果，创作出更好的科普作品，一个有效的途径就是深入挖掘科学史的宝藏，利用科学史的历史素材并充分吸收科学史理论的思想给养。

（7）通过对历史上经典科普作品的案例研究，可以看到这些经典的科普作品自身就构成了科学史的一个关注对象，能够反映出不同社会时期科学观演变的历史，同时可以看到产生某一时代的科学观的特定社会背景，这也为如何在新的时代中进行科学传播理论和实践的研究提供了新的维度。

第五节　结　语

总体来看，在科学传播理论和实践发展的过程中，科学史研究内容对科学传播的介入和影响主要体现在这几个方面。①科学史的外史研究使科学传播成为科学史的研究对象，科学史以史学视角提供广阔空间和纵深时间维度的追溯和剖析，对科学传播研究具有不可替代的价值。②科学的综合史研究将科学作为整体置于人类社会中考察，以往被排除在主流科学以外的"公众"便重新进入了科学史的研究视野，科学史对此的研究能够为"公众"这一科学传播的核心议题提供理论资源。③科学史研究对宏大叙事的超越,对具体事件的关注以及人物传记的研究热点,能够直接促进公众心目中科学和科学家形象的树立和重建;④科学史从历史的角度对日常生活技术和物质文化的关注,为科学传播提供了丰富的内容资源。

另一方面,科学史的编史纲领及研究立场的转变,能够为科学传播带来这几个方面的影响。①科学史编史纲领的多元发展带来了对传统科学观的批判和反思,并带来了新的研究视角和分析方法,为科学传播突破原有的理论模型,在更加开放、平等、互动的意义上进行科学传播实践,提供了丰富的理论支持和实践手段。②科学史研究立场的转变推动了科学传播领域公众角色的变化。从接受者到评估者,从评估者到理解者,从理解者到参与者,公众角色的每一次转换,都反映出科学传播的理论和实践的变化。而科学传播理论和实践的这种变化,一方面受到了来自科学史的研究立场和研究成果的影响,另一方面,也需要寻求科学史研究的理论支持。

在时代趋势和科学自身演变的双重要求下,科学与公众的关系越来越密切和不可割裂,并成为科学的社会和文化运作中相当重要的维度,因此,科学传播正在并将愈发成为 STS 学科群一个新的增长点。本章仅仅从科学史研究内容的拓展、转向及研究立场的转变两个角度初步探讨了当代科学史与科学传播的研究交集,实际上科学史凭借独有的史学视角和文理贯通的特点,能够为科学传播带来的影响和意义要比本文讨论的广泛和深刻得多。科学史同仁站立在科学史的坚实土地上,站在接连科学与人文两种文化的桥梁上,关注科学在新时代的新问题,将会在科学传播事业中做出独特的贡献。

(江洋撰)

第十一章
耶兹的布鲁诺研究

英国历史学家弗朗西斯·耶兹(Frances Yates)关于布鲁诺的研究是西方科学史界反辉格式研究传统的典型代表,也是诠释布鲁诺形象的经典研究。本章以耶兹的布鲁诺研究为案例,在对其思想进行述评的基础上,重新对布鲁诺的形象解读作一些科学编史学的考察和分析,期望以此拓展国内科学史研究的思路。

第一节　布鲁诺研究的发展状况概述

乔尔丹诺·布鲁诺(Giordano Bruno)是著名的意大利文艺复兴时期思想家,作为思想自由的象征,他的雕像至今被人们竖立于罗马鲜花广场中心。布鲁诺的一生与"逃亡""异端"联系在一起,支持哥白尼日心说,发展"宇宙无限说",这些都使他成为风口浪尖上的先锋式人物,他也为此颠沛流离,并最终被宗教裁判所烧死在鲜花广场上。布鲁诺这一为信仰而牺牲的"殉道者"形象一直以来被科学史界广泛关注。

然而,在早期的科学史研究中,他常常被人们看作近代科学兴起的先驱者,是为捍卫科学真理而献身的殉道士,人们常将他的思想看作近代科学思想,而将处死他的宗教裁判所代表的宗教势力与他所支持的哥白尼学说所代表的科学,看作是一对存在着尖锐冲突的对立物。

自 20 世纪五六十年代以来,西方科学史界出现了反辉格式研究传统和外史论的研究思潮,其中以英国科学史家弗朗西斯·耶兹(Frances Yates)为代表的一派认为近代科学的产生是一个非常复杂的社会文化现象，以往被忽略的一些社会文化因素（如法术、炼金术、占星术）在近代科学产生过程中也起到过不容忽视的影响（Yates, 2002）。她的研究致力于挖掘这些社会文化因素在近代科学发展过程中起到的重要影响。其中以她的布鲁诺研究（Yates, 2002）为代表，通过揭示文艺复兴时期赫尔墨斯法术传统的复兴与当时的哲学、宗教等社会文化因素共同构成近代科学产生之前的社会文化历史与境，耶兹对具体的个人如布鲁诺以及整体意义上的近代科学的兴起都给出了与以往不同的解释。耶兹的布鲁诺研究作为一个经典研究，在很大程度上开拓了科学史研究的思路，直至今日在西方科学史领域中仍占据着重要的地位。在耶兹之后，也有学者从其他角度致力于丰富历史中的布鲁诺形象，不断变化的布鲁诺形象背后反映了人们对于历史上科学与宗教关系问题认识的不断深入。

第二节　耶兹"布鲁诺研究"的缘起及背景

耶兹最初对布鲁诺发生兴趣，缘于她想把布鲁诺的意大利语对话录《星期三的灰烬晚餐》翻译成英文，并且想在导言中高度赞扬这位超前于时代的文艺复兴时期的哲学家接受哥白尼日心说的勇气。但在翻译过程中，她开始对以往的布鲁诺形象的解释产生了疑问。

同时她还看到当时的科学史研究将问题集中于 17 世纪科学革命，这种只关注科学自身发展的历史研究虽然能较为合理地阐释 17 世纪自然科学产生的各个阶段，但却不能解释为什么"科学革命"在这个时期发生，为什么人们对自然世界产生了这么大的新的兴趣（Yates, 1964）[447]。她认为近代科学的产生是一个非常复杂的社会文化历史事件，其中有很多因素被以往的研究忽略了，而这些因素很有可能在近代科学产生的过程中起到了不可忽视的作用。

这时一些学者的研究启发了耶兹的思路，其中就有克里斯特勒（Paul Oscar Kristeller）、加林（E. Garin）、林恩·桑代克（Lynn Thorndike）和沃尔克

(D. P. Walker)等人关于中世纪赫尔墨斯传统(the hermetic tradition)的社会文化历史研究,以及安东尼·科森那(Antonio Corsano)对布鲁诺思想中的法术成分和其活动中的政治-宗教方面因素的研究。于是她开始了大量的文献收集整理、研究工作,结果发现赫尔墨斯-希伯来神秘主义在文艺复兴时期的复兴对当时的思想(其中也包括萌芽中的近代科学)产生了非常重要的影响,可以说,赫尔墨斯法术传统与当时的宗教、哲学和萌芽中的近代科学交织在一起,共同构成了当时特定的社会文化历史与境。在这种与境下,布鲁诺的思想和命运与赫尔墨斯传统有着不可分割的联系。正如其著作序言中提到的,"正是与之相连的'赫尔墨斯'传统、新柏拉图主义和希伯来神秘主义,在布鲁诺光辉的一生中,在其思想超越于同时代人以及其人格命运的塑造上,占据着令人惊奇的重要地位"(Yates, 2002)。

在耶兹之前的科学史研究中,大部分对赫尔墨斯主义以及与此相关的法术(magic)传统、希伯来神秘主义在近代科学兴起的过程中的影响是避而不谈的。而耶兹在自己的研究中强调了赫尔墨斯法术传统的复兴在很大程度上促成了近代科学兴起过程中人们世界观、旨趣的转变,同时也影响了具体个人的思想甚至铸就了他们最终的命运,其中一个典型人物就是布鲁诺。耶兹认为赫尔墨斯法术传统在布鲁诺思想中占据着核心地位,他坚持哥白尼学说、发展宇宙无限学说的思想动机也是源自对赫尔墨斯法术传统的信仰与追随。

早期西方科学史界对布鲁诺形象的解读多把他看作是为科学献身的殉道士,后来哲学史界又将布鲁诺解读为为自己的信仰和思想自由而献身的殉难者,其中有些学者还将布鲁诺看作是一个勇于打破中世纪亚里士多德主义禁锢、开拓近代文明的先驱。而耶兹认为以往对布鲁诺的研究,使他的观念从历史背景中孤立出来,用占据当代主导地位的哲学历史、哲学观念和科学观来对其进行描述,而现在需要做的是在当时的历史文化背景下重新描述、理解布鲁诺。

于是她在文艺复兴时期赫尔墨斯法术、宗教、哲学与萌芽中的近代科学间相互交织的复杂关系中重新思考了"布鲁诺捍卫的是什么真理、布鲁诺支持哥白尼日心说的理由、提出宇宙无限说的思想基础以及导致他最终命运的原因"等问题。

耶兹对布鲁诺形象的解读否弃了过去历史研究中将其形象简单化、样板化的辉格式研究传统,逐渐转向反辉格式的研究传统,试图将布鲁诺还置于文艺复兴时期更为丰富的社会文化历史情境中,其中就包括以往被忽略的赫尔墨斯主义传统以及与此相连的法术传统。

耶兹的布鲁诺及相关研究,作为西方科学史界反辉格式研究传统的一个典型代表,开拓了人们的科学观,拓展了科学史研究的思路,在西方科学史界受到了广泛的关注和较高的评价,成为西方科学史界的一个经典性研究成果。她对布鲁诺的重新解读也逐渐取代了早期的惯有看法,成为西方科学史界对布鲁诺形象认识问题的主流观点。

第三节　耶兹研究中的布鲁诺和赫尔墨斯传统

一、文艺复兴时期的赫尔墨斯传统

赫尔墨斯传统是古希腊哲学与古埃及、东方希伯来、波斯等宗教文化因素融合的一种神秘主义法术传统。它关于宇宙论和形而上学的观点主要来自中世纪的新柏拉图主义,还混杂了诺斯替教和犹太教的观点,然而其目的并不在于追求严格意义上的哲学理念,并不是要提供什么新的关于上帝、世界和人的具有一致性的说明,而是要在神秘力量的指引下得到一种由神赐予的对宇宙永恒性问题的答案。信奉赫尔墨斯主义、试图追寻事物背后隐秘的相互关系及感应力的人们,在一定意义上都可以被称作是法术师。

赫尔墨斯主义关于宇宙的一个很重要的思想就是"宇宙交感"的观点。这一观点主张:地球上的事物之间和宇宙中任何事物之间都存在某种隐秘的相互感应力,物体之间通过这种神秘的交感力量可以远距离地相互作用,因此这种交感力量可以被用来解释、预示乃至控制事物发展的进程。这一观点的基础是一种隐含的但却真实而坚定的信仰,它确信自然现象之间贯通联系、相互感应,不同的存在之间有着链条般的相互关联性(Yates, 2002)[42-48]。

文艺复兴时期,随着人们对原始文献的重新发掘、整理,早期的古代神秘智慧受到了人们的推崇,当时的人们认为"过去往往优于现在,发展就是复兴古代文明。人文主义者就是要发掘古代典籍,并有意识地回归到古时的黄金时代、复兴古代文明"。

因而,赫尔墨斯主义作为一种古代智慧、神秘启示的传统受到了文艺复兴时期的人们的广泛关注。很多人都以复兴这一传统为己任,对其加以信奉与膜拜,其中最为突出的人物之一就是布鲁诺。

二、布鲁诺与哥白尼日心体系和宇宙无限学说

耶兹在阐述文艺复兴时期赫尔墨斯传统复兴的历史与境的基础上,进一步讨论了哥白尼日心说在这一具体的社会历史文化背景下所隐含的意义,而这个意义对于不同的人来说也是不同的。这样就把赫尔墨斯传统的线索引到了坚持哥白尼日心说的布鲁诺等人的身上。她对布鲁诺的考察主要从布鲁诺各种版本的著作、一生游历以及所到之处不同的社会环境、社会反响入手,并且将他与开普勒等人进行比较,揭示出布鲁诺毕生所坚持并为此献身的信念,并在当时独特的社会政治文化背景下对他极富传奇性的人生际遇做出了解读。

在她看来,"布鲁诺混杂着宗教使命的哲学思考,深深地浸透在文艺复兴时期的赫尔墨斯法术源流中"(Yates, 2002)[539]。布鲁诺在 1584 年英国出版的意大利语对话录著作《驱逐趾高气扬的野兽》(*Spaccio della bestia trionfante*,英文译作 *The Expulsion of the Triumphant Beast*)和《星期三的灰烬晚餐》(*La Cena de le cener*,英文译作 *The Ash Wednesday Supper*),通常被人们看作是道德哲学的著作,但是耶兹从中揭示出布鲁诺的哲学理念与道德改革的初衷都是与他的赫尔墨斯主义式的宗教使命密切相关的。在这两部著作中,布鲁诺高度赞扬了赫尔墨斯法术传统的源泉——古埃及宗教(他们崇拜的神是"存在于万物中"的上帝),在他看来,古埃及的宗教才是真

正的宗教,优于其他任何一种宗教,现行的基督教是恶劣且作伪的宗教,他的使命就是要进行赫尔墨斯主义的宗教改革,放弃推翻那些不再纯粹地与基督教交杂的法术,重新回归到古埃及赫尔墨斯法术传统中去(Yates, 2002)[175]。

抱持着古埃及宗教信仰的布鲁诺,一直都在试图进行一场宗教革命,而其矛头直指现行基督教。他还意识到要找到一个突破口,这时的哥白尼日心说为他提供了这个机会。因为在他所推崇的赫尔墨斯著作中,充满了太阳崇拜的遗迹,其中太阳颇具宗教意味,被视作是可见神、第二位的神。而且这种太阳崇拜也影响了后来费奇诺等人的太阳法术,并在哲学层面上促成了赫尔墨斯主义与新柏拉图主义的结合。太阳在深受赫尔墨斯主义和新柏拉图主义影响的布鲁诺眼中,具有理念、智慧、神圣的意义(Yates, 2002)[232-235]。

众所周知,哥白尼的日心说之所以最终奠定了划时代革命的意义,并不是因为它延续了法术传统,而是由于它开启了近代科学的数学化。但实际上呈现在读者面前的哥白尼日心说,延续了古时的太阳崇拜传统,它既是人对世界的思考,也是一种可见神的启示。耶兹认为:人们早就对哥白尼日心说中的目的论有所认识,但仍然没有意识到自己仍是在当代意义上谈这一目的论的。当进一步还原到哥白尼的时代,人们就会发现一个新柏拉图主义、赫尔墨斯法术传统等交杂在一起的新世界观,而这个世界观在很大程度上影响了这一目的论的形成。无论哥白尼延续了古代埃及的太阳崇拜是出于个人情感倾向上的因素,还是为了使其理论更容易被接受的权宜之计,至少不能忽略的是他的日心说确实援引了赫尔墨斯法术传统中的太阳崇拜(Yates, 2002)[171]。而此时的布鲁诺恰恰也注意到了哥白尼学说与赫尔墨斯传统之间的紧密联系。然而,布鲁诺坚持哥白尼学说与哥白尼提出日心说,却是从不同层面、角度上考量的。

日心说就哥白尼而言,数学化的意义更甚于哲学宗教的意义,而对布鲁诺而言,则恰恰相反,日心说有着更深层的哲学和法术宗教上的意味。尽管哥白尼提出日心说可能没有过多地受到赫尔墨斯法术传统的影响,但布鲁诺坚持日心说,却是要将哥白尼的科学工作推回到前科学的阶段,要使其复归到赫尔墨斯法术传统中去。相应地,布鲁诺将日心说解释为一种神性的象形文字,是古埃及法术宗教复兴的标志(Yates,2002)[172-175]。之所以"哥白尼的太阳"具备这样一个神启的特征而成为古埃及宗教复兴的预兆,很大程度上是因为布鲁诺所推崇的赫尔墨斯法术传统中的宇宙交感思想在其中起到了重要的作用。正是这一思想使布鲁诺坚信:通过天上世界的改造可以改变地下世界。太阳的神圣之光居于宇宙中心,光耀万物、驱散黑暗、迎来光明;与之相应的,地下世界中古埃及法术宗教将取代现行黑暗愚昧的宗教,实现复兴。可见,这些都与布鲁诺的宗教改革、社会改革的初衷相合。

哥白尼日心说中对地动的阐述,也得到了布鲁诺的支持。这在耶兹看来,布鲁诺接受哥白尼的地动说是建立在法术传统中"万物有灵论"的基础上的,即"万物的本性就是其运动的原因……地球和天体的运动都是与其灵魂中存在着的本性相一致的"(Yates,2002)[267]。宇宙是统一的,地球是宇宙的一部分,天体的运动也显示了地球运动的必然性和合理性,地球只有运动才能不断地更新和再生。

后来科学史研究中对布鲁诺予以极高评价的另一个原因,是布鲁诺又进一步发展出了"无限宇宙中无数个世界"的学说,摒弃了托勒密宇宙体系将世界看作是封闭的、有限的观点。但耶兹通过研究认为,布鲁诺并不是从现在所谓的"科学"的角度提出这个"无限宇宙中无数世界"的观点的,相反,却是为了将人们的自然观推回到赫尔墨斯传统中,使自然成为一种神性象形文字,表征神性宇宙的无限性(Yates,2002)[270]。其中,"宇宙的无限性"与赫尔墨斯法术传统中的泛神论、万物有灵论以及宇宙感应的思想密切相关,这些都体现出赫尔墨斯法术传统对布鲁诺思想的总体影响。

赫尔墨斯传统中虽然没有关于宇宙无限的具体概念,但是在布鲁诺产生上述观念的过程中,赫尔墨斯法术传统的影响仍是潜移默化的。赫尔墨斯主义主张:"上帝之完满就是万物存在之现实,有形的和无形的,可感的和可推理的……任何存在都是上帝,上帝就是万物","如果世界外面有空间的话,那一定充满着有灵性的存在,这个存在就是上帝的神圣性之所在","上帝所在的领域,无处不中心,无处有边界"(Yates,2002)[272]。由此,布鲁诺坚信神性存在的必然性,也坚信只有无限的宇宙才能体现上帝无限的创造力,无限的宇宙就是神性现实存在着的最好体现。在布鲁诺看来,人类作为神创的伟大奇迹,应该认识到自身有着神性的渊源,人们只有在认识无限宇宙的过程中,才能体会出神性的无限。

耶兹还强调在布鲁诺那里,"宇宙就是努斯,上帝像法术师那样用神秘的感应力量激活努斯,这就是伟大神迹的体现。作为法术师,就必须要将自身的力量拓展到无限中去,这样才能反映出这伟大神迹之万一"(Yates, 2002)[274]。而且耶兹还举了布鲁诺关于古埃及智慧谱系的例子来论证:在布鲁诺看来,无论是哥白尼日心说还是卢克莱修的无限宇宙,都是古埃及智慧的扩展,他之所以采纳其思想,就在于这一切都将预示古埃及法术宗教的复兴,这些都是赫尔墨斯传统思想的扩展延续(Yates, 2002)[276]。

布鲁诺的宇宙无限理论进一步扩展到哲学层面就是"太一"(所有即为一),耶兹认为布鲁诺从无限学说到"太一"的扩展,在很大程度上也可被看作是将哲学引向法术。他通过"太一"的概念,进一步阐发了"法术师可以依靠万物间神秘的感应力来认识整个自然"的观点。由此,耶兹认为,尽管布鲁诺思想看似混沌无序,但还是能在整体上揭示出他的哲学与其宗教观是统一的,布鲁诺所具有的强烈的宗教感使得他的哲学并不仅仅是一种宗教信仰,还是一种法术,可以说布鲁诺的哲学与宗教信仰、法术是一体的,在他眼里,法术能够成为促使宗教改革全面展开的有效工具(Yates, 2002)[276-388]。

相应地,耶兹认为布鲁诺坚持哥白尼日心说、发展宇宙无限学说,都体现了他在宗教改革上的热情,体现了他想通过赫尔墨斯法术的方式获得无限知识的渴望。正是这些促使他从基督教的神秘主义禁锢中解脱出来,转而接受、宣扬非基督教的赫尔墨斯神秘主义,并将此作为他的哲学的基础。尽管布鲁诺的思想吸收了众多古希腊哲学思想,而且赫尔墨斯神秘主义本身也是一个调和的思想,但是在耶兹看来,布鲁诺思想的轴心仍是古埃及的赫尔墨斯法术传统。不论他接受了怎样的思想,这些思想都既有哲学意义,也具有宗教意味,而且都从属于他要进行的赫尔墨斯式宗教改革的理想。

三、耶兹眼中的布鲁诺

从上述观点出发,耶兹认为:布鲁诺就是位具有强烈宗教改革意识的激进的赫尔墨斯法术传统的追随者,是古埃及法术宗教的信仰者,他本身就是一位法术师。他试图通过法术的方式发现自然的秘密,以便控制、利用自然,他所有的哲学和"科学"层面的探讨都从属于其宗教使命。不论什么思想,只要与他的复兴古埃及法术宗教的使命相合就都会为其所用,为此他丝毫不理会当时基督教的禁忌。无疑,正是这一点在很大的程度上导致了宗教裁判对他的反感。

就比如他毫不避讳地推崇基督教禁忌的巫术(demonic magic),还坚持当时尚未被基督教完全接受的新柏拉图主义,强烈反对当时已与基督教融合的亚里士多德主义,并对其冷嘲热讽,把他们斥为只懂文法却不会深刻地思考自然本质,也就根本无法获得灵智的"学究"。他甚至还"得寸进尺"地宣称现行的基督教是做伪且做恶的宗教,就连基督教的圣物"十"字架在他看来也是基督教从古埃及人手里偷来的。

耶兹还举出了诸多例子,并引用了历史学家阿·梅尔卡蒂的研究,指出当时的宗教裁判所关注的更多的是他的神学问题,基督教对布鲁诺的种种质询很少是从哲学或科学的意义上提及的。布鲁诺热衷于赫尔墨斯法术宗教的复兴,期望以此替代败坏了的基督教,他的种种思想和作为都是为这一目的服务的,就比如他坚持自己对"三位一体"的解释,将神迹视作实行法术后的结果,而不理会基督教的权威解释;他反对教皇、僧侣、反对敬拜偶像,并总是率性而为对他们极尽冷嘲热讽之能事;他还去过异端的国家,与异端有过亲密接触等,这些都是宗教裁判所足以定他神学异端,并处死他的有力罪证。

由此,耶兹进一步推测,布鲁诺很可能是一名以在整个欧洲传播法术、实现宗教改革为己任的赫尔墨斯式法术师。在当时的宗教裁判所眼里,他就是一个胆大妄为、不知悔改的宗教异端者,也就是说他并不像人们惯常所认为的那样,是为了捍卫科学真理而被宗教裁判所处死的。他是为了他毕生信仰、追随的赫尔墨斯法术传统而死的(Yates, 2002)[289-290]。

可以看出,耶兹眼中的布鲁诺形象与以往将其视作"科学真理的殉道士""一位唯物主义者"的形象有了很大的不同。在她看来,布鲁诺并不具有我们现代意义上的科学观念,历史中的布鲁诺更倾向于符合当时历史与境下的法术师形象,他的思想、命运都围绕着赫尔墨斯法术传统而展开。他坚持哥白尼日心说、发展"宇宙无限"学说,也都是从属于他的宗教使命的。他惨烈的人生结局也主要是因为他对赫尔墨斯主义的坚持,宣扬哥白尼学说也仅是他坚持赫尔墨斯主义中的一部分。

　　同时布鲁诺与哥白尼革命的相关性,也恰恰说明了文艺复兴时期的"科学"、宗教以及赫尔墨斯法术之间边界的模糊、不确定性。这同时也说明文艺复兴时期的科学与宗教问题并不像传统的理解那样简单,在他们之间还掺杂着更为古老的法术传统,这三者之间与其他社会文化因素交织在一起、相互影响渗透,共同构成了文艺复兴特定的社会文化历史与境。在这样复杂的历史与境下,任何一种对当时发生的历史事件的简单化、片面化的理解都是失之偏颇的。

第四节　国内布鲁诺相关研究状况

　　讲到耶兹的工作,自然会让人们联想到布鲁诺在中国的学术界和一般公众中的标准形象问题。在十几年前笔者决定介绍耶兹的研究时,国内对布鲁诺形象在国际科学史背景中的历史变化的关注是很不够的。当时在国内通行的科学史通史教材和相关科学辞典中,对布鲁诺形象的认识仍延续了传统的观点,保持着对其的刻板印象。在此,不妨以一些有代表性的国内科学史著作中对布鲁诺的描述为例来说明。例如:

　　(1)"对捍卫与发展哥白尼太阳中心说的思想家、科学家进行残酷迫害,说明宗教是仇视科学的。……布鲁诺是哥白尼太阳中心说的忠实捍卫者和发展者,是近代科学史上向宗教神学斗争的勇士。他虽是教徒却离经叛道,服从真理,成为自然科学发展的卫士。"(王士舫,1997)[67-70]

　　(2)"哥白尼学说的声威引起了教会势力的严重不安,于是利用宗教法规加害新学说的积极宣传者和传播者,遂使布鲁诺惨遭杀害……布鲁诺为自己的哲学,为宣传哥白尼学说,为科学的解放事业而献出了他的生命。"(王玉

苍,1993)[314-315]

(3)"1600 年 2 月 17 日布鲁诺被烧死在罗马繁花广场上,用鲜血和生命捍卫科学的真理和自己的信仰。"(张文彦,1989)[16]

(4)"布鲁诺,意大利杰出的思想家、唯物主义者、天文学家。……他在几十年的颠沛流离中,到处宣传哥白尼学说,宣传唯物主义和无神论,反对科学与宗教可以并行的'二重真理论'。"(江泓,1992)[15-16]

(5)"布鲁诺是一个为宣传哥白尼学说、宣传科学真理而献身的英雄。"(关士续,1989)[106-107]

(6)"捍卫新的科学理论,需要无畏的科学勇士。布鲁诺就是一位捍卫科学真理的勇士。"(刘建统,1986)[57]

(7)"布鲁诺,这位意大利的科学英雄在年轻时代就读过哥白尼的著作,并成为一名哥白尼学说的忠实信徒。于是他受到了教会的迫害……。布鲁诺坚持唯物主义的认识论,反对宗教与科学可以并行的'二重真理论'。……当布鲁诺早在几十年后宣传哥白尼学说时,就遭到了教会的残酷打击。……在罗马的鲜花广场上,布鲁诺在熊熊的烈火中牺牲了。"(林德宏,1985)[102-104]

对比上述国外对布鲁诺研究的状况,会发现当时国内科学史研究中对西方古代至中世纪的科学史研究相对薄弱,对这一历史时期下的人物如布鲁诺等做出科学史层面上的考察研究也不多见,即使有关于布鲁诺形象的描述也多是散见在各类科学史通史教材有关"科学与宗教之间关系"的议题中,而且基本还是延续着传统的观点,并没有对国外既有的研究及主流观点的变化予以足够的关注。应该提到,尽管为数不多,但国内对布鲁诺的研究中也确有一些学者对传统观点提出了初步的质疑。如路甬祥(2001)、朱健榕(2002)等已对传统的"科学与宗教"问题以及布鲁诺的传统解释提出了质疑,认为将布鲁诺看作近代科学的殉难者,就会将布鲁诺形象简单化、样板化,同时也会过分简化历史上科学与宗教之间的复杂关系。

如今,"布鲁诺为科学而殉道"的描述逐渐成为被国内科学史学界广泛批判的一个著名科学史"神话",罕有接受过专业训练的科学史学者仍将布鲁诺视为一个现代天文学意义上的早期先驱,也很少在历史叙事中再将布鲁诺列为传统意义上的科学家。在一般公众的理解中,作为法术师的布鲁诺似乎更是走向了理性和科学的对立面。耶兹的解读的确很有颠覆性,但在传播过程中过于简化的描述同样会遇到标签化、片面化布鲁诺形象的问题。

第五节　耶兹之后的西方科学史相关研究

耶兹的著作《布鲁诺与赫尔墨斯传统》自 1964 年经芝加哥大学出版社出版后,很多西方学者沿着她所开辟的方向进一步展开了对上述问题的研究,例如伊娃·马丁(Eva Martin)的专著《布鲁诺:神秘主义者和殉道士》(Martin, 2003)以及布卢姆(Paul Richard Blum)在讨论耶兹的布鲁诺研究中作为一种哲学模式的理论调和主义的论文(Blum, 2003)等,都对耶兹将布鲁诺置于一个更为丰富、复杂的社会文化历史与境下的工作给予了正面的评价,而且还在她的研究基础上进一步探讨了科学与法术、宗教之间的关系。

约翰·H·布鲁克(John Hedley Brooke)的《科学与宗教》一书中也接受了耶兹的观点,把布鲁诺与赫尔墨斯法术传统、新柏拉图主义联系在一起,肯定了他的世界图景受到一种与法术相关的宗教、哲学观念的影响,质疑了以往传统的观点即他是因为坚持哥白尼主义、捍卫科学真理而死的,并且进一步延伸到科学与宗教的关系上,否认科学与宗教之间仅存在尖锐冲突关系,主张对科学与宗教之间关系的考察要放到具体的历史情境中去,尽可能地恢复其复杂性和多样性(布鲁克,2000)。

耶兹对布鲁诺形象的重新解读也被西方科学史界普遍接受,成为西方科学史界比较主流的观点。比如国外比较权威的百科全书在对"布鲁诺"词条的解释中,也多引用、参照了耶兹的研究成果;1981 年版的《科学传记大辞典》(*Dictionary of Scientific Biography*)中关于"布鲁诺"的条目文章是由耶兹撰写的;1998 年版《哲学百科全书》(*Routledge encyclopedia of philosophy*)中对"布鲁诺"的解释也引用参考了耶兹的研究成果。

但在学术史上,围绕耶兹的布鲁诺研究曾引发过诸多争论,科学史家和研究神秘学的历史学家都曾一度对耶兹的论述表示强烈的反感与质疑（Guido，2014）。因为耶兹所引入的赫尔墨斯主义传统对于科学史学界的影响不仅局限于对布鲁诺的形象研究上，她提供的独特视角还带来了一个亟待解决的关键性问题，那便是那些曾被视为需要摆脱的非理性因素在多大程度上对新科学的产生发挥了积极因素。除了由于耶兹个人专业背景、学术风格不同而招致的批评之外，就其论述本身的批评可粗略地分为三类：其一，是对耶兹所用"赫尔墨斯主义"概念本身的质疑；其二，是新科学的某些特征是否真的源于赫尔墨斯主义传统之中，批评主要集中于耶兹的叙事方式过于夸大了神秘主义传统对于新科学的贡献；其三，是对耶兹之后的布鲁诺形象研究的再反思。

一、对"赫尔墨斯主义"概念的质疑

耶兹面临的主要问题是，被她描述为"赫尔墨斯主义"的那些特征并没有在文艺复兴时期随着《赫尔墨斯文集》的重新发现和翻译而突然出现，相反这些思想其实已经被新柏拉图主义者融入基督教中，而这种异端思想的起源则可以追溯到更加遥远的古代（Fleming 等，2015）。同时，有学者认为当时的人们确实使用"赫尔墨斯主义"来描述一种对自然的特殊态度，但在使用中耶兹有时将这个词与"法术"（magic）或"神秘术"（occultist）的含义等同起来，然而在现代语境中，"法术"是一个模糊的术语，意味着"从正统宗教或哲学的角度，或现代科学的角度来看其实践的性质似乎是不合法的、错误的，在某种程度上是边缘的"（Copenhaver，1988）。由于缺乏清晰界定，"赫尔墨斯主义"和"法术"等概念的使用成为有待进一步商榷的议题。

"赫尔墨斯主义"其概念本身更多的是一种学术建构，如果人们留意科学史中的早期写作习惯，就会发现最早赫尔墨斯主义所指代的一类思想并不能够称为"赫尔墨斯主义"，它们甚至并不具备自成一派的地位。传统科学史家并不是没有注意到赫尔墨斯学说所代表的一股思想潜流，但因其与新柏拉图主义等其他思想的密切联系，而更倾向于将其作为一种新柏拉图主义或斯多亚主义的分支。

半个多世纪以来，尽管学者们对于耶兹的观点有较多的回应与讨论，但对于"赫尔墨斯主义"究竟指什么却没能得到清晰的统一界定,甚至在耶兹之后的科学史家沿着其开辟的道路有意识地运用"赫尔墨斯主义"指代某一类思想时,反而加重了对概念的滥用和使用语境的混乱程度。因此,除了简单地将布鲁诺放置在赫尔墨斯主义传统之下去理解,其实也存在很多其他选择。例如:韦斯特曼(Robert Westman)指出与其将布鲁诺支持宇宙无限论的观点诉诸赫尔墨斯主义传统,不如追溯到无限思想的悠久传统中,证据是当时除了布鲁诺之外,没有其他赫尔墨斯主义哲学家提出类似主张(Westman, 1977);马丁内斯(Alberto A. Martínez)则将布鲁诺视为古老的毕达哥拉斯教派的信徒,通过将布鲁诺的思想放置在毕达哥拉斯秘密宗教团体的与境中,他给出了另一种完全不同的解读(Martínez, 2018)。

"赫尔墨斯主义传统"这个概念本身遭遇了诸多困难和挑战,其背后的原因是多方面的。"赫尔墨斯式的"(Hermetic)一词本身就有隐秘的、封闭的含义,信奉者主张通过隐秘知识(occult knowledge)达成宇宙统一和谐的状态,而这种隐秘知识超出了语言文字的范畴,知识本身不为一般大众所知晓,也很少被书写下来,因此即使在回顾历史时会偶尔发现它的痕迹,但很难按照主流的学术传统把握其完整脉络。然而确实需要将这股错综的思想暗流作为一种历史实在加以命名,才能更好地理解当时的思想状况,但目前要厘清神秘学内部各个学说的复杂关系比较困难,这与学界对西方神秘学传统长久以来的忽视有关。值得注意的是,除了提出质疑外,后来的学者也提出了具有建设性的解决方案,比如荷兰阿姆斯特丹大学赫尔墨斯主义哲学研究中心的沃特·哈内赫拉夫(Hanegraaff, 2015)认为用"柏拉图东方主义"来代称这种思潮更为具体明确,高洋(2016)建议将"赫尔墨斯主义传统"下的历史叙事纳入更具包容性的神秘学概念的使用范围中。总的来说,即使学界对"赫尔墨斯主义"是否是一种可以被明确定义的思想持保留意见,但仍没有放弃对于这一进路的继续推进。

二、"赫尔墨斯主义"与新科学的关系问题

在耶兹之后,科学史学界对"赫尔墨斯主义"与新科学的关系问题有着较

多的讨论与争议,对耶兹的批评涉及了一些相对具体的问题,比如认为她对法术中数的操纵和自然的数学化的理解过于简单,法术中对数的重视未必一定会带来自然的数学化,赫尔墨斯主义的太阳崇拜与哥白尼的宇宙模型之间的联系并不十分密切,等等(科恩,2012)[377-382]。种种证据都表明想在赫尔墨斯主义与新科学之间建立某种确定相关的联系十分困难。但对此查尔斯·施密特(Charles Schmitt)曾给出过较为中肯的评价,他指出:"如果耶兹的书有一个'论题',它涉及的是一个更普遍的问题,涉及赫尔墨斯主义在布鲁诺的政治、宗教和哲学思想(包括记忆艺术)中的作用,而不是在科学革命中的作用。"(Schmitt,1978)耶兹的关注点并不仅局限于科学革命,在她看来赫尔墨斯主义的体现的倾向只是一种可能的催化剂,并不直接带来现代科学,反而是一些科学史家将研究视域过于狭窄地局限于现代科学本身的发展脉络,才造成了这种对耶兹观点的扭曲和误解。当然,新科学的形成并非完全是耶兹倾向于采用的赫尔墨斯主义传统所直接带来的,但很难否认这种新的认识方式的出现隐含了赫尔墨斯主义的气质,而这一点是被以前的科学史家所误解或忽略的。

同时,应注意到目前关于耶兹研究的讨论在很大程度上局限于赫尔墨斯主义与新科学的关系问题之中,但这不足以完全涵盖赫尔墨斯主义丰富的历史内涵和耶兹带给科学史界的有益启示。无论赫尔墨斯主义在新科学的产生过程中是否发挥了积极作用,作为一种思想或认识方式,其本身的意义都应该引起更广泛的重视。与其急于建立与宏大叙事的历史主线之间的联系,不如先充分了解其本身。这一点历史上已有深刻教训,当人们带着强烈的问题意识去历史中寻找答案时,往往看到的只是部分的、有节略的历史,而有意识地分类也会影响人们对同一问题的认识深度。例如,在20世纪西方学者将赫尔墨斯式文献系统地分为两类,即技术性/通俗的赫尔墨斯式文献与理论性/学术的赫尔墨斯式文献,这样的划分的确使赫尔墨斯主义与新科学的关系更加明朗,但实际上这种二分影响了赫尔墨斯文献的整体性,从长远看并不利于对其更好地深入理解(高洋,2019)。

三、在耶兹之后对布鲁诺形象的再反思

此类批评的重点在于认为耶兹过于简化了布鲁诺的整体形象,赫尔墨斯主义实际上只是布鲁诺哲学结构众多线索中的一条线,但在耶兹之后学界对布鲁诺的看法大部分受其影响,布鲁诺作为法术师的形象越来越固化,导致布鲁诺长久以来难以被正统的科学史家当作对科学有严肃兴趣的自然哲学家来对待(Gatti, 1999)。在加蒂看来,布鲁诺不仅是一个法术师或赫尔墨斯主义哲学家,同时也是近代科学的先驱,在他身上同时体现出了近代科学和法术传统。加蒂还肯定了布鲁诺的数学方法、自然观和认识方法在近代自然科学兴起过程中的作用,对布鲁诺在科学史中的作用做出了新的评估(Gatti, 2002)。

此外,耶兹当年并没有对审判布鲁诺的具体情形做更进一步的细致考察,但马丁内斯指出宗教法庭对多数哲学家和科学家的审判并没有明显地影响他们之后的职业生涯,而布鲁诺却被判处最残酷的火刑,这是一个非常不寻常的判决,有必要重新对审判过程做更详细的考察。基于一些新发现的档案材料,他认为布鲁诺始终坚持"无限宇宙中有无数个世界"的这一观点在当时的确属于宗教异端,而对其宇宙学说的一再坚持正是他最终被判火刑的重要原因。除了对这一观点的坚持和对基督教中"三位一体"概念的质疑,对于其他神学上的指控布鲁诺在证词中要么不予承认,要么进行了辩解。比如有证人认为布鲁诺怀疑基督是神的化身,但在布鲁诺的证词中,他只承认曾在五个不同场合表达过好奇化身过程是如何发生的,而并不怀疑这件事本身,他甚至期望自己的观点能被当作一种与神学可以相容的哲学学说(Martínez, 2016)。而且尽管耶兹将布鲁诺视为受赫尔墨斯主义信仰支配的法术师,但布鲁诺对自己的定位却始终是哲学家:"我的学说建立在理智和理性上,而不是建立在信仰上。"(Martínez, 2016)

一些布鲁诺传记作家也对耶兹提出了质疑,认为多数当代哲学家都将布鲁诺视为哲学家,而非宗教改革者,而布鲁诺对于宇宙模型的思考能力,是现代宇宙家所认为的研究本学科所不可或缺的一部分能力(Rowland, 2009)。

较为激进的观点指出站在今天的天文学前沿,会发现布鲁诺的观点相当超前,比人们所熟知的科学革命先驱哥白尼、开普勒和伽利略都要正确,而之所以布鲁诺在历史中的贡献被抹去是因为其异端信仰被基督教正统所不容,以致今天难以对布鲁诺的历史功绩做出客观公允的评判(Martinez, 2018)。不过,也有学者提到这种重新追认布鲁诺为先驱的做法显然非常不合时宜,因为如果按照现代科学的标准,即使布鲁诺最终被证实是正确的,那也是由于错误的方法、错误的原因带来的偶然巧合(Neil, 2019)。

第六节　耶兹研究的编史学启示

　　上述情况说明,对布鲁诺形象以及科学与宗教问题的研究,确实需要经历一个不断深化认识和理解的渐进过程,耶兹的研究因其丰富的史料、反辉格式的思考、大胆的论述,直到今天仍对国内科学史研究具有巨大的参考和借鉴价值。耶兹的研究作为西方科学史研究的典型代表,不仅能够拓宽当时的西方科学史界的研究思路,也能够在很大程度上促进国内科学史研究思路的进一步拓展。

　　如今布鲁诺法术师形象的固化并非耶兹的本意,她曾在著作中一再声称这只是被放置在赫尔墨斯主义传统之下的布鲁诺。但当她激情洋溢地写下"谁又能真正评价他呢? 法术师的狂热与诗一般热情以可怕的强度结合在一起。疯子、情人、诗人,从来没有一个人像布鲁诺那样富有想象力"(Yates, 1964)[240]。时,却并没有想到这样热情地颂扬布鲁诺,并将其作为一位杰出的法术师来描述的颠覆性解释,会意外地产生将布鲁诺排除在科学史主流叙事之外的效果。

　　虽然耶兹的研究被认为是通常意义上的反辉格史进路的一大突破,但其研究本身也很难摆脱辉格色彩,在学术历史的循环中,一种极具颠覆性的观点也终将成为需要被颠覆的对象。另一方面,更值得反思的是,后来学者对布鲁诺形象的修正实际上仍旧隐含了一种狭窄的科学观立场,作为法术师的布鲁诺被排除在科学史主流叙事之外并不完全是因为耶兹著作的影响,而恰恰是由于科学史界对于赫尔墨斯主义的拒斥。而为布鲁诺"鸣不平"的行为本身也没有完全脱离科学进步观的挟制,似乎先入为主地认为法术师形象不如对"科学"有严肃兴趣的自然哲学家形象"伟大"。

当"法术师""科学家""哲学家"这些概念在日常环境中被使用时,已经带上了今天人们的种种预设。一个没有读过任何布鲁诺原著的人,当听到布鲁诺是法术师时,会自然地联想他是一个愚蠢的"前现代"的迷信者,但在布鲁诺和当时的许多人看来,法术并非科学的对立面,它就同数学一样,同样是探索自然、追寻真理的一种方式。当后人争论布鲁诺是否是"科学家"时,很少充分考虑布鲁诺本人对"科学"的理解,布鲁诺(2005)[53-56] 在自己的书中写道"没有任何东西要比科学更接近和靠拢真理了,科学应当被区分成两种(就像它本身显示的那样):高级的和低级的。……对真理的思考,一些人是用穿透灵魂、激起内心智慧的悟性力量来致力于对理论的研习和理性的认识的;而这些人是少数"。耶兹研究的非凡之处也正在于她采用了一种更为多元包容的科学观,一种更具"主位"视角的科学观,正如她反问道"所有的科学难道不都是一种灵知? 一种对万物本性的洞见,通过接连不断的启示而进行的吗?"(Yates, 1964)[452] 也正因如此,耶兹对赫尔墨斯主义的引入和解读才极大地丰富了科学史界对早期自然哲学家精神世界的理解,让人们认识到古人在追求一种不同于现代科学知识类型的特殊智慧。不然,面对布鲁诺,我们今天仍会面临和当年柯瓦雷(2016)[60] 遇到的同样困惑,即在学说上布鲁诺远远超前于他的时代,但作为现代意义上的"科学家",他又确实远远落后于他的时代。

学者们围绕布鲁诺形象的争议背后实际上触及了更深层次的编史学问题,让我们必须重新审视那个曾被耶兹巧妙回避的问题,即从赫尔墨斯主义的努力中到底是否会出现一种新的科学史? 科学仅仅是理性的化身吗? 还是一种解放的力量? (科恩,2012)[231]

在这方面,有学者提醒赫尔墨斯主义背后隐含的可能是区别于机械论纲领、博物学纲领的第三种自然认识论和编史学纲领,皮埃尔·阿多(Pierre

Hadot)提出的普罗米修斯式和俄耳甫斯式两种自然认识论难以涵盖人们对待自然的全部态度,比如以帕拉塞尔苏斯为代表的神秘主义者对自然的认识方式很难被归为其中的任何一种,而这种自然认识论所对应的神秘主义编史学纲领却被学界长久忽略。神秘学作为西方思想文化源流中与"理性""信仰"并列的第三种传统(哈内赫拉夫,2018)[255],同样是构成古代文化的基本要素,放下对神秘学的偏见,能够更好地深入理解西方的文化源流和现代科学的发展历程。如果科学史家愿意接受一种更加宽容多元的科学观,一种在某种程度上更贴合古人精神世界的科学观,那么在不远的未来,科学史也将呈现一种崭新的面貌。

(刘晓雪、冯溪歌撰)

第十二章
科幻究竟是什么：基于科幻史的编史学研究

2010 年以来，随着国内科幻热的兴起，对科幻史的研究也相应地成为热点，但现实中有多少种关于科幻的不同理解，便有多少种不同的科幻史。本章是关于科幻史的编史学研究，围绕科幻历史概念的形成、科幻的起源、科幻史的分类等具有争议性的科幻史元问题进行了总结与反思。

第一节　不确定的历史对象："科幻"定义的演变与历史

一部科幻史往往是从对"科幻"概念的分析开始的，科幻的定义在某种程度上构成了一部科幻史的核心主线，并且集中反映了科幻史学家的编史观念和审美趣味。而科幻定义自身的丰富性和差异性又构成了科幻史中的一种特殊现象，并且定义的分歧往往伴随相关的重要科幻论争。然而，科幻史的研究对象本身便是一个不确定的、处在变动之中的历史概念。在过去的整个 20 世纪里，英美科幻不仅长期占据了定义科幻的话语霸权，并且至今仍然在挟制着多数人对于科幻作品的想象。同时，英、美两国之间的定义在具有显著差异的同时，其论争又具有一定的普遍性，本章通过回顾这段历史提供了一种更为广阔的视野来重新思考国内科幻史上的某些争议，并对科幻史中科幻概念的不确定性问题以及与文学史、科幻史与科普史的关系得出一些更加全面的认识。

一、"科幻"概念的产生：定义科幻的早期尝试

在文献调研中，本研究目前搜集的便有至少 112 条相近或相异的不同科

幻定义,历史上众多科幻作家、编辑、评论家、学者也都曾试图为其下定义,现实中判定被归到"科幻"类别下的作品是否是"真正的科幻",也是众多科幻迷热衷讨论的话题之一。

历来科幻史家对科幻的起源有着不同的看法,至今未有定论,但科幻真正成为一种专门的文学类型和出版类别始于美国的科幻杂志编辑雨果·根斯巴克(Hugo Gernsback),对此学者们并没有太多争议。这并不意味着科幻作为历史对象在此前不存在。在此之前,科幻有着许多种近似的别称,如奇妙传奇(marvelous romance)、科学奇谈(scientific marvelous)、超凡游记(extraordinary voyage)、科学小说(scientific novel)、现实传奇(realistic romance)、科学奇妙故事(scientific-marvelous)、假设小说(hypothesis novel)等,也曾有作家或评论家试图定义类似的文学作品种类,但都未曾产生较大范围的影响。如詹姆斯·冈恩(James Gunn)所言,"在根斯巴克之前,我们只有科幻小说,在根斯巴克之后,我们有了科幻小说类型"(拉克赫斯特,2022)[12],当人们站在今天回溯科幻史时,许多被追认为科幻鼻祖的作品在诞生之时并没有一个固定的专属名称,作者本人也少有在创作一种不同以往的新的文学类型作品的自觉。直到 1926 年,在根斯巴克创办的科幻专门刊物《惊奇故事》(Amazing Stories)的编者按中,他发明了"科学小说"这个概念,并对其进行了限定。

"我所说的'科学小说'(scientifiction)是指凡尔纳、威尔斯和爱伦·坡那样的故事类型——一个迷人的浪漫故事,融合了科学事实和预言性的想象……这些惊人的故事不仅读来有趣……而且往往具有启发性。它们以一种非常可人胃口的形式向人们提供知识……用今天的科学眼光为我们描绘的新发明的图景在明天是可能实现的……许多伟大的科幻故事注定在成为历史之后才引起人们的关注。……后人将指出他们开辟了一条新的道路,不仅在文学和小说方面,而且也在社会进步方面。"(冈恩,2018)[190]

在此定义中,根斯巴克不仅为科幻的文学传统找到了鼻祖,赋予了它兼具科学普及和娱乐大众的双重功能,还特别强调了它能为社会进步做出贡献的非凡预见性。20 世纪二三十年代的美国,随着公共教育的发展与公民识字率的普及，出现了大量满足大众娱乐需求的廉价纸浆杂志，这些杂志大多粗制滥造、内容庸俗，他之所以做出种种限制，也有希望把科幻从那些一般的传奇故事中分离出来的原因。通过为科幻制定规则，并将其放置在一个有文学传统的历史脉络之中，根斯巴克给了科幻小说之前未曾有过的地位和尊严。

需要提及的是，此时科幻的科普功能在于普及科学知识，并具有较强的服务于现代化的功利主义倾向。根斯巴克在定义中尤为侧重科学事实与预言性，与他对技术发明的偏爱和对未来的乐观主义态度不无关系。作为电气工程师，他曾在卢森堡工业学校和德国宾根的技术学校接受教育，并从事过发明创造、电器推销、创办科学杂志等工作。这些倾向在他所欣赏的小说中同样有章可循，比如情节多为科学事实所服务、危机多为发明创造所解除、发明家多为正面英雄形象等。根斯巴克代表了科幻迷中的一类人，他们被发明创造的精神所吸引，并为技术给社会所带来的改变而振奋。随着杂志的大受欢迎，根斯巴克的定义被更多人了解，其主张也对早期科幻史的框架产生了潜在影响，但与其说他的定义为不被大众理解的一类群体找到了归属，并在科幻迷群体中形成了一种技术狂热的潮流，不如说其恰巧迎合了美国社会中蔓延的技术进步主义思潮。

二、狭义理解传统的形成与延续

虽然科幻界的重大奖项"雨果奖"以根斯巴克的姓氏命名，但根斯巴克在科幻史上留下的名声并不太好，他所创造"的"scientifiction"一词很快被音节更和谐的"science fiction"取代。目前在《科幻百科全书》中对他所创的"scientifiction"一词的释义是"现在使用时，通常指由根斯巴克出版的那些笨拙的、以技术为导向的小说；或者指现代的同等作品（常用于贬义）"（Langford，2022）。一些科幻史学者则更加不留情面地将根斯巴克称作科幻有史以来最严重的灾难之一，并指出他的定义为科幻穿上了糟糕的紧身衣。

即便如此，根斯巴克的确开创了一种狭义理解的传统，即科幻小说可以被非常严格地限定为仅指1926年由根斯巴克创立的《神奇故事》中的美国通俗文学传统，或直接从这种传统中衍生出来的作品。后来的美国科幻作家萨缪尔·德兰尼(Samuel Delany)就认为,没有理由把科幻追溯到早于根斯巴克创造这个新词之前,只有荒谬且感觉迟钝的编史学家才会把玛丽·雪莱奉为科幻之母,把古希腊的卢锡安当作遥远的祖先更是教条主义的做法(Delany,1994)[25-26]。

根斯巴克的定义被之后的《惊异故事》(*Astounding Science-Fiction*)的主编小约翰·W·坎贝尔(John W. Campbell Jr.)所部分继承,不过在这位优秀的科幻编辑的努力下,一种更受欢迎、更具影响力的模式形成了。在坎贝尔的新定义中,科幻被赋予了近乎能与科学比肩的地位:"类似于科学本身的一种文学媒介,科幻小说所做的事情与科学所提出的一个好的理论一样,不仅可以解释已知的现象,也需要能够预测新的尚未发现的现象。"(Campbell,1938)[37]

同时,坎贝尔对神秘主义的拒斥和对读者群体科学素养的理想预设,使得科幻的地位在种种限定中被进一步提高。在坎贝尔担任主编期间,科幻取得了极大繁荣,这一时期也常被称为"黄金时代"。但显然"黄金时代"的形容本身便蕴含了一种价值偏好,此时科幻的概念和内涵在世界范围内达成了某种相对意义上的广泛共识,并形成了较为一致的写作模式。而这一传统持续地影响了大众对于经典科幻的整体印象和主流审美,同时也为后续的大部分争论埋下了伏笔。

三、20世纪60年代:渐趋明朗的两大阵营

当科幻本身为了迎合标准而变得模式化时,原有的定义便成了科幻发展的桎梏,无论在形式上还是内容上,科幻都需要谋求新的变化。同时,一些具有人文背景的科幻评论家和作家对科幻在文学领域长期所处的边缘位置感到不满,他们殷切地希望通过调整定义以改善科幻在文学中的地位,使其从此摆脱低俗纸浆杂志的出身阴影,步入高雅文学的殿堂。

20世纪60年代,伴随新浪潮运动的兴起和新观点的激进主张,对科幻定义的不同理解逐渐形成了两大阵营,在科幻迷群体中所谓科幻的软、硬之分也正是从这一时期开始愈发明晰化。新的定义同时也是科幻主流话语权的

争夺，科幻作家、编辑、评论家明显地分成了两派。一派维护坎贝尔式科幻的传统和独特性，这其中便包含了科幻对科学事实、技术细节的坚持，同时也延续了黄金时代的主流审美，因此对新的文学实验和创作手法十分排斥。另一派则强烈要求摆脱固有规则，主张在科幻中引入文学标准，积极寻求新的形式变化，并乐于接受心理学、哲学、宗教学、人类学等人文社会科学内容进入科幻小说。

这一时期科幻定义的拓展有许多具体的表现形式，不过与其说是提出了新的定义观点，不如说是对科幻的实际发展情形进行了总结。1964 年，迈克尔·莫考克（Michael Moorcock）开始担任英国《新世界》主编，此刊物刊载了一系列与传统科幻风格迥异的作品，次年美国一些与主流文学联系密切的作者就成立了以"米尔福德派"为前身的美国科幻作家协会，并于 1965 年开启了与雨果奖并驾齐驱的星云奖的评选工作，以抗衡主流科幻界的话语霸权。"米尔福德派"源于 1956 年美国科幻作家"新浪潮运动的旗手"达蒙·奈特（Damon Knight）、詹姆斯·布利什（James Blish）和朱迪斯·梅里尔（Judith Merril）在宾夕法尼亚的米尔福德成立的世界上首个科幻写作班，参与者以年轻一代的科幻作家为主，他们共同呼吁把科幻小说从固有的模式中解放出来。朱迪思·梅里尔指出："科幻作为一个描述性的标签，早在很久以前就失去了它也许曾有过一点点有效性，到现在对一万个人来说有一万种含义"（斯科尔斯，2011）[226]。通过对 20 世纪美国和英国的科幻史重新进行整理，她建议采用"推测小说"（Speculative Fiction）这一更具普遍意义的概念。显然"推测小说"一词比"科幻小说"的覆盖面要广，而这种更广泛的视角倾向于淡化其科学/技术成分，反而更加侧重思想性和哲学性的一面。不仅科幻的定位逐渐在科普和文学之间反复摇摆，美国作家詹姆斯·巴拉德（James Ballard）等人甚至在科幻杂志上发表评论提倡重视科幻中的"非科学因素"，并指出科幻杂志中的"科学"与现实中《自然》（Nature）等科学期刊上的"科学"几乎属于两个不同的世界，科幻应摆脱老旧俗套的叙事情节，向过去占据了 90% 篇幅的太空旅行、银河系大战等元素说不（James，1994）[169-170]。此时，编辑之中更有甚者喊出了将"科幻中的科学扔出去"的极端口号。

相关争议也牵涉了英国科幻和美国科幻的两种截然不同的传统。英国科幻作家布莱恩·奥尔迪斯在《千万年大狂欢》(*Billion Year Spare*)中将科幻的起点追至玛丽·雪莱的《弗兰肯斯坦》,并将科幻小说的诞生源头置于19世纪早期的科学革命与哥特式浪漫文学的背景中,由此不仅重新改写了科幻小说的历史和定义,也成功地把科幻从20世纪20年代在纸浆杂志中发展起来的美国现象变为具有19世纪根源的全球性文学,他将科幻定义为:"科幻小说是一种寻求界定人类和人类在宇宙中位置的探寻之作,它将出现在我们先进而又混乱的知识状态(科学)之中,而且独特地采用了哥特式小说或后哥特式小说的表现模式。"(奥尔迪斯,2011)[4]

与传统定义相比,更深层次的差异在于,奥尔迪斯坚持认为英国科幻与美国科幻分属于两种不同的传统,前者面向文化智力层次较高的中产阶级读者,后者则发源于一种面向文化层次较低的简单人群的杂志传统,差异根源在于两者在两次世界大战中不同的遭遇和经历,因而产生了对于科学以及人类未来的不同看法。奥尔迪斯所看重的是科幻所反映的人类内心深处的恐惧和质疑现实的能力,科幻到了美国却在商业浪潮和技术主义中丧失了这些特质,因此他希望复兴科幻在历史中失落的重要传统。

到此,科幻小说中的"科学"的内涵具有了更加丰富的面向,不再仅意味着科学知识与技术元素,或以科学方法为外衣的理性态度与现实主义手法,还蕴含了对于科技乐观主义和实证主义的反抗,甚至是对科学的厌恶、对技术过度发展的恐惧,以及将人类视为一个狂妄自大的整体的嘲弄。在此定义下,许多对主流价值观构成挑战的作品被包含了进来,这些作品往往隐含了对以科学理性为主导的资本主义主流文化意识形态的强烈反叛。

实际上,并非所有人都愿意接受概念的拓展,美国科幻评论家艾米斯·金斯利(Amis·Kingsley)在回顾这段历史时便批评新浪潮运动使得科幻小说背离了原貌,他指出"新的模式放弃了传统科幻小说的标志性元素,它更关注风格而非内容。对幻想的克制,转而投向逻辑、意图和常识,充斥着故弄玄虚,排印花招,一行字的章节,不自然的隐喻、晦涩、药物、东方宗教和左翼政治"(Kingsley,1981)[22]。可见,科幻从来不是一个拥有唯一标准的确定概念。

当然，如果认为类似的批评仅仅是针对新浪潮科幻对形式的过度追求和对传统元素的否弃，那么会忽略了批评者对于狭义传统的坚持和对坎贝尔式科幻的怀恋，也忽略了数量庞大的科幻迷群体在其坚持背后隐藏的更深层的价值偏好。有些科幻史家在写历史时，会倾向于做出"黄金时代""新浪潮运动"这样的阶段划分，但在科幻内部却从未达成过一致的风格，即使在今天，坎贝尔式的经典科幻仍然具有相当多的受众。反映在科幻的定义领域，则是狭义传统的复活。比如工程师出身的美国科幻评论家盖里·韦斯特福尔（Gary Westfahl）在之后便重新纠正了对科幻定义的宽容态度，强调科幻小说是一种20世纪的文学体裁，通过分析根斯巴克传统如何被后来的杂志编辑和批评家采纳和修改，他指出是根斯巴克开启并影响了整个科幻小说文类，当代所有关于科幻构成要素的争论和分歧都可以通过重新回到根斯巴克的批评理论来解决（Westfahl，1998）[35]。

科幻本身丰富的特质和内涵使得任何抽象都难跳出以偏概全的错误，关于定义的所有争论也不能用简单的二元叙事去理解，但回顾历史时，还是可以注意到在科学文化与人文文化、通俗文化与高雅文化之间或天然或人为塑成的沟壑，而需要反思的正是二元框架之下隐含的巨大却又常被忽视的分裂与张力。

四、20 世纪 70 年代：走向学术化的科幻定义

在所有分类方法中，还可以简单地将科幻定义分为通俗传统与学术传统，通俗传统主要是以评论家、编辑和作家作为主要代表，学术传统则以学院派的文学研究者为主要力量。但在早期，这两种传统之间的界限是相对模糊的，科幻史的早期研究主要由科幻作家或爱好者发起，他们有时兼具学者身份；也正由于科幻在主流文学中的边缘地位，使得那些学者多是因为对科幻有着特殊兴趣才会从事相关研究。

虽然在初期有玛乔丽·尼科尔森（Marjorie Nicholson）等人的先锋性尝试，但这些研究大多比较零散，尚未形成具有影响力的科幻理论或学术流派。直到进入 20 世纪 70 年代，伴随着英国的《基地》和美国的《科幻研究》等专门

科幻学术期刊的创立,科幻才逐渐拥有了正式的学术研究地位。其中一位重要人物便是加拿大学者达科·苏恩文(Darko Suvin),他的科幻定义在科幻研究学界产生了重大影响,并至今被许多学者奉为圭臬。除了给出了一个研究框架之外,其意义还在于提供了一套实用的工具性概念,苏恩文指出:

"科幻小说就是这样一种文学类型,它的必要和充分条件是陌生化与认知的出场以及二者之间的相互作用,而它的主要的形式策略是用一种拟换作者的经验环境的富有想象力的框架结构。"(苏恩文,2011)[22]

在此定义中,科幻首先是一种文学类型,而"陌生化"和"认知"的同在构成了科幻的重要标准,每个科幻故事都需要对所依赖的当前现实进行修改,但同时还要遵循逻辑一致性,而这种逻辑一致性需要符合人们目前的认知。通过"陌生化"科幻得以与现实主义文学相区别,而"陌生化"仍需要被"认知"所解释,不然科幻便与奇幻无异。

科幻定义的模式又可再分为两种,一种是本质化的规范性定义,另一种则是百科全书式的描述性定义。前者的极端是带有强烈个人偏好的对所谓"真正的科幻"的特殊理解,后者的极端则意味着一种趋向于无限的宽泛视角,而大部分科幻定义则位于两者之间。早期的科幻定义倾向于规范和限制,后期则更偏向于包容与调和。造成差异的原因在于,早期研究者往往对科幻有着独特的情感,并且他们需要将大部分精力放在如何通过定义来抬高科幻地位以换取学术研究的合法性上。无论是作为科普的分支,还是作为文学的分支,抑或是作为一个独立研究的对象而言,科幻在历史上都曾饱受歧视,这些是早期定义所需要解决的问题,代价便是科幻需要牺牲原本属于自身的一部分属性以换取某一群体的认可。而随着人们逐渐意识到科幻作为一种文化现象本身的价值后,便开始尝试悬置定义中的价值判断。

苏恩文的定义便是典型的一种规范性定义,相较苏恩文的限制性框架而言,英国学者亚当·罗伯茨(Adam Roberts)提出了更具包容性的框架,他所强调的是科幻在理性主义与神秘主义之间的辩证存在。1600年布鲁诺被罗马宗教审判所处以火刑是科幻史的关键点,新教所代表的实证主义科学与天主教所代表的神秘主义魔法两者间的矛盾运动催生了科幻,而所有科幻作品

正是位于这两极之间的光谱中(罗伯茨,2010)[3-9]。英国学者安德鲁·米尔纳
(Andrew Milner)采用了同样宽泛的文化视野,他认为科幻本身是一个不断
变化中的有选择性的传统,因此不能被划分于高雅文学或流行文化的任何单
独一边,而是应该被视为跨界的(Milner, 2012)[39-40]。

　　尽管苏恩文的定义无疑存在一些歧义与讨论空间,但仍不失为一个具有
开创性的实用定义,并影响了其后大部分有关科幻定义的讨论。随着时代的
发展,苏恩文之后的学术定义赋予了科幻更加多样化的社会价值和功能。比
如有学者在科幻中看到了"为人类创造现代良知"的尝试,并指出科幻已存在
于每一种艺术创作媒介中,而不再仅仅限制于某一文学类型,很大程度上"科
幻本身便是文化持续发展的主要力量"(Eric and Robert, 1977)[Ⅶ]。与之类似
的观点还有:最具影响力的科幻应是"一种发展和传播具有潜在影响力的意
识形态的流行文化运动"(William, 1986)[4],以及科幻是帮助人们思考的文化
工具、探索种种可能性的思想实验、与"如果……那么"(what if)有关的思维
游戏等。同时学者们也注意到了现代生活中科幻的种种卷入,比如美国学者
兰登·布鲁克斯(Landon Brooks)提出用"科幻思维"这一更富有层次性的概
念来代替科幻小说的定义:科幻在20世纪已从文学类别转变为对未来的一系
列态度和期望,这些态度几乎在每一种媒介中都有所表现,并且普遍存在于
当代文化之中(Landon, 1997)[Ⅺ-ⅩⅩ]。

五、争议的焦点:科幻定义中的"科"与"幻"

　　通过对科幻概念的历史考察,不难发现对科幻中"科"与"幻"的差异化理
解是争议的核心焦点,即什么构成了科幻中的"科"? 什么构成了"幻"? 又是
什么使得科幻区别于科学? 什么使得科幻区别于奇幻?

　　在苏恩文定义中,"认知"体现了科幻作品中"科"的一面,"陌生化"则指
向"幻"的另一面。在苏恩文之后,美国学者卡尔·弗里德曼(Carl Freedman)
重新修正了"认知"这个概念,他指出"认知"本身并不完全是定义科幻小说的
要素,关键在于一种可以称其为"认知效应"的东西(Freedman, 2000)[43]。这
中间的区别意味着重要的是文本内部对它所传达的知识的态度,而并非要完

全符合文本外的一般性认知,这解释了为什么科幻作品中会出现已经被现有的科学所否定的内容,因此,对于科幻而言,必要的并不是知识的准确性,而是对于科学语言的掌控,即文本中的科学语言的特殊权威性使得即便现实中找不到对应的认知逻辑,却还是形成了一种认知效应,这种效应便形成了一种"科学的氛围"。

对于科幻与奇幻之间的区别,常见的观点包括:在科幻中没有什么理所当然,在奇幻中没什么需要解释;科幻处理不大可能的可能性,而奇幻则处理貌似可能的不可能性;科幻不同于奇幻,它必须诚实地从已知的事物中进行预言性的推断等。传统定义者倾向于认为科幻不仅应该与奇幻存在严格的界限,同时科幻的价值要高于奇幻。这当然与对科学的价值判断相关。举例而言,在苏恩文定义中,符合标准的科幻是一种非常理想化的存在,尽管他承认两者的界限在现实的创作与营销层面常常界限模糊,但他认为那是对科幻的一种严重的污染。问题在于,在苏恩文的理解中科学是一个确定不变的至高无上的准则,由此他无情地用科学来反对迷信、用自然法则来反对超自然、用理性来反对魔法以捍卫科幻区别于奇幻的纯洁性。但现实中,这种理解的根本性困难在于,科学本身就是一个处于变动之中的、不够确定的甚至是多元的复数概念。

正如英国科幻与奇幻作家柴纳·米维尔(China Mieville)指出科幻中所声称的基于"科学"或"理性"的描述只是一种基于资本主义现代性在意识形态上的自我辩解(Bould,2009)[245],资本主义传统所提供的对"理性主义"和"科学"的理解是高度片面且意识形态化的,而奇幻却可以通过构建潜在的颠覆性、激进的世界观来重新挖掘人类意识中的最独特的和最具人性化的一面。米维尔的分析指向了科幻所营造的所谓的"认知效应"本身,弗里德曼认为认知仍是认知效应产生的来源,但在米维尔看来,重要的不是"认知"也不是"认知效应",而是这种认知反映了谁的认知?又反映了谁的认知效应?(Bould,2009)[235]在此基础上,如果人们能对科幻小说的认知特性有更深刻的批判性理解,显然能对科幻与奇幻之间的人造界限有更多的认识。

由此可见,科幻定义中"科"与"幻"之间的关系是随着人们的认识深化而持续变动的,正如卢克赫斯特从文化史视角出发所指出的那样,科幻并不会遵循特定的文学类型学或形式主义定义:相反,它以一种十分敏感的方式将"机械"(Mechanism)链接到不同的历史背景中(Luckhurst,2017)[6]。换言之,科幻定义之演变正反映了人们对于世界的认知的变化,而这种认知不仅包含了人们对于科学的认知,也包含了对于人类认知的边界和科学的范围的认知,以及科学与社会文化相互作用的认知。在此基础上,我们可以尝试给出一个新的对于科幻的理解:科幻,离不开"科"与"幻"以及两者间的相互作用,"科"反映了在一个特定的历史时期内、特定的文化环境中受到认可的一种科学思维模式和形象意念,"幻"又在前述"科"的限制下意味着通过这种科学思维模式所得出的有别于当下现实世界的强烈冲击,而这些差异性的理解也造就了不同的科幻史中对于科幻起源的分歧。

第二节　不确定的历史叙事：对科幻起源故事的批判性综合

科幻的概念本身是一个有着历史性的复杂问题,而对于科幻概念的不同理解使得科幻的起源同样是一个充满争议和话题性的问题。有学者曾将其总结为科幻史中的莫比乌斯环现象,即把何处视为起点会影响我们对于科幻史(包括科幻史前史)的看法,而科幻史反过来又会影响我们对于科幻定义的看法,如此便构成了一个莫比乌斯环:定义影响我们对于历史起点的认知,而对于历史起点的不同选择又反过来影响定义(拉克赫斯特,2022)[14]。正如达科·苏恩文所称,"科幻文学究竟于何处开端,要解答这个问题不仅完全依赖于科幻文学的定义,而且由于牵扯到科幻小说的具体情况而变得愈加复杂难解"(苏恩文,2011)[196],不得不承认,科幻史是科幻史家依据对科幻概念理解的不同侧重点所做的不同拟构,为科幻追溯历史的工作更多的是科幻史学家依据科幻的定义所进行的一种事后推论,并且在很大程度上依赖于科幻史学家对于科幻乃至科学的不同理解。由此带来的问题便是:同科幻的概念一样,在科幻概念正式形成之前的科幻的历史同样是不确定的。

对于在科幻概念形成之前的作品,科幻史家通常将其归类在"早期科幻""科幻前史""科幻的早期形式"等概念范畴之下,而在作家的筛选、作品的节略和科幻最终形成的时间界定上又都有着历史学家的主观偏好。不同的偏好产生了不同的科幻起源的故事,这些不同版本的故事都从某个侧面反映了历史的实相,因此本章在反思其不确定性的同时,也对不同史学家观点进行了收集与汇总,试图抛开现代的观念和预设,还原科幻小说从开端如何发展至今的思想史真相。

一、关于科幻起源问题的主要分歧

科幻史的兴起通常伴随着为科幻认祖追宗的工作,科幻史家参照心中的理想预设在众多古代与现代的文本中寻找要素吻合的作品,由这些典型的作品和作家串联起上百年乃至几千年的科幻发展史,梳理出由一个个标志性里程碑组成的历史框架。如此一来,由这些作品组成的脉络便成了其后的科幻史所必经的路径,历史学家在这一基本框架之下不断挖掘新的史料并尝试讲出新的故事。对此,已有一些科幻史学家指出在科幻史中存在一种"虚假的连续性",并且即使科幻史无法绕过一些特定作品,但对于科幻起源的问题,不同的科幻史家还是有着不同的讲述方式,其分歧在于对于科幻实质的不同理解。但问题在于科幻是一个包含了众多异质性因素的模糊概念,本研究在这里选择几种具有代表性的观点进行分析。

(一) 科幻与想象力

在许多科幻史著作中,会将科幻的起源追溯至古代神话故事,人们可以从希腊神话中找到与科幻十分类似的作品。而且,这种起源叙事不仅能在西方的古代历史中发现,研究中国科幻史的学者也能从中国古代故事或神话中找到科幻小说的源头,不同的科幻史学者从日本古代的妖怪故事、拉丁美洲历史上的奇幻故事中,也都可以找到类似的原型故事。正如日本科幻史家长山靖生指出科幻小说是一个年轻的体裁,但却同时也可以是一个古老的体

裁,甚至可以追溯到任何一个时代,若追溯到人类想象力的起点,例如日本的
《古事记》《竹取物语》便可以视作科幻小说(长山靖生,2012)³。虽然有些科幻
史学家对这种追溯并不认可,坚定地持有在某某年代或某某作品之前不可能
存在科幻的传统观点,但这种看似荒谬的追认实则不无道理。首先,如果将
科幻的内核定位为人类的想象力,那么便没有理由将这些故事排除在科幻史
之外;其次,每一个时代的人都有属于自己这个时代的对于自然的理解和认
识,同时也有探索自然、宇宙和未知世界的好奇心,这一点也与科幻的内涵别
无二致;再次,在今人世界与古人世界之间往往存在一定的文化距离,这种文
化距离足以带来与现代世界不同的惊奇感和理解世界的另类视角,原本在古
人世界观下合理的故事在今人读起来便有同科幻小说一样的阅读体验。

但尽管在神话和科幻之间存在种种相似与共通之处,传统上多数科幻史
家仍然认为两者终究无法相提并论,在大众观念中《圣经》《山海经》《楚辞》
《列子·偃师造人》这些作品显然不符合人们心中对于现代科幻小说的预设,
人们最多能够接受在神话与现代科幻小说之间存在一定的继承关系,即在某
种意义上,科幻是进化版的现代神话。例如,黄永林编著的《中西通俗小说叙
事》中便认为"偃师造人是迄今为止所发现的我国最早的科幻小说,……为进
一步研究从古代神话到现代科幻小说的发展,提供了重要的资料和依据",但
同时也强调了神话在创作动机上与现代科幻小说的区别,认为"神话是一种
不自觉的艺术加工,而现代科学幻想小说是人们有目的地将人类的科学知识
以小说的形式表现出来,达到普及科学知识、启迪科学事业发展的目的"(黄
永林,2009)³³⁶。

(二) 科幻与社会批判

科幻的另一个原型可以追至早期的探险和旅行故事,以及由此衍生出的
遇见"他者"的故事,主人公发现与自己所生存的世界截然不同的另一个文
明,由此带来的具有一定冲击性的新的见闻和多元地看待世界的别样视角,
与异邦、外星人的遭遇故事便皆可归作此类。又如通过乌托邦叙事或讽刺寓
言故事表达理想的政治或是对于未来世界的幻想等。此类原型往往起源于

非文学文本,他们通过借助思想实验来呈现无限开放的多种可能性,正如达科·苏恩文所指出的那样,"可以说科幻小说最初的创作冲动总是来自一个受压抑的社会群体的渴望,证明完全不同的生活的其他可能性"(苏恩文,2011)[100]。柏拉图《理想国》被许多科幻史学家视为重要的乌托邦作品,如此一来,科幻史家便可以为科幻小说找到古代严肃性的哲学文本或讽刺寓言作为其源头,科幻小说内在的社会批判功能也得到了十分合理的归属和解释。但仅仅能够作为其中的一支涵盖一部分科幻小说的源头,占了较大比重的许多科幻迷心中的经典作品则可能与这毫不相干,而侧重于写作讽刺或寓言性质作品的作家也有许多人并不屑于被归为科幻小说家之流。

(三) 科幻与科学技术

在公众的常识理解中,科幻往往源于科学技术,或者至少与现代科学有着密不可分的联系。美国科幻史学者冈恩认为科幻小说是对变化的回应,而这种变化正是来自科学技术给人类社会所带来的巨大影响(冈恩,2018)。英国科幻史学者罗杰·拉克赫斯特指出,"只有工业革命才能让大众认识到科学技术带来了不可逆转的变化"(拉克赫斯特,2022)。中国科幻史学者吴岩也提道,"当科学改变人类生活变得比较频繁,科学造成的变化日益影响到我们的行为,使得一系列比较敏感的作家为此而变得焦虑,就创造出了科幻小说这个文类"(吴岩,2013)[5-6]。

然而,也有一些科幻史学家可能对此有着不同的意见。因为如果将科幻的定义理解为一种具备逻辑和理性的推想故事,那么科幻的历史可能早于科学在社会中获得广泛认可、产生巨大影响的历史,比如有科幻史学家曾表示科幻"作为一种特征明显的文学传统早已存在于世,在 17 世纪甚至更早时候,已经出现许多逻辑清晰的推想故事"(拉克赫斯特,2022)。而当人们翻阅科幻史时,又会注意到许多所谓科幻史源头的故事实际上与今天人们所理解的科学并没有什么直接的关联。因此,尽管英国科幻史学者亚当·罗伯茨运用了海德格尔的"技术",将人类认知世界的方式框架化这一概念来尝试解释科幻与科学技术中间确实存有的千丝万缕却难以厘清的联系,但这种联系在目前的科幻史学术作品中仍然是模糊的。科学技术究竟如何影响、如何激发了科幻小说仍然是一个具有挑战性的有待解答的难题。

(四) 科幻与类型文学

部分科幻史研究者注意到，人们将玛丽·雪莱、艾伦·坡视作科幻小说的先祖的做法是一种事后追认，也就是说科幻小说在这些先祖创造这些作品时并不构成一个专门的文学类别，因此考虑科幻小说的起源很难忽略其作为一种专门的文类兴起的历史。

如果考虑到科幻作为一种文类的独特性和影响力，科幻史上的"双子星"法国的儒勒·凡尔纳和英国 H. G. 威尔斯共同开创了科幻小说两大传统，即技术派和社会派，凡尔纳的小说不仅获得了商业上的成功，也使得技术开始成为作品中的核心主题，因此尽管这一时期的科幻小说往往被称为科学浪漫 (science romance)等其他的名称，但科幻小说已经在实质上成了一种专有的小说类别。而英国科幻学者布莱恩·奥尔迪斯则更倾向于科幻小说发源于广泛流行在 19 世纪欧洲的哥特文学，玛丽·雪莱的《弗莱肯斯坦》是当之无愧的第一部科幻作品。

然而，在不同国别、立场的科幻史学家中间存在着对于科幻起源的理解差异，科幻传统在英国科幻史作家笔下往往会占据相当的篇幅，但在美国科幻史作家那里仿佛不值一提。同时对于马克思主义者加拿大学者达科·苏恩文来说，只有具备认知性和政治意义的作品才算是真正的科幻，而对于那些哥特风格的幻想故事不过是精神鸦片。

如果强调其作为一种现代文类形式起源，为科幻小说命名的雨果·根斯巴克很难被忽略，然而他的故事却不被许多科幻史研究者和科幻评论者喜爱。之后的科幻编辑坎贝尔使得科幻具备了一些新的特质，将这种类型故事推向了一个顶点。多数科幻学者认为科幻的真正成熟是在 20 世纪 50 年代后，也正是这一时期的经典作品才是许多科幻迷们心中真正的科幻，而那之前的不过是科幻作品不成熟的实验和准备阶段。

由此可见，随着时间的推移，科幻的起点开始愈发模糊不清，之后的新浪潮运动从根本上打破了人们对于科幻应该是什么样子、可以是什么样子的传统预设。然而，人们却对这种新的文体实验并不买账，传统的科幻迷在众多的科幻作品中按照自己的品位挑选着自己认为是科幻的作品，而对其他作品发出"这也能算科幻小说"的质疑。

综上所述，对于科幻起源的追溯带有一定的不确定性，不同的历史叙事取决于对科幻不同层面的差异性理解。这其中涉及的三个主要的编史学焦点问题如下。①科幻作为一种文化现象是单一起源还是多地起源的；②科幻史的连续性问题：是否存在从古代幻想叙事到现代科幻的关键一环；③科幻史的内部研究与外部研究问题：科幻应该被作为一种文学对象还是历史对象来研究。

二、单一起源论与多地起源论

科幻是一种起源于欧美的特殊现象吗？还是一种存在多处起源的世界性文类？这通常是书写一部世界科幻通史需要处理的主要问题之一，但却少有历史学者对这一问题本身进行反思。围绕这一问题，本研究基于现有的科幻通史总结了科幻史学界的三种不同态度。

第一种常见态度是默认科幻小说的历史是以西方欧美等国为主流的历史，非欧美国家在这样的科幻史中通常没有足够的篇幅与位置。第二种则是追溯起源时只提到科幻小说在欧洲和美国的发展历程，而在提到晚近一些的科幻著作时，为其他国家专门单列一个章节，以用于展现这些后来崛起的新兴科幻势力。第三种常见于如日本科幻小说史、拉美科幻文学史等一些专门史著作中，主张不同民族科幻作品有其独特的本土起源，而不仅仅是外来的移植或模仿，科幻小说是一种全球性文类，是不同民族在面对现代化冲击与挑战时的普遍反映，并在科幻史中努力寻找和挖掘本国的特色。

然而这三种态度都隐含着一种线性的进化图示，预设想象力建立在强大的科学技术和丰富的物质基础之上，同时这些后发国家科幻的发展阶段往往是从早期的"拙劣模仿"开始的，并且经过了从稚嫩逐渐走向成熟的过程。这种态度其实不无道理，因为人们默认的前提是科幻只会在科学高度发达、技术过于饱和的社会中产生。肖星寒的《世界科幻小说简史》中便这样评价第三世界的科幻："科幻是属于城市，属于高新科技的。第三世界国家长期处于贫穷乃至动乱之中，温饱和生存尚且成问题，哪来的闲暇关注未来呢？他们是现代高新技术的消费者，乃至是受害者，感受不到科技最前沿的澎湃与诱惑。第三世界国家的科幻，也和他们的经济、政治、文化一样，还在前进的路上。"（萧星寒，2011）[267]因此，在以上三种态度下，非西方国家很难真正拥有自己本国的科幻的历史。

不过，写就一部这样的历史的前提条件是人们预设了一种标准类型的科幻，而这种类型是以欧美等国为参照的。但事实上，就连欧洲和美国内部之间也存在关于科幻起源叙事的争议。在布莱恩·奥尔迪斯于 20 世纪 70 年代写作科幻小说史之时，多数科幻迷心中的科幻是一种以雨果·根斯巴克创办的期刊作为开端的典型美国文化，人们认可科幻小说主要是一种美国的艺术形式。布莱恩·奥尔迪斯的科幻史写作不仅为科幻构造了一个发源于欧洲却在美国的舞台上大放异彩的灰姑娘的故事并使其深入人心，还让科幻从一种美国大众文化产品变为具有英国血统的文学传统。奥尔迪斯通过将玛丽·雪莱定位为科幻小说之母完善了科幻的起源和思想性最早来自欧洲这一历史叙事，并用"灰姑娘"来比喻科幻小说来增添历史戏剧性，科幻小说被其描绘为起源于哥特文学的在欧洲微不足道的灰姑娘，直到美国继承了这一历史遗产才将科幻小说走向了舞台中央大放异彩。

站在研究的立场上重新回顾这段学术史便会注意到，当许多研究者将美国科幻传统奉为圭臬之时，实际上忽略了美国的科幻也都带有鲜明的民族性，也并非是完全普适的。然而研究者的惯性思维往往将这种空间上的差异解释为时间或发展阶段上的差异，认为前者是后者的准备阶段或不成熟阶段。这种现象同样存在于今人看待古代的作品时，在今人看来的幻想在古人看来未必是幻想，今人与古人拥有着截然不同的世界观，那些在现代文化之中无处安放、无法得到合理的解释的部分往往只能被假以"幻想"之名。以中国科幻小说的历史建构为例，中国科幻小说诞生于晚清，至少在西方科学技术传入之后，是目前学界的共识。然而，这种论断的背后正是因为研究者预先设立了一种关于科幻的标准。当人们抛开这种先有之见,不再把空间上的多元性理解为时间尺度上的阶段性差异,科幻甚至可以被当作一种全球性文类被置于不同的文化背景中考量,关于科幻起源的故事也便有了更多复数版本。

三、寻找古代幻想叙事到现代科幻的"关键一环"

然而正如前文所提及的那样,尽管有许多科幻史作家都会在开篇提及带有某些科幻色彩的古代故事,但几乎每位科幻史家也都会承认在这些作品和现代科幻作品之间存在着不证自明的差异。如同考古学家热衷于寻找从猿到人的关键一环一样,科幻史家同样热衷于寻找从古代幻想叙事到现代科幻作品的关键一环,但这一问题却总是悬而未决。当我们在具体的历史时空中重新审视这些为科幻寻找到的祖先是否合理时,便会发现许多权威观点也并非完全经得起考量。

比如人们会意识到奥尔迪斯提出的著名权威观点虽然在今天被科幻学界广泛认同,但也只是一种约定俗成。这一观点最早在发表时也遭到了许多反对意见。而这一作品的选定也与奥尔迪斯将科幻定义为人类"被复仇者击垮的傲慢自大"有关,反映了他本人对于科学技术的理解和审美倾向,虽然这部作品的确集中了科幻的许多经典要素和主题,如科学技术有其不可控的一面,在未来有可能给人类带来灾难;开创了不顾后果、一味挑战自然的"疯狂科学家"的形象;创造生命奇迹的并非魔法或超自然能力,而是当时兴起不久的神秘的电学实验;反映了科学与自然、宗教与理性之间的种种冲突等。更重要的是,它是第一部真正获得大众欢迎和商业成功的科幻作品,曾多次被改编成舞台剧和电影,被观众所熟知。英国科幻小说史家亚当·罗伯茨就曾表示虽然对其作为第一部科幻小说作品的观点不敢苟同,但毋庸置疑的是玛丽·雪莱的《弗莱肯斯坦》无愧为19世纪最有影响力的一部作品。种种因素使得这一论断看起来"就像说出了一个石器时代的真理",然而正如许多科幻评论家所批评的那样,玛丽·雪莱本人并没有意识到自己在创造科幻作品或开创了一种新的文类;其次,玛丽·雪莱所开创的传统仅能代表科幻中的一个支流，一些相信科学技术能够带来进步的乐观主义科幻迷显然并不欣赏此类作品；再次，玛丽·雪莱并未对电流创造生命奇迹的具体过程给出更多解释，如果将其换为魔法或超能力也并不会影响故事情节，有评论者主张在1818年出版的第一版中玛丽·雪莱并没有提到任何与电相关的知识，甚至"生命之电光注入生命体"中的"电光"更可能是一种语言上的修辞和比喻（罗伯茨，2010），更何况在当时电流实验在大众中获得流行也是人们对于电流所带来的种种神奇现象的一种迷信般的狂热。于是，当把作品放置在具体的历史情境中时，作品所体现的突变或革命性便随之得到了消解。然而，当现代科学小说被确定为某一历史时期或具体到某一部作品时，人们却总能发现这种说法的不完善之处，另一种极端观点便是科幻小说是没有单一统一特征的一种文类，起源点也根本无从谈起。因此对于这种特殊的现象，在科幻史内部便产生了两种观点，一种认为科幻小说不存在历史，每部作品都是彼此独立的，很难在作品之间建立完整的叙事或因果联系；另一极端的观点则认为可以找到一种十分严格且精确的类型学为科幻小说的发展史建立谱系，在科幻史家绘制科幻传统谱系中可以找到从卢锡安到开普勒到玛丽·雪莱再到凡尔纳、威尔斯这样清晰的中轴线。

与之相似的是，中国科幻史中对于哪一部作品是中国第一部科幻作品这一问题也始终存在争议，比如王德威的《被压抑的现代性：晚清小说新论》中追溯到了清代俞万春的《荡寇志》，贾立元的《现代与未知：晚清科幻小说研究》中将梁启超的《新中国未来记》作为起点，正如贾立元所指出的那样，研究者不应该用当代现有的科幻定义来评判古代的作品，而应该用这些作品来重新定义科幻小说。我们会注意到随着中国科幻的起点不断被重新确定，想要找到从古代幻想故事到现代科幻小说的突变的关键一环变得越发困难。事实上，即使人们普遍认为科幻是一种西方产物，在西方科幻史中也同样存在这种割裂，西方学者也始终没有找到连接古代幻想故事和现代科幻小说的关键一环。

许多科幻史家会将历史进行传统与现代的划分，但对这一关键历史节点的判断有许多种不同的观点。例如加拿大学者达科·苏恩文将科幻小说史区分为传统科幻小说史和现代科幻小说史两个部分,并将 19 世纪的英国小说家 H. G. 威尔斯定为分界点。英国学者亚当·罗伯茨则认为 1600 年布鲁诺被施以火刑才是科幻史的关键节点,并指出科幻小说在公元 400—1600 年存在一个长达 1200 年的中断期,英国学者罗杰·赫拉克斯特在《科幻文化史》中则主张在 1880 年之前不存在所谓的科幻小说,一些更为传统和保守的科幻史家则坚持认为现代科幻小说始于雨果·根斯巴克。

之所以致力于寻找这发生突变的关键一环,是因为人们相信科幻小说作为一种原创的文学类型的出现,在一定程度上是对某种根本性变化的具体回应。只有一种全新的、革命性的变化才能催生一种新的思辨想象力范式,由此产生了一种全新的叙事形式。许多科幻史家都不约而同地注意到在 1600 年前后大量涌现的月球旅行作品,并将其归因为科学革命对于人类想象力的影响。这其中一种常见的观点便是认为著名的天文学家约翰尼斯·开普勒是科幻小说的鼻祖,原因是开普勒创作了《梦或月亮天文学》(以下简称"梦月")这部作品,有科幻研究者便指出这部作品的发现弥补了科幻史中连接古代纯幻想叙事与现代"硬科幻"作品的缺失的重要一环(Bozzetto,1990)。这种观点的合理性在于其创造时间正好与科幻研究者想象中的科学革命的历史阶段相吻合,开普勒的确开创了在当时看来十分独特的不同寻常的叙事形式,而且将大量的科学新知整合到了这种叙事之中。在某种程度上,构成了科幻这种文类最初发展的一种形式,从这一角度看的确与现代硬科幻作品存在一定"形似"之处。然而,考虑到该文本产生的历史与境,便会发现开普勒的这部作品与现代科幻作品存在显著的区别。

1634 年,在开普勒去世四年后,他的儿子路德维希·开普勒出版了开普勒的《梦月》手稿(Gale,1976),这份手稿的雏形是 1593 年开普勒在图宾根大学读书期间的论文,成文于 1609 年,由拉丁文写成,题目直译为"梦或月亮天文学"(Somnium seu Astronomia Lunari)(穆蕴秋,2007),一般认为其主旨是讨论在月球上的观测者如何观测天空中发生的现象,从而消除人们对哥白尼学说的成见,而在开普勒生前,这份手稿一直未曾大范围公开出版(Kepler,1967)。手稿的主体是开普勒自述其在梦中读到的一本书里的故事,书中的主人公名叫迪拉考托斯，他的母亲菲奥希尔德以采集和兜售草药为生。一次儿子因割破了母亲装草药的羊皮袋造成损失，母亲一怒之下将他变成了船长的财产，在执行船长的送信任务时主人公结识了天文学家第谷·布拉赫，并开始跟随第谷学习天文学。从事天文活动令主人公兴奋不已，他想起母亲也常与月亮交谈。学成归国后，他和母亲将各自的天文学知识进行对比，母亲的知识来自智慧的精灵，她惊喜地发现儿子所了解的天文学新知与精灵的讲述相差无几，并希望儿子继承她的天文知识，接着母子二人将衣服蒙在头上通过魔法仪式召唤了精灵，此时他们听到一个声音开口讲述了如何将人送到月球以及与月球有关的天文学知识。快讲完时，开普勒写道自己从梦中醒来，发现头上真的压着枕头，身上盖着毛毯（Kepler，1967）。

　　一般科幻史家认为开普勒是为了便于当时的读者理解，才采用了这种特殊的叙事手法，除了正文部分，开普勒在 1621—1630 年的九年间为手稿陆续添加了 223 个注释，所占篇幅超过正文三倍之多。注释可分为两类，一类是解释自己如何想到这些情节，以极力表明故事中的母亲并非源于现实中的母亲；第二类则是开普勒为书中介绍的天文学知识所补充的说明以及对其合法性的注解。一直以来《梦月》被当作隐藏了哥白尼学说的虚构文本，开普勒本人在注释中的解释也加深了人们的这种确信。不过一般而言，作者并不需要事无巨细地解释虚构作品中每一个人物、情节从何而来，这种写法显然很不寻常，而其他作品中开普勒也从未隐藏过对哥白尼学说的赞美和对毕达哥拉斯教义的追随，考虑到开普勒所处的历史情境，开普勒所添加的众多注释和迟迟未出版的隐忧还有另一层特殊原因，即现实中他的母亲被指控为女巫，这起审判案与开普勒开始添加注释的时间刚好重合。但事实上开普勒在对待巫术与魔法的问题上，天文学家开普勒并未超越于他的时代，即使在他为证明母亲不是女巫而进行辩护时，他也从未表示过不相信女巫的存在。对此，迪安·斯温福德（Dean Swinford）认为有必要重新评估神秘主义思潮在现代科学发展中所扮演的角色，因为过去人们倾向于不加批判地将《梦月》定位为开普勒与中世纪思想进一步决裂的证据，而忽视了开普勒思想的内在连续性。因此，如果将《梦月》的虚构形式理解成为帮助未摆脱的巫术迷信的同时代读者而在传统认知模式与现代科学的发现之间架起的一座"容易理解的桥梁"(Swinford，2012)，便可能误判了开普勒的主观意图。

开普勒怀疑是他的手稿泄露被人利用才带来了这起不幸，并希望通过注释阐明此书以达成"复仇"。不过在审判案中并没有人提及开普勒的手稿，它也没有被用作证据来指控卡塔琳娜。但众人的怀疑并非空穴来风，按照开普勒本人的证词和在《宇宙和谐论》中的说法可以得知，他的母亲的确持有一些古怪的观点，她不仅掌握大量的草药学知识，还在怀孕期间经常想象行星，且母子二人都坚信地球是一个活体，认为世间万物与人的心灵是普遍相通的(罗布莱克，2017)。开普勒本人的经历也与文中主人公存在诸多相似。这些都迫使开普勒不得不为原文添加注释来进行解释，以此为母亲撇清女巫嫌疑。其次，开普勒开始添加注释的时间也与1921年案件结束以及母亲去世的时间相一致，在1923年他写给友人的一封信中提道："两年前，我一回到林茨，就开始重新编写我的《月球天文学》，或者更确切地说，是用注释的方式阐明它"(Kepler，1967)。

按爱德华·罗森(Edward Rosen)的看法，开普勒写下《梦月》的主体文本时，并没有意识到这些与女巫有关，认为母亲与魔鬼进行了交易的看法是其他人看到文本后在他们头脑中产生的(Kepler，1967)。可以想见，开普勒在最初创作主体文本时并没有将其预设为虚构作品，是后来母亲的女巫审判案使他发觉文本中的描述可能会给家族招致不幸，这才对其进行了策略性的包装和阐释。正因如此，《梦月》才具备了现代人读来感到类似科幻的叙事框架，也正因其所处的特殊的社会历史环境以及融合了个人自传、神秘主义以及哥白尼提出的新可能性等复杂多样的思想来源，共同造成了《梦月》与古代幻想作品和现代娱乐性科幻作品的不同。

即使当代研究者不断对科幻的定义进行反思，多数人还是会倾向于承认没有西方现代科学，科幻便不会诞生，或者说科幻便不会发展成为如今这样。然而在几乎所有的文明之中，从古代幻想故事到现代科幻作品的中间都存在一个断裂，承认在某个历史节点上发生了某种显著的变化，但当研究者想要试图从历史中找到某一关键历史节点或某部关键作品之时，却发现仅仅只能找到构成现代科幻的一个方面，而如果将这部科幻作品放置在与其相关联的具体的历史与境之中时，便又会发现这种代表性十分牵强，甚至在某种程度上违背了作者的创作初衷。

四、内部与外部研究

如果并不是某一特定历史时期的某一部作品带来了古代与现代的关键性区别，那么科幻史学家又该去哪里寻找解释呢？与编史学历史上科学史研究存在内史与外史之争类似，在文学史研究领域，也同样存在文学的内部研究与外部研究之分。从 19 世纪起受到自然科学研究领域的影响，文学史研究领域也掀起了实证主义潮流，研究者逐渐开始在文学史中探索文学产生的外在环境和条件。1949 年美国比较文学研究者雷内·韦勒克和奥斯汀·沃伦在《文学理论》一书中，划分了文学的内部研究和文学的外部研究两类，并对当时文学研究者试图从文学史中找寻确定的因果关系的做法表示质疑，他们指出的外部研究包括文学与传记、文学与心理学、文学与社会、文学与思想四大类，而他们所提倡的文学的内部研究则将文学看作一种系统的知识体系，文学不仅是一种艺术，同时也是人类文明的一种表达，它的发生有自己的独特性（韦勒克等，1984）[145]。韦勒克等文学研究者的批评主要是针对彼时的研究者花费了大量的时间用于探讨文学产生的背景，而忽视文学作品本身的价值与艺术性的倾向。想象性、创造性、虚构性构成了文学独特的本质。

但随着时间的推移和不同学科间的相互交融，人们很难在一部科幻史中划清文学的内部研究和外部研究之间泾渭分明的界限。过去许多科幻史研究者倾向着眼于科幻作品本身以及作品带给读者的阅读体验。如早期的科幻史往往是由科幻作家和科幻迷写的，而且经常带有特定的目的，比如全面梳理关于科幻小说这一流派的全面历史、总结这一领域的里程碑式作品和人物、提供一份尽量全面的科幻小说参考书目等。因此，往往是由一连串的作品分析和作家简介撑起了整部科幻史，分析与讨论的部分也集中于这些作品所体现的共同的类型学特征。

许多科幻史家也发觉并不是某一部作品或某一位作家开创了科幻小说

这种独特的文类,于是转而考虑塑造了科幻小说这一文类的诸多外部要素。因而更多的研究者关注到了同一时期科学的进展、通俗文学的进展、专业的科幻杂志、科幻编辑与科幻粉丝的作用等。

晚近一些的研究指出,在 19 世纪后期才出现了科幻小说诞生的种种条件。其中包括:①初等教育的普及与识字率的提升;②廉价杂志等新文学形式的出现催生了科幻小说、推理小说等现代文学类型;③科学机构的建立,并与传统的文化权威机构产生了冲突,如受过训练的工程师数量迅速增长,爱迪生、贝尔等典型人物被提升到文化英雄的高度,并主导了人们心中对于发明家的概念;④科技创新真正开始渗透到文化生活中,技术在公共空间和私人空间实现了双重渗透(Luckhurst, 2005)[21]。罗杰·拉特赫斯特认为直到 19 世纪 70 年代,英国才形成了科学家职业的最基本概念,这一时期人们对世界的理解发生了深刻的变化,其中的一个明显表现就是 19 世纪 80 年代和 90 年代发展起来的一种科幻狂热,即对在科学权威的认可下重新表述知识的渴望(Luckhurst, 2005)[26]。同时,许多细心的科幻史读者会注意到的一个明显的现象是,越早期的科幻作品的娱乐性和可读性越低,可以说科幻小说的娱乐属性伴随着社会发展才产生,而这种娱乐性是与快节奏的现代工业社会相适配的。伴随着造纸和印刷技术的革新与繁荣、科幻专业期刊的大量涌现、识字率和阅读人数的急剧增加以及可支配收入和休闲时间等要素的结合,共同促成了科幻小说的现代起源。

与其他文类不同的是,科幻文学具有较强的社会属性,其中的一个重要特征便是,科幻小说界不仅包括生产领域,也包括了消费领域的很大一部分。科幻小说的生产和消费这两个不同领域的参与者有明显的身份重合。另一方面,一些科幻史学者从社会学角度入手,指出科幻小说能够成为一个重要的研究对象,不是因为它的审美或文学兴趣,而是作为一个可以阅读当代社会中的文化和社会过程的场域(Roberts, 2019)。换言之,科幻的诞生从来不是一个单向度的作品创造过程,也包括了由作家、读者、编辑、批评家、学者所共同组成的科幻社群。如此一来,科幻小说的当下起源永远是随着媒介和受众在不断更新和生成中的。21 世纪以来,科幻小说产业中最大的发展趋势之一莫过于科技重塑和刷新了人们对于阅读和出版的传统定义。作为科幻作品的传统媒介之一，出版是一个古老的行业。在科幻史上，它不仅见证了第一部科幻杂志的问世，也默默陪伴着许多部经典科幻小说的流传。然而在最近的一段历史时期内，数字出版的迅速兴起、有声书的强势增长、自出版的潜在冲击，都为整个出版业在业态、结构、板块、功能等方面带来一些新的变化（周蔚华，2020）。正如美国科幻作家布鲁斯·斯特林（Bruce Sterling）所言，"我们今天的世界事实上正是科幻小说中描绘的世界"（Wong，2005），当注意力成为互联网时代格外宝贵的资源，传统的纸质科幻小说在与影视、游戏、短视频的较量中并不占优，虚拟现实技术、可穿戴设备也预示着科幻阅读在未来的多种新可能性，人类获取信息和联结世界的方式必将发生革新。未来如何在新的形势下重新讲述"科幻"起源的故事充满了不确定性与新的可能。

如前文所述，同科学史的内史与外史之争类似，科幻史同样存在内部研究与外部研究的区别。但之所以存在这样的问题，是因为早期的科幻研究者习惯于将科幻小说作为一种文学形式探讨其文学价值来加以研究，其实科幻的范围远远超过了文学的范畴。当人们提到内部研究或外部研究之时，是因为首先将科幻小说理解为了一种文学，所以才有文学内外的界限和区隔，对此罗杰·赫拉克斯特指出了如何从文化史的角度来对传统的科幻史研究进行反思的三个问题：其一，对文化用一种最广泛的人类学意义上的理解，科幻小说作为一种象征性的人类实践本身便应该被赋予意义，而不应该用单一的文学审美价值来评判科幻小说。其二，科幻应被放置在广泛的与境与学科知识中，科幻作品表达了特定历史时期的关注，不仅仅是说科幻小说反映了它所诞生的历史条件，而且在某种程度上是创造和重塑历史的一种方式。其三，科幻的文化史可能将会以一种新的、有意义的形式为现代的构成史做出贡献。比如科幻突破了传统社会中对于时间的循环感将人们的观念导向未来等。因此，一旦研究者作出了对于研究对象属于哪一类别的预设，将科幻视为一种最广泛意义上的人类文化之时，便打开了一条新的通路，而在新的起点上，再去讨论科幻史的内部研究或外部研究也就失去了本来的意义。

第三节　不确定的历史分类：与文学史、科普史的关系问题

上文提及，文学史的内部研究与外部研究视角差异在于对象被作为一种纯粹的文学研究对象还是一种历史研究对象。但是科幻史特殊的地方在于科幻与文学和科普之间始终存在错综复杂的关系，科幻史既没有办法将科幻作为一种纯文学对象，也无法将其放置于科普史的脉络，本章将通过回顾历史重新厘清科幻史与文学史、科普史的关系，并以此深化对于科幻的理解和反思。

一、有争议的历史分类

在科幻史上，有关科幻属于文学还是科普的争议是一个值得关注的特殊问题，如在中国科幻界众所周知的在 20 世纪 80 年代我国爆发的科幻到底"姓文姓科"问题的讨论。有趣的是，其实这不仅仅是发生在我国历史上的特殊现象，在世界范围内都曾爆发过相似的争论，只不过在不同的国家不同的历史时期这些争论有着不同的倾向性。比如在日本科幻研究者巽孝之的《日本科幻论争史》中记载了这段历史，这场在文学界掀起的争论主要围绕日本记者矢野龙溪在 1890 年出版的《浮城物语》，争论一方对这部小说大为赞赏，而另一方则从纯文学的角度出发认为这部小说并没有把人刻画好，争论的背景是当时日本文学界一部分人主张"文章乃经国之大业"，而另一部分人主张"小说要描写人之命运及其内心之真相"所带来的分歧，并且这场论争也是日本最早的文学论争，巽孝之指出"这种论争模式影响了此后关于文学本质与科幻本质的探讨。甚至可以说，这还成了思考文学类型与科幻类型之关系，以及思考文学研究与科幻研究之关系的大前提"（巽孝之等，2021）。而在美国，也有过类似的争论。这就使得讨论变得更加复杂起来，而从时间的维度看，科幻史与文学史或是科普史的关系问题并没有一个唯一确定的答案，因

为这不仅仅取决于科幻本身的性质，也取决于文学、科学在历史情境和文化争论中占据的社会位置。

科幻作家刘慈欣曾评论科幻比其他文学有着更加丰富的不同侧面，因其涉及科技与文学两个不同的侧面，而是科幻并不是二者的简单相加，而是科学与文学的相乘（冈恩，2018）。或许也正是因为这种相乘所带来的丰富的奇妙化学作用才赋予了科幻别样的魅力。然而在现实中，这种独特性却给科幻带来了十分尴尬的处境，以至于科幻史研究在学术科研机构中很难找到合适的位置，对文学史研究或科普史研究的合法性也需要一番艰难论证。在主流文学史界，科幻文学一直是相对边缘和小众的存在，在很长一段时间里只能从属于儿童文学的分类之下。而关于科幻本身是否要走向学术化都是一个有争议性的问题，一些科幻爱好者认为科幻注定边缘，并且无法在课堂上被讲授或通过科学的方法被研究。曾经科幻研究者想在大学里开设科幻讲座或进行科幻研究都是一件十分困难的事。而对于传统的科学史研究而言，科幻小说同样遭到冷遇，在传统科学史家的基本预设中科幻小说毋庸置疑属于文学，在科幻小说里发掘科学的发展历程无异于缘木求鱼。早在 20 世纪 70 年代，中国科幻作家郑文光便对当时被叫作"科学文艺"的作品的尴尬处境有一个形象的比喻："'科学文艺'这个词听起来好听，又是科学又是文艺，但是科学界认为它是文艺作品；搞文艺的，又认为它是科学，结果成了童话中的蝙蝠：鸟类说它像耗子，是兽类；兽类说它有翅膀，是鸟类。弄得没有着落"（郑文光，1978）。

二、科幻史与文学史的关系

科幻史与文学史若即若离的关系与历史上与其相对应的科幻与文学复杂的关系有关，科幻既渴望被主流文学史接纳，但另一方面又表现出疏离又拒斥的态度。一方面，科幻一直处于边缘位置，游离于主流文学的视野之外，一部分科幻作家、科幻研究者希望科幻能够获得主流文学界的认可，科幻史研究不仅渴望被文学史接纳，同时也渴望相关的文学研究理论，因而对文学研究理论敞开；然而另一方面，科幻总是保有一种相对的独立性，不仅从业相关者多为科幻爱好者这一较为稳定的小圈子,对于科幻文学的审美评价、发展历史、批评方法有属于自己的不同于其他文学的标准。

在中国科幻史上,科幻从属于文学还是科普曾爆发过多次激烈的争论,多数科幻研究者认可中国科幻的发展历程经历了从科普到文学的转变这一历史叙事,认为科幻文学经过一番曲折历程后成功摆脱了"科学的传声筒",成了独立的文学分支,并且将之视为科幻文学从不成熟走向了成熟的成功蜕变。而在美国科幻发展史上科幻的分类问题也曾经历过反复的摇摆,一些争论的分支观点直到今日也没有最终消失。但事实上科幻史在编撰方法上也与一般文学史存在差异,在科幻史与文学史之间很难做到融合,从文学史的角度书写科幻的历史存在着诸多困难。

文学史关注作品本身的文学性,而科幻作品常常被人诟病文学性不足,从科幻自身的发展脉络来看,科幻也从来不以作品的文学性作为核心竞争力,也罕有优秀的科幻作品是因其华丽的辞藻或丰满的人物形象而获得赞誉。而科幻史往往更加侧重于作品中科幻作家所建构的世界观或与科学有关的新奇想法,科幻也因而常被人称作"点子文学",科幻作品中所谓的"科学内核"决定了人们对这一作品的评价。而从科幻史家的角度看,这一领域的从事者往往兼具科幻爱好者、科幻作家、科幻评论家等多重身份,特别是早期的科幻史家几乎全部是出于对科幻的极大热情和兴趣,他们有些人或直接从事科幻创作,且大部分都有从青少年时期阅读科幻作品产生浓厚兴趣的经历。这使得早期的科幻史家未经受过文学理论的专门学术训练,他们不仅并非科班出身,且往往以理工科背景居多,因此他们笔下的科幻史显然与许多文学史的旨趣有着较大的差异。

在实际操作层面,在科幻史中引入文学理论还存在一些其他的问题,比如科幻是一种自身谋求变化的文学类型,这就使得文类分析成了限制科幻小说的枷锁,窄化了科幻的范围,造成部分不能满足这种文学类型期待的科幻作品无法被考虑在内,而这部分作品可能又在社会文化中有着较为重要的范围。另一方面,科幻史中承载过多的文学理论预设会让读者感到科幻成为了一种被利用的工具,不符合许多科幻迷对于科幻作品是对科学的艺术呈现的定位，毕竟在一些科幻迷的想象中生命的奥秘、广阔浩瀚的宇宙这类题材应该具有纯粹性，过于强调这种艺术创作与其他因素的联系会破坏这种神圣之美。

另外，科幻史与文学史难以亲近的因素是在人们的印象中与文学史中的作品比起来，科幻文学是难登大雅之堂的。但是如果从情节引人入胜或者思想性等角度出发，又不能将科幻作品完全地驱逐出优秀的文学作品之外，毕竟人们往往不能否认一部优秀的科幻作品通常首先得是一部精彩的故事，得是一部让读者觉得"好看"的作品，虽然对于"好看"，不同的读者可能有着不同的评价标准。但即便一部科幻小说获得了商业上的成功，也很难在文学史上留下重要的篇幅。科幻文学难以摆脱类型文学的标签，与主流文学总是存在着通俗与高雅、大众与精英之间的界限。与传统的纸质图书相比，期刊、网络文学平台、有声书等较为新兴的出版业态反而给了科幻文学更多的空间，而文学史对于文学该是什么样子有着自身的传统预设，文学史显然很难在短时间接纳这些在某种程度上拓展了"文学"概念的新变化。种种因素都限制了文学史向科幻这一门类敞开大门。

这其中涉及的更重要的问题是：文学史中的文学究竟是什么？人们通常所说的"文学性"又指什么？比如今天人们可能认为诗歌、小说属于文学，而历史便不属于文学，自然科学自然也不属于文学。但这种在虚构与现实之间划分的界限其实并不是十分清晰的。研究历史会发现，文学的边界并不具有稳定性，而真正现代意义上的"文学"也是 18 世纪末才有的发明，一直到 19 世纪它的含义才逐渐接近现代的理解，文学的范畴也经历了一个逐渐变浅的过程，文学逐渐被限制在"想象性""创造性""虚构性"的作品范围内（伊格尔顿，2007）[17]，因此正如同文学理论家伊格尔顿所说的那样，"文学"应该被视作"人们在不同时间出于不同理由赋予某些种类的作品的一个名称"（伊格尔顿，2007）[19]。文学史所记载的对象只是被制度确定为文学的文学，是一定历史时期一定范围内人们对文学的某种共识，而这种共识并不是一成不变或者完全客观的，正如同所谓的经典文学作品甚至包括所谓文学性也是一种建构，是由部分人出于部分理由而在某一时代形成的特定的预设。

一旦人们认识到这种预设的存在,那么文学史与科幻史的争议便变得不再重要。随着时代的更迭,文学的概念是在不断发生变化的,特别是考虑到科学技术给整个社会文化领域包括文学在内带来的变化,文学史便没有理由忽视科幻这一应对变化而生的重要历史资源。如果说传统文学史侧重于那些关心人与人之间、人与社会之间的关系的作品,科幻史的重点则在于那些呈现人与自然、科学技术与自然之间的关系的作品,那么实际在今天没有人可以把人、社会、科技、自然这些分得十分清晰明确,如果传统文学史主张文学应是关注现实的,而科幻总归是一种想象,那么反过来其实没有比科幻更关心人类的现实、科学发展所带来的问题以及人类未来命运的种种现实,科幻不仅成了当下最大的现实,还是现代社会文化中最具有批判性与反思力度的重要思想来源。

三、科幻史与科普史的关系

科幻史与科普史的关系在历史上比较复杂,两者之间既有相互重叠、难以分割的一面,也有互不相容、相互背离的一面。科幻与科普的纠缠问题存在一定的历史原因,自从科幻从科普中独立之后,在科幻史中较少谈及其科普功能几乎已经成为科幻史研究者的共识,但在科普史的视野中,科幻创作则常被视为科普实践中的一个重要组成部分。显然,科普研究者和科幻创作者之间对于科幻的定位有着不同的理解,在现实中,几乎没有科幻史家将自己创造科幻史理解为一种狭义理解上的科普史的类型,正如科幻作家不会将自己的作品定义为科普作品一样。

在传统的认识框架中,科普史和科幻史分歧的主要原因在于对于科幻作品的理解和定位不同。就科普史的角度而言,对于科幻的定位是普及科学知识、培养和激发青少年的想象力和对科学的兴趣。科普史中对于科幻的理解更加侧重科幻作品所带来的效能和价值。在不同的历史时期不同的国家,科幻作品的确曾经承载了诸如思想启蒙、用大众喜闻乐见的方式传播科学新知等任务,并且被深刻嵌入到走向富强、实现现代化、追求人类进步等国家话语体系之中。而科幻史主要侧重于科幻作品本身的思想价值和历史脉络,并且多数科幻史研究者认为如果一旦过于强调科幻作品工具性的一面,会影响科幻的想象力和创造力,失去了科幻需要的创作空间和自由度。更深层次的冲突和分歧在于,在传统的科普概念之下,科幻不过是以艺术的形式描写科学的一种载体,同时科普作品中所提及的科学知识必须是准确无误的,经过科学权威或科学共同体所认可的,同时还要达成一定的传播功效。其中内含的假设是科学知识是不可被染污的和被挑战的,这便与科幻作品所要求的自由度发生了矛盾,也因此带来了科普史与科幻史的分歧。但事实上,对于"科普"的理解、传播哪些知识、哪些知识属于科学这些问题本身通常也是未经反思的,是可以并且应该接受挑战和质询的。

对于科幻的定位分歧不一定意味着科普史与科幻史从此便能够分道扬镳。两者难以完全分割的原因在于在历史上和现实中存在相互交叉和包含的关系。一方面,一部分科幻史包含在科普史内,在许多后发国家科幻的起点与科普的开端存在相当大程度的重合,这一点几乎无法回避,科幻最早肩负了开启民智、国家走向现代化的历史使命,包括认为科幻这种文艺形式的目的在于仅仅作为科学的载体的观点也是早期的科幻作品得以发展的一大理由。比如鲁迅最早在向中国译介科幻小说时,便是这样定位"科学小说"的:"盖胪陈科学,常人厌之,阅不终篇,辄欲睡去,强人所难,势必然矣。惟假小说之能力,被优孟之衣冠,则虽析理谭玄,亦能浸淫脑筋,不生厌倦。……故苟欲弥今日译界之缺点,导中国人群以进行,必自科学小说始"。而这样的阶段性现象并不是仅仅存在于中国、日本、拉美等国家的科幻史上,在美国科幻史中也有相似的历史阶段,比如雨果·根斯巴克时期对于科幻的定位便是"以一种非常可人胃口的形式向人们提供知识",同时兼具预测未来和启示发明创造的功能,这一时期也有许多类似推销电器广告的读者,向读者推介科技进步发明发达的种种便利以及一些强行插入的大段科学解释性文字。

另一方面,一部分科普史同时也包含在科幻史中,在中国科幻史上科幻为了摆脱科普的角色定位,曾经试图在传统"硬科幻"作品和科普作品之间进行强硬的切割,比如中国科幻作家兼科普作家童恩正便曾经为科幻做出如下界定:"硬科幻"不是科普作品,也不能被视为科普性的小说;科幻并不传播具体的科学知识,不保证科学知识的准确性;科幻并不预测未来科技的种种发明创造。但尽管科幻史试图自立门户,但历史和现实中的状况使得科幻史与科普史必然存在重合交错的部分,且并不仅仅是某一特定的历史阶段存在重合,而是历史上不同时期各个阶段都存在科普类型的科幻作品,在许多情况下都难以将偏重于传播科学知识的科幻作品剔除出科幻史的范围外,甚至包括许多著名的科幻作家也都曾经创造过可以被认为属于科普的作品,他们在科幻小说中注入科学内容,用有趣的情节吸引读者的阅读兴趣,而这些作品之间的界限实则很难界定清晰。

在有些科幻史中的某些作品甚至完全不应该出现,如宗教性的、神秘的、含义模糊的。科学什么时刻去这些分离其实是说不清的。问题的症结在于科幻史对科普的理解较为偏狭,而科普史对科幻的误解则更深。除了前面所论及的"科幻"的概念在不断发生历史演变之外,学界对于科普概念的理解也相应地在发展变化,不再仅仅止步于科学知识的普及(刘兵,2019),而其实两者在新的理念下并不冲突。甚至一旦接受了这种新的看待两者关系的方式,历史研究者将会发现一个更加广阔的空间。在新的理念下,科幻史与科普史可以从以下三方面产生作用和联结。

其一,在史料方面,科幻作品能够为科普史提供与科学史、科学精神、科学文化等相关的重要历史资源。科幻与科普之间的边界是在历史中被人为地建构的,而在这些人为的分类之前,现在人们所认为的一些历史上的科幻作品曾经深度参与到科学活动、科普活动之中,这些作品在其作者看来可能是严肃的哲学思辨作品,在当时的社会背景下其合法性与权威性并不比今天人们所尊崇的科学知识更差。科幻史中所记载的这些科幻作品作为了解古人认识世界的一种方式,也应被整合进科普史之中,并且可以作为科普史进行历史的追溯与复原的重要资源。

其二,在立场方面,科幻史能够为科普史补充来自公众的视角,较为完整地呈现包括非科学从业者在内的普罗大众对于科学的理解。在传统的科普史中往往存在着一种权力的非对称性,拥有科学知识的一方拥有客观"事实",而缺少科学知识的公众只能拥有"意见",在古希腊时期"意见"和"科学"

有着同样的地位(布洛克斯,2010)[121],然而随着19世纪科学普及运动的开展,科学统治地位的一步步提升,这种不对称性开始越来越凸显,因此也造成了传统科普史中更具反思性的公众视角的缺少,将科幻作品作为一种公众意见,有利于在更加平等和多元的视角下多声道讲述历史。

其三,在叙事方面,科幻史与科普史之间壁垒的打破有利于丰富现有的历史叙事模式,即在科普史中可以透过科幻作品看到人们对于科学存在多元的态度。科幻史异质性的基础是不同的科幻观,而不同的科幻观根植于不同的科学观。比如说科幻史中总能找到多条相互对立且并未随着时间推移而消逝的线索,当历史中存在那些对于科学技术充满自信的乐观主义者时,意味着同样存在一些人对于科学技术过度发展存在隐忧;一些人利用科学话语来破除魔法和神秘的旧世界,一些人则将魔法和神秘包裹在科学话语中来回答现代科学未能解答的终极问题。一旦人们可以赋予这些与科学知识相关的种种设想与科学同样平等的位置,便会发现科普史并不总是沿着单线的、简单的、进步的预设模式发展的,而是多条复杂的线索并行往复。

第四节 结论与讨论

本研究围绕科幻史中的三个基本问题展开讨论,前提在于承认"历史"建立在共识之上,而非真实之上,但这些共识往往是被人们当作是理所当然、不证自明的。科幻史中对于科幻的概念、科幻的起源、科幻史的分类的不确定性提醒我们"历史"本身就属于一种历史中的产物,带有人为的烙印,需要被不断剖析与自我检视。本研究所做的工作便是在看似应然的预设之中寻找未经反思的信念。摆脱现代观点的倾向与偏向,并尽可能地忠于当时的历史。

基于以上各章的分析与讨论,现将研究结论总结如下。

第一,从"科幻"作为一个历史概念的形成与演变的历史过程中看,新定义的出现总是伴随着对科幻的重新定位与想象。对历史的追认更多取决于当下的选择,定义需要能够解决科幻在其所处的文化背景中对于自身定位的焦虑。因此科幻定义领域的一个重要特征便是关于科幻定义的争论通常由科幻或科普相关从业者发起,而这些讨论主要围绕科幻的地位而展开,焦点与分歧则往往集中在科幻的历史和范围上。为科幻下一个规范性定义的行为本身可以被视作为科幻寻找归属、一次次抬升自身地位渴望获得主流认可的尝试,科幻渴望通过界定自身来获得尊严和地位,但每一次限制性定义与融入主流的尝试都要以否定本可以属于自身的一部分作为代价,后果便是在制定标准的同时丧失了自身最具活力的特质。但过于宽泛的描述性定义又无法凸显科幻独特性,大部分的定义都是游走在规范性定义与描述性定义之间,不懈地找寻并反复确认着科幻在我们的社会文化中所处的位置。

第二,在"科幻"概念之前的历史是科幻史家依据自身对于科幻的理解所做出的合理推演,通过讲述科幻起源的历史,科幻史家可以将本国的科幻作品安置在合适的文化脉络之中,为科幻寻找到恰当的祖先,从诸多历史要素中确定科幻诞生的条件。但关于科幻起源历史叙事的不确定性在于人们通过对科幻的不同理解可以为科幻找到不同的源头,并在古代的幻想故事和现代科幻作品之间确定产生"突变"的关键一环。在诸多关于科幻起源的解释中,既有科幻作为一种文学类型其自身的发展演变规律的内部视角,也存在科幻作为一种历史对象在历史要素之间建立因果联系的外部视角。也许将这些不同的叙事整合起来并不完全等同于科幻起源的全部历史,但每一个不同的起源故事中所体现的是不同的历史学家对科幻所预先设立的标准,透过这些标准我们得以重新反思一些被大众习以为常的著名论断。

第三,科幻史与文学史、科幻史与科普史的相互关系一直处在变动之中,这一点也为我们重新反思在中国科幻历史上关于科幻与文学、科普之关系的争论提供了借鉴。在科学在社会中占据权威地位之前,哲学思辨在知识生产领域具有同样平等的地位,然而随着科学地位的不同提升与分工的不断细化,这些最具活力的想法被压缩在文学和幻想的领域,而文学的范围也被限定在与科学构成二元对立的感性的、虚构的另一侧。但国内学界目前对文学已经逐渐有了较为宽泛的定义和理解,对于科普的理解也不再仅仅局限于科学知识的普及,而是包含了科学方法、科学精神、科学思想等层次更加丰富的内涵。历史与现实中所产生的争议，往往源于人们理解中的科幻、文学、科普的概念，往往出自定义者对科学、文学自身的本能、朴素而又粗略的理解和判断，由此带来了人们对于科幻不同的认识偏差与理解层次的错误。带有这种新的理念再去看待科幻史与文学史、科普史的关系问题，便会摆脱原有二元对立的思路。

第四，在一阶的历史研究中，有关科幻概念、起源、分类的争议性问题时常被矮化为一个短暂的浅层的观点差异，然而这种表述遮蔽了建在共识上的未经反思的结构，而这种结构深深地根植于社会文化之中，并受到主流社会意识形态的形塑。而如果我们注意到近来学界逐渐开始重视对于现实中的科学本身不确定性的关注和科学本身在不断发展的事实，在一种多元的科学观中，就会发现科幻的特征恰恰可以包容在广义的科学"方法""精神"和"思想"的范畴中。因而，如果接纳一种更为宽泛的"大科学"与"大科普"的定义，那么历史上争议已久的科幻是否属于科普、科幻与科学的关系等问题便自然得到了消解。现实中的科幻自然也就可以合法地成为科普的一个组成部分。

（冯溪歌撰）

参考文献

中文参考文献

[1] 戴维·埃杰顿. 反历史的 C. P. Snow [M]//吴嘉苓,傅大为,雷祥麟. 科技渴望社会. 台北:群学出版社,2004:107 - 122.

[2] 阿盖西. 法拉第传[M]. 鲁旭东,康立伟,译. 北京:商务印书馆,2002.

[3] 爱因斯坦. 爱因斯坦文集(第一卷)[M]. 许良英,李宝恒,赵中立,范岱年,编译. 北京:商务印书馆,1976.

[4] 安克施密特. 历史与转义:隐喻的兴衰[M]. 韩震,译. 北京:文津出版社,2005.

[5] 奥尔迪斯,温格罗夫. 亿万年大狂欢:西方科幻小说史[M]. 舒伟,孙法理,孙丹丁,译. 合肥:安徽文艺出版社,2011.

[6] 巴恩斯. 科学知识与社会学理论[M]. 鲁旭东,译. 北京:东方出版社,2001.

[7] 白馥兰. 技术与性别:晚期帝制中国的权力经纬[M]. 江湄,邓京力,译. 南京:江苏人民出版社,2006.

[8] 白志红. 当代西方女性主义人类学的发展[J]. 国外社会科学,2002(2):13 - 18.

[9] 柏拉图. 柏拉图全集[M]. 王晓朝,译. 北京:人民出版社,2002.

[10] 鲍晓兰. 西方女性主义口述史发展初探[J]. 浙江学刊,1999(6):85 - 90.

[11] 贝尔纳. 历史上的科学[M]. 伍况甫,等,译. 北京:科学出版社,1983.

[12] 别莱利曼. 趣味物理学[M]. 符其珣,滕砥平,译. 长沙:湖南教育出版社,1999.

[13] 波普尔. 科学知识进化论[M]. 纪树立,编译. 北京:生活·读书·新知三联书店,1987.

[14] 波兹曼. 娱乐至死[M]. 章艳,译. 桂林:广西师范大学出版社,2004.

[15] 玻尔. 尼耳斯·玻尔哲学文选[M]. 戈革,译. 北京:商务印书馆,2009.

[16] 伯克. 图像证史[M]. 杨豫,译. 北京:北京大学出版社,2008.

[17] 博克. 多元文化与社会进步[M]. 余兴安,彭振云,童奇志,译. 沈阳:辽宁人民出版社,1988.

[18] 布莱特尔. 资料堆中的田野工作:历史人类学的方法与资料来源[J]. 广西民族研究,2001(3):8 - 19.

[19] 布朗. 社会人类学方法[M]. 夏建中,译. 北京:华夏出版社,2002.

[20] 布鲁克. 科学与宗教[M]. 苏贤贵,译. 上海:复旦大学出版社,2000.

[21] 布鲁诺.飞马的占卜:布鲁诺的哲学对话[M].梁禾,译.北京:东方出版社,2005.

[22] 布洛克斯.理解科普[M].李曦,译.北京:中国科学技术出版社,2010.

[23] 蔡志祥.走向田野的历史学:田野调查和地方史研究[J].香港社会科学学报,1994(4):222-235.

[24] 曹天元.量子物理史话:上帝掷骰子吗[M].沈阳:辽宁教育出版社,2006.

[25] 策尼.定位过去[M]//古塔,弗格森.人类学定位:田野科学的界限和基础.骆建建,袁同凯,郭立新,等,译.北京:华夏出版社,2005:66-87.

[26] 曾恩波.世界摄影史[M].北京:中国摄影出版社,2012.

[27] 戴森.太阳、基因组与互联网:科学革命的工具[M].覃方明,译.北京:生活·读书·新知三联书店,2000.

[28] 戴维.科学家在社会中的角色[M].赵佳苓,译.成都:四川人民出版社,1988.

[29] 迪尔克斯等.在理解与信赖之间:公众、科学与技术[M].田松,卢春明,陈欢,等,译.北京:北京理工大学出版社,2006.

[30] 董丽丽.图像与交易区的双重变奏:彼得·伽里森科学编史学研究[M].北京:中国社会科学出版社,2014.

[31] 董丽丽,刘兵.历史与哲学视野中的"实验"伽里森的《实验如何终结》与哈金的《表象与介入》之比较[J].自然辩证法研究,2009(6).

[32] 董丽丽,刘兵,李正风.另一种科学革命?:对伽里森交易区理论的一种解读[J].科学技术哲学研究,2013,30(4):77-82.

[33] 方在庆.一个真实的爱因斯坦[M].北京:北京大学出版社,2006.

[34] 傅大为.亚细亚的新身体:性别、医疗与近代台湾[M].台北:群学出版有限公司,2005.

[35] 伽里森.实验是如何终结的?[M].董丽丽,译.上海:上海交通大学出版社,2017.

[36] 伽莫夫.物理学发展史[M].高士圻,译.北京:商务印书馆,1981.

[37] 伽莫夫,斯坦纳德.物理世界奇遇记[M].吴伯泽,译.北京:科学出版社,2008.

[38] 冈恩.交错的世界:世界科幻图史[M].姜倩,译.上海:上海人民出版社,2018.

[39] 高洋.《赫尔墨斯文集》的"上升之路"[J].古典学研究,2019(1):62-81,173-174.

[40] 高洋.赫尔墨斯主义与近代早期科学编史学[J].科学文化评论,2016(1):42-61.

[41] 格尔茨.文化的解释[M].韩莉,译.南京:译林出版社,1999.

[42] 格罗斯.害羞的卵子,勇猛的精子和托林潘蒂[M]//诺里塔·克瑞杰.沙滩上的房子:后现代主义者的科学神化曝光.蔡仲,译.南京:南京大学出版社,2003:85-105.

[43] 格罗茨.时间的旅行:女性主义、自然、权力[M].胡继华,何磊,译.开封:河南大学出版社,2012.

[44] 关士续.科学技术史教程[M].北京:高等教育出版社,1989.

[45] 郭慧敏. 社会性别与妇女人权问题:兼论社会性别的法律分析方法[J]. 环球法律评论,2005(01):32 - 39.

[46] 哈丁. 科学的文化多元性:后殖民主义、女性主义和认识论[M]. 夏侯炳,谭兆民,译. 南昌:江西教育出版社,2002.

[47] 哈洛威. 猿猴、赛伯格和女人:重新发明自然[M]. 张君玫,译. 台北:群学出版社,2010.

[48] 何兆武. 对历史学的若干反思[J]. 史学理论研究,1996(2):36 - 43.

[49] 赫兹菲尔德. 什么是人类常识:社会和文化领域中的人类学理论实践[M]. 刘珩,石毅,李昌银,等,译. 北京:华夏出版社,2005.

[50] 洪进,汪凯. 论盖里森"交易区"理论[J]. 科学技术与辩证法,2006,23(3)67 - 70,111.

[51] 胡大年. 爱因斯坦在中国[M]. 上海:上海科技教育出版社,2006.

[52] 怀特. 元史学:十九世纪欧洲的历史想象[M]. 陈新,译. 南京:译林出版社,2004.

[53] 黄淑娉,龚佩华. 文化人类学理论方法研究[M]. 广州:广东高等教育出版社,2004.

[54] 霍尔顿. 科学思想史论集[M]. 许良英,译. 石家庄:河北教育出版社,1990.

[55] 吉尔兹. 地方性知识:阐释人类学论文集[M]. 王海龙,张家瑄,译. 北京:中央编译出版社,2000.

[56] 贾撒诺夫,马克尔,彼得森. 科学技术论手册[M]. 盛晓明,孟强,胡娟,等,译. 北京:北京理工大学出版社,2004.

[57] 江泓. 世界著名科学家与科技革命[M]. 天津:南开大学出版社,1992.

[58] 江晓原. 被中国人误读的李约瑟:纪念李约瑟诞辰 100 周年[J]. 自然辩证法通讯,2001(1):55 - 64.

[59] 姜妍. 神秘作者曹天元:科普应极致娱乐[N]. 新京报,2006 - 02 - 22.

[60] 杰罗姆. 爱因斯坦档案[M]. 席玉苹,译. 桂林:广西师范大学出版社,2011.

[61] 卡尔纳普. 卡尔纳普思想自述[M]. 陈晓山,涂敏,译. 上海译文出版社,1985.

[62] 卡特. 马桶的历史:管子工如何拯救文明[M]. 汤家芳,译. 上海:上海译文出版社,2009.

[63] 凯勒. 性别与科学:1990[M]//李银河. 妇女:最漫长的革命. 北京:三联书店,1997:176 - 204.

[64] 柯瓦雷. 从封闭世界到无限宇宙[M]. 张卜天,译. 北京:商务印书馆,2016.

[65] 柯依列. 伽利略研究[M]. 李艳平,张昌芳,李萍萍,译. 南昌:江西教育出版社,2002.

[66] 科恩. 科学革命的编史学研究[M]. 张卜天,译. 长沙:湖南科学技术出版社,2012.

[67] 科恩. 科学中的革命[M]. 鲁旭东,赵培杰,宋振山,译. 北京:商务印书馆,1998.

[68] 科尔. 科学的制造:在自然界与社会之间[M]. 林建成,王毅,译. 上海:上海人民

出版社,2001.

[69] 克拉夫.科学史学导论[M].任定成,译.北京:北京大学出版社,2005.

[70] 克劳.量子世代[M].洪定国,译.长沙:湖南科学技术出版社,2009.

[71] 库恩.必要的张力[M].范岱年,纪树立,译.北京大学出版社,2004.

[72] 库恩.必要的张力:科学的传统和变革论文选[M].范岱年,纪树立,等,译.北京大学出版社,1999.

[73] 拉波特,奥弗林.社会文化人类学的关键概念[M].鲍雯妍,张亚辉,译.北京:华夏出版社,2005.

[74] 拉卡托斯.科学研究纲领方法论[M].兰征,译.上海:上海译文出版社,1986.

[75] 拉克赫斯特.科幻界漫游指南[M].由美,译.北京:新星出版社,2022.

[76] 拉图尔.2005 科学在行动:怎样在社会中跟随科学家和工程师[M].刘文旋,郑开,译.北京:东方出版社,2005.

[77] 拉图尔,伍尔加.实验室生活:科学事实的建构过程[M].张伯霖,刁小英,译.北京:东方出版社,2004.

[78] 劳丹.进步及其问题[M].刘新民,译.北京:华夏出版社,1999.

[79] 雷恩.站在巨人与矮子肩上:爱因斯坦未完成的革命[M].关洪,方在庆,译.北京:北京大学出版社版,2009.

[80] 李宝恒,林因.试论爱因斯坦的哲学思想[J].自然辩证法研究通讯,1965(4):32-47.

[81] 李文芳.世界摄影史(1825—2022)[M].哈尔滨:黑龙江人民出版社,2004.

[82] 李小博,朱丽君.科学交流中的修辞学[J].科学学研究,2005,23(4):433-438.

[83] 李醒民.隐喻:科学概念变革的助产士[J].自然辩证法通讯,2004,26(1):22-28.

[84] 李醒民.科学编史学的"四维空时"及其"张力"[J].自然辩证法通讯,2002(3):64-71.

[85] 李醒民.爱因斯坦科学哲学思想概览[J].哲学动态,2000(3):15-18.

[86] 李醒民.爱因斯坦的意义整体论[J].哲学研究,1999(2):74-80.

[87] 李醒民.论爱因斯坦的纲领实在论[J].自然辩证法通讯,1998,20(1):1-12.

[88] 李醒民.论狭义相对论的创立[M].成都:四川教育出版社,1994.

[89] 李醒民.走向科学理性论:也论爱因斯坦的哲学历程[J].自然辩证法通讯,1993(3):1-9.

[90] 李醒民.论爱因斯坦的综合科学实在论思想[J].中国社会科学,1992(6):73-91.

[91] 李醒民.论爱因斯坦的经验约定论思想[J].自然辩证法通讯,1987(4):12-20,80.

[92] 林德宏.科学思想史[M].南京:江苏科学技术出版社,1985.

[93] 刘兵.对科普相关概念研究的简要回顾与讨论[J].科普研究,2019,14(5):42-46,110.

[94] 刘兵.科学史:综合的可能与虚幻:读《科学史的向度》有感[N].中华读书报,

2010 - 04 - 02.

[95] 刘兵. 克丽奥眼中的科学:科学编史学初论[M]. 上海:上海科技教育出版社,2009.

[96] 刘兵.《爱因斯坦文集》的编译出版与作为意识形态象征的爱因斯坦[J]. 博览群书,2005(10):4 - 14.

[97] 刘兵. 在物理学与艺术之间对世界之认识的平行性:以爱因斯坦与毕加索为例[J]. 科学,2004,56(6):42 - 45.

[98] 刘兵. 若干西方学者关于李约瑟工作的评述:兼论中国科学技术史研究的编史学问题[J]. 自然科学史研究,2003,22(1):69 - 82.

[99] 刘兵. 克丽奥眼中的科学:科学编史学初论[M]. 山东:山东教育出版社,1996.

[100] 刘兵,章梅芳. 科学史中"内史"与"外史"划分的消解:从科学知识社会学的立场看[J]. 清华大学学报(哲学社会科学版),2006,21(1):132 - 138.

[101] 刘华杰. 科学元勘中 SSK 学派的历史与方法论述评[J]. 哲学研究,2000(1):38 - 44.

[102] 刘建统. 科学技术史[M]. 长沙:国防科技大学出版社,1986.

[103] 刘珺珺. 科学社会学的"人类学转向"和科学技术人类学[J]. 自然辩证法通讯,1998(1):24 - 31.

[104] 卢宾. 女人交易:性的"政治经济学"初探[M]//王政,杜芳琴. 社会性别研究选译. 北京:三联书店,1998:21 - 71.

[105] 卢卫红. 科学史研究中人类学进路的编史学考察[D]. 北京:清华大学,2007.

[106] 鲁斯. 达尔文是男性至上主义者吗?[M]//诺里塔·克瑞杰. 沙滩上的房子:后现代主义者的科学神化曝光. 南京:南京大学出版社,2003:187 - 209.

[107] 路甬祥,等. 科学之旅[M]. 沈阳:辽宁教育出版社,2001.

[108] 罗伯茨. 科幻小说史[M]. 马小悟,译. 北京:北京大学出版社,2010.

[109] 罗布莱克. 天文学家的女巫案:开普勒为母洗污之战[M]. 洪云,张文龙,译. 北京:北京联合出版公司,2017.

[110] 罗康隆. 文化人类学论纲[M]. 昆明:云南大学出版社,2005.

[111] 罗斯. 施拉格. 有趣的制造:从口红到汽车[M]. 张琦,译. 北京:新星出版社,2008.

[112] 马尔凯. 词语与世界:社会学分析形式的探索[M]. 李永,译. 北京:商务印书馆,2007.

[113] 马尔凯. 科学社会学理论与方法[M]. 林聚任,译. 北京:商务印书馆,2006.

[114] 迈尔斯. 书写生物学:科学知识的社会建构文本[M]. 孙雍君,等,译. 南昌:江西教育出版社,1999.

[115] 麦克洛斯基,等. 经济学专业的修辞[M]//麦克洛斯基. 社会科学的措辞. 北京:生活·读书·新知三联书店,2000:133 - 156.

[116] 麦茜特. 自然之死:妇女、生态和科学革命[M]. 吴国盛,等,译. 长春:吉林人民

出版社,1999.

[117] 梅森.自然科学史[M].周煦良,译.上海:上海译文出版社,1980.

[118] 孟建伟.科学进步模式辨析[J].哲学动态,1995(7):38.

[119] 米勒.爱因斯坦·毕加索:空间、时间和动人心魄之美[M].方在庆,伍梅红,译.上海:上海科技教育出版社,2003.

[120] 默顿.科学社会学散忆[M].鲁旭东,译.北京:商务印书馆,2004.

[121] 默顿.十七世纪英格兰的科学、技术与社会[M].范岱年,译.北京:商务印书馆,2000.

[122] 穆蕴秋.一部"另类"的月亮天文学论著:评《开普勒之梦》[J].中国科技史杂志,2007,28(3):291-295.

[123] 内森,诺登.爱因斯坦论和平[M].刘新民,译.长沙:湖南出版社,1992.

[124] 内坦森.修辞的范围[M]//肯尼斯·博克.当代西方修辞学:演讲与话语批评.北京:中国社会科学出版社,1998:200-210.

[125] 派斯.爱因斯坦传[M].方在庆,李勇,译.北京:商务印书馆,2004.

[126] 潘诺夫斯基.视觉艺术的含义[M].傅志强,译.沈阳:辽宁人民出版社,1987.

[127] 佩拉.科学之话语[M].成素梅,李洪强,译.上海:上海科技教育出版社,2006.

[128] 彭加勒.科学与方法[M].李醒民,译.北京:商务印书馆,2006a.

[129] 彭加勒.科学与假设[M].李醒民,译.北京:商务印书馆,2006b.

[130] 皮克林.作为实践和文化的科学[M].柯文,伊梅,译.北京:中国人民大学出版社,2006.

[131] 容观夐.关于田野调查工作:文化人类学方法论研究之七[J].广西民族学院学报(哲学社会科学版),1999,21(4):39-43.

[132] 萨顿.科学的历史研究[M].刘兵,陈恒六,仲维光,编译.上海:上海交通大学出版社,2007.

[133] 塞蒂娜.制造知识:建构主义和科学的与境性[M].王善博,等,译.北京:东方出版社,2001.

[134] 施剑松.80后神秘客大话科学史话《上帝掷骰子吗》[N].竞报,2006-01-06.

[135] 斯科尔斯,詹姆逊,艾文斯,等.科幻文学的批评与建构[M].王逢振,苏湛,李广益,等,译.合肥:安徽文艺出版社,2011.

[136] 斯科特.女性主义与历史[M]//王政,杜芳琴.社会性别研究选译.北京:生活·读书·新知三联书店,1998:359-376.

[137] 斯科特.性别:历史分析中一个有效范畴[M]//李银河.妇女:最漫长的革命.北京:生活·读书·新知三联书店,1997:151-175.

[138] 斯特劳斯.结构人类学(第二卷)[M].俞宣孟,谢维扬,白信才,译.上海:上海译文出版社,1999.

[139] 苏恩文.科幻小说变形记:科幻小说的诗学和文学类型史[M].丁素萍,李靖民,李静滢,译.合肥:安徽文艺出版社,2011.

[140] 苏恩文. 科幻小说面面观[M]. 郝琳, 李庆涛, 程佳, 等, 译. 合肥: 安徽文艺出版社, 2011.

[141] 孙秋云. 文化人类学教程[M]. 北京: 民族出版社, 2004.

[142] 索伯. 保卫培根[M]//诺里塔·克瑞杰. 沙滩上的房子: 后现代主义者的科学神化曝光. 南京: 南京大学出版社, 2003: 301 - 337.

[143] 斯泰特拉. 经济学的措辞的措辞[M]//麦克洛斯基, 尼尔逊, 梅基尔. 社会科学的措辞. 北京: 生活·读书·新知三联书店, 2000: 156 - 183.

[144] 谭笑. 科学史研究中修辞学进路的编史学考察[D]. 清华大学, 2009.

[145] 坦纳. 历史人类学导论[M]. 白锡堃, 译. 北京: 北京大学出版社, 2008.

[146] 特拉维克. 物理与人理: 对高能物理学家社区的人类学考察[M]. 刘珺珺, 张大川, 等, 译. 上海: 上海科技教育出版社, 2003.

[147] 童. 女性主义思潮导论[M]. 艾晓明, 译. 武汉: 华中师范大学出版社, 2002.

[148] 王笛. 街头文化·下层民众及公共生活研究的现状·资料和理论方法问题: 以成都为例[M]//杨念群, 黄兴涛, 毛丹. 新史学: 多学科对话的图景. 北京: 中国人民大学出版社, 2003: 4195441.

[149] 王铭铭. 人类学是什么[M]. 北京: 北京大学出版社, 2002.

[150] 王铭铭. 功能主义人类学的重新评估[J]. 北京大学学报(哲学社会科学版), 1996, 33(2): 44 - 51.

[151] 王晴佳, 古伟瀛. 后现代与历史学: 中西比较[M]. 济南: 山东大学出版社, 2006.

[152] 王士舫, 董自励. 科学技术发展简史[G]. 北京: 北京大学出版社, 1997.

[153] 王玉仓. 科学技术史[M]. 北京: 中国人民大学出版社, 1993.

[154] 王政. "女性意识""社会性别意识"辨异[M]//杜芳琴, 王向贤. 妇女与社会性别研究在中国 1987—2003. 天津: 天津人民出版社, 2003: 89 - 90.

[155] 王作跃, 胡大年. 科学史家许良英[J]. 中国科技史杂志, 2014, 35(1): 49 - 61.

[156] 韦勒克, 沃伦. 文学理论[M]. 刘象愚, 刑培明, 陈圣生, 等, 译. 北京: 生活·读书·新知三联书店, 1984.

[157] 韦斯特福尔. 近代科学的建构: 机械论与力学[M]. 彭万华, 译. 上海: 复旦大学出版社, 2000.

[158] 维特根斯坦. 哲学研究[M]. 陈嘉映, 译. 上海: 上海世纪出版集团, 2005.

[159] 哈内赫拉夫. 西方神秘学指津[M]. 张卜天, 译. 北京: 商务印书馆, 2018.

[160] 吴国盛, 江晓原. 从相互漠视到相互亲近: 关于《北大科技哲学丛书》的对谈[N]. 中国图书商报, 2003 - 4 - 25.

[161] 吴彤. 科学实践哲学视野中的科学实践: 兼评劳斯等人的科学实践观[J]. 哲学研究, 2006(6): 85 - 91.

[162] 吴彤. 科学实践哲学发展述评[J]. 哲学动态, 2005(5): 40 - 43.

[163] 吴小英. 当知识遭遇性别: 女性主义方法论之争[J]. 社会学研究, 2003: 18(1): 30 - 40.

[164] 吴岩. 科幻六讲:新视野中国儿童文学理论研究[M]. 南宁:接力出版社,2013.

[165] 吴泽霖,张雪慧. 简论博厄斯与美国历史学派[M]//王铭铭. 西方与非西方:文化人类学述评选集. 北京:华夏出版社,2003:232-245.

[166] 席文. 比较:希腊科学和中国科学[J]. 三思评论,1999(2):26-35.

[167] 夏平. 真理的社会史:17世纪英国的文明与科学[M]. 赵万里,等,译. 南昌:江西教育出版社,2002.

[168] 夏平,谢弗. 利维坦与空气泵:霍布斯、玻意耳与实验室生活[M]. 蔡佩君,译. 上海:世纪出版集团,2008.

[169] 萧星寒. 星空的旋律:世界科幻小说简史[M]. 苏州:古吴轩出版社,2011.

[170] 邢润川,韩来平. 科学史研究应更多地引入人文关怀[J]. 科学技术与辩证法,2005,22(5):82-85.

[171] 徐杰舜. 走进历史田野:历史人类学散论[J]. 广西民族学院学报(哲学社会科学版),2001,23(1):8-12.

[172] 许良英. 一部多灾多难书稿的坎坷传奇历程:《爱因斯坦文集》再版校订后记[J]. 科学文化评论,2007,4(6):62-70.

[173] 许良英. 爱因斯坦的唯理论思想和现代科学[J]. 自然辩证法通讯,1984(2):10-17,79.

[174] 巽孝之,马俊锋. 日本科幻研究的历史与现状[J]. 科普创作评论,2021,1(3):87-92.

[175] 雅默. 量子力学的哲学[M]. 秦克诚,译. 北京:商务印书馆,1989.

[176] 杨群. 民族学、人类学学科的历史转折点:重评马林诺夫斯基和他的功能主义学派[J]. 贵州民族研究,2003(2):36-41.

[177] 叶舒宪. 地方性知识[J]. 读书,2001(5):121-125.

[178] 叶舒宪,彭兆荣,纳日碧力戈. 人类学关键词[M]. 桂林:广西师范大学出版社,2004.

[179] 伊格尔顿. 二十世纪西方文学理论[M]. 伍晓明,译. 北京:北京大学出版社,2007.

[180] 袁江洋. 科学文化研究刍议[J]. 中国科技史杂志,2007,28(4):480-490.

[181] 袁江洋. 科学史的向度[M]. 武汉:湖北教育出版社,2003.

[182] 袁江洋. 科学史编史思想的发展线索:兼论科学编史学术结构[J]. 自然辩证法研究,1997(12):34-41.

[183] 袁江洋. 科学史:走向新的综合[J]. 自然辩证法通讯,1996(1):52-55.

[184] 岳天明. 浅谈民族学中的主位研究和客位研究[J]. 中央民族大学学报,2005(02):41-46.

[185] 曾恩波. 世界摄影史[M]. 北京:中国摄影出版社,2012.

[186] 张柏春. 日常技术的文化阐释[N]. 中华读书报,2005-08-10.

[187] 张广智. 西方史学史[M]. 上海:复旦大学出版社,2010.

[188] 张海洋. 马林诺斯基与中国人类学:《科学的文化理论》译序(上)[J]. 民族艺术,1999(3):167 - 176.

[189] 张文彦. 科学技术史概要[M]. 北京:科学技术文献出版社,1989.

[190] 张之沧. 当代实在论与反实在论之争[M]. 南京:南京师范大学出版社,2001.

[191] 章梅芳. 唐娜·哈拉维的科学客观性思想评析[J]. 科学技术哲学研究,2014,31(4):13 - 17.

[192] 章梅芳. 女性主义科学史的编史学考察[D]. 北京:清华大学,2006.

[193] 长山靖生. 日本科幻小说史话:从幕府末期到战后[M]. 王宝田,等,译. 南京:南京大学出版社,2012.

[194] 赵万里. 科学的社会建构:科学知识社会学的理论与实践[M]. 天津:天津人民出版社,2002.

[195] 郑文光. 应该精心培育科学文艺这株花[N]. 光明日报,1978 - 05 - 20.

[196] 周蔚华. 重新理解当代中国出版业[J]. 出版发行研究,2020(1):5 - 15.

[197] 朱健榕. 哥白尼学说在当时影响了谁[J]. 科学对社会的影响,2002(2):22 - 25.

英文参考文献

[1] Abiko S. Einstein's Kyoto Address: "How I Created the Theory of Relativity" [J]. Historical Studies in the Physical and Biological Sciences, 2000, 31(1): 1 - 35.

[2] Agassi J. Faraday as a Natural Philosopher [M]. Chicago: Chicago University Press, 1971.

[3] Agassi J. Towards an Historiography of Science [M]. Hague: Mouton, and co., 1963.

[4] Alexandrov D A, Braithwaite K. The Historical Anthropology of Science in Russia [J]. Russian Social Science Review, 1995,36(6):3 - 32.

[5] Allenby B. Authenticity, Earth Systems Engineering and Management, and the Limits of Trading Zones in the Era of the Anturopogenic Earth [M]//Gorman M E. Trading Zones and Interactional Expertise. Cambridge Mass: MIT Press, 2010:125 - 156.

[6] Alpers S. The Art of Describing: Dutch Art in the Seventeenth Century [M]. Chicago: University of Chicago Press, 1983.

[7] Anderson E. Feminist Epistemology: An Interpretation and a Defense [J]. Hypatia, 1995,10(3):50 - 84.

[8] Anderson F. Francis Bacon: The New Organon and Related Writings [M]. Indianapolis: Bobbs Merrill, 1960.

[9] Anderson R S. The Necessity of Field Methods in the Study of Scientific Research [M]//Mendelsohn E, Elkana Y. Sciences and Cultures:

Anthropological and Historical Studies of the Sciences. Dordrecht: D. Reidel Publishing Company, 1981:213 – 244.

[10] Archer J, Lloyd B. Sex and Gender [M]. Cambridge: Cambridge University Press, 2002.

[11] Arnheim R. Art and Visual Perception: A Psychology of the Creative Eye [M]. Berkeley and Los Angeles: University of California Press, 1954.

[12] Arnheim R. Visual thinking [M]. Berkeley: University of California Press, 1969.

[13] Asberg C, Birke L. Biology is a Feminist Issue: Interview with Lynda Birke [J]. European Journal of Women's Studies, 2010,17(4):413 – 423.

[14] Auer M. The Illustrated History of the Camera, from 1839 to the Present [M]. London: Fountain Press, 1976.

[15] Baigrie B. Picturing Knowledge: Historical and Philosophical Problems Concerning the Use of Art in Science [G]. Toronto: University of Toronto Press, 1996.

[16] Baird D, Nordmann A, Schummer J. Societal Dimensions of Nanotechnology as a Trading Zone [M]//Gorman M E, Groves J F, Shrager J. Discovering the Nanoscale. Amsterdam; Washington D.C: IOS Press, 2004:63 – 73.

[17] Baldasso R. The Role of Visual Representation in the Scientific Revolution: A Historiographic Inquiry [J]. Centaurus, 2006(48):69 – 88.

[18] Baltas A. On the Harmful Effects of Excessive Anti-Whiggism [M]//Gavroglu K, Christianidis J, Nicolaidis E. Trends in Historiography of Science. Dordrecht: Kluwer Academic Publishers, 1994:107 – 119.

[19] Barad K. Agential Realism: Feminist Interventions in Understanding Scientific Practices [M]//Biagioli M. The Science Studies Readers. Cambridge: Cambridge University Press, 1999:1 – 11.

[20] Bazerman C. Shaping Written Knowledge: The Genre and Activity of the Research Article in Science [M]. Madison: University of Wisconsin Press, 1988.

[21] Bensaude V B. A Genealogy of the Increasing Gap between Science and the Public [J]. Public Understanding of Science, 2001(10):99 – 113.

[22] Biagioli M. Galileo, Courtier: The Practice of Science in the Culture of Absolutism [M]. Chicago: University of Chicago Press, 1993.

[23] Biagioli M, Galison P. Scientific Authorship: Credit and Intellectual Property in Science [M]. New York: Routledge, 2003.

[24] Bloor D. Review of Galison, How Experiments End [J]. Social Studies of Science, 1991(1):186 – 189.

[25] Blum R. Istoriar la figura: Syncretism of Theories as a Model of Philosophy in Frances Yates and Giordano Bruno [J]. American Catholic Philosophical

Quarterly: Journal of the American Catholic Philosophical Association, 2003,77 (2):189,24.

[26] Blunt W. The Art of Botanical Illustration. 3rd ed [M]. London: Collins, 1955.

[27] Bould M, Mieville C. Red Planets: Marxism and Science Fiction [M]. London: Pluto, 2009.

[28] Bozzetto R. Kepler's Somnium; or, Science Fiction's Mission Link [J]. Science Fiction Studies, 1990,17(3):370 - 382.

[29] Bray F. Gender and Technology [J]. Annual Review of Anthropology, 2007 (37):37 - 53.

[30] Bray F. Technics and Civilization in Late Imperial China: An Essay in the Cultural History of Technology [J]. Osiris, 1998(13):11 - 13.

[31] Bray F. Technology and Gender: Fabrics of Power in Late Imperial China [M]. Berkeley: University of California Press, 1997.

[32] Bredekamp H. Gazing Hands and Blind Spots: Galileo as Draftsman [J]. Science in Context, 2001,14, Supplement S1:153 - 192.

[33] Breidbach O. Representation of the Microcosm: The Claim for Objectivity in 19th Century Scientific Microphotography [J]. Journal of the History of Biology, 2002,35(2):221 - 250.

[34] Broman T. Reil and the "Journalization" of Physiology [M]//Dear P. The Literary Structure of Scientific Argument: Historical Studies. Philadelphia: University of Pennsylvania Press, 1991:13 - 42.

[35] Bucchi M. Images of Science in the Classroom:Wallcharts and Science Education 1850—1920 [J]. The British Journal for the History of Science, 1998,31(2): 161:184.

[36] Burian R M. More than a Marriage of Convenience: On the Inextricability of History and Philosophy of Science [J]. Philosophy of Science, 1977(44):1 - 42.

[37] Burke K. A Grammar of Motives [M]. Berkeley: University of California Press, 1969.

[38] Burke K. The Philosophy of Literary Forms: Studies in Symbolic Action [M]. Berkeley: University of California Press, 1973.

[39] Büttner J. The Challenging Images of Artillery: Practical Knowledge at the Roots of the Scientific Revolution [M]//Lefèvre W. The Power of Images in Early Modern Science. Boston: Birkhauser Verlag, 2003:3 - 27.

[40] Cahill S. Technology and Gender: Fabrics of Power in Late Imperial China (Book Review) [J]. American Historical Review, 2000,105:1710 - 1711.

[41] Campbell J. Charles Darwin: Rhetorician of science [M]//Harris R A. Landmark Essays on the Rhetoric of Science. New Jersey: Lawrence Erlbaum

Associates Publishers, 1997a:3 – 18.

[42] Campbell J. Strategic Reading: Rhetoric, Invention, and Interpretation [M]// Gross A G, Keith W M. Rhetorical Hermeneutics: Invention and Interpretation in the Age of Science. New York: State University of New York Press, 1997b: 113 – 137.

[43] Campbell J. Science-Fiction [J]. Astounding Science-Fiction, 1938,3:37.

[44] Campbell K. The promise of Feminist Reflexivities: Developing Donna Haraway's Project for Feminist Science Studies [J]. Hypatia, 2004,19(1):162 – 182.

[45] Cantor G. Michael Faraday: Sandemanian and Scientist: A Study of Science and Religion in the Nineteenth Century [M]. London: Palgrave Macmillan, 1991.

[46] Cao T Y. Will Einstein be the Super-Hero of Physics History in 2050? [M]// Gavroglu K, Renn J. Positioning the History of Science. Netherland: Springer, 2007:27 – 32.

[47] Cazort M. Photography's Illustrative Ancestors: The Printed Image [M]// Thomas A. Beauty of Another Order: Photography in Science. New Haven, London: Yale University Press, 1997:14 – 25.

[48] Chen-Morris R. From Emblems to Diagrams: Kepler's New Pictorial Language of Scientific Representation [J]. Renaissance Quarterly, 2009(62):134 – 170.

[49] Cherwitz R A. Communication and Knowledge: An Investigation in Rhetorical Epistemology [M]. Columbia S C: University of South Carolina Press, 1986.

[50] Christie J. Aurora, Nemesis, and Clio [J]. British Journal for the History of Science, 1993(26):397.

[51] Christie J. Feminism and the History of Science [M]//Olby R C. Companion to the History of Modern Science. New York: Routledge, 1990:100 – 109.

[52] Christie J R R. The Development of the Historiography of Science [M]// Rcolby, Gncantor, Jrrchriste. Companion to the History of Modern Science. London: New York: Routledge, 1990:5 – 21.

[53] Cobb M. Malpighi, Swammerdam and the Colourful Silkworm: Replication and Visual Representation in Early Modern Science [J]. Annals of Science, 2002 (59):111 – 147.

[54] Collins H. Review of Galison, How Experiments End [J]. The American Journal of Sociology, 1989(6):1528 – 1529.

[55] Collins H M, Yearley S. Epistemological Chicken [M]//Pickering A. Science as practice and Culture. Chicago and London: University of Chicago Press, 1992: 301 – 326.

[56] Collins H, Evens R, Gorman M E. Trading Zones and Interactional Expertise

[M]//Gorman M E. Trading Zones and Interactional Expertise. Cambridge: Mass: MIT Press, 2010:7-24.

[57] Copenhaver B. Hermes Trismegistus, Proclus, and the Question of a Philosophy of Magic in the Renaissance [M]//Merkel I, Debus A G. Hermeticism and the Renaissance: Intellectual History and the Occult in Early Modern Europe. Washington, D.C: Folger Shakespeare Library, 1988:79-110.

[58] Crombie A. Science and the Arts in the Renaissance: The Search for Truth and Certainty, Old and New [M]//Shirley J W F, Hoeniger D. Science and the arts in the Renaissance. Washington, D. C; London: Folger Shakespeare Librar; Associated University Presses, 1985:15-26.

[59] Crowther J G. Michel Faraday:1791—1867[M]. Paris: Hermann, 1945.

[60] Daston L, Galison P. Objectivity [M]. Boston: Zone Books, 2007.

[61] Daston L, Galison P. Objectivity and its Critics [J]. Victorian Studies, 2008 (4):666-677.

[62] Daston L, Galison P. The Image of Objectivity [J]. Representations, 1992 (40):81-128.

[63] Dear P. The Literary Structure of Scientific Argument: Historical Studies [M]. Philadelphia: University of Pennsylvania Press, 1991.

[64] Dear P. Totius in Verba: Rhetoric and Authority in the Early Royal Society [J]. ISIS, 1985,76(2):144-161.

[65] Delany S. Silent Interviews: On Language, Race, Sex, Science Fiction, and Some Comics: A Collection of Written Interviews [M]. Hanover: Wesleyan University Press, 1994.

[66] DeVault M. Talking Back to Sociology: Distinctive Contributions of Feminist Methodology [J]. Annual Review of Sociology, 1996,22:29-50.

[67] Durant J R, Evans G A, Thomas G P. Public Understanding of Science [J]. Nature, 1989,340:11-14.

[68] Edgerton S. The Heritage of Giotto's Geometry: Art and Science on the Eve of the Scientific Revolution [M]. Ithaca and London: Cornell University Press, 1991.

[69] Edgerton S. The Renaissance Artist as Quantifier [M]//Hagen M A. The Perception of Pictures (vol.1). New York: Academic Press, 1980:179-212.

[70] Eglash R. When Math Worlds Collide: Intention and Invention in Ethnomathematics [J]. Science, Technology, & Human Values, 1997,21(1):79-97.

[71] Ehninger D. Contemporary Rhetoric: A Reader's Course book Glenview [M]. IL: Scott: Foresman & Company, 1972.

[72] Einstein A. How I Created the Theory of Relativity [J]. Physics Today, 1982,

35(8):45 - 47.

[73] Einstein A, Podolsky B, Rosen N. Can Quantum-Mechanical Description of Physical Reality be Considered Complete? [J]. Physical Review, 1935, 47(10): 777 - 780.

[74] Elkana Y. A Programmatic Attempt at an Anthropology of Knowledge [M]// Mendelsohn E, Elkana Y. Sciences and Cultures: Anthropological and Historical Studies of the Sciences. Dordrecht: D. Reidel Publishing Company, 1981:1 - 76.

[75] Elkins J. Logic and Images in Art History [J]. Perspectives on Science, 1999 (2):151 - 180.

[76] Eric S R, Robert E S. Science Fiction: History, Science, Vision [M]. New York: Oxford University Press, 1977.

[77] Farrington B. Temporis Partus Masculus: An Untranslated Writing of Francis Bacon [J]. Centaurus, 1951, 1(3):193 - 205.

[78] Feuer L. The Social Roots of Einstein's Theory of Relativity Part-II [J]. Annals of Science, 1971, 27(4):313 - 344.

[79] Fine A. The Shaky Game: Einstein, Realism and the Quantum Theory [M]. Chicago: The University of Chicago Press, 1986.

[80] Fine G, Kleinman S. Rethinking Subculture: An Interactionist Analysis [J]. The American Journal of Sociology, 1979(1):1 - 20.

[81] Fisher L. Gender and Other Categories [J]. Hypatia, 1992, 7(3):173 - 179.

[82] Fleming S. Refiner's Fire and the Yates Thesis: Hermeticism, Esotericism, and the History of Christianity [J]. Journal of Mormon History, 2015, 41(4):198 - 209.

[83] Forman P. Independence, Not Transcendence, for the Historian of Science [J]. ISIS, 1991(82):71 - 86.

[84] Frank P. Einstein: His Life and Times [M]. New York: Alfred A. Knopf, 1972.

[85] Freedman C. Critical Theory and Science Fiction [M]. Wesleyan University Press, 2000.

[86] Freeland G. Introduction: In Praise of Toothing-Stones [M]//Freeland G, Corones A. 1543 and all that: Image and Word, Change and Continuity in the Proto-scientific Revolution. Dordrecht; Boston; London: Kluwer Academic Publishers, 2000:1 - 15.

[87] Friedman M. History and Philosophy of Science in a New Key [J]. ISIS, 2008, 99(1):125 - 134.

[88] Fujimura J H. Crafting Science: Standardized Packages, Boundary Objects, and "Translation [C]. Chicago: University of Chicago Press, 1992.

[89] Fuller B. Trading Zones: Cooperating for Water Resource and Ecosystem Management When Stakeholders Have Apparently Irreconcilable Differences [D]. Cambridge, Mass: Massachusetts Institute of Technology, 2006.

[90] Fuller S. "Rhetoric of Science":Double the Trouble? [M]//Gross A G, Keith W M. Rhetorical Hermeneutics: Invention and Interpretation in the Age of Science. New York: State University of New York Press, 1997:279 – 298.

[91] Furth C. A Flourishing Yin: Gender in China's Medical History, 960—1665 [M]. Berkeley: University of California Press, 1999.

[92] Gale E. Christianson .Kepler's Somnium: Science Fiction and the Renaissance Scientis [J]. Science Fiction Studies, 1976,3(1):79 – 90.

[93] Galison P. Ten Problems in History and Philosophy of Science [J]. ISIS, 2008,99(1):111 – 124.

[94] Galison P. Author's Response [J]. Meta-science, 1999(3):393 – 404.

[95] Galison P. Einstein's Clocks, Poincaré's Maps [M]. New York: W. W. Norton & Company, 2003.

[96] Galison P. History, Philosophy, and the Central Metaphor [J]. Science in Context, 1988b, 1:197 – 212.

[97] Galison P. How Experiments End [M]. Chicago: Chicago University Press, 1987.

[98] Galison P. Image and Logic: A Material Culture of Microphysics [M]. Chicago: Chicago University Press, 1997a.

[99] Galison P. Philosophy in the Laboratory [J]. The Journal of Philosophy, 1988a, 10:525 – 527.

[100] Galison P. Tading with the Enemy [M]//Gorman M E. Trading Zones and Interactional Expertise. Cambridge, Mass: MIT press, 2010:25 – 52.

[101] Galison P. Three Laboratories [J]. Social Research, 1997b:1127 – 1155.

[102] Galison P, Graubard S R, Mendelsohn E. Science in Culture [G]. New Brunswick; London: Transaction Publishers, 2001.

[103] Galison P, Hevly B W. Big Science: The Growth of Large-Scale Research [G]. Stanford Calif: Stanford University Press, 1992.

[104] Galison P, Holton G, Schweber S. Einstein for the 21St Century: His Legacy in Science, Art, and Modern Culture [G]. Princeton: Princeton University Press, 2008.

[105] Galison P, Stump D. The Disunity of Science: Boundaries, Contexts, and Power [G]. Stanford, Calif: Stanford University Press, 1996.

[106] Galison P, Thompson E. The Architecture of Science [G]. Cambridge, mass: MIT press, 1999.

[107] Gatti H. Frances Yates Hermetic Ranaissance in the Documents Held in the

Warburg Institute Archive [J]. 2002,2(2):193,18.

[108] Gatti H. New Developments in Bruno Studies: A Critique of Frances Yates [J]. Intellectual News, 1999,4(1):11 – 16.

[109] Giere R N. History and Philosophy of Science: Intimate Relationship or Marriage of Convenience? [J]. British Journal for Philosophy of Science, 1973 (24):282 – 297.

[110] Gilbert G N. Opening Pandora's Box: A Sociological Analysis of Scientists' Discourse [M]. Cambridge: Cambridge University Press, 1984.

[111] Gillispie C. Dictionary of Scientific Biography [M]. New York: Charles Scribner's Sons, 1971.

[112] Gillispie C C. History of Science Losing Its Science [J]. Science, 1980 (207):389.

[113] Ginn S, Lorusso L. Brain, Mind, and Body Interactions with Art in Renaissance Italy [J]. Journal of the History of the Neurosciences, 2008,17(3):295 – 313.

[114] Ginzberg R. Uncovering Gynocentric Science [J]. Hypatia, 1987,2(3):89 – 105.

[115] Ginzburg C. The Cheese and the Worms: The Cosmos of a Sixteenth-Century Miller [G]. Trans Baltimore: The Johns Hopkins University Press, 1980.

[116] Gladstone J H. Michael Faraday [M]. London: Macmillan and Co., 1874.

[117] Glick T. The Comparative Reception of Relativity [G]. Boston: D. Reidel Publishing Company, 1987.

[118] Goldberg S. Understanding Relativity: Origin and Impact of a Scientific Revolution [M]. Boston: Birkhauser, 1984.

[119] Golinski J. Making Natural Knowledge: Constructivism and the History of Science [M]. Cambridge: Cambridge university press, 1998.

[120] Good B, Good M. The Semantics of Medical Discourse [M]//Mendelsohn E, Elkana Y. Sciences, Sciences And Cultures Anthropological. Dordrecht: D. Reidel Publishing Company, 1981:177 – 212.

[121] Goodenough W H. Navigation in the Western Carolines: A Traditional Science [M]//NADER L. Naked Science: Anthropological Inquiry into Boundaries, Power, and Knowledge. New York: London: Routledge, 1996:29 – 42.

[122] Gorman M E, Spohrer J. Service Science: A New Expertise for Managing Sociothechnical Systems [M]//Gorman M E. Trading Zones and Interactional Expertise. Cambridge, Mass: MIT Press, 2010:75 – 106.

[123] Gould S. "Triumph of a Naturalist" (Book Review) [J]. New York Review of Books, 1984,31(5):3 – 6.

[124] Griesemer J R. Modeling in the Museum: On the Role of Remnant Models in

the Work of Joseph Grinnell [J]. Biology and Philosophy, 1990(5):3 - 36.

[125] Groman M E. Levels of Expertise and Trading Zones: A Framework for Multidisciplinary Collaboration [J]. Social Studies of Science, 2002(5):933 - 942.

[126] Gross A G. The Rhetoric of Science. Cambridge [M]. MA: Harvard University Press, 1990.

[127] Gross A G, Keith W M. Rhetorical Hermeneutics: Invention and Interpretation in the Age of Science [M]. New York: State University of New York Press, 1997.

[128] Group the Biology and Gender. The Importance of Feminist Critique for Contemporary Cell Biology [M]//Tuana N. Feminism and Science. Bloomington and Indianapolis: Indiana University Press, 1989:172 - 187.

[129] Guido G. Who is Afraid of Frances Yates?"Giordano Bruno and the Hermetic Tradition" (1964) Fifty Years Later. [J]. Bruniana & Campanelliana, 2014, 20(2):421 - 432.

[130] Gusterson H. The Death of the Authors of Death: Prestige and Creativity among Nuclear Weapons Scientists [C]. New York and London: Routledge, 2003.

[131] Hacking I. Styles of Scientific Thinking or Reasoning: A New Analytical Tool for Historians and Philosophers of the Sciences [M]//Gavroglu K, Christianidis J, Nicolaidis E. Trends in the Historiography of Science. Dordrecht: Kluwer Academic Publishers, 1994:31 - 48.

[132] Hacking I. The Social Construction of What? [M]. Cambridge, Mass: Harvard University Press, 1999.

[133] Hahn R. The Anatomy of a Scientific Institution: The Paris Academy of Science, 1666—1803 [M]. Berkeley: University of California Press, 1971.

[134] Hakfoort C. The Missing Syntheses in the Historiography of Science [J]. History of Science, 1991,29(2):207 - 216.

[135] Hall A R. Can the History of Science be History? [J]. British Journal for the History of Science, 1969,4(15):207 - 220.

[136] Hammonds E, Subramaniam B. A Conversation on Feminist Science Studies [J]. Signs, 2003,28(3):923 - 944.

[137] Hanegraaff W. How Hermetic was Renaissance Hermetism? [J]. Aries, 2015,15(2):179 - 209.

[138] Hankins T. A "Large and Graceful Sinuosity": John Herschel's Graphical Method [J]. ISIS, 2006,97:605 - 633.

[139] Haraway D. How Like a Leaf: An Interview With Thyrza Nichols Goodeve [M]. New York and London: Routledge, 2000.

[140] Haraway D. Primate Visions: Gender, Race, and Nature in the World of Modern Science [M]. New York: Routledge, 1989.

[141] Harding S. Feminism and Methodology: Social Science Issues [G]. Bloomington and Indianapolis: Indiana University Press, 1987.

[142] Harding S. Is There a Feminist Method? [M]//Tuana N. Feminism and Science. Bloomington and Indianapolis: Indiana University Press, 1989: 17 - 32.

[143] Harding S. The Science Question in Feminism [M]. Ithaca and London: Cornell University Press, 1986.

[144] Harris R A. Rhetoric of Science [J]. College English, 1991,53(3):282 - 307.

[145] Harris R A. The Landmark Essays on Rhetoric of Science [M]. Mahwah: Lawrence Erlbaum Associates, 1997.

[146] Harthan J. The History of the Illustrated Book: The Western Tradition [M]. London: Thames and Hudson, 1981.

[147] Hartsock N. The Feminist Standpoint: Developing the Ground for a Specifically Feminist Historical Materialism [M]//Harding S. Feminism and Methodology: Social Science Issues. Bloomington and Indianapolis: Indiana University Press, 1987:157 - 176.

[148] Hekman S. The Material of Knowledge: Feminist Disclosures [M]. Bloomington and Indianapolis: Indiana University Press, 2010.

[149] Henderson K. On Line and on Paper: Visual Representations, Visual Culture, and Computer Graphics in Design Engineering [M]. Cambridge, Massachursetts: MIT Press, 1999.

[150] Hess D J. Scinece and Technology in a Multiculture World: The Cultural Politics of Facts and Artifacts [M]. New York: Columbia University Press, 1995.

[151] Hesse M B. Models and Analogies in Science [M]. London: Sheed and Ward, 1963.

[152] Holmes F L. Argument and Narrative in Scientific Writing [M]//Dear P. The Literary Structure of Scientific Argument: Historical Studies. Philadelphia. PA: University of Pennsylvania Press, 1991:164 - 181.

[153] Holton G. Einstein, Michelson, and the "Crucial" Experiment [J]. ISIS, 1969,60(2):133 - 197.

[154] Holton G. Quanta, Relativity, and Rhetoric [M]//Pera M, Shea W. Persuading Science: The Art of Scientific Rhetoric. Canton: Science History Publications, 1991:173 - 203.

[155] Holton G. Thematic Origins of Scientific Thought: Kepler to Einstein [M].

Cambridge: Harvard University Press, 1973.

[156] Holton G. Victory and Vexation in Science: Einstein, Bohr, Heisenberg, and Others [M]. Cambridge: Harvard University Press, 2005.

[157] Howard D. Complementarity and Ontology: Niels Bohr and the Problem of Scientific Realism in Quantum Physics [D]. University Microfilms International, 1981.

[158] Howard D. Einstein and the Development of Twentieth-Century Philosophy of Science. Janssen M., Lehner C., edited. The Cambridge Companion to Einstein [G]. New York: Cambridge University Press, 2014.

[159] Howard D. Einstein on Locality and Separability [J]. Studies in History of Philosophy of Science, 1985,16(3):171–201.

[160] Howard D. Questions of Realism [J]. Science, 1987,238(4825):409–410.

[161] Howard D. "Nicht Sein Kann Was Nicht Sein Darf." Or the Prehistory of EPR, 1909—1935:Einstein's Early Worries about the Quantum Mechanics of Composite System [M]//Miller A. Sixty-Two Years of Uncertainty: Historical, Philosophical, and Physical Inquiries into the Foundations of Quantum Mechanics. New York: Plenum Press, 1990:61–111.

[162] Howard D. Revisiting the Einstein-Bohr Dialogue [J]. The Jerusalem Philosophical Quarterly, 2007,56:57–90.

[163] Huang X. The Trading Zone Communication of Scientific Knowledge an Examination of Jesuit Science in China (1582–1773) [J]. Science in Context, 2005,03:393–427.

[164] Hughes R. Book Review [J]. The Journal of Philosophy, 1991, 88(5): 275–279.

[165] Iliffe R. "in the Warehouse":Privacy, Property and Priority in the Early Royal Society [J]. History of Science, 1992(1):29–68.

[166] Illy J. The Practical Einstein: Experiments, Patents, Inventions [M]. Baltimore: The Johns Hopkins University Press, 2012.

[167] Itagaki R. Einstein's "Kyoto lecture": The Michelson-Morley Experiment [J]. Science, 1999,283(5407):1457–1458.

[168] Ivins W. Prints And Visual Communication [M]. Cambridge: Massachusetts Harvard University Press, 1953.

[169] James E. Science Fiction in the Twentieth Century [M]. New York: Oxford University Press, 1994.

[170] Jardine N. Etics and Emics (not to mention anemics and emetics) in the History of Science [J]. History of Science, 2004,42(3):261–278.

[171] Jenkins L D. The Evolution of Trading Zone: A Case Study of the Turtle

Excluder Device [M]//Gorman M E. Trading Zones and Interactional Expertise. Cambridge, Mass: MIT Press, 2010:157 – 180.

[172] Jerome F. Einstein on Israel and Zionism [M]. New York: St. Martin's Press, 2009.

[173] Jerome F, Taylor R. Einstein on Race and Racism [M]. New Brunswick: Rutgers University Press, 2005.

[174] John R R. Aurora, Nemesis, and Clio [J]. British Journal for the History of Science, 1993, 26:391 – 405.

[175] Jones C A, Galison P, Slaton A E. Picturing Science, Producing Art [G]. New York: Routledge, 1998.

[176] Jones C, Galison P. Introduction: Picturing Science, Producing Art [M]// Jones C A, Galison P. Picturing Science, Producing Art. New York: Routledge, 1998:1 – 23.

[177] Jones H B. The Life and Letters of Faraday [M]. London: Longmans, Green and co., 1870.

[178] Jordanova L. Gender and the Historiography of Science [J]. British Journal for the History of Science, 1993, 26(4):469 – 483.

[179] K H. On Line and on Paper: Visual Representations, Visual Culture, and Computer Graphics in Design Engineering [M]. Cambridge: Massachusetts: MIT Press, 1999.

[180] Keller E. Feminist Perspectives on Science Studies. [J]. Science Technology and Human Values, 1988, 13(3/4):235 – 249.

[181] Keller E. Gender and Science: Origin, History and Politics [J]. Osiris, 1995, 10:26 – 38.

[182] Keller E. Making a Difference: Feminist Movement and Feminist Critiques of Science [M]//Angela N H. Feminism in Twentieth-Century Science, Technology, and Medicine. Chicago: The University of Chicago Pres, 2001:105.

[183] Keller E. Refiguring Life: Metaphors of Twentieth-Century Biology [M]. New York: Columbia University Press, 1995a.

[184] Keller E. Reflections on Gender and Science [M]. New Haven and London: Yale University Press, 1985b.

[185] Keller E. The Gender/Science System: or, Is Sex to Gender As Nature Is to Science? [J]. Hypatia, 1987, 2(3):37 – 49.

[186] Kellogg K, Orlikowski W J, Yates J. Life in the Trading Zone Structuring Coordination Across Boundaries in Postbureaucratic Organizations [J]. Organization Science, 2006, 1:22 – 44.

[187] Kemp M. Visualizations: The Nature Book of Art and Science [M]. Oxford:

Oxford University Press, 2000.

[188] Kemp M, Wallace M. Spectacular Bodies: The Art and Science of the Human Body from Leonardo to Now [M]. Los Angeles: University of California Press, 2000.

[189] Kepler J, Edward R. Kepler's Somnium: the Dream, or Posthumous Work on Lunar Astronomy [M]. Madison: University of Wisconsin Press, 1967.

[190] Kessler E. Resolving the Nebulae: The Science and Art of Representing M51 [J]. Studies in History and Philosophy of Science, 2007,38(2):477 – 491.

[191] Kessler S, Makenna W. The Primacy of Gender Attribution [M]//Devine P E, Devine C W. Sex and Gender: A Spectrum of Views. Belmont, CA: Wadsworth/Thomson Learning, 2003:46.

[192] Kim Y. Problems and Possibilities in the Study of the History of Korean Science [J]. Osiris, 1998(13):48 – 79.

[193] Kingsley A. The Golden Age of Science Fiction [G]. London: Hutchinson & Co., 1981.

[194] Knorr-Cetina K, Amann K. Image Dissection in Natural Scientific Inquiry [J]. Science, Technology, and Human Values, 1990(15):259 – 283.

[195] Kragh H. History, Science, and History of Science [M]//Gavroglu K, RENN L. Positioning the History of Science. Netherlands: Springer, 2007:105 – 107.

[196] Laderman C. Malay Medicine, Malay Person [M]//M N. Anthropological Approaches to the Study of Ethnomedicine. Yverdon: Gordon and Breach Science Publishers, 1992:191 – 206.

[197] Landon B. Science Fiction After 1900:From the Steam Man to the Stars [M]. New York: Twayne Publishers, 1997.

[198] Langford D, Peter N. "Scientifiction." The Encyclopedia of Science Fiction [EB/OL]. (2021 – 06 – 21)[2022 – 03 – 11]. https://sf-encyclopedia.com/entry/scientifiction.

[199] Larkin J, Simon H. Why a Diagram is (Sometimes) Worth Ten Thousand Words [J]. Cognitive Science, 1987,11(1):65 – 99.

[200] Latour B. Science in Action: How to Follow Scientists and Engineers through Society [M]. Cambridge: Cambridge University Press, 1987.

[201] Latour B. Visualization and Cognition: Thinking with Eyes and Hands [J]. Knowledge and Society: Studies in the Sociology of Culture Past and Present, 1986(6):1 – 40.

[202] Latour B. For David Bloor … and Beyond: A Reply to David Bloor's "Anti - Latour"[J]. Studies in the History and Philosophy of Science, 1999,30(1):113 – 129.

[203] Latour B. One More Turn after the Social Turn [C]. Notre Dame, IN: University of Notre Dame Press, 1992.

[204] Laudan L. Thoughts on HPS: 20 Years Later [J]. Studies in History and Philosophy of Science, 1989,9 – 13(20).

[205] Lefèvre W. Picturing Machines 1400—1700 [M]. Cambridge Massachusetts: MIT Press, 2004.

[206] Leplin J. Scientific Realism [G]. Berkeley: University of California Press, 1984.

[207] Lohan M. Constructive Tensions in Feminist Technology Studies [J]. Social Studies of Science, 2000,30(6):895 – 916.

[208] Longino H, Doell R. Body, Bias, and Behavior: A Comparative Analysis of Reasoning in Two Areas of Biological Science [J]. Signs, 1983, 9(2): 206 – 227.

[209] Low M. Beyond Joseph Needham: Science, Technology, and Medicine in East and Southeast Asia [J]. Osiris, 1998(13):1 – 8.

[210] Luckhurst R. Science Fiction: A Literary History [M]. London: British Library Publishing, 2017.

[211] Luckhurst R. Science Fiction (PCHL-Polity Cultural History of Literature) [M]. Cambridge: Polity, 2005.

[212] Lynch M. Art and Artifact in Laboratory Science: A Study of Shop Work and Shop Talk in a Research Laboratory [M]. London; Boston: Routledge & Kegan Paul, 1985.

[213] Lynch M, Woolgar S. Representation in Scientific Practice [M]. Cambridge, Massachusetts: MIT Press, 1990.

[214] Marcia A. Ethnomathematics: A multicultural View of Mathematical Ideas [M]. Pacific Grove, California: Brooks/Cole, 1991.

[215] Martin E. Giordano Bruno: Mystic and Martyr [M]. Kila, MT: Kessinger Publishing Company, 2003.

[216] Martínez A. Burned Alive: Giordano Bruno, Galileo and the Inquisition [M]. London: Reaktion Books, 2018.

[217] Martínez A. Giordano Bruno and the Heresy of Many Worlds [J]. Annals of Science, 2016,73(4):III.

[218] Mazzolini R. Non-Verbal Communication in Science Prior to 1900 [M]. Firenze: Leo S. Olschki, 1993.

[219] McMullin E. Rhetoric and Theory Choice in Science [M]//Pera M, Shea W R. Persuading Science: The Art of scientific Rhetoric. New York: Science History Publications, 1991:55 – 76.

[220] Mendelsohn E. Introduction [M]//Mendelsohn E, Elkana Y. Sciences and

Cultures: Anthropological and Historical Studies of the Sciences. Dordrecht: D. Reidel Publishing Company, 1981: Ⅶ–ⅩⅢ.

[221] Merchant C. The Death of Nature: Women, Ecology and the Scientific Revolution [M]. New York: Harper and Row, 1980.

[222] Micheal M. Science and the Sociology of Knowledge [M]. London: George Allen and Unwin, 1979.

[223] Miller A. Einstein and Michelson-Morley [J]. Physics Today, 1987, 40(5): 8–13.

[224] Miller A. Sixty-Two Years of Uncertainty: Historical, Philosophical, and Physical Inquiries into the Foundations of Quantum Mechanics [G]. New York: Plenum Press, 1990.

[225] Miller A I. Imagery and Intuition in Creative Scientific Thinking: Albert Einstein's Invention of the Special Theory of Relativity [M]//Wallace D B, Gruber H E. Creative People at Work: Twelve Cognitive Case Studies. Oxford: Oxford University Press, 1989.

[226] Miller A I. Imagery in Scientific Thought: Creating Twentieth Century Physics [M]. Cambridge, Mass: MIT Press, 1986.

[227] Miller R. In Search of Einstein's Legacy [J]. The Philosophical Review, 1989, 98(2):215–238.

[228] Mills D, Huber M T. Anthropology and the Educational "Trading Zone" Disciplinarily, Pedagogy and Professionalism [J]. Arts and Humantities in Higher Education, 2005(4):9–32.

[229] Milner A. Locating Science Fiction [M]. Liverpool: Liverpool University Press, 2012.

[230] Morey N, Luhans F. An Emic Perspective and Ethnoscience Methods for Organizational Research [J]. The Academy of Management Review, 1984, 9 (1):27–36.

[231] Moser S. Visual Representation in Archaeology: Depicting the Missing-Link in Human Origins. [M]//Baigrie B S. ed. Picturing Knowledge: Historical and Philosophical Problems Concerning the Use of Art in Science. Toronto: University of Toronto Press, 1996:184–214.

[232] Nader L. Introduction: Anthropological Inquiry into Boundaries, Power, and Knowledge [M]//Nader L. Naked Science: Anthropological Inquiry into Boundaries, Power, and Knowledge. New York: London: Routledge, 1996a: 1–25.

[233] Nader L. Preface [M]//Nader L. Naked Science: Anthropological Inquiry into Boundaries, Power, and Knowledge. New York: London: Routledge, 1996b:

XI- XV.

[234] Neil. Review of Burned Alive: Giordano Bruno, Galileo and the Inquisition, by Alberto A. Martinez. [J]. Canadian Journal of History, 2019,54(3):404-405.

[235] Nichter M. Introduction [M]//Nichter M. Anthropological Approaches to the Study of Ethnomedicine. Yverdon: Gordon and Breach Science Publishers, 1992a: ix- xxii.

[236] Nichter M. Ethnomedicine: Diverse Trends, Common Linkages [M]//Nichter M. Anthropological Approaches to the Study of Ethnomedicine. Yverdon: Gordon and Breach Science Publishers, 1992b:223-259.

[237] Ogilvie B. Image and Text in Natural History, 1500—1700 [M]//Wolfgang L W, Renn J, Schoepflin U. The Power of Images in Early Modern Science. Boston: Birkhauser Verlag, 2003:141-166.

[238] O'Malley T, Meyers A. The Art of Natural History: Illustrated Treatises and Botanical Paintings, 1400—1850. [M]. Washington: National Gallery of Art, 2008.

[239] Outram D. The Most Difficult Career: Women's History in Science [J]. International Journal of Science Education, 1987,9(3):409-416.

[240] Chattopadhyaya D. P. Anthropology and Historiography of Science [M]. Athens: Ohio University Press, 1990.

[241] Palladino P, Worboys M. Science and Imperialism [J]. ISIS, 1993,84(1):91-102.

[242] Pang A S K. Visual Representation and Post-Constructivist History of Science [J]. Historical Studies in the Physical Sciences, 1997,28:139-171.

[243] Pasveer B. Representing or Mediating: A History and Philosophy of X-ray Images in Medicine [M]//Pauwels L. Visual Cultures of Science: Rethinking Representational Practices in Knowledge Building and Science Communication. Hanover: University Press of New England, 2006:41-62.

[244] Pauwels L. Visual Cultures of Science: Rethinking Representational Practices in Knowledge Building and Science Communication [M]. Hanover: University Press of New England, 2006.

[245] Pera M, Shea W R. Persuading Science: The Art of scientific Rhetoric [C]. New York: Science History Publications, 1991.

[246] Perelman C, Olbrechts-Tyteca L. The New Rhetoric: A Treatise on Argumentation [C]. Notre Dame: University of Notre Dame Press, 1971.

[247] Pfaffenberger B. Fetishised Object and Humanised Nature: Towards an Anthropology of Technology [J]. Man, 1988,23(2):236-252.

[248] Pfaffenberger B. Social Anthropology of Technology [J]. Annual Review of

Anthropology, 1992(21):491 - 516.

[249] Pfaffenberger B. Symbols Do Not Creat Meanings——Activities Do: Or, Why Symbolic Anthropology Needs the Anthropology of Technology [M]//Schiffer M B. Anthropological Perspectives on Technology. Albuquerque: University of New Mexico Press, 2001:77 - 86.

[250] Pfaffenberger B. The Rhetoric of Dread: Fear, Uncertainty, and Doubt (FUD) in Information Technology Marketing [J]. Knowledge, Technology, & Policy, 2000,13(3):78 - 92.

[251] Pickering A. Constructing Quarks: A Sociological History of Particle Physics [M]. Chicago: University of Chicago Press, 1984.

[252] Pickering A. Knowledge, Practice, and Mere Construction [J]. Social Studies of Science, 1990(20):682 - 729.

[253] Pickering A. Living in the Material Word: On Realism and Experimental [M]//David T P, Schaffer S. The Uses of Experiment: Studies of Experimentation in the Natural Sciences. 1989:275 - 297.

[254] Pickering A. New ontologies, Paper presented at the Eighth International Conference on Agendas for the Millennium: Real/Simulacra/Atifical: Ontologies of Post-Modernity: the Eighth International Conference on Agendas for the Millennium: Real/Simulacra/Atifical: Ontologies of Post-Modernity [C], Rio de Janeiro, Brazil, Candido Mendes University, 2002.

[255] Pickering A. The Hunting of the Quark [J]. ISIS, 1981a,72(262):216 - 236.

[256] Pickering A. The Mangle of Practice: Time, Agency, and Science [M]. Chicago: The University of Chicago Press, 1995.

[257] Pickering A. The Role of Interests in High-Energy Physics: The Choice between Charm and Colour [M]//Knorr K D, Krohn R, Whitley R. The Social Process of Scientific Investigation, 1981b:107 - 138.

[258] Pickering A. Mangle of Practice [M]. Chicago: The University of Chicago Press, 1996.

[259] Pickering A. Review: How Experiments End by Peter Galison [J]. ISIS, 1988 (3):472 - 473.

[260] Pickering A, Guzik K. The Mangle in Practice: Science, Society, and Becoming [G]. Durham and London: Duke University Press, 2008.

[261] Prelli L J. A Rhetoric of Science: Inventing Scientific Discourse [M]. Columbia: the University of South Carolina Press, 1989.

[262] Pyenson L. Assimilation and Innovation in Indonesian Science [J]. Osiris, 1998,13:34 - 47.

[263] Pyenson L. Science and Imperialism [M]//Olby R C. Companion to the

History of Modern Science. New York: Routledge, 1990:920 – 933.

[264] Pyenson L. What is the Good of History of Science? [J]. History of Science, 1989(27):353 – 389.

[265] Reinharz S. Experiential Analysis: A Contribution to Feminist Research [M]// Bowles G, Klein R D. Theories of Women's Studies. London; Boston: Routledge and Kegan Paul, 1983:162 – 188.

[266] Reinharz S. Feminist Methods in Social Research [M]. New York, Oxford: Oxford University Press, 1992.

[267] Renn J. The Genesis of General Relativity Vol. 1 [M]. Netherlands: Springer, 2007.

[268] Reybrouck D. Imaging and Imagining the Neanderthal: The Role of Technical Drawings in Archaeology [J]. Antiquity, 1998,72(275):56 – 64.

[269] Rijcke S. Light Tries the Expert Eye: The Introduction of Photography in Nineteenth-Century Macroscopic Neuroanatomy [J]. Journal of the History of the Neurosciences, 2008,17(3):349 – 366.

[270] Roberts A. Publishing and the Science Fiction Canon: the Case of Scientific Romance [M]. Cambridge: Cambridge University Press, 2019.

[271] Roberts K, Tomlinson J. The Fabric of the Body: European Traditions of Anatomical Illustrations [M]. Oxford; New York: Clarendon Press, 1992.

[272] Robin H. The Scientific Image: From Cave to Computer [M]. New York: Harry N. Abrams, 1992.

[273] Ronan C. The Cambridge Illustrated History of the World'S Science [M]. Cambridge: Cambridge University Press, 1983.

[274] Rosenberg C E. Woods or Trees? Ideas and Actors in the History of Science [J]. ISIS, 1988,79(4):564 – 570.

[275] Rosenkranz Z. Einstein before Israel: Zionist Icon or Iconoclast? [M]. Princeton: Princeton University Press, 2011.

[276] Rouse J. How Scientific Practices Matter: Reclaiming Philosophical Naturalism [M]. Chicago: The University of Chicago Press, 2002.

[277] Rouse J. Knowledge and Power: Toward and Political Philosophy of Science [M]. Cornell University: Ithaca, 1987.

[278] Rouse J. What Are Cultural Studies of Scientific Knowledge? [J]. Configurations, 1993(1):1 – 22.

[279] Rowe D, Schulmann R. Einstein on Politics [M]. Princeton: Princeton University Press, 2007.

[280] Rowland D. Giordano Bruno: Philosopher/Heretic [M]. Chicago: University of Chicago Press, 2009.

[281] Rudwich M, Coleman W, Sylla E, et al. Critical Problems in the History of Science [J]. ISIS, 1981(72):267 - 275.

[282] Rudwick M. The Emergence of a Visual Language for Geological Science, 1760 - 1840 [J]. History of Science, 1976, 14:149 - 195.

[283] Sabra A I. Situation Arabic Science: Locality versus Essence [J]. ISIS, 1996, 87:654 - 670.

[284] Sarton G. The Study of the History of Science [M]. Cambridge, Mass: Harvard University Press, 1936.

[285] Schiebinger L. Feminist History of Colonial Science [J]. Hypatia, 2004, 19 (1):233 - 254.

[286] Schiebinger L. The Mind Has No Sex?: Women in the Origins of Modern Science [Z]. Cambridge: Harvard University Press, 1989.

[287] Schilpp P. Albert Einstein, Philosopher-Scientist [G]. New York: Tudor Publishing Company, 1949.

[288] Schmitt C. Reappraisals in Renaissance science. History of Science; An Annual Review of Literature [J]. Research and Teaching, 1978, 16(33):200 - 214.

[289] Schulmann R. The Collected Papers of Albert Einstein. Vol. 8. The Berlin Years: Correspondence, 1914—1918 [G]. Princeton: Princeton University Press, 1998.

[290] Scott J. Multiculturalism and the Politics of Identity [J]. October, 1992(61): 12 - 19.

[291] Scott R L. On Viewing Rhetoric as Epistemic: Ten Years Later [J]. Central States Speech Journal, 1976(27):258 - 266.

[292] Scott R L. Rhetoric as Epistemic: What Difference Does That Make? [M]// Enos T, Brown S C. Defining the New Rhetorics. Englewood Cliffs: Prentice Hall, 1994:120 - 136.

[293] Shapin S. Discipline and Bounding: The History and Sociology of Science as Seen through the Externalism-Internalism Debate [J]. History of Science, 1992 (30):333 - 369.

[294] Shapin S. History of Science and Its Sociological Reconstructions [J]. History of Science, 1982(20):157 - 211.

[295] Shapin S, Thackray A W. Prosopography as a Research Tool in History of Science: The British Scientific Community 1700—1900 [J]. History of Science, 1974(12):1 - 28.

[296] Shapin S. A Social History of truth: Civility and Science in Seventeenth-century England [M]. Chicago: University of Chicago Press, 1994.

[297] Shapin S. Here and Everywhere: Sociology of Scientific Knowledge [J].

Annual Review of Sociology, 1995(3):289 – 321.

[298] Shapin S. Pump and Circumstance: Robert Boyle's Literary Technology [J]. Social Studies of Science, 1984(4):481 – 520.

[299] Shapin S, Shaffer S. Leviathan and the Air-Pump: Hobbes, Boyle and the Experimental Life [M]. Princeton, N J: Princeton University Press, 1985.

[300] Shirley J, Hoeniger F. Science and the Arts in the Renaissance [M]. London: Associated University Presses, 1985.

[301] Sidoli N. What We Can Learn from a Diagram: The Case of Aristarchus's on the Sizes and Distances of the Sun and Moon [J]. Annals of Science, 2007(64): 525 – 547.

[302] Sivin N. Over the Borders: Technical History, Philosophy, and the Social Sciences [J]. Chinese Science, 1991(10):69 – 80.

[303] Smith D. Women's Perspective as a Radical Critique of Sociology [M]// Harding S. Feminism and Methodology: Social Science Issues. Bloomington and Indianapolis: Indiana University Press, 1987:84.

[304] Smith J. Charles Darwin and Victorian Visual Culture [M]. Cambridge: New York: Cambridge University Press, 2006.

[305] Smith P, Findlen P. Introduction: Commerce and the Representation of Nature in Art and Science [M]//Smith P, Findlen P. Merchants & Marvels: Commerce, Science, and Art in Early Modern Europe. New York: Routledge, 2002:1 – 25.

[306] Spedding. The Works of Francis Bacon [G]. Stuttgart: F. F. Verlag, 1963.

[307] Stache L J. Einstein and Michelson: The Context of Discovery and the Context of Justification [J]. Astronomische Nachrichten, 1982,303(1):47 – 53.

[308] Stachel J. Einstein and Ether Drift Experiments [J]. Physics Today, 1987,40 (5):45 – 47.

[309] Stachel J. Einstein: From "B" to "Z" [M]. Boston: Birkhauser, 2002.

[310] Star S L, Griesemer J R. Institutional Ecology, "Translations," and Boundary Objects: Amateurs and Professionals in Berkeley's Museum of Vertebrate Zoology, 1907 – 1039 [J]. Social Studies of Science, 1989(3):387 – 420.

[311] Swinford D. "These Were my Ceremonies, These my Rites": Magical Summoning in Johannes Kepler's Somnium [J]. The Mediaeval Journal, 2012, 2(1):61 – 78.

[312] Tarbes M G G. On Cross-cultural Ethnomedical Research [J]. Current Anthropology, 1989,30(1):75 – 76.

[313] Taylor F. An Illustrated History of Science [M]. New York: Frederick A. Praeger, 1955.

[314] Thagard P. Being Interdisciplinary: Trading Zones in Cognitive Science [M]// Derry S J, Gernsbacher M A, Schunn C D. Interdisciplinary Collaboration: An Emerging Cognitive Science. Mahwah N J: Lawrence Erlbaum, 2005: 317 - 339.

[315] Thomas A. Beauty of another Order: Photography in Science [M]. New Haven; London: Yale University Press, 1997.

[316] Thomas. J M. Michael Faraday and the and Royal Institution (the genius of man and place) [M]. New York: A. Hilger, 1991.

[317] Toulmin S. The Use of Argument [M]. Cambridge: Cambridge University Press, 1958.

[318] Trainer M. Albert Einstein's Expert Opinions on the Sperry vs. Anschutz Gyrocompass Patent Dispute [J]. World Patent Information, 2008, 30 (4): 320 - 325.

[319] Trumbo J. Making Science Visible: Visual Literacy in Science Communication [M]//Pauwels L. Visual Cultures of Science: Rethinking Representational Practices in Knowledge Building and Science Communication. Hanover: University Press of New England, 2006:266 - 283.

[320] Tuana N. Feminism and Science [M]. Bloomington and Indianapolis: Indiana University Press, 1989a.

[321] Tuana N. The Weaker Seed: The Sexist Bias of Reproductive Theory [M]// Tuana N. Feminism and Science. Bloomington and Indianapolis: Indiana University Press, 1989b:147 - 171.

[322] Tyndall J. Faraday as a Discoverer [M]. London: Longmans, Green, and co., 1870.

[323] Von Oetinger B. Can Trading Zones and Interactional Expertise Benefit Business Strategy? [M]//Gorman M E. Trading Zones and Interactional Expertise. Cambridge, Mass: MIT Press, 2010:231 - 242.

[324] Walker W H. Ritual Technology in an Extranatural World [M]//Schiffer M B. Anthropological Perspectives on Technology. Albuquerque: University of New Mexico Press, 2001:87 - 106.

[325] Wardak A, Gorman M E. Using Trading Zones and Life Cycle Analysis to Understand Nanotechnology Regulation [J]. Journal of Law, Medicine & Ethics, 2006(4):695 - 703.

[326] Warwick A. Cambridge Mathematics and Cavendish Physics: Cunningham, Campbell and Einstein's Relativity 1905—1911, Part I: The Uses of Theory [J]. Studies in History and Philosophy of Science, 1991,23(4):625 - 656. Part II: Comparing Traditions in Cambridge Physics [J]. Studies in History and

Philosophy of Science, 1992,24(1):1–25.

[327] Weart S, Szilard G. Leo Szilard: His Version of the Facts [M]. Cambridge: The MIT Press, 1978.

[328] Westfahl G. The Mechanics of Wonder: The Creation of the Idea of Science Fiction [M]. Liverpool: Liverpool University Press, 1998.

[329] Westman S, McGuire J E. Hermeticism and the Scientific Revolution: Papers Read at a Clark Library Seminar [M]. Los Angeles: William Andrews Clark Memorial Library; University of California, 1977.

[330] William S B. Dimensions of Science Fiction Cambridge [M]. Mass: Harvard University Press, 1986.

[331] Williams L P. Should Philosophers Be Allowed to Write History? [J]. The British Journal for the Philosophy of Science, 1975,26(3):241–253.

[332] Wong K Y, Gary W, Amy K C. World Weavers : Globalization, Science Fiction, and the Cybernetic Revolution [M]. Hong Kong: Hong Kong University Press, 2005.

[333] Worley S. Feminism, Objectivity, and Analytic Philosophy [J]. Hypatia, 1995,3(10):138–156.

[334] Yates F. Giordano Bruno and the Hermetic tradition [M]. Chicago: Universty of Chicago Press, 1964.

[335] Yates F. Giordano Bruno and the Hermetic Tradition [M]. London: Routledge Classic; first published 1964, Routledge & Kegan Paul, 2002.

日文参考文献

[1] 伊藤憲二,「エフ氏」と「アトム」: ロボットの表象から見た科学技術観の戦前と戦後[J].科学・技術・社会年報,2003(12);39–63.

[2] 伊藤憲二,鉄腕アトムとゴジラ[J].科学,2005(9):1055–1061.

[3] 中村征樹.サイエンスカフェー現状と課題[J].科学技術社会論研究,2008(5): 31–42.

[4] 藤垣裕子,廣野喜幸.科学コミュニケーション論[M].東京:東京大学出版会,2008.

[5] 宮崎駿.風の谷のナウシカ(アニメージュコミックスワイド判)[M].東京:徳間書店,1987.

关键词索引

G

功能主义 92,98－102,113,114,127,461,462

共生关系 205,207,235,237－239

归纳主义 155,157,304－310,312,317,318,321,323,325－327,331,334

规范性定义 426,452

H

合理重建 331,339

赫尔墨斯传统 402－407,411

赫尔墨斯主义 402－406,409,412－417,456

宏大叙事 74,77,78,126,214,262,296,297,325,375,376,399,414

后现代 3,7,37,39,48,68,73,74,77,82,83,85,87,89,90,146,251,324,325,327,328,330,456,459,461

后殖民主义 47,49,50,60,63,64,130,131,326,379,457

划界标准 259,331,333,334

话语分析 3,6,70,76,146－148,310

"黄帝身" 54,55

辉格史 33,50,73,126,145,261,317,324,325,416

辉格主义 12,13,71,73,372

J

机械主义自然观 395

基旨 348,357－359

集体传记 13,141

技术史 31,50,56,61－65,87,90,96,100,101,106,108,109,117,130,171,172,197,211,215,264,377,378,456,459,461,463,485

《建构夸克》 227,245

建构主义 3－11,13,15,17,19,21－23,25－31,33,34,62,68,70,72,82,83,87,173,174,193,196,199,364,372－374,460

交易区 263,265－273,275－282,284－286,288－291,293－295,297－300,456,457

解释人类学 103,113

经验论 7,82,339,340,348,349,368

经验事实 157,165,230－232,234,235,274,275,304,306

纠缠本体论 244,250－253

K

科幻 390,419－453,455,456,458－463

科幻起源 429,430,433－436,452

科幻史 419－421,423,425－427,429－439,441－453

主编简介

刘兵：北京科技大学科技史与文化遗产研究院教授，中国科协－清华大学科学技术传播与普及研究中心主任，中国图书评论学会副会长，中国科学技术史学会常务理事。研究领域为科学史、科学传播、STS、科学教育等。出版有《克丽奥眼中的科学》等14种专著，《刘兵自选集》等18种个人文集，《超导史话》等6种科普著作，《正直者的困境》等9种译著，主编《科学大师传记丛书》等多套丛书，发表学术论文340余篇。